深度域地震层析反演速度建模方法与技术

蔡杰雄◎编著

中国石化出版社

图书在版编目（CIP）数据

深度域地震层析反演速度建模方法与技术/蔡杰雄编著. —北京：中国石化出版社，2020. 4
ISBN 978 - 7 - 5114 - 5727 - 1

Ⅰ. ①深… Ⅱ. ①蔡… Ⅲ. ①地震层析成像 - 反演 - 建模系统 - 研究 Ⅳ. ①P631. 4

中国版本图书馆 CIP 数据核字（2020）第 053203 号

中国石化出版社出版发行

地址:北京市东城区安定门外大街 58 号
邮编:100011 电话:(010)57512500
发行部电话:(010)57512575
http://www. sinopec-press. com
E-mail:press@ sinopec. com
北京科信印刷有限公司印刷
全国各地新华书店经销

*

787 × 1092 毫米 16 开本 17. 5 印张 432 千字
2020 年 5 月第 1 版 2020 年 5 月第 1 次印刷
定价:148. 00 元

编 委 会

主　编： 蔡杰雄

副主编： 郭　恺

编　委： 郑　浩　何兵红　周　旸　于　鑫
石秀林　孙思宇　倪　瑶

前　　言

油气地震勘探的最终目标是储层。实现储层描述有两条重要路线：一种是偏移速度估计、保真成像及角度道集提取、振幅随角度变化（AVA）反演、储层描述，这是目前方法技术相对成熟且常用的路线；另一种由叠前地震数据经全波形反演（FWI）直接反演宽波数带的弹性参数场，用于储层描述。上述两条路线的核心都是地震波反演成像，最终目标都是建立全频带的速度场，通过精确的、精细的速度场及成像达到储层描述的目的。因此，速度问题是勘探地震学的核心问题，从某种意义上说地震勘探过程等价于速度勘探。第一条路线是目前石油地震勘探学家发展的比较实用化的路线，某些成熟的技术已广泛应用于石油工业界；第二条路线是理论地震学家发展的一条基于数学反演理论框架的路线，目前尚处于理论研究和探索应用阶段。前者以NMO叠加速度分析、PSTM偏移速度分析、PSDM偏移速度分析和透射波及反射波层析为主估计背景速度，结合偏移来估计速度场的高波数变化成分（定位高波数成分出现的空间位置），目前这依然是石油工业界应用的核心技术路线；后者是以FWI和最小二乘偏移相结合，FWI估计背景速度，最小二乘偏移估计速度场的高波数变化成分，这在理论上是逼近全波数带反演的有效路线。

地震勘探几十年的发展历程从本质上讲是围绕着对地下介质速度场的认识展开的，对速度场的认识程度基本代表了对一个探区的地下地质情况的认识程度。一个原因是地下介质的地震波速度与岩石的物理性质有密切的关系，反映岩石类别和含流体（石油或天然气）的性质；另一个原因是地下介质的地震波速度决定了地震波偏移成像的结果，间接地决定了地质学家对整个探区地质构造的把握。我国南部和西部油气探区的地震地质条件异常复杂，其典型的起伏地表、高速岩层出露及地下复杂构造强横向变速等特征给地震数据处理尤其是速度建模及成像带来了巨大的挑战。叠前深度偏移是目前解决复杂构造成像的有效手段，也是地震成像技术发展及全面推广应用的必然趋势。而地震层速度模型建立（包括各向异性速度）在叠前深度偏移处理中起着至关重要的作用，其直接影响到地震成像精度与质量，进而影响着后续对整个探区地质构造认识及工程钻井施工。因此，在研究各种地震偏移成像方法的同时，研究地震速度建模是一项更加综合的、系统的，也更加迫切的工作，甚至可以这样认为：偏移方法只是检验速度场是否正确的工具。

地震速度建模的发展历程大致可以分为以下三个阶段：①水平层状常速介质假设下基于CMP道集的NMO叠加速度分析和基于叠前时间偏移（PSTM）动较反动较的速度分析方法；②深度聚焦速度分析以及基于PSTM/PSDM成像道集剩余曲率速度分析；③深度域基于走时拟合的层析反演或基于波形匹配的全波形反演，其中基于走时拟合的层析反演又分为叠前数据域的初至波拟合或反射波拟合层析反演以及结合PSDM成像道集的成像域层析反演。这三类速度建模方法构成了当前油气勘探地震速度建模技术体系。随着勘探开发难度的增加及方法理论的发展，基于反演的速度估计方法（包括各向异性）正在成为复杂构造速度建模的主流方法，包括基于射线束理论的叠前深度偏移成像道集层析反演建模、基于波动理论的波动方程偏移速度分析以及全波形反演等。

目前工业界在复杂构造深度域速度建模方面应用最多的是基于射线理论的层析反演技术。该技术一般结合同样是基于射线理论的Kirchhoff叠前深度偏移提取的偏移距域共成像点道集进行迭代反演，实现速度场的更新用于拉平成像道集，提高成像质量与精度。近年来，在已有层析反演理论框架下分别发展了精度更高的菲涅尔体层析和高斯束层析反演方法以及基于波动方程的全波形反演方法。菲涅尔体层析和高斯束层析都是介于射线和波动方程层析之间的射线束层析方法，其理论基础都是建立在Born近似与Rytov近似理论的基础上，本质都是利用有限频来近似表达波动方程地震波传播，从而建立了走时残差与介质速度扰动之间的线性关系。这种线性关系较为精确地刻画了空间位置点对波前走时的影响，既保留了射线理论线性反演的高效率，同时又兼有波动理论的较高反演精度。成像域的波动方程层析速度分析方法（WEMVA）以波动方程作为正演算子，克服了射线理论的高频近似假设，更适应复杂模型。但相较于射线类层析，WEMVA方法的计算量巨大，更存在地下照明不均衡及泛函梯度假象（成像道集本身存在AVA效应）等问题，影响了反演的收敛速度甚至不收敛，在实际应用中因为性价比不高而较少推广。经典的数据域波动方程层析反演即为全波形反演（FWI）。FWI采用波动方程作为正演算子，可以同时预测地震数据的运动学和动力学信息，反演时可灵活利用不同的地震属性（如走时、相位、振幅或波形）以及不同策略进行实用化。比如采用相位/振幅目标泛函、瞬时相位/振幅/包络目标泛函、走时误差泛函以及多尺度反演策略等。然而，由于叠前数据（特别是陆上数据）的不完备

（缺低频和大偏移距，信噪比低等）、正演模型的不完善（正演算子无法客观描述地震波在实际介质中的传播过程）、初始模型不准确（周期跳问题）、地震子波问题（空变）等因素影响，FWI的大规模实用化还有诸多现实问题有待解决。但其完美的理论框架为复杂地质构造高精度速度建模的发展奠定了基础，指明了方向。

本书共分为8章：第1章首先对地震速度建模方法进行了回顾，重点对深度域层析速度建模方法体系及特点进行了较为系统的描述；第2章主要介绍层析反演的基本原理、数学基础和实现方式等；第3章主要介绍射线层析速度建模方法，包括理论原理及核心方法的实现；第4章介绍高斯束层析速度建模方法，重点是成像域波动方程线性化走时层析方程及核函数的构建；第5章主要介绍全波形反演速度建模方法；第6章主要介绍各向异性层析速度建模方法；第7章主要介绍层析速度建模实用化的配套技术，重点包括层位及成像道集剩余时差的自动拾取技术以及构造约束正则化方法；第8章是作者对高精度速度建模方法应用条件和发展趋势的一些看法。

本书前言由蔡杰雄执笔；第1章由蔡杰雄、于鑫执笔；第2章由周旸、郭恺、于鑫执笔；第3章由郭恺、周旸、蔡杰雄、于鑫执笔；第4章由蔡杰雄、郑浩、倪瑶执笔；第5章由何兵红、孙思宇、胡光辉、蔡杰雄执笔；第6章由郭恺、石秀林、蔡杰雄、于鑫执笔；第7章由郑浩、蔡杰雄、倪瑶执笔；第8章由蔡杰雄、郭恺执笔；全书由蔡杰雄、郭恺、于鑫负责修改与统稿。

本书内容涉及的研究项目得到了中国石化科技部、油田勘探开发事业部、石油物探技术研究院、勘探分公司、西北油田分公司、东北油气分公司、胜利油田分公司、江苏油田分公司等单位的支持。在本书的编写过程中，特别得到了石油物探技术研究院领导的指导和关心以及地震成像技术研究所同事的大力支持，同时也得到了同济大学海洋与地球科学学院王华忠教授及学生的支持和帮助。笔者在此一并表示衷心的感谢。

由于笔者水平有限，书中难免会有疏漏之处，敬请读者批评指正。

目　　录

1 绪 论

1.1 地震速度建模方法回顾

速度信息的获取主要有以下几种途径：①地震资料处理获得叠加速度和偏移速度（包括时间域均方根速度、深度域层速度以及各向异性速度等）；②垂直地震剖面（VSP）资料求取层速度或平均速度；③声波测井等井资料获得声波速度。其中，地震资料处理获得的速度能够较好地控制速度的三维空间横向变化，但纵向分辨率偏低；VSP、声波速度纵向精度高，但控制速度横向变化规律的能力较差，空间分辨率较低。因此，在地震速度建模中将地震资料与其他井资料有机结合起来处理，比如采用多井约束下的层析速度反演，既能提高速度的纵向分辨率，又能控制速度的横向变化。此外，速度建模还受到处理经验、对研究区地质认识程度等因素的影响。因此，地震速度建模是一个以良好的地震数据品质及充分的地质、测井等资料为基础，与具体偏移成像方法相关联的、处理解释一体化的综合分析过程。

地震数据包含的基本信息是时距关系决定的波前面的走时和波阻抗变化引起的波前面上的子波振幅变化。走时信息是波传播的累积效应。波前面上的子波振幅变化是承载在走时信息上的速度（波阻抗）突变的反映。走时对应速度场的背景变化，子波振幅变化对应速度场的跃变。相对应的，常规速度估计方法（叠加速度分析、剩余曲率分析、层析反演等）大多利用走时信息来估计背景速度，全波形反演方法则同时利用走时信息和振幅信息反演精细速度模型，而偏移成像则是在已知速度模型的基础上实现对速度跃变位置及属性的估计。

速度模型精度直接决定了偏移成像质量与精度。但应用于偏移成像的速度估计并不一定要得到精细程度很高的结果，最重要的是中低波数成分的恢复。从勘探地震学中速度建模方法的发展历史可以看出，常规速度估计方法主要是围绕背景速度这一主题：①水平层状常速介质假设下基于 CMP 道集的 NMO 叠加速度分析（Dix，1955；Malovichko，1979）和基于叠前时间偏移（PSTM）动校反动校的速度分析方法（Deregowski，1990）；②深度聚焦速度分析（Doherty 和 Claerbout，1976）以及基于 PSTM/PSDM 成像道集剩余曲率速度分析（Al-Yahya，1989；Stork，1992）。这两类速度估计方法相对成熟，支撑着当前油气勘探地震速度建模基础技术体系。基于反演的速度估计方法正在成为复杂构造速度建模的主流方法，包括基于射线理论的叠前深度偏移（PSDM）成像道集层析反演、基于波动理论的波动方程偏移速度分析以及全波形反演等。这些基于反演理论的偏移速度估计方法主要根据两种准则判断速度是否准确：一是在成像域判断成像道集是否拉平；二是在数据域判断预测地震数据与实际观测数据是否匹配。

1.1.1 基于叠前 CMP 道集的叠加速度分析

基于双曲假设的 CMP 道集叠加速度分析是获取速度模型低波数背景成分的常用方式，该方法得到的叠加速度用来做常规处理。常规的速度分析假设地下结构为平层，CMP 道集对应的时距曲线表现为双曲型，利用一系列不同的试验速度进行扫描，在每个时间得到一系列对应不同试验速度的叠加能量或多道相关值，凡是能把双曲线校平为一条直线，对应能量达到最大的速度就是所求的叠加速度（NMO），该方法适用于速度横向变化不大或地质构造比较平缓的探区。当地层倾斜时，时距曲线方程由于地层倾角的影响而破坏了它的双曲线形状，这就需要先做倾角校正（DMO）去掉地层倾角的影响，然后进行不受倾角影响的速度分析。但是常规 DMO 是把变换成零偏移距的结果放在炮检中点的位置上，因此在 CMP 道集中，斜层的反射点弥散问题仍未解决，DMO 后的 CMP 道集并不代表同一点的反射信息，也就不能期望反射时距曲线是严格的双曲线。进一步发展用偏移后的数据进行速度分析可以避免该问题。

1.1.2 基于成像道集的偏移速度分析

基于成像道集来更新或判别速度的标准有两个：道集拉平和道集聚焦。前者认为，对于地下某一成像点，如果用于偏移的速度模型正确，则由不同的叠前道集数据得到的偏移成像结果是一致的，即成像道集中的同相轴应该是水平的，否则成像道集出现剩余时差。成像道集同相轴向上弯曲认为偏移速度过小，同相轴向下弯曲则认为偏移速度过大，使用该判定准则的成像速度分析方法称为剩余曲率分析法（RCA）。Al-Yahya（1989）给出了地下速度小倾角假设下的炮偏移共接收点道集的剩余时差曲线公式，Lee 和 Zhang（1992）给出了带倾角的炮偏移共接收点道集的剩余时差曲线公式，Tieman（1995）发展了适合横向变速介质的 RCA，Mosher（1997）发展了适合角度域成像道集的 RCA，张凯（2008）发展了射线参数域、角度域适合倾斜地层的 RCA，张兵（2010）将 RCA 推广到起伏地表共偏移距成像道集。剩余曲率分析方法能够进一步提高深度域速度模型精度，为层析反演速度建模提供较高精度的初始速度模型。深度聚焦分析法主要是基于零时间成像和零偏移距成像深度一致准则，该准则认为，在叠前深度偏移时，以错误的速度模型偏移到正确的深度与以正确的速度模型偏移到错误的深度是等价的。这两种速度分析方法都是基于共成像点道集进行的，实际上影响剩余时差或者聚焦好坏的是整个波传播路径相关的速度场。因此，基于成像道集剩余时差的层析反演速度方法以及基于模拟炮道集残差的波形反演方法能够更好的估计速度模型。叠前深度偏移与偏移速度分析相结合的处理方法则是对复杂构造成像的有力工具，能很好地适用于速度横向变化剧烈的复杂地质构造探区。

1.1.3 基于成像道集的层析反演速度建模

层析反演速度建模本质上是利用实测数据的走时与预测数据的走时差，通过波动方程或射线追踪反投影来更新波传播路径上的速度值，可以更精细地估计速度的变化。层析的实现域有两种，一种是在未偏移的数据域中拟合反射波或初至波观测走时来反演速度（Bishop 等，1985；Cai 等，1999），另一种是在深度成像域中拉平共成像点道集（CIG）来实现（Zhou 等，2003；Dirks 等，2005；蔡杰雄等，2017、2018）。数据域层析通过一次剩余时差的拾取来层析反投影地下模型。当地下构造复杂及叠前数据信噪比较低时，反射波剩余时差的拾取变得困难，成像结果很大程度上依赖于拾取的准确度；成像域层析通过叠前深度偏移简化了共成像点道集剩余时差（RMO）的拾取。叠前深度偏移适应复杂构造成像，因此在成像域中进行层析反演更为可靠。基于偏移后共成像点道集的层析方法在原理上与数据域反射层析是一致的，但是在偏移后的道集中绕射能量基本归位，波场的干涉和扭曲现象大大减少，偏移过程的数据叠加使得随机噪音得到压制，数据更容易解释。因此基于偏移后成像道集的层析反演速度建模方法相较数据域的反射波层析有较大的优势。基于反射波的成像道集层析反演速度建模技术，将成像道集的剩余时差根据射线路径进行更新，可实现对整个速度模型进行迭代更新。

1.1.4 基于叠前道集及成像道集的各向异性参数反演

当前各向异性走时反演和速度分析方法已经广泛应用于各向异性参数的估算，这些方法大多数是通过分析非双曲时差公式中的高阶项来获得时间域的 NMO 速度和非椭圆参数 η，从而建立用于时间偏移的初始速度模型和各向异性模型。为了获取更高质量的各向异性参数，类似于成像域层析速度反演一样，可以在共成像点道集上进一步开展各向异性层析精细建模。当用于偏移的速度和各向异性参数准确时，相应的共成像点道集呈现拉平形态，当速度和/或各向异性参数不准确时，共成像点道集出现剩余深度差。基于叠前道集的非双曲时差叠加分析获取各向异性初始模型，进一步利用各向异性层析方法同时更新速度和各向异性参数，从而使成像道集拉平，实现了各向异性参数反演。

通过成像道集的剩余时差进行各向异性参数层析反演主要包括以下四个部分：①剩余时差拾取技术；②各向异性射线追踪技术；③各向异性层析方程建立技术；④各向异性层析矩阵求解技术。

各向异性层析反演（以 VTI 和 TTI 介质为主）主要更新 $v_{\mathrm{P_0}}$、ε、δ 三个参数，因此在解方程之前还需获得剩余时差 $\Delta\tau$ 和反演矩阵。通过剩余曲率分析确定一个时窗，在时窗内自动拾取剩余深度，对于每个要拾取的 CDP 点，需要所需拾取的层位数、对应的剩余曲率以及初始深度，利用公式 $z_{\mathrm{m}} = \sqrt{\frac{x^2}{4}(\gamma^2 - 1) + \gamma^2 z^2}$ 计算剩余曲率约束曲线。并对成像点的每一道理论深度约束曲线附近开一个窗，用滑动时窗内的值与上一道进行相关，找到最大相关值对应的窗口滑动量 τ，进而确定下一道拾取的成像深度 $z_{\mathrm{m}} = (n + \tau)d_{\mathrm{z}}$，其中 d_{z} 为深度采样间隔。对共成像点道集的所有道循环完成该成像点偏移深度的自动拾取。利用理论深度和偏移深度便可以求出每一道的剩余深度差。剩余深度差和剩余时差的转换关系为 $\Delta\tau = 2s_{\mathrm{m}}\Delta z\cos\theta\cos\phi$，可得到剩余时差。通过倾斜界面梯度的扫描得到的反射点法向量可以确定反射点处射线追踪的射线出射方向。计算反射点处的界面倾角，得到反射点法线方向，结合入射角就可得到反射角和透射角，然后通过射线追踪得到每个网格内的射线路经和射线长度，最终形成矩阵。常用的求解线性方程组的方法主要分为两大类：分析法和代数重建法。其中分析法包含 Radon 变换法、傅里叶投影法（Fourier Projection）和滤波反投影法（Filtered Backprojection）等；代数重建法包含矩阵反演法、ART 法、SIRT 法、LSQR 法等。利用层析反演进行更新的 $V_{\mathrm{P_0}}$、ε 和 δ 对走时的影响程度不同，反演更新量的量级也不同，因此需要对这三个参数的敏感度进行分析以确定反演策略。

速度与各向异性建模是一个结合地质信息进行处理和解释的、递进式的综合过程。递进式各向异性参数建模流程可以对深度域速度模型和各向异性模型进行有效的修正，并得到高质量的反演结果和偏移剖面。在对各向异性模型参数扰动在不同传播角度上引起的走时误差分析的基础上，提出了一种合理的反演速度和各向异性参数的策略，即先利用中近偏移距的成像道集信息反演 $V_{\mathrm{P_0}}$，多次层析迭代后将 $V_{\mathrm{P_0}}$ 固定，之后利用中远偏移距数据信息反演 ε，由于 δ 对走时很不敏感，因此不建议利用走时层析反演 δ。δ 的获取可通过其他方式获得，如结合井资料和地表数据得到 δ 的分布。由于速度和各向异性参数之间的差异性太大，传统层析不足以将二者进行解耦，为了降低解的不确定度，需将井信息（如 VSP 数据、测井速度和 check shot 信息）和地质信息的约束加入到各向异性层析反演框架中，从而建立精度和可靠性更高的各向异性模型（图 1－1）。

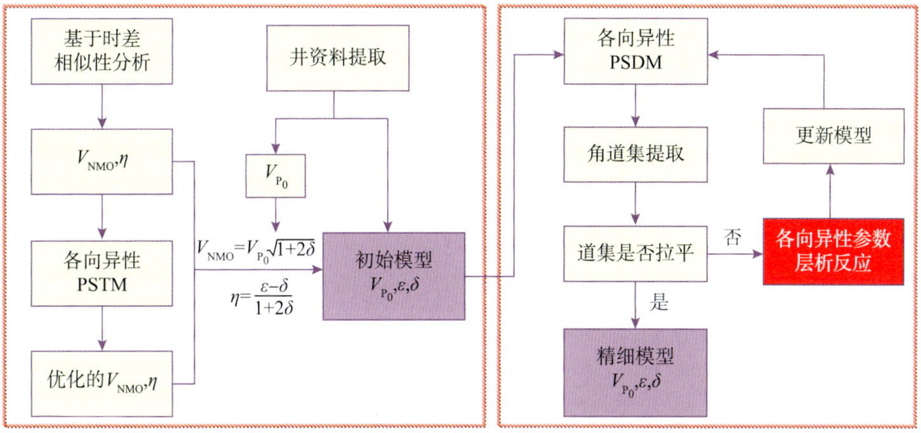

图 1－1 递进式各向异性速度建模流程

1.2 深度域层析反演速度建模方法体系与分类

层析成像（也叫层析反演）最早成功应用于医学领域。20 世纪 80 年代开始，地震层析反演技术才逐渐引入到地球物理领域，直到 20 世纪 90 年代，地震层析成像才成为地球物理学界的研究热点。

从方法体系来看，地震层析成像技术主要包括走时层析和波形层析。传统的地震走时层析成像技术主要是通过解释地震波到达时或者利用地震波某一震相信号的时差来反演地下介质属性分布。除反演介质的速度分布外，还包括反演介质各向异性及 Q 值等。传统的走时层析成像技术的目标函数与速度扰动之间为拟线性关系，非线性程度较弱，对初始模型要求不高。由于其相对的高效性，目前全球不同地区的地下结构主要是通过地震波走时层析成像建立起来的，这些对于研究地球起源、板块构造运动机制等均具有重要意义。在地震勘探学领域，走时层析成像技术也被广泛应用，例如用初至波或折射波走时层析反演近地表速度结构、利用反射波走时层析反演中深层速度、利用井间透射波走时层析反演两井之间储层的精细结构、利用 VSP 资料中的下行或上行地震波走时层析反演井旁有限区域的速度结构、利用共成像点道集进行叠前深度偏移剩余曲率速度分析等。

层析反演速度建模的实施涉及到两个问题，即正问题所采用的理论是基于射线还是基于波动，以及所输入的数据空间（成像域或数据域）、数据属性（走时、振幅、相位或波形）和数据类型（折射波、初至波、透射波、反射波等）。现有主流的层析成像方法可以从成像域和数据域展开，分别总结和评价基于波动理论和基于射线理论的速度层析反演方法特点。整体可以概括为：①基于射线理论的层析偏移速度反演方法发展较为成熟，在实际应用中已经实现自动化层析（层析控制点的自动拾取、RMO 的自动计算、利用某些相似性准则自动筛选数据等）。然而，射线理论的固有问题（阴影区、多路径问题）限定了该方法的反演精度和在复杂速度模型中的适用性，因而反演效果仍然有待改善。②波动方程偏移速度分析（WEMVA）方法以波动方程作为正演算子，克服了射线理论的高频近似假设；其提取的成像道集（扩展成像条件）可实现自动化反演，可适用复杂模型的速度估计。其反演精度理论上优于射线类层析方法。但是，相较于射线类层析，WEMVA 方法的计算量巨大，更存在地下照明不均衡及泛函梯度假象（成像道集本身存在 AVA 效应）等问题，影响反演的收敛速度甚至不收敛，在实际应用中较少推广。③数据域射线层析与成像域射线层析的理论问题一样，基于高频射线理论，对初始模型的精度要求较低，但反演精度不高，只能反演大尺度的速度异常，对低速异常体不敏感。为提高反演精度及改善层析矩阵的稀疏性，出现了胖射线层析、菲涅尔体层析等。不管是射线层析还是菲涅尔体层析，考虑到走时扰动对速度扰动的非线性性程度较弱且对初始模型精度要求较低，这类方法更多的还是利用地震数据的走时信息进行速度反演。为改善层析矩阵的稀疏性，胖射线层析（Vasco 等，1995）将射线加宽，考虑波传播是有一定宽度的，但这仅仅是一种感性认识，并没有严格的理论基础，不能定量描述层析正问题。Yomogida（1992）提出的菲涅尔带反演方法，在改善射线层析矩阵稀疏性的同时，兼顾了地震波在菲涅尔体内的有限频效应（刘玉柱，2010）。不管是射线层析还是菲涅尔体层析，考虑到走时扰动对速度扰动的非线性性程度较弱且对初始模型精度的要求较低，这类方法更多的还是利用地震数据的走时信息进行速度反演。④经典的数据域波动方程层析反演即为全波形反演（FWI）。由于采用波动方程作为正演算子，因而可以同时预测地震数据的运动学和动力学信息，反演时可灵活利用不同的地震属性（如走时、相位、振幅或波形）。因此，FWI 在实用化过程中发展出了多种解决方案，如相位/振幅目标泛函（Bedner 等，2007）；瞬时相位/振幅/包络目标泛函（Bozdag 等，2011；Chi 等，2013；Wu 等，2014），波场能量目标泛函（Jeon 等，2014）；走时误差泛函（Luo 和 Schuster，1991）；以及多尺度反演策略（Bunks 等，1995；Sirgue 和 Pratt，2004）；对数波场 FWI（Shin 和 Min，2006）等。然而，由于叠前数据（特别是陆上数据）的不完备（缺低频和大偏移距，信噪比低等）、正演模型的不完善（正演算子无法客观描述地震波在实际介质中的传播过程）、初始模型不准确（周期跳问题）、地震子波问题（空变）等因素的影响，FWI 常常难以反演出高分辨率的速度场，甚至是不收敛。

上述前两类方法属于成像域速度反演方法，主要利用反射数据的走时信息，对初始模型的依赖性较低。该方法仅能反演速度模型的低波数成分，因而主要用于背景速度建模，为偏移成像服务及为更高精度的反演方法（如 FWI）提供初始模型。后两类方法属于数据域速度反演方法，可选择利用走时、相位、振幅或波形属性，理论反演精度较高。但受到叠前数据复杂波场及低信噪比的影响，难以准确高效地自动拾取所需的特征波。且从偏移成像的角度看，数据域反演的速度模型无法最直观地体现为偏移成像质量的改进。

1.2.1 射线层析

根据地震波传播理论，地震层析成像可分为射线层析和波动方程层析两大类。波动方程层析方法能充分利用地震波走时、振幅、相位和频率等全波形记录，大大增加了所研究介质的信息量，能提高分辨率和减少由于透射角不全所造成的假象。但在实际应用中，波动方程层析仍存在一些困难和问题，如散射数据的提取、对波形产生严重影响的各种干扰因素的消除，震源信号、介质吸收、检波器耦合等问题。射线方法是对波动方程的高频近似假设，是研究地震波传播理论的一个重要途径，常用于研究复杂构造和不均匀介质中的地震波传播、偏移及反演中。而射线层析虽仅用了地震波走时信息进行层析反演，但方法原理简单，干扰因素较小，只要能充分利用可观测空间和介质的先验信息，采用误差较小的反演算法，就可以获得满意的效果。目前射线层析在层析反演实际应用中占主要地位。

试射法和弯曲法是传统射线追踪方法的代表，是数据域层析的经典方法。试射法是最早提出和使用的射线追踪方法，在数学上描述为初值问题：即已知射线的初始震源点和初始出射方向，求地震波传播的射线路径。具体作法是从震源点出发，给定一系列的出射角，逐段追踪计算各射线的路径，把满足一定误差条件的最靠近接收点位置的射线作为实际的射线路径。但是当介质速度结构较复杂时，很难确定震源点到所有接收点的射线路径，而且该方法计算费时，又不能模拟散射射线和阴影区。弯曲法基于时间稳定原理，属于数学上的二点边值问题。地震波从震源点到接收点传播的路径，是在真实射线路径附近变动的所有路径中能使波的走时最小或稳定的路径。若震源点和接收点给定，先给出射线路径的初始猜测值，再用变分求泛函极值的有关算法，逐次迭代修正射线路径，直至收敛于真实射线路径。弯曲法相对试射法效率稍高，但可能会陷入局部收敛，得不到全局极小解。

基于偏移成像道集的射线类速度层析反演方法无疑是目前石油工业界应用的核心技术。基于射线理论的成像域层析速度反演的基本过程是首先自动拾取 CIG 的剩余时差(RMO)，然后通过射线追踪计算射线路径并构造相应的层析线性方程，求解方程实现剩余时差的反投影从而估计速度更新量。通常而言，层析速度反演一般在偏移距域或角度域成像道集中实现，相对于偏移距域，角度域层析更有优势（射线出发角确定，无需费时且不稳定的两点射线追踪匹配地表偏移距，避免了多路径等问题）。基于射线理论的层析速度反演方法技术相对较为成熟，在实际应用中已经基本实现自动化（包括剖面上自动判断/拾取层析控制点、自动计算界面倾角、成像道集上自动筛选数据并计算 RMO 等）。然而，射线理论的固有问题限定了该方法的反演精度、稳定性及适用范围，因而有必要进一步发展更加适合复杂速度模型的菲涅尔带层析或射线束层析反演方法。

1.2.2 菲涅尔带层析

20 世纪 90 年代出现了波动方程层析成像方法，波动方程层析不存在射线的高频假设，因此理论上应该有更高的反演精度。但是相对于射线层析而言，波动方程层析中速度扰动与目标函数之间往往呈现非常强的非线性关系，导致反演容易陷入局部极值而无法收敛，这就需要精度很高的初始速度模型。为了寻求一种介于射线和波动方程层析之间并兼顾两者优点的层析方法，地球物理学家们开展了大量深入细致的研究。张建中等提出了基于第一菲涅尔带定义下的胖射线层析方法，该方法虽然在一定程度上降低了射线层析矩阵的稀疏性，但其仍然束缚在射线理论的框架内，无法回避射线层析存在的理论假设，Dahlen（2000）与 Zhao（2007）等建立了有限频层析成像理论，该理论针对带限地震波的事实，考虑地震波在非均匀介质中的绕射引起的波前弥合效应，在 Born 与 Rytov 近似的理论基础上，建立了走时残差与介质速度扰动之间的线性关系。这种线性关系较为精确地刻画了空间位置点对波前走时的影响，这种影响可以用 Frechet 核函数表示。有限频层析既有射线理论线性反演的高效率，同时兼有波动理论的高反演精度。在有限频理论中，带限地震波的传播能量主要分布在第一菲涅尔带内，把加入第一菲涅尔带限定的 Frechet 核函数称为菲涅尔带层析核函数，并据此提出了菲涅尔带（体）走时层析反演方法。

在菲涅尔带走时层析中，地震波是沿着激发、接收点间的一个类似“管道”的空间传播的，这个传播的空间定义为菲涅尔带。如图 1－2（a）所示，位于 S 点的震源激发带限地震波，位于 R 处的接收点的波场可以表征为波场在 SR 之间的 F 面上的积分。理论上的积分波场为全波场，但是在反向散射场远小于入射波场时，可以认为积分波场为入射波场，即 Kirchhoff 近似。在这种近似下，接收点波场是在 F 上的不同点的散射波在接收点 R 处的叠加，积分路径如图 1－2（a）所示。此时离中心射线较近的点的散射波场与直达波基本认为是同相位的，而远离中心射线的点的散射波与直达波则有较大的相位差别。在均匀介质中，上文所定义的范围如图 1－2（b）中心白色部分所示，其展示了前四个菲涅尔带的分布范围，不同的颜色代表这部分对走时产生相反的贡献。除第一菲涅尔带之外，相邻的菲涅尔带产生的走时扰动基本相互抵消，因此速度扰动引起的走时扰动主要发生在第一菲涅尔带中。

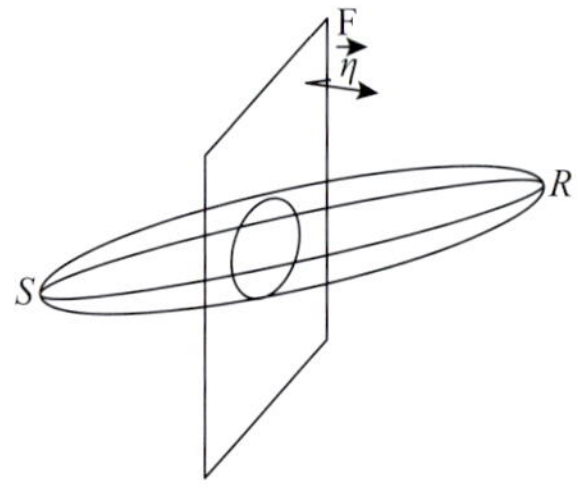

(a)波沿第一菲涅尔带的传播路径

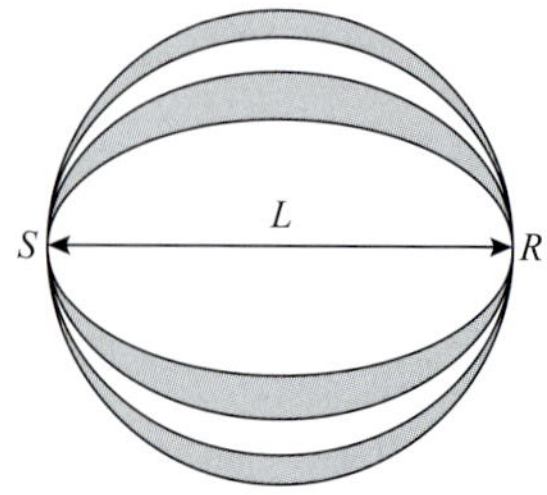

(b)均匀介质中多阶菲涅尔带示意图

图 1－2　菲涅尔带走时层析反演法

基于频率域有限差分法的菲涅尔带层析反演方法可以有效提高反演的计算精度与效率。相对于射线层析而言，该方法提供了更为可靠、准确的走时残差信息，基于 Rytov 近似的走时残差不会受到射线聚焦与散焦的影响。在频率空间域，该方法可以方便地筛选不同的频率范围进行层析，通过这种不同频带的结合可以有效地反演高波数与低波数的速度扰动。该方法摒弃了射线层析的无限高频近似，同时建立了速度扰动与走时残差的线性关系，因此兼有射线层析计算效率高与波动层析无高频假设的优点，不仅具有较高的反演精度与分辨率，同时拥有较高的反演计算效率。不断提高三维菲涅尔体走时层析的计算效率同时对菲涅尔体振幅层析的进一步研究与应用是以后的主要研究方向。

1.2.3 高斯束层析

射线层析理论简单并且计算效率高，已经在生产实践中得到广泛的应用。但传统的射线仅能覆盖有限区域，构建的层析矩阵非常稀疏，存在较大的零空间，使得反演方程的求解存在极大的不适定性，影响成像分辨率。胖射线层析、菲涅尔体层析、高斯束层析等都是介于常规射线理论和波动理论之间的一种折中方法。胖射线层析从射线层析向波动层析走近了一步，但其理论基础不够严格，仅仅是对波动理论感性认识的结果。菲涅尔体层析方法利用射线周围的波动性质来同时拟合走时和波场的振幅，本质上是建立在第一菲涅尔带空间限制的有限频层析，是射线层析和全波形反演的折中。高斯束层析同样是介于射线类层析和波动方程类层析之间的一种速度建模重要手段，兼具了计算效率高和过程稳定的优势。高斯束方法的理论基础结合了动力学射线追踪和傍轴近似方法，是波动方程在射线中心坐标系下的高频近似解。高斯束方法起初在地震勘探中应用于偏移成像，形成精确高效的高斯束深度偏移方法，在改进积分类偏移方法精度的同时，保留了 Kirchhoff 积分偏移的灵活性及高效性。考虑到高斯束方法的这些优点，运用高斯束算子求解成像域有限频层析核函数可以有效计算波路径，从而代替射线路径，减少射线层析方程的病态性，提高反演精度与稳定性。

高斯束在层析反演速度建模中的应用起步较晚。Semtchenok 和 Popov（2009）等最早提出了高斯束层析方法，利用高斯束展布范围内的射线合并建立一个层析方程，对于一个炮检对通过建立多个层析方程来减少层析方程的病态性，在一定程度上提高了反演精度和分辨率，且兼容了传统射线层析计算速度快，相对稳定的优点。但是 Popov 利用高斯束计算的局部波场振幅作为加权系数的推导过程的理论基础不够严格。刘玉柱（2014）等在数据域波动方程速度反演中采用高斯束取代波动方程计算格林函数，有效地提高了工作效率。而后，李辉（2016）等对高斯束层析方法进行了深入研究，提出了基于高斯束的有效层析算法。基于高斯束核函数建立的层析反演方程能大大减弱层析矩阵的病态性，提高反演的稳定性。蔡杰雄（2017）等从波动方程的 Born 近似和 Rytov 近似出发，发展成像域的波动方程线性化反演方法，利用高斯束高效计算波路径层析核函数，提供了一种新的成像域射线束层析反演的思路。基于高斯束算子的波路径层析方法，结合高斯束叠前深度偏移，能够直接提取高信噪比的角度域共成像点道集用于高斯束层析速度建模，建立偏移与层析的一体化流程，可形成具有典型特征波成像特点、适应低信噪比数据的成像与建模工具。

1.2.4 波动方程层析

基于射线理论的层析成像方法主要利用走时信息，利用地震波的信息有限，仅反演低波数背景模型。为了寻找具有更高分辨率的地震层析成像方法，回归到利用波动方程理论，基于求解标量波动方程或弹性波方程来建立地震层析成像理论是一种自然的选择。20世纪80年代就已经出现波动方程层析成像方法。在层析成像提出的最初，由于受制于计算条件使得基于射线理论的层析成像方法占据了绝对的主导地位。随着近年来数值建模技术的发展和计算能力的快速提高，数值求解波动方程模拟地震波在大区域甚至是全球尺度下的复杂介质以及三维真实非均匀介质中的传播的方法已经成为当前的主流方法，一大批高精度，高效率求解全波方程的数值算法不断更新。在这些算法的基础上，基于求解波动方程的层析成像方法也不断进步。由于波动方程层析不需要高频以及弱散射近似，在理论上比射线走时层析具有更高的反演分辨率。如果观测孔径足够大，波动方程层析反演的空间分辨率可以达到波长的1/3。波动方程层析可以在频率域内实现，其优点是可以只利用几个频率成分，效率相对较高，且可以方便地考虑地震波随频率的不同衰减变化，但利用的频率需要精心选择，且比较难以适应起伏地表。

波动方程层析尽管在理论上具有更高的反演分辨率，但需要计算地震波的正向传播以及剩余波场的反向传播，还需要计算两者的相关沿时间的积分，计算效率很低。其反演的目标函数和速度扰动之间表现为强烈的非线性关系，对初始模型要求很高，再加上地震子波反演困难、地震信号的信噪比较低、实际地震波传播难以准确表述等诸多现实问题，严重制约了波动方程层析在实际地震反演中的应用。

2 层析反演基本原理

层析成像（tomography）是依据在物体外部观测到的数据建立起物体截面图像的技术。这一技术最先被用于医学，随后拓展到地震勘探等其他领域。地震层析成像是通过对观测到的地震波各种震相的运动学（走时、射线路径、射线长度等）和动力学（波形、振幅、相位、频率等）资料的分析，反演由大量射线覆盖的地下介质的结构、速度分布及弹性参数等重要信息的一种地球物理方法。按研究区域的尺度可分为全球层析成像、区域层析成像和局部层析成像；按所用资料的来源可分为天然地震层析成像和人工地震层析成像；按所依据的理论基础一般分为基于射线方程的层析成像和基于波动方程的层析成像，基于射线方程的层析成像按射线追踪时所用的地震波资料的不同又可分为体波（直达波、反射波、折射波）和面波层析成像；按反演的物性参数可分为利用地震波走时反演地震波速度的波速层析成像以及利用地震波振幅衰减反演地震波衰减系数的层析成像。

基于射线理论的层析成像发展较早，技术方法比较成熟，是目前地震层析成像的主要方法。该方法虽然具有走时信息较高的信噪比、柱面波和球面波走时规律都相同等优点，但是射线理论只适用于波速在一个波长范围内变化很小的区域，因此它在应用上存在局限性。而基于波动方程的层析成像方法不存在这个问题，但需要超大规模的二维数值计算，目前还无法大规模实用化。波动方程包含了地震波场的全部信息，比仅利用走时资料的射线追踪层析成像更能客观地反映地下结构的信息，因此是未来地震层析成像的重要发展方向。

2.1 层析反演的理论基础

层析反演理论基础起源于奥地利数学家 Radon（1917）提出的 Radon 变换图像重建理论，而后被引入地球物理成像。常规层析成像的理论基础是 Radon 变换：

$$u(\rho,\theta) = \int_L f(x,y)\,\mathrm{d}s \qquad (2-1)$$

式中，(x,y) 是空间点坐标；$f(x,y)$ 是关于坐标的图像函数；$u(\rho,\theta)$ 称为投影函数，是入

射波以角度 θ 射入，经过传播后投影到观测点位置 ρ 处得到的；L 是传播路径。

1917 年，数学家 Radon 证明：若已知所有入射角 θ 的投影函数 $u(\rho,\theta)$，就可以唯一地恢复图像函数 $f(x,y)$ 。也就是说，投影函数反映了信号所穿过区域的信息，类比到走时层析反演中，反射波沿射线路径传播可以携带着地下介质参数特征（如速度、阻抗等），接收点采集到的数据信息理论上就可以重建地下构造，类比于医学 CT 可以很好地理解，就是利用投影函数来重建图像函数。在地震走时层析中，沿着射线路径的积分，求取走时信息，再通过实际数据中的走时信息，和射线追踪正演得到的积分路径进行对比，不断迭代更新可以反演地下速度场的信息。

首先在声波介质下，走时可以看做是介质慢度在射线路径上的积分：

$$t = \int_s^r s(x,z)\,\mathrm{d}l \tag{2-2}$$

式中，(x,y) 表示地层纵界面上的坐标；t 表示从震源 s 到检波点 r 的走时；$s(x,z)$ 表示介质的慢度函数；$\mathrm{d}l$ 表示射线路径的微分。

根据惠更斯原理，影响射线路径的因素有波的类型；和介质参数，从式（2－2）中可以看出，介质慢度对传播路径有影响。这里需要注意的是：式（2－2）中的 t 和 s 并非线性关系，因为路径 l 也受；慢度 $s(x,z)$ 的影响。

由此可见，当介质慢度 $s'(x,z)$ 发生改变时，地震波的传播射线路径也改变，相应的走时也改变（ t' ），即有：

$$t' = \int_s^r s'(x,z)\,\mathrm{d}l' \tag{2-3}$$

用式（2－3）减去式（2－2），得：

$$t' - t = \int_s^r s'(x,z)\,\mathrm{d}l' - \int_s^r s(x,z)\,\mathrm{d}l \tag{2-4}$$

左边可以得到慢度改变前后的走时差，即：

$$\Delta t = \int_s^r s'(x,z)\,\mathrm{d}l' - \int_s^r s(x,z)\,\mathrm{d}l \tag{2-5}$$

考虑到每次迭代慢度变化不大，可以忽略射线路径的变化，则式（2－5）可写成：

$$\Delta t = \int_s^r [s'(x,z) - s(x,z)]\,\mathrm{d}l \tag{2-6}$$

即：

$$\Delta t = \int_s^r \Delta s(x,z)\,\mathrm{d}l \tag{2-7}$$

将式（2－7）离散化，写成矩阵的形式：

$$\boldsymbol{A}\Delta s = \Delta T \tag{2-8}$$

式中，$\boldsymbol{A}$ 为 Frechet 微商矩阵（或称灵敏度矩阵），矩阵非零值可以表示射线路径。假定由界面位置变化而引起的深度扰动很小，可以认为 $\boldsymbol{A}$ 值不变化。

进一步可以矩阵 **A** 写成形式为：

$$\begin{bmatrix} l_{11} & l_{12} & l_{13} & \cdots & l_{1N} \\ l_{21} & l_{22} & l_{23} & \cdots & l_{2N} \\ l_{31} & l_{32} & l_{33} & \cdots & l_{3N} \\ \cdots & \cdots & \cdots & \cdots & \cdots \\ l_{M1} & l_{M2} & l_{M3} & \cdots & l_{MN} \end{bmatrix} \begin{bmatrix} \Delta S_1 \\ \Delta S_2 \\ \Delta S_3 \\ \cdots \\ \Delta S_5 \end{bmatrix} = \begin{bmatrix} \Delta T_1 \\ \Delta T_2 \\ \Delta T_3 \\ \cdots \\ \Delta T_5 \end{bmatrix} \tag{2-9}$$

式中，l_{ij} 表示第 i 条射线穿过第 j 个网格的射线长度；ΔS_j 为第 j 个网格慢度残差；ΔT_j 为第 j 个网格走时残差。式（2－9）即为反演方程组，已知走时残差 ΔT 和射线长度 l 即可以求得用于修正速度模型的慢度残差 ΔS 。由于线性反演方程组的成立需要前提条件：慢度发生微小扰动变化时，射线路径不发生变化，所以这种层析反演的解只能反映地下介质的低频背景信息，获取高频信息成份比较困难，网格划分不能太细。

A 是一个 $\boldsymbol{M} \times \boldsymbol{N}$ 的大型的稀疏矩阵，而反演方程组是一个大型的稀疏线性方程组。数学上，求解大型稀疏线性方程组的有很多种，比如奇异值分解、共轭梯度（CG）、最小二乘奇异值分解等等。本书后续会介绍代数重建、联合迭代重建和最小二乘奇异值分解法、带阻尼最小二乘奇异值分解（带阻尼 LSQR）等几种算法。

2.2 层析正问题的构建

层析正问题即通过射线追踪计算的射线长度、射线路径和射线旅行时构建层析反演矩阵。在勘探地震学中，射线追踪技术是应用最广泛的研究波动传播问题的方法，它在地震层析成像、模型试算、反演方面取得很好的效果。射线追踪算法有不同的分类标准，一般将射线追踪算法分为全局算法以及局部算法两类。全局算法，顾名思义就是将空间中所有的点都考虑在内，包括点的走时和射线路径；而局部算法考虑的只是两个点之间的走时以及射线路径。根据研究对象的不同，又可以分为初值和边值问题。前者包括的方法有解析法、打靶法等，后者包含的方法有弯曲法、扰动法等。除此之外，还可以根据所需介质的不同，将其分为离散介质追踪法（四方网格打靶法和矩阵三点扰动法等）和连续介质追踪法（弯曲法和扰动法等）。

2.2.1 射线传播基本原理

2.2.1.1 费马原理

费马原理最初是在光学领域发现的，也叫最小光程原理，它规定了波传播的唯一路径。费马原理较为通俗的表达是这样的：波在各种介质中的传播路线，满足所用时间为最短的条件。波从一点传播到另一点，波只能沿实际路线传播，而不会沿其他任意路线传播。费马原理可以理解为：波沿实际路线传播需要的时间比沿假想路线传播需要的时间短。

2.2.1.2 惠更斯原理

惠更斯原理的核心思想是：介质中任意一处的波动状态是由此处的波动决定的。地震波在介质中的传播实质上是振动在介质中的传播，这个过程靠的是相邻的介质部分相互作用。波早到的地方就可以看做是波晚到的地方的震源。简单来说就是行进中的波面上的任意一点都可以看成是新的子波源，所有子波源各自向外发出许多子波。各个子波所形成的包络面，就是原波面在一定时间内所传播到的新波面。由惠更斯原理可知，如果我们知道地震波在某一时刻的波前，就可以确定波在其他时刻的波前位置。

2.2.1.3 斯奈尔定律

斯奈尔定律最初是在光学领域中描述光的折射规律。将其应用到地震领域，综合反射定律和透射定律，扩展到水平层状介质的情况，便可以得到斯奈尔定律，斯奈尔定律又称为折射定律，在地震领域称为透射。

2.2.2 射线追踪基本方程

按照发展历程，射线追踪方法可以分为传统射线追踪方法和现代射线追踪方法。经典的传统射线追踪方法有试射法和弯曲法。现代射线追踪方法本书选取了几种比较典型的加以介绍，包括有限差分法、惠更斯波前追踪法和最短路径法。

通常来讲，经典的传统射线追踪方法包括试射法和弯曲法。试射法是从源点按任意方向先试射一条射线，然后通过计算得到真实的路径。在计算过程中需要通过迭代不断调整射线出射方向，再次对射线路径进行追踪，直到该射线能够准确到达给定的检波点。弯曲法依据的是费马原理，计算过程中出射点和观测点的位置是固定不动的，通过调整两端点之间的路径找到使走时稳定的路径，这条路径便是真实的射线路径。对于一般的介质，弯曲法的实质就是求解非线性最优化问题。由于需要求解微分方程，所以这种方法比较慢。从微分方程求解来说，试射法属于初值问题，弯曲法属于边值问题。

在大多数简单模型情况下，弯曲法迭代收敛很快，但是对于特殊界面（比如绕射点、速度梯度变化比较剧烈的地方）不容易收敛，需要的计算时间较长，而且不一定找到真解。在此情况下，我们很难分辨追踪失败的原因是模型的问题还是计算方法的问题。

2.2.2.1 程函方程

在高频近似的假设条件下，简化完全弹性波动方程，在各向同性介质中，其弹性波动方程为：

$$\nabla\Phi - \frac{1}{v}\frac{\partial^2\Phi}{\partial t^2} = 0 \tag{2-10}$$

式中，Φ 表示标量势函数；t 代表时间；v 表示波速。在高频假设的基础上，可得到程函方程：

$$|\nabla T| = \alpha \tag{2-11}$$

式中，$\alpha = 1/v$ 。当时间函数确定时，它表示一个波前面。

2.2.2.2 运动学方程

地震波射线路径总是和波前面正交，若 r 表示波前面上一个点的矢量位置，s 表示波前面变化后该点的路径长度，则可以得到：

$$\frac{\mathrm{d}r}{\mathrm{d}s} = \frac{\nabla T}{v} \tag{2-12}$$

可以得到射线的运动学方程：

$$\frac{\mathrm{d}}{\mathrm{d}s}\left(v\frac{\mathrm{d}r}{\mathrm{d}s}\right) = \nabla v \tag{2-13}$$

可以得出射线的积分方程：

$$T = \sum_S v\mathrm{d}s \tag{2-14}$$

式中，S 表示射线路径。

2.2.3 射线追踪方法概述

2.2.3.1 解析追踪法

假设地质体速度函数为二维函数 $V(x,y)$，则惠更斯原理可表示为：

$$T = \min\int_S \frac{\mathrm{d}s}{V(x,y)} \tag{2-15}$$

式中，$V(x,y)$ 是已知速度函数。为使 T 在路径上最小，转化为欧拉方程：

$$\frac{\mathrm{d}}{\mathrm{d}s}\left(\frac{1}{v}\frac{\mathrm{d}r}{\mathrm{d}s}\right) = \nabla\left(\frac{1}{v}\right) \tag{2-16}$$

式中，s 是弧长参数；r 表示以 s 为参数的路径 S；$r = [x(s), y(s)]^{\mathrm{T}}$，$\nabla(f) = \left(\frac{\partial f}{\partial x}, \frac{\partial f}{\partial y}\right)^r$。

实际中由于地下介质的速度分布比较复杂，不会满足解析法的假设条件，因此解析法适用范围较小，对速度、慢度平方是常梯度、慢度平方是多项式的情况，解析法拥有较高的计算效率和计算结果。

2.2.3.2 打靶法

打靶法属于不断循环的初值问题，求出的是数值解。如图 2－1 所示，通过不断改变角度，寻找对应的终点。地震波遵循地下介质传播 Snell 定律，打靶法不断改变射线的传播路径，直到射线与检波器相交。打靶法的缺点十分明显，很容易出现打靶盲区，即射线无法到达检波器；一般用插值的方法求与检波器相交的射线走时，这样不可避免造成较大误差；另外，打靶法所得并非最短时间路径意义下结果。

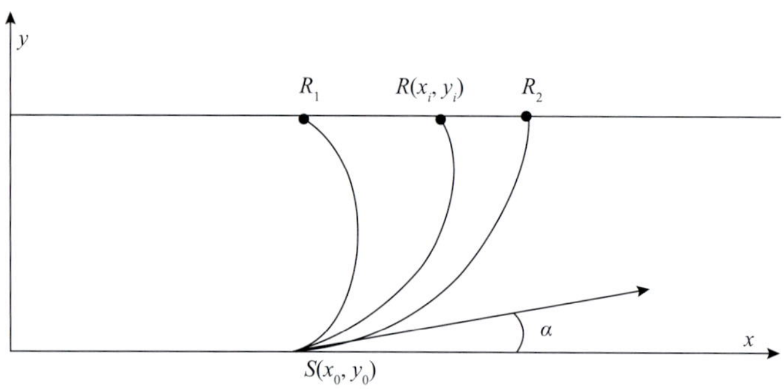

图 2－1 打靶法示意图

2.2.3.3 弯曲法

弯曲法属于边值问题的射线追踪方法。首先给出震源和检波点之间初始路径，然后对其进行修正，直到满足费马原理或射线原理为止。目前，射线法是一种迭代计算的运动学射线方程方法。在震源和检波器相距较远或地下速度较复杂的情况下，弯曲法不如打靶法。弯曲法计算流程为：先给出初始路径，然后用差分法求得校正量，并计算得到新的路径，若新路径与初始路径的差值在精度接受范围内，那么就得到了想要的射线路径，如果残差不满足要求，则根据残差继续修改校正量，直到满足精度为止。

2.2.3.4 四方网格打靶法

四方网格打靶法通常先假设一个角度，然后运用 Snell 定律得到一条理论上的射线路径，但是这条射线路径可能无法与检波点相交，因此需要不断改变入射角度，不断得到新的射线路径，直到与检波点相交为止，这样就得到了地震波真实的传播路径。四方网格打靶法主要应用于离散速度分布模型。它的基本原理是 Snell 定律，射线遇到界面发生折射时，满足：

$$\frac{\sin\alpha}{\sin\beta} = \frac{V_1}{V_2} \tag{2-17}$$

在每一个四方网格内，根据 Snell 定律和给定的初始入射角度，计算单个网格内的射线路径。最后，将所有网格的射线路径连起来，就组成了最终的完整射线路径，如图 2-2 所示。在地层分层性较好的情况下，四方网格打靶法能取得不错的效果。但这种方法的缺点是网格划分有一定的难度，并且计算速度有待提高。

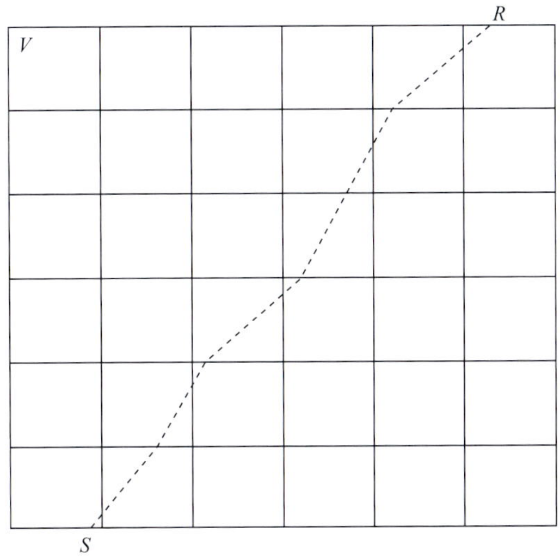

图 2-2　四方网格打靶法示意图

2.2.3.5　矩形网格三点扰动法

矩形网格三点扰动法也适用于离散速度模型，其基本原理是：假设有一条射线穿过矩形网格，射线与网格相交于若干个点，按照固定的顺序先取三个点为研究对象，固定两个端点的位置不动，多次改变中间点的位置，计算两个端点间的走时，得到两端点之间的最短时间路径。接着再向下移动端点，重复上述过程，最后得到整个空间的最短时间路径。这种方法的特点是最后得到的射线路径一定是最短时间意义上的射线路径，而且不受速度场分布的影响，避免了射线盲区。同时，四方网格扰动法只涉及加、减、乘、除及开方等简单运算，其计算速度快、效率高。

如图 2-3 所示，在矩形网格三点扰动法中，选取一条直线作为初始射线路径，直线与网格的交点分别是 $P_1, P_2, P_3, \dots$，首先选取 P_1, P_2, P_3 三个点，固定 P_1 和 P_3 点不动，扰动 P_2 点，P_2 点在其所在的网格线上滑动，直到使得 P_1 到 P_3 的走时最短为止。然后移动到其他端点，重复这个过程，最后得到了两点之间的最短时间路径。

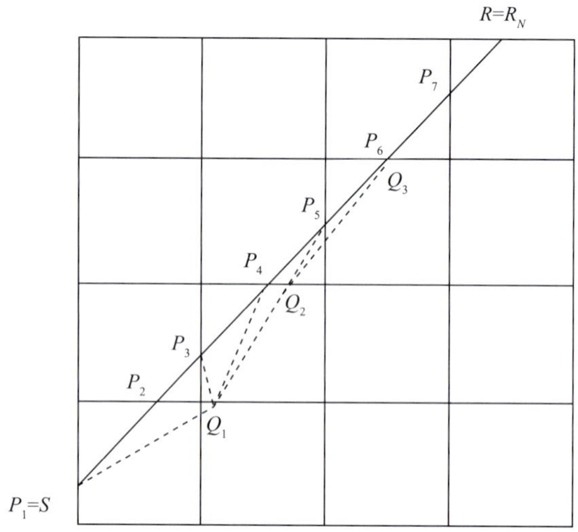

图 2－3　矩形网格三点扰动法

2.2.3.6　最短路径网络寻优法

由费马原理可知，地震波在地下的传播遵循最短时间路径原则，所谓的射线追踪就是寻找这条最短路径。因此需要将地下空间网格化，把地下介质分成许多小网格。除此之外，把炮点和接收点也当作节点，这样就可以运用网格最短路径的概念找出从震源到网络其他各点（包括检波点）的最小走时路径。在地震勘探中，各网络节点之间的权值就是地震波在节点间的走时。

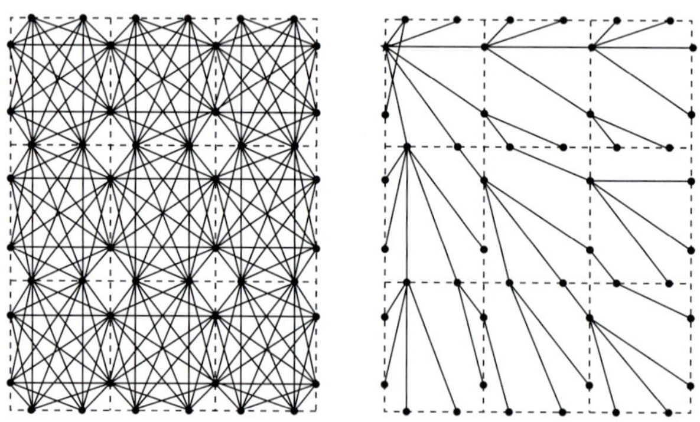

(a)网络结构　　(b)均匀介质中的最短路树

图 2－4　最短路径法示意图

从一个节点到其他节点可能会有无数的路径，如图 2－4 所示，但是最短路径只有一条，在地震勘探中，最短路径是指最短走时路径。每一条路径都是多个节点的自由组合，路径的走时是该路径上所有两个节点之间走时之和。根据费马原理，最短路径即为地震波的实际射线路径。

地震层析成像根据地表获得的走时信息，建立模型参数与走时之间的关系，射线层析计算效率高，对初始模型依赖程度低。如果用于偏移的速度模型正确，则其共成像点道集的同相轴应该是被拉平的，叠加能量最强，成像效果好；若成像道集的同相轴不是水平的，则成像效果就变差，并会出现剩余时差。基于成像域的走时层析，走时差不再依赖于叠前地震数据拾取的走时，也不需要计算炮点到检波点的射线追踪，而是以成像点作为起始点进行射线追踪。成像域射线层析速度建模利用波动方程双平方根算子迭起深度偏移提取角道集作为速度分析道集，射线追踪正演得到灵敏度矩阵，并基于剩余曲率拟合得到走时残差，实现成像域射线层析速度建模。

根据 Radon 变换走时残差可以表示为真实模型与观测模型的慢度差沿着射线路径的积分：

$$\Delta t = \int_l \Delta s \mathrm{d}l \tag{2-18}$$

式中，Δs 为真实模型与观测模型的慢度差；l 为射线路径；Δt 为走时残差。走时层析反演方程的推导，$\boldsymbol{L}_1$ 和 $\boldsymbol{L}_2$ 为慢度扰动前后射线路径矩阵，s_1 和 s_2 为扰动前后模型慢度，t_1 和 t_2 表示扰动前后射线走时，式（2－18）可以改写成：

$$\boldsymbol{L}_1 s_1 - \boldsymbol{L}_2 s_2 = t_1 - t_2 \tag{2-19}$$

假定介质慢度扰动前后射线路径扰动不大，可以近似得到 $\boldsymbol{L}_1 = \boldsymbol{L}_2 = \boldsymbol{L}$，有：

$$\boldsymbol{L}(s_1 - s_2) = t_1 - t_2 \tag{2-20}$$

层析走时反演方程可以写成：

$$\boldsymbol{L}\Delta s = \Delta t \tag{2-21}$$

式中，$\boldsymbol{L}$ 为 Frechet 微商矩阵（灵敏度矩阵），表示每个射线在网格内的长度。

2.3 层析反问题的构建与求解

通过已有数据（观测数据和初始模型）进行射线追踪得到射线路径和旅行时信息，建立速度模型与旅行时之间的联系，再通过反问题的求解得到速度模型的更新量，缩小观测数据与模拟数据之间的误差，这个过程就是层析反问题的构建与求解。由于模拟数据的有限性，构建的方程往往是欠定的，求解存在严重的多解性问题，需要引入额外的信息对反问题进行稳定性约束，这个过程称为层析反演的正则化，即加入一些先验信息（测井数据、构造解释、经验认识等）进行约束，使得求解过程向正确的方向收敛。

2.3.1 剩余曲率分析

2.3.1.1 水平层剩余曲率

当地下反射层水平时，由图 2-5 可知，即地下倾角为零，对于 Kirchhoff 叠前深度偏移生成的共成像点道集，下式成立：

$$t_r = 2\sqrt{\left(\frac{x}{2v}\right)^2 + \left(\frac{z}{v}\right)^2} \quad (2-22)$$

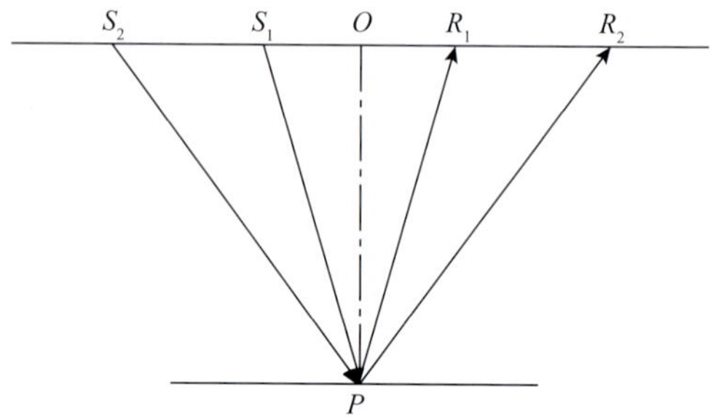

图 2-5 水平层状介质炮检关系几何示意图

式中，t_r 是信号在介质中传播的走时；v 是反射界面以上的平均速度。当用偏移速度 v_m 进行偏移时，走时变为：

$$t_{rm} = 2\sqrt{\left(\frac{x}{2v_m}\right)^2 + \left(\frac{z_m}{v_m}\right)^2} \quad (2-23)$$

因为 t_r、t_{rm} 都是地表记录到的真实走时，所以当偏移速度变化时，式（2-19）中的走时是不会变化的，变的是成像位置。因此有：

$$\sqrt{\left(\frac{x}{2v}\right)^2 + \left(\frac{z}{v}\right)^2} = \sqrt{\left(\frac{x}{2v_m}\right)^2 + \left(\frac{z_m}{v_m}\right)^2} \quad (2-24)$$

简化得到：

$$z_m = \sqrt{\frac{x^2}{4}(\gamma^2 - 1) + \gamma^2 z^2} \quad (2-25)$$

式中，$\gamma = v_m / v$。

式（2-25）描述了水平层状介质时，由于偏移速度误差引起成像道集的深度差。式中，x 表示共成像点道集的偏移距；γ 表示剩余曲率，当偏移速度正确时，成像道集被拉平，$\gamma = 1$，$Z_m = Z$，不同偏移距的成像点深度与偏移距无关；若偏移速度不正确，$\gamma \neq 1$，不同偏移距成像点深度与偏移距之间存在一定的曲线关系，通过对共成像道集进行一系列曲率值的扫描可以得到 γ 谱，再通过拾取最佳 γ 值就可以得到更新后的速度模型。

图 2-6 是式（2-24）在 $z = 2000\text{m}$ 时不同 γ 值的曲线。从上到下 γ 分别取 0.7、0.8、0.9、1.0、1.1、1.2、1.3。通过分析可知，当 $\gamma < 1$ 时，同相轴向上弯曲，呈现椭圆关系，当 $\gamma > 1$ 时同相轴向下弯曲，呈现双曲关系。当 $\gamma < 1$ 时，偏移距展布比较窄，深度对偏移距变化更敏感，因此比较少的偏移距就能够更好地确定曲线的曲率。

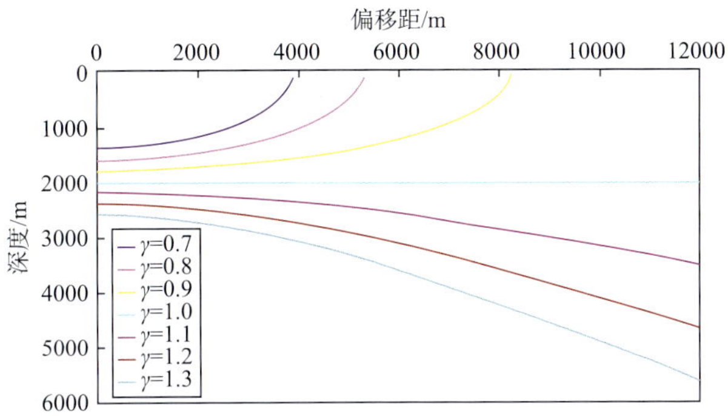

图 2-6　$z=2000$m 时不同 γ 值曲线

2.3.1.2　倾斜地层剩余曲率

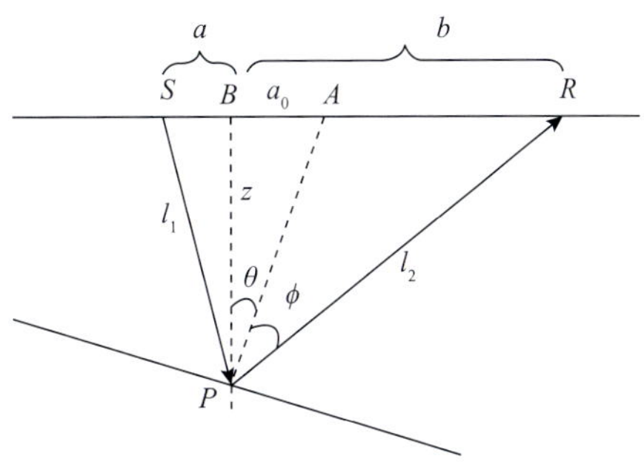

图 2-7　倾斜地层射线路径示意图

如图 2-7 可知，对于 Kirchhoff 叠前深度偏移生成的共成像点道集，其走时可以表示为：

$$t=(\sqrt{a^2+z^2}+\sqrt{b^2+z^2})/v \tag{2-26}$$

当偏移速度是 v_m 时，走时变为：

$$t_m=(\sqrt{a^2+z_m^2}+\sqrt{b^2+z_m^2})/v_m \tag{2-27}$$

因为走时是观测量，所以不变，因此有：$t_m=t$，从而得到：

$$z_m=\sqrt{\frac{\gamma^2}{4}L-\frac{a^2+b^2}{2}+\frac{(a^2-b^2)^2}{4\gamma^2 L}} \tag{2-28}$$

其中：

$$\begin{cases}L=2z^2+a^2+b^2+2\sqrt{z^4+(a^2+b^2)z^2+a^2b^2}\\ a=z\times\tan(\varphi-\theta)\\ b=z\times\tan(\varphi+\theta)\end{cases} \tag{2-29}$$

式中，θ 是偏移得到的地层倾角；φ 是偏移距道集的张角；z 是深度；a 和 b 分别是炮点和检波点到 CDP 点的距离；$a+b$ 等于偏移距；γ 是剩余曲率。

根据图 2-7，θ 为偏移时得到的倾角，φ 是未知的，需要用偏移距 x 、深度 z 和倾角 θ 来表示。根据三角形关系，可以得到：

$$z\tan(\varphi+\theta)+z\tan(\varphi-\theta)=x \tag{2-30}$$

简化得到：

$$\tan^2\varphi\left(\frac{x}{z}\tan^2\theta\right)+\tan\varphi(2+2\tan^2\theta)-\frac{x}{z}=0 \tag{2-31}$$

利用求根公式得到：

$$\tan\varphi=\frac{x/z}{\sqrt{(1+\tan^2\theta)^2+x^2/z^2\times\tan^2\theta}+(1+\tan^2\theta)} \tag{2-32}$$

式中，x 是全偏移距；θ 是倾角；φ 是半张角。将式（2－32）、式（2－27）代入式（2－28）就可以得到倾斜地层下的曲线响应。

2.3.1.3　起伏地表剩余曲率

图 2－8 是起伏地表情况下的射线路径示意图，此时走时 t_r 可表示为：

$$t_r = (SC + CR)/v \tag{2-33}$$

式中，SC 和 CR 表示射线路径；v 是层速度；O 点是 CDP 点。

等效偏移距 L_{offset} 可表示为：

$$L_{offset} = a + b \tag{2-34}$$

式中，a 与 b 表示分别炮点半偏移距和检波点半偏移距。

那么走时可进一步表示为：

$$t_r = w\sqrt{a^2 + (z - dz_1)^2} + w\sqrt{b^2 + (z - dz_2)^2} \tag{2-35}$$

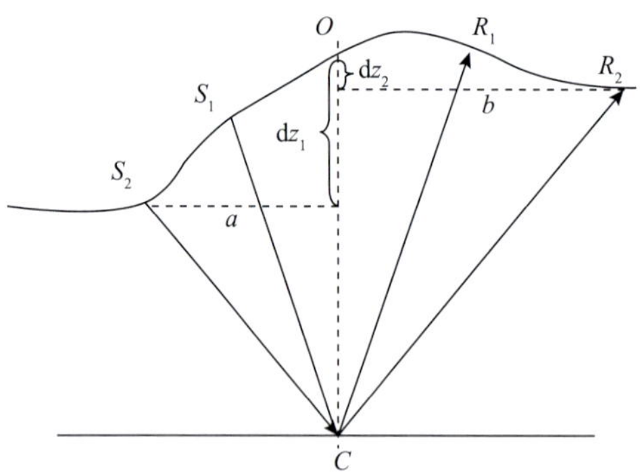

图 2－8　起伏地表射线路径示意图

根据图 2－8 所示几何关系可以得到下列等式：

$$\frac{a}{z - dz_1} = \frac{b}{z - dz_2} \tag{2-36}$$

结合式（2－33）、式（2－35）可以得到 a 和 b 的表达式如下：

$$b = \frac{L_{offset}(z - dz_2)}{2z - dz_1 - dz_2} \tag{2-37}$$

$$a = \frac{L_{offset}(z - dz_1)}{2z - dz_1 - dz_2} \tag{2-38}$$

将式（2－36）、式（2－37）代入式（2－34）得新的走时表达式：

$$t_r = \frac{1}{v}(z - dz_1)\sqrt{\left(\frac{L_{offset}}{2z - dz_1 - dz_2}\right)^2 + 1} + \frac{1}{v}(z - dz_2)\sqrt{\left(\frac{L_{offset}}{2z - dz_1 - dz_2}\right)^2 + 1} \tag{2-39}$$

即：

$$t_r = \frac{1}{v}(2z - dz_1 - dz_2)\sqrt{\left(\frac{L_{offset}}{2z - dz_1 - dz_2}\right)^2 + 1} \tag{2-40}$$

令 $\hat{Z} = (2z - dz_1 - dz_2)/2$，那么式（2－40）变为：

$$t_r = 2\frac{\hat{Z}}{v}\sqrt{\left(\frac{L_{offset}}{2\hat{Z}}\right)^2 + 1}$$

即：

$$t_r = \sqrt{\left(\frac{L_{offset}}{v}\right)^2 + \left(\frac{2\hat{Z}}{v}\right)^2} \tag{2-41}$$

当偏移速度为 v_m 时则有：

$$t_{rm} = \sqrt{\left(\frac{L_{offset}}{v_m}\right)^2 + \left(\frac{2\hat{Z}_m}{v_m}\right)^2} \tag{2-42}$$

式中，$\hat{Z}_m = (2z_m - dz_1 - dz_2)/2$。因为走时是观测得到的，所以在偏移中保持不变，改变的只是成像深度，利用两者的走时相等，从而得到如下关系式：

$$\sqrt{\left(\frac{L_{offset}}{v_m}\right)^2 + \left(\frac{2\hat{Z}_m}{v_m}\right)^2} = \sqrt{\left(\frac{L_{offset}}{v}\right)^2 + \left(\frac{2\hat{Z}}{v}\right)^2} \tag{2-43}$$

简化得到：

$$\hat{Z}_m = \sqrt{\frac{L_{offset}^2}{4}(\gamma^2 - 1) + \hat{Z}^2\gamma^2} \tag{2-44}$$

式中，$\gamma = v_m/v$。

从而得到：

$$z_m = (dz_1 + dz_2)/2 + \sqrt{\frac{L_{offset}^2}{4}(\gamma^2 - 1) + \frac{(2z - dz_1 - dz_2)^2}{4}\gamma^2} \tag{2-45}$$

式（2-45）为起伏地表剩余曲率扫描公式。

当地表水平时，$dz_1 = dz_2 = 0$，退化为平地表的式（2-45），即：

$$z_m = \sqrt{\frac{L_{offset}^2}{4}(\gamma^2 - 1) + \gamma^2 z^2} \tag{2-46}$$

由以上可以看出，扫描起始深度 $\hat{Z}$ 与炮检点和成像点的高程差结合在一起，同样的 CIG 道集，不同的 L_{offset} 有不同的 $\hat{Z}$，这样在进行剩余曲率谱的计算中要用到不同偏移距处炮检点的高程值。

2.3.2 层析方程的建立

层析反演的基本思想是将成像道集的剩余时差沿着波传播的特定路径进行反投影，得到速度模型更新量，完成速度模型的一次迭代更新。研究共成像点道集剩余时间差与剩余深度差之间的关系，并以此关系为基础建立层析方程组，进而迭代求取剩余速度。

当初始速度模型与真实模型接近时，对于共成像点道集满足如图 2-9（a）所示的关系。图中，S 是成像道集某道对应的炮点，R 是对应的检波点，A 是偏移速度的成像点，A'是正确速度时的成像位置，实线 SAR 是射线在偏移速度中的传播路径，虚线 $SA'R$ 是射线在假设真速度中的传播路径，距离 AB 是拾取的剩余深度差，ψ 是地层倾角，θ、φ 分别是偏移入射角和理论入射角，当传播路径比较长，速度误差比较小时，我们近似认为 $\theta = \varphi$，红线是共成像点位置。

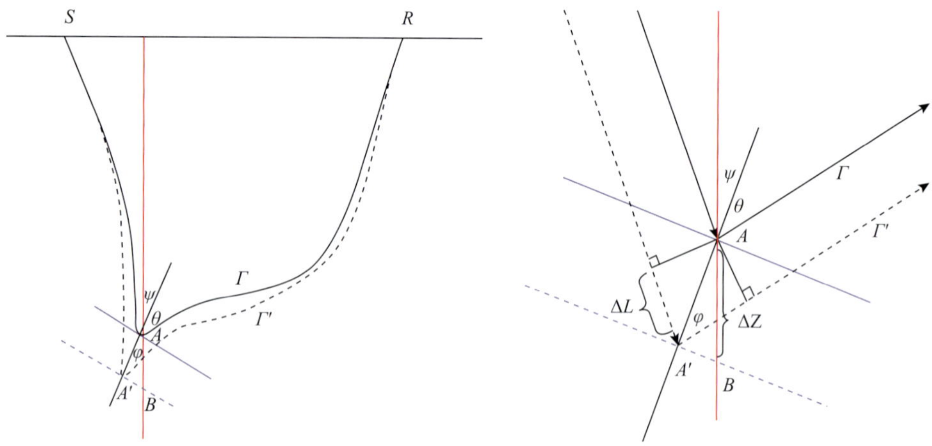

(a)复杂介质传播路径　　　　(b)成像点局部参数关系

图 2－9　共成像点道集射线路径

在反射点局部，可以假定慢度 s 是常数，又因为在远离反射点的地方两条传播路径比较接近，这样在反射点局部［图 2－9（b）］，走时扰动量等于两条路径之差乘以慢度 s。即：

$$\Delta t_{\mathrm{RMO}} = 2s\Delta L \tag{2-47}$$

式中，Δt_{RMO} 为走时扰动，在成像道集中表现为剩余走时差 RMO：

$$\Delta L = \Delta z\cos\theta\cos\psi,\ \Delta z = AB \tag{2-48}$$

将式（2－48）代入式（2－47）得到剩余深度差与走时残差的关系式：

$$\Delta t_{\mathrm{RMO}} = 2s\cos\theta\cos\varphi\Delta z \tag{2-49}$$

由式（2－49）可以看出，成像域的层析反演需要在偏移剖面上自动拾取反射轴倾角 ψ，以及成像道集上的剩余深度差 Δz。

将式（2－49）求得的 RMO 代入走时层析反演方程即可实现成像域层析反问题的建立，即：

$$\boldsymbol{A}\Delta m = \Delta t_{\mathrm{RMO}} \tag{2-50}$$

式中，$\boldsymbol{A}$ 即是第 3 章所要计算的核函数计算得到的敏感度矩阵；Δm 即是待反演的速度更新量。然而实际求解时，矩阵 $\boldsymbol{A}$ 一般是病态的，这是因为数据往往是有限的，并不足以约束所有的模型分量，破坏了反演的稳定性。因此，必须引入额外的信息对反问题进行正则化，即加入一些先验约束，使得解向所约束的方向发展。

2.3.3　层析反演正则化

正则化在地震层析反演中占有举足轻重的地位。地震层析成像中存在着严重的先天不足，地震勘探的接收方式对变换的不满足导致了非唯一解和不适定性，因此我们在地震层析成像的过程中通过正则化的方式加进了我们所有的先验知识和对解估计的某种预期，地震层析成像得到的估计解是层析反演理论和正则化联合作用的结果，我们所得到的解严重依赖于我们在正则化过程中加入的信息量。

2.3.3.1 模型正则化

层析问题在模型预条件（Clapp，2004）思想下可以表示为：

$$\boldsymbol{ASu} = \Delta \boldsymbol{d} \tag{2-51}$$

$$\Delta \boldsymbol{m} = \boldsymbol{Su} \tag{2-52}$$

式中，$\boldsymbol{S}$ 是预条件算子。先求解式（2－51），求解结果 $\boldsymbol{u}$ 代入式（2－52）即可得到最终的解 $\Delta \boldsymbol{m}$ 。预条件层析方程的阻尼最小二乘方程为：

$$\boldsymbol{S}^{\mathrm{T}}\boldsymbol{A}^{\mathrm{T}}\boldsymbol{ASu} + \varepsilon \boldsymbol{u} = \boldsymbol{S}^{\mathrm{T}}\boldsymbol{A}^{\mathrm{T}}\Delta \boldsymbol{d} \tag{2-53}$$

对应的解是方程的阻尼最小二乘解。

1）阻尼项

以一个非常小的 3×3 个网格的区域为例，对于这样的区域，参数的个数为 9 个，其排列顺序以列方向为快维：

1	4	7
2	5	8
3	6	9

（2－54）

对于阻尼型正则化方式来说，补入维数为 9×9 的矩阵，形式如下：

$$\begin{bmatrix} \lambda_1 & 0 & 0 & 0 & 0 & 0 & 0 & 0 & 0 \\ 0 & \lambda_2 & 0 & 0 & 0 & 0 & 0 & 0 & 0 \\ 0 & 0 & \lambda_3 & 0 & 0 & 0 & 0 & 0 & 0 \\ 0 & 0 & 0 & \lambda_4 & 0 & 0 & 0 & 0 & 0 \\ 0 & 0 & 0 & 0 & \lambda_5 & 0 & 0 & 0 & 0 \\ 0 & 0 & 0 & 0 & 0 & \lambda_6 & 0 & 0 & 0 \\ 0 & 0 & 0 & 0 & 0 & 0 & \lambda_7 & 0 & 0 \\ 0 & 0 & 0 & 0 & 0 & 0 & 0 & \lambda_8 & 0 \\ 0 & 0 & 0 & 0 & 0 & 0 & 0 & 0 & \lambda_9 \end{bmatrix} \tag{2-55}$$

式中，λ_1，λ_2，…，λ_9 分别是对每个参数所取的阻尼，对应每一个参数网格的权重根据射线在相应网格内的覆盖程度（包括覆盖次数和覆盖角度）决定。

在上述基础上再补入两个矩阵：一阶导数型正则化矩阵（最平坦解）和二阶导数型正则化矩阵（最光滑解）。一阶导数型正则化对于横向取一阶导数型正则化的约束方式来说，补入维数为 9×9 的矩阵，对区域的最右一列，取向后差商，其他部分取向前差商，如下所示：

$$\begin{bmatrix} -1 & 0 & 0 & 1 & 0 & 0 & 0 & 0 & 0 \\ 0 & -1 & 0 & 0 & 1 & 0 & 0 & 0 & 0 \\ 0 & 0 & -1 & 0 & 0 & 1 & 0 & 0 & 0 \\ 0 & 0 & 0 & -1 & 0 & 0 & 1 & 0 & 0 \\ 0 & 0 & 0 & 0 & -1 & 0 & 0 & 1 & 0 \\ 0 & 0 & 0 & 0 & 0 & -1 & 0 & 0 & 1 \\ 0 & 0 & 0 & 0 & -1 & 0 & 1 & 0 & 0 \\ 0 & 0 & 0 & 0 & 0 & -1 & 0 & 1 & 0 \\ 0 & 0 & 0 & 0 & 0 & 0 & -1 & 0 & 1 \end{bmatrix} \tag{2-56}$$

同理，对于垂向取一阶导数型正则化的约束方式来说，亦补入维数为 9×9 的矩阵，对于区域的最后一行取向后差商，其他部分均取向前差商，如下所示：

$$\begin{bmatrix} -1 & 1 & 0 & 0 & 0 & 0 & 0 & 0 & 0 \\ 0 & -1 & 1 & 0 & 0 & 0 & 0 & 0 & 0 \\ 0 & -1 & 1 & 0 & 0 & 0 & 0 & 0 & 0 \\ 0 & 0 & 0 & -1 & 1 & 0 & 0 & 0 & 0 \\ 0 & 0 & 0 & 0 & -1 & 1 & 0 & 0 & 0 \\ 0 & 0 & 0 & 0 & -1 & 1 & 0 & 0 & 0 \\ 0 & 0 & 0 & 0 & 0 & 0 & -1 & 1 & 0 \\ 0 & 0 & 0 & 0 & 0 & 0 & 0 & -1 & 1 \\ 0 & 0 & 0 & 0 & 0 & 0 & 0 & -1 & 1 \end{bmatrix} \tag{2-57}$$

二阶导数型正则化对于横向取二阶导数型正则化的约束方式来说，需补入维数为 9×9 的矩阵，对于区域的第一列和最后一列取一阶导数型正则化方式，对区域的中间部分取二阶导数型正则化方式，如下所示：

$$\begin{bmatrix} -1 & 0 & 0 & 1 & 0 & 0 & 0 & 0 & 0 \\ 0 & -1 & 0 & 0 & 1 & 0 & 0 & 0 & 0 \\ 0 & 0 & -1 & 0 & 0 & 1 & 0 & 0 & 0 \\ -1 & 0 & 0 & 2 & 0 & 0 & -1 & 0 & 0 \\ 0 & -1 & 0 & 0 & 2 & 0 & 0 & -1 & 0 \\ 0 & 0 & -1 & 0 & 0 & 2 & 0 & 0 & -1 \\ 0 & 0 & 0 & -1 & 0 & 0 & 1 & 0 & 0 \\ 0 & 0 & 0 & 0 & -1 & 0 & 0 & 1 & 0 \\ 0 & 0 & 0 & 0 & 0 & -1 & 0 & 0 & 1 \end{bmatrix} \tag{2-58}$$

对于垂向取二阶导数型正则化的约束方式来说，也需补入维数为 9×9 的矩阵，对于区域的第一行和最后一行取一阶导数型正则化方式，对区域的中间部分取二阶导数型正则化方式，如下所示：

$$\begin{bmatrix} -1 & 1 & 0 & 0 & 0 & 0 & 0 & 0 & 0 \\ -1 & 2 & -1 & 0 & 0 & 0 & 0 & 0 & 0 \\ 0 & -1 & 1 & 0 & 0 & 0 & 0 & 0 & 0 \\ 0 & 0 & 0 & -1 & 1 & 0 & 0 & 0 & 0 \\ 0 & 0 & 0 & -1 & 2 & -1 & 0 & 0 & 0 \\ 0 & 0 & 0 & 0 & -1 & 1 & 0 & 0 & 0 \\ 0 & 0 & 0 & 0 & 0 & 0 & -1 & 1 & 0 \\ 0 & 0 & 0 & 0 & 0 & 0 & -1 & 2 & -1 \\ 0 & 0 & 0 & 0 & 0 & 0 & 0 & -1 & 1 \end{bmatrix} \tag{2-59}$$

2）预条件光滑矩阵

光滑矩阵的一行是地下介质空间中的一个光滑函数，令此光滑函数为高斯光滑函数，不考虑地质构造时光滑矩阵中第 i 行第 j 列的元素为：

$$S_i^j = \frac{1}{(2\pi)^{3/2}\sigma_x\sigma_y\sigma_z}\exp\left\{-\frac{1}{2}\left[\frac{(x_j - x_i)^2}{\sigma_x^2} + \frac{(y_j - y_i)^2}{\sigma_y^2} + \frac{(z_j - z_i)^2}{\sigma_z^2}\right]\right\} \tag{2-60}$$

式中，x_i、y_i、z_i 分别是第 i 行高斯函数中心点空间坐标的三个分量；x_j、y_j、z_j 是第 j 列对应的空间位置的三个坐标分量；σ_x、σ_y、σ_z 是高斯函数在三个坐标方向的标准差。把地质构造特征加入光滑矩阵中，式（2-60）表达的高斯函数在三维空间平移加旋转至一个局部笛卡尔坐标系中，该局部坐标系的坐标方向标记为 $\boldsymbol{u}$、$\boldsymbol{v}$、$\boldsymbol{w}$，其中 $\boldsymbol{u}$ 与地质界面的走向一致，$\boldsymbol{w}$ 坐标轴与地质界面垂直，$\boldsymbol{u}$、$\boldsymbol{v}$、$\boldsymbol{w}$ 组成一个右手系，下文中称此坐标系为“局部地质坐标系”。在此局部坐标系中定义光滑矩阵中的高斯函数：

$$S_i^j = \frac{1}{(2\pi)^{3/2}\sigma_{ui}\sigma_{vi}\sigma_{wi}}\exp\left\{-\frac{1}{2}\left[\frac{u_j^2}{\sigma_{ui}^2} + \frac{v_j^2}{\sigma_{vi}^2} + \frac{w_j^2}{\sigma_{wi}^2}\right]\right\} \tag{2-61}$$

式中，σ_{ui}、σ_{vi}、σ_{wi} 是高斯函数在局部坐标系中的标准差。实际应用中 σ_{ui} 和 σ_{vi} 比 σ_{wi} 大，即在平行于地质界面方向的光滑范围较大，垂直于地质界面方向的光滑范围小。这样，层析反演模型参数的空间分布特征被已知的地质特征约束。

局部地质坐标系由原始笛卡尔坐标系的平移和旋转得到。原始坐标系的原点位于 $(0,0,0)^{\mathrm{T}}$，局部地质坐标系的原点在原始坐标系中位于 $(x_i,y_i,z_i)^{\mathrm{T}}$，所以坐标变换中的平移量等于 $(x_i,y_i,z_i)^{\mathrm{T}}$。平移后的坐标系通过三维旋转可得局部地质坐标系。如图 2-10 所示，首先把坐标系以 $\boldsymbol{Z}$ 坐标轴为中心旋转角度 φ，$\boldsymbol{X}$ 坐标轴旋转至与地质走向一致，此时 $\boldsymbol{X}$、$\boldsymbol{Y}$ 坐标分别写成 $\boldsymbol{X}'$、$\boldsymbol{Y}'$；然后以 $\boldsymbol{X}'$ 坐标轴为中心旋转角度 θ，$\boldsymbol{Z}$ 坐标轴旋转至垂直于地质界面的方向。旋转后的坐标系即为局部地质坐标系。旋转角度的定义为面对中心坐标轴观察时沿逆时针方向旋转的角度，如图 2-10 所示。以 $\boldsymbol{Z}$ 轴与 $\boldsymbol{X}$ 轴为中心旋转的旋转矩阵分别为：

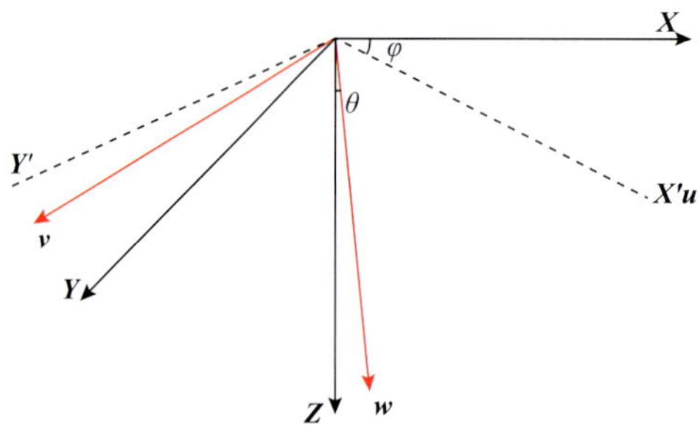

图 2－10　三维坐标旋转示意图

$$\boldsymbol{T}_z = \begin{pmatrix} \cos\varphi & \sin\varphi & 0 \\ -\sin\varphi & \cos\varphi & 0 \\ 0 & 0 & 1 \end{pmatrix} \quad (2-62)$$

$$\boldsymbol{T}_x = \begin{pmatrix} 1 & 0 & 0 \\ 0 & \cos\theta & \sin\theta \\ 0 & -\sin\theta & \cos\theta \end{pmatrix} \quad (2-63)$$

局部地质坐标系中的坐标 $(u,v,w)^{\mathrm{T}}$ 与原始坐标系中坐标 $(x,y,z)^{\mathrm{T}}$ 的关系写成：

$$(u,v,w)^{\mathrm{T}} = \boldsymbol{T}_x \boldsymbol{T}_z (x-x_0, y-y_0, z-z_0)^{\mathrm{T}} \quad (2-64)$$

式中，$(x_0,y_0,z_0)^{\mathrm{T}}$ 是局部地质坐标系原点在原始坐标系中的坐标。

从上述过程可知，构建含构造特征的光滑矩阵时需要地质构造的倾角信息以及高斯光滑函数的标准差 σ_{ui}、σ_{vi}、σ_{wi}。数值实验部分将结合具体数据给出倾角信息和标准差的提取过程。

2.3.3.2　数据正则化

层析反演中针对数据施加正则化是把我们对数据的认识加入层析反演中。层析反演中正则化关注的数据特点主要有两种。第一，类似于不同模型参数间的关系，不同数据之间也存在一定的关联性，例如单炮数据中同一波前的信号特征（如走时、振幅、相位）在不同检波点的变化应连续。第二，不同观测数据在测量过程中有不同的准确性，即不同数据的可信程度不同，例如层析反演中检测波前到达时，不同数据的检测精度不同。如何在层析过程中考虑数据的特点是数据正则化的主要任务。在基于角度域共成像点道集的层析偏移速度分析中考虑数据正则化问题。

数据之间的关联性同样可以通过对数据进行光滑加入层析反演中。此时需对相关联的数据平滑，消除它们之间由人为因素引入的突变。层析方程在考虑数据关联性后可表达为：

$$\boldsymbol{A}\Delta\boldsymbol{m} = \boldsymbol{C}\Delta\boldsymbol{d} \quad (2-65)$$

式中，矩阵 $\boldsymbol{C}$ 对数据向量 $\Delta\boldsymbol{d}$ 改造，使得相关联的数据之间变化平缓，符合物理规律。层析偏移速度分析在成像域（偏移剖面和共成像点道集）测量数据，实现反射波走时层析，具体实现方法不再赘述，可参考 Woodward（2008）和张兵（2011）的工作。层析偏移速度分析中考虑数据关联性主要包括两方面（图 2－11），一为反射点临近、反射角相同的射线对应的数据残差不应存在突变，另一为同一反射点反射角临近的反射射线对应的数据残差不应存在突变。矩阵 $\boldsymbol{C}$ 修改满足上述两个条件的数据，使数据间满足上述物理规律。

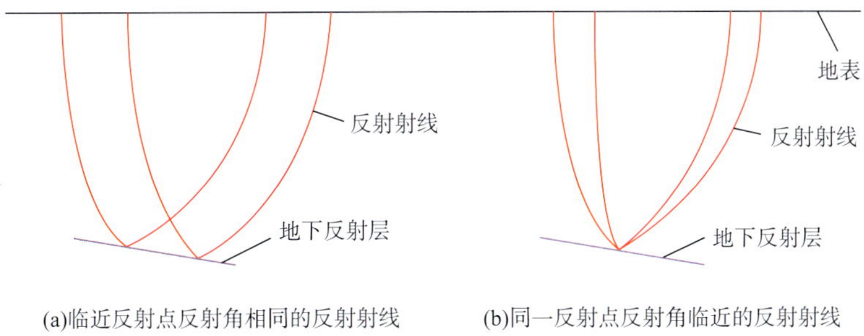

(a)临近反射点反射角相同的反射射线　　(b)同一反射点反射角临近的反射射线

图 2－11　存在关联性的反射射线示意图

不同于其他层析方法，层析偏移速度分析中的数据测量过程比较复杂，首先在偏移剖面中扫描反射面倾角，同时在成像道集中拾取不同反射角度的反射点成像深度，最后把不同角度之间的成像深度差转换成反射射线的走时残差。复杂的数据测量过程可能导致测量数据的误差较大，例如反射面倾角误差、不同反射角成像深度误差等都将转移至最终的数据误差中。所以在层析偏移速度分析中考虑测量数据的准确性尤为重要。

对此问题的解决方案是压制精度较低数据同时提升精度较高数据在层析反演过程中所起的作用，具体策略是在层析方程中加入权系数矩阵，即：

$$\boldsymbol{W}\boldsymbol{A}\Delta\boldsymbol{m} = \boldsymbol{W}\Delta\boldsymbol{d} \tag{2-66}$$

式中，矩阵 $\boldsymbol{W}$ 是对角阵，对角元素是数据对应的权系数，数据精度越高系数越大，数据精度越低系数越小。关于数据质量的正则化的关键点是如何考察不同数据的测量精度。层析偏移速度分析中数据测量精度取决于在偏移剖面上扫描反射面倾角和在共成像点道集中拾取成像深度的精度，所以只需考察反射面倾角和成像深度的精度即可。反射面倾角准确时，偏移剖面上反射同相轴沿倾角方向连续性较好，否则同相轴不连续。如图 2－12 所示，在偏移剖面中通过沿倾角方向信号的相似系数考察所测倾角的精度，倾角方向准确

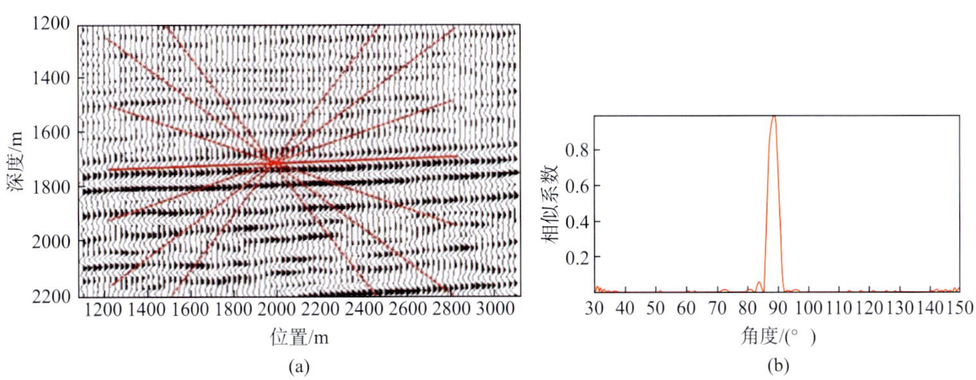

图 2－12　加权矩阵

（a）反射点附近的局部偏移剖面（其中实线是正确反射面倾角方向，虚线是不正确的参考倾角方向）；（b）不同方向计算的相似系数［定义竖直向上方向的角度为0°，逆时针方向为正角度，其中极值对应（a）中准确的倾角方向］

时计算的相似系数接近1，其他方向的相似系数相对非常小。同样，在共成像点道集中拾取不同角度成像深度的精度也用相似系数考察。如图2－13所示，图2－13（a）中是在角度域共成像点道集中自动拾取的成像深度，图2－13（b）是不同层位拾取结果的相似系数对比，可见拾取质量比较好的同相轴对应的相似系数接近1，拾取质量较差的同相轴对应的相似系数较小。最终式（2－66）中矩阵 $\boldsymbol{W}$ 中的权系数通过上述两种相似系数确定：

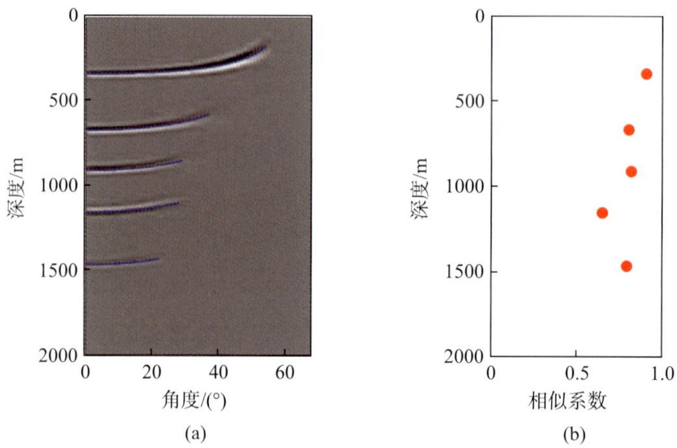

图2－13　光滑矩阵

（a）角度域共成像点道集和拾取的不同角度的成像深度（蓝色曲线）；（b）同相轴的连续性用相似系数考察［五个圆点是（a）中五个同相轴拾取位置的相似系数］

$$w_i = s_i^{\text{image}} \cdot s_i^{\text{cig}} \tag{2-67}$$

式中，w_i 是矩阵 $\boldsymbol{W}$ 中第 i 个对角元素；s_i^{image} 是偏移剖面中相应反射点处反射面同相轴沿地质界面方向的相似系数；s_i^{cig} 是成像道集中同相轴的相似系数。

2.3.4　层析方程的求解算法

2.3.4.1　ART 求解方法

首先，定义 T_k 为第 k 条射线观测走时，$l_{ki}^{(n)}$ 为第 n 次迭代时第 k 条射线穿过第 i 个网格的长度，$S_i^{(n)}$ 为第 n 次迭代时得到的第 i 个网格单元慢度，$\Delta s_i^{(n+1)}$ 为第 $n+1$ 次迭代得到的慢度修正量。慢度修正量在第 $n+1$ 次迭代满足：

$$T_k - \sum_{i=1}^{N} l_{ki}^{(n)} \left[s_i^{(n)} + \Delta s_i^{(n+1)} \right] = 0 \tag{2-68}$$

满足式（2－68）的 $\Delta s_i^{(n+1)}$ 有无数多个，但是为了使得 $s_i^{(n+1)}$ 收敛，第 $n+1$ 慢度修正量 $\Delta s_i^{(n+1)}$ 的值取：

$$\Delta s_i^{(n+1)} = \frac{l_{ki}^{(n)}\left[T_k - \sum_{i=1}^{N} l_{ki}^{(n)} s_i^{(n)}\right]}{\sum_{i=1}^{N}\left[l_{ki}^{(n)}\right]^2} = \frac{l_{ki}^{(n)}\Delta T_i^{(n)}}{\sum_{i=1}^{N}\left[l_{ki}^{(n)}\right]^2} \tag{2-69}$$

其中，$\Delta T_i^{(n)}$ 满足：

$$\Delta T_i^{(n+1)} = \Delta T_i - \sum_{i=1}^{N} l_{ki}^{(n)} s_i^{(n)} \tag{2-70}$$

$\Delta T_i^{(n)}$ 为第 k 条射线对应的接收位置实际走时与第 n 次迭代修正慢度计算得到走时残差。式（2-69）为第 $n+1$ 迭代求得的慢度修正量，将其加入到对应的原来的慢度上，得到第 $n+1$ 经过修正后的慢度值为：

$$s_i^{(n+1)} = s_i^{(n)} + s_i^{(n+1)} = s_i^{(n)} + \frac{l_{ki}^{(n)}\Delta T_i^{(n)}}{\sum_{i=1}^{N}\left[l_{ki}^{(n)}\right]^2} \tag{2-71}$$

式（2-71）即为 ART 法的单条射线慢度修正公式，具体实现步骤如下：

（1）初始化速度模型，即慢度矩阵 $s_i = s_i^0, i = 1,2,3,\ldots,N$。

（2）根据射线追踪得到的路径，求第 k 条射线估计走时 $\sum_{i=1}^{N} l_{ki}^{(n)} s_i^{(n)}$。

（3）从第 1 条射线开始，计算射线对应接收位置观测走时与估计走时残差，若第 $n+1$ 次迭代，第 k 条射线有 $\Delta T_i^{(n+1)} = \Delta T_i - \sum_{i=1}^{N} l_{ki}^{(n)} s_i^{(n)}$，再由式（2-71）求取修正后的慢度 $s_i^{(n+1)}$。一般地，地下介质速度总是分布在一个范围内，因此需要根据工区背景速度相关资料对求得的慢度大小进行限制。若 $s_i^{(n+1)} \in [s_{\min}, s_{\max}]$，若 $s_i^{(n+1)} < s_{\min}$，则令 $s_i^{(n+1)} = s_{\min}$；若 $s_i^{(n+1)} > s_{\max}$，则令 $s_i^{(n+1)} = s_{\max}$，逐条射线修正慢度矩阵。从这里可以看出，射线不同修正顺序，会导致不同的结果。

（4）判断当前迭代走时与上一次迭代走时残差的均方根 $T_{\text{RMS\_error}} = \sqrt{\sum_{k=1}^{M} \frac{\left[\Delta T_k^{(n+1)} - \Delta T_k^{(n)}\right]^2}{M}}$ 是否小于设定精度或迭代次数，若不是，则继续重复步骤（2）~（3）；若是，则停止迭代输出反演结果。

2.3.4.2 SIRT 求解方法

SIRT 法在每次迭代修正慢度矩阵的时候，用所有条射线对网格单元修正量取平均值代替 ART 法中逐条射线对慢度矩阵进行修正，这样一方面使得结算结果不受射线修正的顺序影响，另一方面利用平均值来修正可以削弱一些干扰，从而提高算法的计算过程的稳定性。

采用 SIRT 求解，第 $n+1$ 慢度修正量 $\Delta s_i^{(n+1)}$ 的值取：

$$\Delta s_i^{(n+1)} = \frac{1}{M_i^{(n+1)}} \frac{l_{ki}^{(n)} \left[T_k - \sum_{i=1}^{N} l_{ki}^{(n)} s_i^{(n)} \right]}{\sum_{i=1}^{N} \left[l_{ki}^{(n)} \right]^2} = \frac{1}{M_i^{(n+1)}} \frac{l_{ki}^{(n)} \Delta T_i^{(n)}}{\sum_{i=1}^{N} \left[l_{ki}^{(n)} \right]^2} \tag{2-72}$$

式中，$M_i^{(n+1)}$ 为第 $n+1$ 次迭代时所有经过第 i 个网格的射线条数。相应地，第 $n+1$ 次迭代慢度修正量为：

$$s_i^{(n+1)} = s_i^{(n)} + \Delta s_i^{(n+1)} = s_i^{(n)} + \frac{1}{M_i^{(n+1)}} \sum_{i=1}^{N} \left\{ \frac{l_{ki}^{(n)} \Delta T_i^{(n)}}{\sum_{i=1}^{N} \left[l_{ki}^{(n)} \right]^2} \right\} \tag{2-73}$$

特别地，为了提高收敛速度，通常需要在上式加入松弛因子，于是上式改写为：

$$\begin{cases} s_i^{(n+1)} = s_i^{(n)} + \dfrac{\eta}{\lambda_i} \sum_{i=1}^{N} \left[\dfrac{l_{ki}^{(n)} \Delta T_i^{(n)}}{\rho_k} \right], \eta \in (0,2), \alpha \in [0,2] \\ \lambda_i = \sum_{i=1}^{N} \left[l_{ki}^{(n)} \right]^{\alpha}, \rho_k = \sum_{i=1}^{N} \left[l_{ki}^{(n)} \right]^{2-\alpha} \end{cases} \tag{2-74}$$

SIRT 法求解反演方程组现步骤与 ART 法类似：

（1）初始化速度模型，即慢度矩阵 $s_i = s_i^0$，$i=1$，2，3，...，N。

（2）根据射线追踪得到的路径，求第 k 条射线估计走时 $\sum_{i=1}^{N} l_{ki}^{(n)} s_i^{(n)}$。

（3）计算所有射线对应接收位置观测走时与估计走时残差构成的矩阵，若第 $n+1$ 次迭代，第 k 条射线有 $\Delta T_i^{(n+1)} = \Delta T_i - \sum_{i=1}^{N} l_{ki}^{(n)} s_i^{(n)}$，在由式（2-74）求取修正后的慢度 $s_i^{(n+1)}$。对慢度大小进行限制。检查慢度使得 $s_i^{(n+1)} \in [s_{\min}, s_{\max}]$，若 $s_i^{(n+1)} < s_{\min}$，则令 $s_i^{(n+1)} = s_{\min}$；若 $s_i^{(n+1)} > s_{\max}$，则令 $s_i^{(n+1)} = s_{\max}$，逐条射线修正慢度矩阵。

（4）判断当前迭代走时与上一次迭代走时残差的均方根 $T_{\mathrm{RMS\_error}} = \sqrt{\sum_{k=1}^{M} \frac{\left[\Delta T_k^{(n+1)} - \Delta T_k^{(n)} \right]^2}{M}}$ 是否小于设定精度或迭代次数，若不是，则继续重复步骤（2）~（3）；若是，则停止迭代输出反演结果。

ART 法和 SIRT 都属于迭代算法。它们的区别主要在于 ART 是根据每条射线穿过网格长度的权重来分配慢度，逐条射线来修正网格内慢度，而 SIRT 是将利用所有射线穿过网格长度的权重取均值来分配慢度。

2.3.4.3 LSQR 求解方法

由于地震观测方式及观测误差的影响，一方面反演方程组中存储射线长度的矩阵 $\boldsymbol{A}$ 一般是病态的，因此诸如 Cholesky 分解法、高斯消元法、奇异值分解法等方法不再适用，而 LSQR 法具有收敛速度快、精度高等优点，非常适用于大型稀疏线性方程组的求解，因此可以采用该方法来求解。另一方面较小的观测误差可能会造成反演方程组解产生较大的扰动，为了进一步提高求解过程的稳定性，在迭代求解过程中引入阻尼即阻尼 LSQR 法。

对于形式如 $\boldsymbol{Ax}=\boldsymbol{b}$ 的线性方程组，加入阻尼后 $\begin{pmatrix}\boldsymbol{A}\\ \lambda\boldsymbol{I}\end{pmatrix}\boldsymbol{x}=\begin{pmatrix}\boldsymbol{b}\\ 0\end{pmatrix}$ 为最小二乘意义下的解表示为：

$$\min\left\|\begin{pmatrix}\boldsymbol{A}\\ \lambda\boldsymbol{I}\end{pmatrix}\boldsymbol{x}-\begin{pmatrix}\boldsymbol{b}\\ 0\end{pmatrix}\right\|_2 \tag{2-75}$$

进一步表示为：

$$\begin{pmatrix}\boldsymbol{I} & \boldsymbol{A}\\ \boldsymbol{A} & -\lambda^2\boldsymbol{I}\end{pmatrix}\begin{pmatrix}\boldsymbol{r}\\ \boldsymbol{x}\end{pmatrix}=\begin{pmatrix}\boldsymbol{b}\\ 0\end{pmatrix} \tag{2-76}$$

式中，$\boldsymbol{r}$ 为残差矩阵并满足 $\boldsymbol{r}=\boldsymbol{b}-\boldsymbol{Ax}$。采用 Lanczos 向量迭代求解式（2-76），若迭代第 $2n+1$ 次，则：

$$\begin{cases}\begin{pmatrix}\boldsymbol{I} & \boldsymbol{B}_n\\ \boldsymbol{B}_n^{\mathrm{T}} & -\lambda^2\boldsymbol{I}\end{pmatrix}\begin{pmatrix}\boldsymbol{t}_{n+1}\\ \boldsymbol{y}_n\end{pmatrix}=\begin{pmatrix}\boldsymbol{\beta}_1 & \boldsymbol{e}_1\\ 0 & 0\end{pmatrix}\begin{pmatrix}\boldsymbol{b}\\ 0\end{pmatrix}\\ \begin{pmatrix}\boldsymbol{r}_n\\ \boldsymbol{x}_n\end{pmatrix}=\begin{pmatrix}\boldsymbol{U}_{n+1} & 0\\ 0 & \boldsymbol{V}_n\end{pmatrix}\begin{pmatrix}\boldsymbol{t}_{n+1}\\ \boldsymbol{y}_n\end{pmatrix}\end{cases} \tag{2-77}$$

式中，$\boldsymbol{B}_n$ 是大小为 $(n+1)\times n$ 的双角矩阵；$\boldsymbol{y}_n$ 为 $\min\left\|\begin{pmatrix}\boldsymbol{B}_n\\ \lambda\boldsymbol{I}\end{pmatrix}\boldsymbol{y}_n-\begin{pmatrix}\boldsymbol{\beta}_1 & \boldsymbol{e}_1\\ 0 & 0\end{pmatrix}\right\|$ 的解，即 $\boldsymbol{B}_n\boldsymbol{y}_n=\boldsymbol{\beta}\begin{pmatrix}1\\ 0\\ \boldsymbol{M}\\ 0\end{pmatrix}^{\mathrm{T}}$ 最小二乘意义下的解，可以用奇异值分解法获得 $\boldsymbol{y}_n$。

阻尼 LSQR 的具体求解步骤如下：

（1）初始化各个参数，$\beta_1\boldsymbol{u}_1=\boldsymbol{b},\alpha_1\boldsymbol{v}_1=\boldsymbol{A}^{\mathrm{T}}\boldsymbol{u}_1,\boldsymbol{\omega}_1=\boldsymbol{v}_1,\boldsymbol{x}_0=\boldsymbol{d}_1=\boldsymbol{\gamma}_1=\bar{\boldsymbol{\gamma}}_1=0,\bar{\varphi}_1=\beta_1,\bar{\rho}=\alpha_1$ 这里 $\boldsymbol{b}_1$、$\boldsymbol{u}_1$ 均为 m 维向量，$\boldsymbol{d}_1$、$\boldsymbol{v}_1$、$\boldsymbol{\omega}_1$、$\boldsymbol{x}_1$ 为 n 维向量，β_1、α_1、φ_1、ρ_1 为实数。

（2）从 $i=1$ 开始，重复步骤（3）~（6）。

（3）矩阵双对角化：

① $\boldsymbol{\gamma}_{i+1}\boldsymbol{u}_{i+1}=\boldsymbol{A}\boldsymbol{v}_i-\alpha_i\boldsymbol{u}_i$；② $\bar{\boldsymbol{\gamma}}_{i+1}\boldsymbol{d}_{i+1}=\lambda\boldsymbol{v}_i-\alpha_i\boldsymbol{d}_i$；③ $\beta_{i+1}=\sqrt{\boldsymbol{\gamma}_{i+1}^2+(\boldsymbol{\gamma}_{i+1})^2}$；④ $\boldsymbol{u}_{i+1}=\boldsymbol{\gamma}_{i+1}\boldsymbol{u}_{i+1}/\beta_{i+1}$；⑤ $\boldsymbol{d}_{i+1}=\bar{\boldsymbol{\gamma}}_{i+1}\boldsymbol{d}_{i+1}/\beta_{i+1}$；⑥ $\boldsymbol{v}_{i+1}=\lambda\boldsymbol{d}_{i+1}-\beta_{i+1}\boldsymbol{v}_{i+1}$；⑦ $\alpha_{i+1}\boldsymbol{v}_{i+1}=\boldsymbol{A}^{\mathrm{T}}\boldsymbol{u}_{i+1}-\boldsymbol{v}_{i+1}$。

（4）奇异值分解：

① $\rho_i=\sqrt{(\bar{\rho}_i+\beta_{i+1}^2)^2}$；② $c_i=\bar{\rho}_i/\rho_i$；③ $s_i=\beta_{i+1}/\rho_i$；④ $\theta_{i+1}=s_i\alpha_{i+1}$；⑤ $\bar{\rho}_{i+1}=-c_id_{i+1}$；

⑥ $\varphi_i = c_i\bar{\varphi}_i$；⑦ $\bar{\varphi}_{i+1} = s_i\varphi_i$。

（5）利用公式 $\begin{cases} x_i = x_{i-1} + (\varphi_i/\rho_i)\omega_i \\ \omega_i = v_{i+1} - (\theta_{i+1}/\rho_i)\omega_i \end{cases}$ 计算 x_i 的值。

（6）判断 x_i 的值是否收敛，若不收敛，重复步骤（3）~（6），若收敛，则停止迭代。

需要指出的是 $\lambda = 0$ 上面的求解步骤就是 LSQR 法，即 LSQR 法是阻尼 LSQR 法中的一种。

2.4 层析反演的不同实现方式

层析成像是一个广泛的概念，对现有主流的层析成像方法进行分类，根据执行域可以分为成像域和数据域层析成像；根据正问题可以分为基于波动理论和射线理论的层析成像；根据利用数据的属性可以分为波形和走时层析成像；根据利用数据的类型主要可以分为透射波和反射波层析成像。每种方法都有各自的优缺点和适用范围，需要处理人员根据实际情况选择层析反演方法，或通过多种方法的有机结合达到解决复杂问题的目的。

2.4.1 射线层析与波动方程层析

根据正问题可以分为基于射线理论和基于波动理论的层析成像。

基于射线理论的层析成像（射线层析）是将旅行时反投影到每个炮检对的射线路径上，层析方程的左边是射线路径与慢度的积分，右边是旅行时残差，通过求解层析方程得到射线路径上每个网格内的速度更新量。因此，射线层析的更新范围取决于射线的密度，在射线覆盖不到的区域，通过插值、平滑等手段填充速度，最终形成一个覆盖整个工区的完整速度场。基于波动理论的层析成像（波动方程层析）是将微分波场反投影到每个频率的波路经上，层析方程的左边是波路经与微分速度场的积分，右边是波场异常，通过求解层析方程得到工区每个网格内的速度扰动量。波动方程层析充分利用了振幅、相位、频率和旅行时等信息，能够更新整个工区的速度。

射线层析反演方法发展较为成熟，在实际应用中已经实现自动化层析（层析控制点的自动拾取、RMO 的自动计算、利用某些相似性准则自动筛选数据等）。然而，射线理论的固有问题（阴影区、多路径问题）限定了该方法的反演精度和在复杂速度模型中的适用性，因而反演效果仍然有待改善。基于射线理论的走时层析反演局限于对射线路径及走时的描述，优点是工作效率高、没有倾角限制且容易拓展应用到起伏地表。但是，常规射线层析方法认为中心射线代表着地震波的主能量，在实现上仅仅将地震波传播用中心射线来描述，这样只能反映出地震波的运动学特征。在复杂模型情况下，容易出现阴影区、焦散等问题，且反演精度较低，不能够满足当前对速度建模的需求。

地震波是频率带限的，第一菲涅尔带说明了地震的能量不仅是沿着中心射线传播的，其周围的介质点对走时的影响也不能忽视。所以，需要把层析成像从射线理论向波动理论发展，这是地震波反演成像的基本路线。波动方程层析反演方法以波动方程作为正演算子，克服了射线理论的高频近似假设，适用复杂模型的速度估计，反演精度理论上优于射线层析方法。但是，相较于射线类层析，波动方程方法的计算量巨大，更存在地下照明不均衡及泛函梯度假象（成像道集本身存在 AVA 效应）等问题，影响反演的收敛速度甚至不收敛，在实际生产中难以实现，因此较少推广。而相比于波动方程层析，射线层析对速度扰动的非线性程度较弱，对初始模型的要求低，因此在实际生产中有着广泛的应用。

为解决射线层析和波动方程层析存在的诸多问题，许多学者选择研究一些折中的层析方法，比如菲涅尔带层析、高斯束层析等。高斯束方法的理论基础结合了动力学射线追踪和傍轴近似方法，是波动方程在射线中心坐标系下的高频近似解。高斯束方法起初在地震勘探中应用于偏移成像，形成精确高效的高斯束深度偏移方法，在改进积分类偏移方法精度的同时，保留了 Kirchhoff 积分偏移的灵活性及高效性。基于高斯束核函数建立的层析反演方程能大大减弱层析矩阵的病态性，提高反演的稳定性。从波动方程的 Born 近似和 Rytov 近似出发，发展成像域的波动方程线性化反演方法，利用高斯束高效计算波路径层析核函数，提供了一种新的成像域射线束层析反演的思路。基于高斯束算子的波路径层析方法，结合高斯束叠前深度偏移，能够直接提取高信噪比的角度域共成像点道集用于高斯束层析速度建模，建立偏移与层析的一体化流程，可形成具有典型特征波成像特点、适应低信噪比数据的成像与建模工具。

2.4.2 成像域层析与数据域层析

根据执行域可以分为成像域和数据域层析成像。

成像域层析成像主要利用成像剖面和成像道集提取反射点位置、地层倾角、道集剩余曲率、剩余深度差等信息，通过这些信息计算旅行时残差、射线路径和长度，建立层析反演矩阵，从而反推出速度误差，对速度场进行更新。数据域层析成像可以利用直达波、折射波、反射波等类型地震波的走时、相位、振幅等信息，通过正演的模拟数据与实际数据差异不断迭代更新，通过消除数据属性的差异更加准确、精细的刻画速度场。相对于成像域层析，数据域层析可利用的数据类型和数据属性更多，相对的反演精度也较高，但明显缺点是数据域反演受到叠前数据复杂波场及信噪比的影响而难以自动拾取出反演所需的特征波，以及正演和反演的超大计算量，导致实用性降低。

现阶段主流的方法是基于高频射线理论的成像域射线层析，该方法对初始模型的精度要求较低，但反演精度不高，只能反演大尺度的速度异常，对低速异常体不敏感。为改善层析矩阵的稀疏性，胖射线层析射线加宽，考虑波传播是有一定宽度的，但这不能定量描述层析正问题，无法从根本上解决射线层析的理论缺陷。菲涅尔带反演方法在改善射线层析矩阵稀疏性的同时，兼顾了地震波在菲涅尔体内的有限频效应。不管是射线层析还是菲涅尔体层析，考虑到走时扰动对速度扰动的非线性性程度较弱且对初始模型精度的要求较低，这类方法更多的还是利用地震数据的走时信息进行速度反演。

经典的数据域波动方程层析反演即为全波形反演（FWI）。由于采用波动方程作为正演算子，因而可以同时预测地震数据的运动学和动力学信息，反演时可灵活利用不同的地震属性（如走时、相位、振幅或波形）。因此，FWI 在实用化过程中发展出了多种解决方案，如相位/振幅目标泛函、瞬时相位/振幅/包络目标泛函、波场能量目标泛函、走时误差泛函；以及多尺度反演策略、对数波场 FWI 等。然而，由于叠前数据（特别是陆上数据）的不完备（缺低频和大偏移距，信噪比低等）、正演模型的不完善（正演算子无法客观描述地震波在实际介质中的传播过程）、初始模型不准确（周期跳问题）、地震子波问题（空变）等因素影响，FWI 常常难以反演出高分辨率的速度场，甚至是不收敛的。FWI 在国外海上资料探区的成功案例尚且不多，相对而言，国内陆上资料特别是山前带非水平地表低信噪比资料的 FWI 应用更需要一个过程。

成像域射线层析方法是目前石油工业界应用的核心技术，发展历程较长且实用化程度较高，在勘探开发中起到了至关重要的作用，目前没有方法可以替代其在速度建模处理中的地位。但是随着勘探开发的不断深入，以及地震成像技术的不断发展，对速度模型精度的要求越来越高，对数据域波动层析的需求越来越迫切，但是并不代表可以完全取代成像域射线层析。数据域波动层析可选择利用走时、相位、振幅或波形属性，理论反演精度较高，但是对初始模型的精度要求也较高，成像域射线层析的结果可以为其提供高质量的初始速度模型，有效改善数据域波动层析的稳定性、收敛方向和速度、反演精度等，提高层析反演速度建模系列技术的实用性，以及在复杂探区的适用性。

2.5 小　结

本章首先介绍了层析反演的基本概念和理论基础，详细叙述了层析反演的起源、假设条件、方程的建立过程和参数的物理意义等，为后续更深入的讨论奠定了基础。接着通过图示分析了成像道集深度和时差的关系，将时差反投影到射线路径上，建立了层析反演矩阵。为了进一步改善层析反演的正定性以及提高求解的稳定性和精度，给出了数据正则化和模型正则化两种正则化方法，并通过两者的有机结合，建立了基于联合正则化的层析反演矩阵。随后介绍了 3 种层析矩阵求解方法，并做了对比分析。最后对层析反演的不同实现方式进行了介绍，特别是对射线层析与波动方程层析、成像域层析与数据域层析的实现方法、优缺点、实用性等进行了详细描述。射线层析计算量小、效率高，但精度较低，可用于建立背景速度场，为全波形反演提供初始模型。波动方程层析虽然精度较高，但是计算量大，存在一些实用性难题，目前无法大规模投入生产，但波动方程层析是未来速度建模发展的重要方向。介于射线层析和波动方程层析之间的高斯束层析弥补了两者的一些缺陷，是现阶段较为先进的速度建模方法，能够为逆时偏移等高精度成像提供较为精细的速度模型。成像域层析是现阶段生产的核心技术，适用范围广，取得了较大的成果，而数据域层析理论先进，但适用性较差，目前只在海洋资料取得了突破，是未来物探技术需要攻克的难题之一。

3 近地表层析反演速度建模

随着中国油气勘探的不断发展，陆上地震勘探工作重心逐渐向西部的山地、戈壁滩、黄土塬、沙漠等复杂起伏地表地区转移。在这些起伏地表探区，近地表高程和速度的急剧变化对地震数据的采集、处理和解释都造成了较严重的影响。我国西部、四川探区具有复杂地表、复杂地下构造的双复杂特点，是当前地震勘探处理研究的热点。在处理具有复杂近地表特征探区的地震资料时，精确的近地表速度模型是高精度偏移成像取得良好效果的前提和基础，是落实构造的关键。在叠前深度偏移中，浅层速度变化将会严重影响深层成像质量，不准确的近地表速度使得同相轴位置发生严重偏移，所以在深度域速度建模中，获得精确的近地表速度是决定成像位置正确与否的关键。针对常规处理中起伏地表所引起近地表速度模型不准确的问题，本书提供了当前常用的近地表建模方法，能够为当前复杂近地表速度建模和成像所面临的瓶颈提供一种技术策略和思路。

3.1 近地表层析速度建模基本原理

初至层析近地表建模技术根据观测系统数据和初至时间信息，反演近地表速度模型。旅行时射线层析的出发点是 Radon 变换，初至波旅行时层析成像反演首先假设一个初始模型，然后对给定初始模型网格化，计算每个接收点的初至走时并将其与实际观测的初至走时做差比较，并将残差沿着射线路径进行层析反演得到速度更新量，最后修改模型，完成一次迭代。然后再计算走时，再比较残差，如此反复直至迭代旅行时残差达到满意的精度，最终得到的模型就是反演结果。反演过程不对地表高差和低速度、近地表速度构造做任何假设与限制。得到的结果是地下不同深度的速度值，而不是严格成层的层速度，不仅可以用于计算静校正量，而且可用于深度域浅表层的速度建模。

在地震初至波旅行时层析成像中，首先将要重建地震波慢度图像的区域进行网格划分，每个网格称为一个像素，每个像素可以是正方形、长方形、或者三角形的。假设用长方形的像素覆盖要重建图像的区域，按一定的顺序排列后，共有 J 个像素，且每个像素内地震波的慢度是常数，用 $s_j(j=1,2,...,J)$ 表示。对于每个 $s_j(j=1,2,...,J)$，定义一个如下的图像基函数：

$$g_j(x,z)=\begin{cases}1,(x,z)\in \text{第 } J \text{ 个像素}\\0,(x,z)\notin \text{第 } J \text{ 个像素}\end{cases} \tag{3-1}$$

于是，地下介质的地震波慢度图像 $s(x,z)$ 可用 s_j 和 $g_j(x,z),(j=1,2,...,J)$ 的线性组合近似表示：

$$s(x,z)=\sum_{j=1}^{J}s_j g_j(x,z) \tag{3-2}$$

为建立最短旅行时射线层析矩阵方程，需要在背景速度场中进行射线追踪，计算出每个射线在每个网格中的路径长度以及理论初至波走时。假设某次地震实际观测共记录了 n 道，每道对应一条从炮点到接收点的初至波射线路径 $N_i(i=1,2,...,n)$，每道也对应一个初至波旅行时 $t_i(i=1,2,...,n)$，t_i 是沿第 i 条射线的曲线积分，写成矩阵形式即：

$$\begin{pmatrix}k_{11}&\cdots&k_{1j}&\cdots&k_{1m}\\\vdots&\ddots&\vdots&\ddots&\vdots\\k_{i1}&\cdots&k_{ij}&\cdots&k_{im}\\\vdots&\ddots&\vdots&\ddots&\vdots\\k_{n1}&\cdots&k_{nj}&\cdots&k_{nm}\end{pmatrix}\begin{pmatrix}s_1\\\vdots\\s_j\\\vdots\\s_m\end{pmatrix}=\begin{pmatrix}t_1\\\vdots\\t_i\\\vdots\\t_n\end{pmatrix} \text{或 } \boldsymbol{Ks}=\boldsymbol{t} \tag{3-3}$$

式中，$\boldsymbol{K}=(k_{ij})$ 是由各条射线在各个像素内的长度构成的矩阵。地震初至波旅行时层析成像实现的基本原理就是根据已知的地震初至波旅行时 $t_i(i=1,2,...,n)$，通过对式（3-3）的求解，得到慢度向量 $s_j(j=1,2,...,J)$。

对式（3-3）进行线性近似可以获得慢度的修改量与走时差之间的关系：

$$\begin{pmatrix}k_{11}&\cdots&k_{1j}&\cdots&k_{1m}\\\vdots&\ddots&\vdots&\ddots&\vdots\\k_{i1}&\cdots&k_{ij}&\cdots&k_{im}\\\vdots&\ddots&\vdots&\ddots&\vdots\\k_{n1}&\cdots&k_{nj}&\cdots&k_{nm}\end{pmatrix}\begin{pmatrix}\Delta s_1\\\vdots\\\Delta s_j\\\vdots\\\Delta s_m\end{pmatrix}=\begin{pmatrix}\Delta t_1\\\vdots\\\Delta t_i\\\vdots\\\Delta t_n\end{pmatrix} \tag{3-4}$$

层析的核心是设法从式（3-4）方程组中解出慢度修改量 $\Delta s_j(j=1,2,...,J)$。其中，Δs_j 表示模型空间中某一点的慢度修改量，Δt_i 表示某一炮检对所对应的初至波到达时残差，k_{ij} 表示第 i 条射线在第 j 个模型网格内的长度，即系数矩阵中的每一行表示一条射线路径。

初至走时近地表建模主要分为四步：①初至时间的拾取，初至拾取的精度直接影响着旅行时残差的计算，进而会影响到反演的效果；②初始速度模型的建立，虽然初至走时反演对于初始速度模型的依赖程度不高，但较好的初始模型能够减少迭代次数提高反演精度，我们可以结合野外调查的地表信息以及微测井得到的数据信息来建立初始速度模型，最终反演更加准确的近地表速度；③正演计算及层析反演，利用射线追踪对速度模型进行正演计算，此时既能够得到旅行时信息，又可以求得层析核函数，将拾取的初至旅行时与正演的初至时间相减从而得到初至残差向量，以此来构建层析方程组；④反演结果的质控，随着迭代次数的增加，正演的初至旅行时和真实初至旅行时之间的差异以及速度模型的更新量是逐渐减小，则说明迭代收敛，反演得到的速度模型是合理的。

3.2　常规近地表速度建模方法

3.2.1　DWT 近地表速度建模

回折波又称“潜波”，其概念是假设地下介质为均匀连续介质，介质的速度会随着深度的增加而呈线性增加，此时地震波射线路径的形状是圆弧形的，沿着圆弧形的射线，地震波先向下传播到达最大深度后又向上拐向地面，一般把这种波称为回折波，它与均匀介质中的直达波相似，因此是一种特殊的直达波，其射线路径示意图如图 3－1 所示。检波器在地面观测，接收到的是地震波沿不同路径到达最低点处的回折信息。此外，回折波的每条射线都有各自的最大穿透深度，射线向下到达最大深度后向上传播。回折波也是一种直达波。众所周知，均匀介质中的直达波是从震源出发，沿直线传播到各接收点，其传播过程中没有遇到界面。而回折波是连续介质从震源出发，沿圆弧形轨迹没有经过界面直接到达各接收点。即反射波和折射波表征介质的成层性，回折波不反映介质的成层性，反映的是介质的连续性，这也正符合地下介质的实际情况。

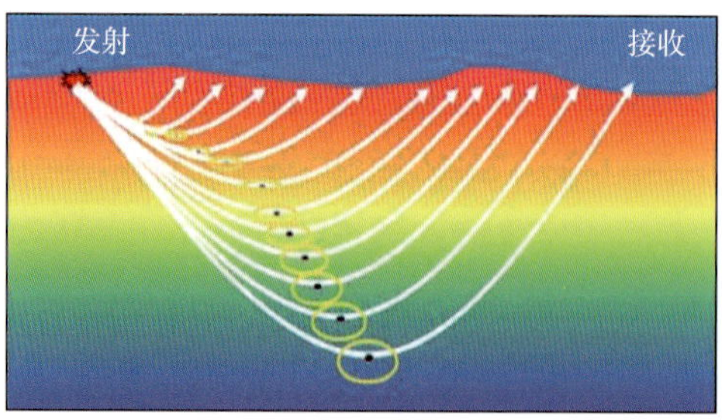

图 3－1　回折波射线路径示意图

在连续介质中，我们通常认为波速 v 随深度 z 连续变化，即：

$$V(z) = v_0(1 + \beta z) \tag{3-5}$$

回转波时距曲线可以表示成：

$$t = \frac{2}{v_0\beta} sh^{-1} \frac{\beta x}{2} \tag{3-6}$$

式中，v_0 表示地表震源处的波速；β 表示速度增量；x 表示偏移距。回折波在地下介质传播过程中的视速度可以表示成：

$$V^*(x) = v_0 \sqrt{1 + \left(\frac{\beta x}{2}\right)^2} \tag{3-7}$$

通过对回折波时距曲线方程和视速度公式进行分析，可以得到回折波的特点：

（1）入射角越大，其回折波传播的最大深度越浅，反之则越深。

（2）不同观测点实际接收到的是不同深度上的回折波。

（3）地面接收到的视速度值表示最大深度点的真实速度。

（4）回折波的视速度随着水平位移的增大不断增大，当水平位移 x 趋近于 0 时，$V(x) = v_0$，即 v_0 可由炮点附近的视速度求取得到。

（5）回折波走时曲线向下凹，既有别于反射波的双曲形式，又和过原点直线形式的直达波不同。

3.2.1.1 初至层析矩阵的建立

为建立最短旅行时射线层析矩阵方程，需要在背景速度场中进行射线追踪。采取动态规划法计算旅行时场，然后利用旅行时的负梯度方向进行初至射线追踪。根据地震波的运动学原理，地震波从震源开始向地下介质的各个方向传播，在 t 时刻，把空间中刚刚开始震动的点连成曲面即为 t 时刻地震波传播的波前面。地震波场的等时面为各个不同时刻波前面的集合。由于旅行时场梯度方向是旅行时场变化率最大的方向，因此旅行时场中任一点的梯度方向，即为经过该点所在等时面（波前面）的法向。根据费马原理，地震初至波沿旅行时最小的路径传播，可知动态规划法计算初至旅行时场。该方法是从 Vidale（1988）提出的球面波近似计算方法出发，给出的一种十分有效的球面波近似旅行时计算方法，并克服了 Vidale 方法不适用于剧烈变化的速度场的局限性。

在计算旅行时场的梯度方向时，采用李清（1997）提出的二维三次卷积算法确保旅行时的梯度是稳定光滑的。二维三次卷积插值算法最先应用于数字图像处理中，其精度较高，且在网格点处具有连续的一阶导数，可以达到三阶近似。旅行时场是一个光滑的矢量场，因此使用二维三次卷积插值计算任意点处的旅行时和梯度可以取得较好的效果。其大体过程可以描述成基于初至旅行时场，计算梯度值，然后按照一定步长沿负梯度方向进行反向射线追踪。

为了验证本文射线追踪方法的正确性及精度，本节设计了一个横向、纵向均为常梯度的速度模型。该模型的大小与常速模型一致，速度横向梯度与纵向梯度均为常梯度 0.5m/s。将炮点位置分别设置于模型的左上角和右上角，得到的射线追踪结果（红色）与两点射线追踪的结果（绿色）对比如图 3－2 所示。从图中可以看出，虽然两种射线追踪方法得到的射线路径并没有完全重合，但是误差尚在接收范围之内。同时我们也通过了对回折波和折射波的测试，如图 3－3 和图 3－4 所示，验证了方法的有效性。图 3－5 是 Marmousi 模型对应的旅行时场和射线路径。

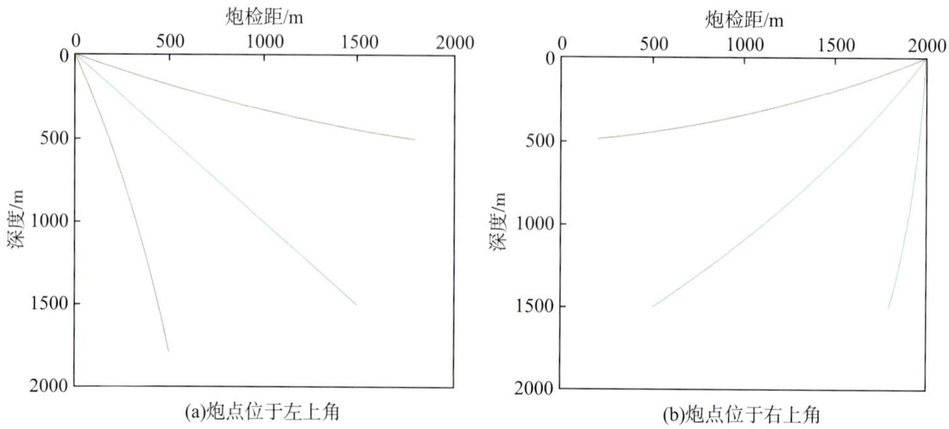

图 3－2　计算射线路径（红色）与理论射线路径（绿色）的对比

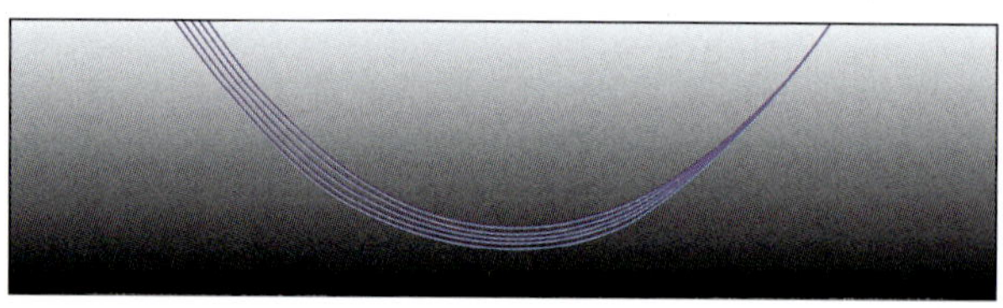

图 3－3　回折波测试

图 3－4　折射波测试

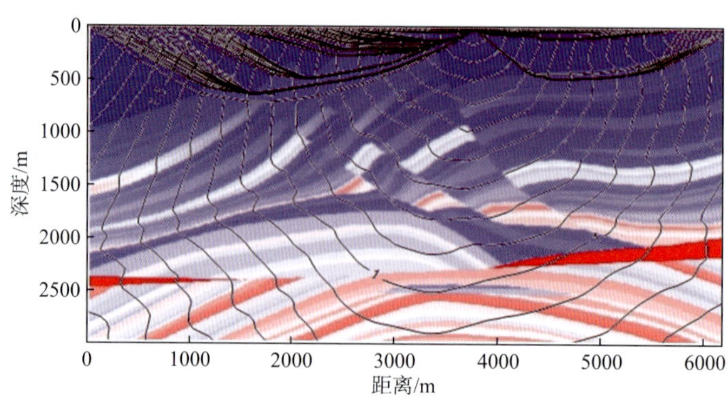

图 3－5　Marmousi 模型的旅行时场和射线路径

3.2.1.2 初至层析矩阵的求解

层析的核心是设法从方程组中解出慢度修改量 $\Delta s_j (j = 1,2,\ldots,J)$。则慢度修改方向 $\boldsymbol{p}$ 可以表示为：

$$\boldsymbol{p} = (\boldsymbol{K}^{\mathrm{T}}\boldsymbol{K})^{-1}\boldsymbol{K}^{\mathrm{T}}\Delta\boldsymbol{t} = \boldsymbol{H}_{\mathrm{a}}^{-1}\boldsymbol{K}^{\mathrm{T}}\Delta\boldsymbol{t} \tag{3-8}$$

式中，$\boldsymbol{K}^{\mathrm{T}}$ 表示射线层析核函数矩阵的转置；$\boldsymbol{H}_{\mathrm{a}}$ 表示近似的 Hessian 矩阵，是层析核函数的转置与层析核函数的向量乘，对于它的不同近似，可以得到不同的修改方向。步长 α 可以用下式求得：

$$\alpha = \frac{\boldsymbol{p}^{\mathrm{T}}\boldsymbol{K}^{\mathrm{T}}\Delta\boldsymbol{t}}{\boldsymbol{p}^{\mathrm{T}}\boldsymbol{H}_{\mathrm{a}}\boldsymbol{p}} \tag{3-9}$$

根据先验信息给定初始模型 $\boldsymbol{s}_0$，并利用式（3－8）求得模型参数修改方向，用式（3－9）计算出步长，然后利用下式对模型进行更新：

$$\boldsymbol{s}_{l+1} = \boldsymbol{s}_l + \alpha_l \boldsymbol{p}_l \tag{3-10}$$

高斯－牛顿方向可以用矩阵表示为：

$$\boldsymbol{p} = (\boldsymbol{H}_{\mathrm{a}})^{-1}\boldsymbol{K}^{\mathrm{T}}\Delta\boldsymbol{t} = (\boldsymbol{H}_{\mathrm{a}})^{-1}\begin{pmatrix} k_{11} & \cdots & k_{i1} & \cdots & k_{n1} \\ \vdots & \ddots & \vdots & \ddots & \vdots \\ k_{1j} & \cdots & k_{ij} & \cdots & k_{nj} \\ \vdots & \ddots & \vdots & \ddots & \vdots \\ k_{1m} & \cdots & k_{im} & \cdots & k_{nm} \end{pmatrix}\begin{pmatrix} \Delta t_1 \\ \vdots \\ \Delta t_i \\ \vdots \\ \Delta t_n \end{pmatrix} \tag{3-11}$$

式（3－11）中，由于矩阵 $\boldsymbol{K}^{\mathrm{T}}$ 规模庞大，不易存储，利用 Liu 等的改进算法，式（3－11）右端的大型核函数－向量乘可以表示为如下多个向量－标量乘的累加运算：

$$\boldsymbol{p} = (\boldsymbol{H}_{\mathrm{a}})^{-1}\left[\begin{pmatrix} k_{11} \\ \vdots \\ k_{1j} \\ \vdots \\ k_{1m} \end{pmatrix}\Delta t_1 + \cdots + \begin{pmatrix} k_{i1} \\ \vdots \\ k_{ij} \\ \vdots \\ k_{im} \end{pmatrix}\Delta t_i + \cdots + \begin{pmatrix} k_{n1} \\ \vdots \\ k_{nj} \\ \vdots \\ k_{nm} \end{pmatrix}\Delta t_n\right] \tag{3-12}$$

根据前面的分析可知，式（3－12）中等式右端每一个列向量为某一炮检对所对应的射线路径。因此，不必再存储完整的矩阵 $\boldsymbol{K}^{\mathrm{T}}$，仅需要存储单一炮检对所对应的射线路径即可实现梯度的计算，大大减少了内存的占用。

利用上述相同的思路，根据式（3－10）实现最速下降方向的预条件。

$$
\boldsymbol{H}_{\mathrm{a}} = \begin{pmatrix} k_{11} & \cdots & k_{i1} & \cdots & k_{n1} \\ \vdots & \ddots & \vdots & \ddots & \vdots \\ k_{1j} & \cdots & k_{ij} & \cdots & k_{nj} \\ \vdots & \ddots & \vdots & \ddots & \vdots \\ k_{1m} & \cdots & k_{im} & \cdots & k_{nm} \end{pmatrix} \begin{pmatrix} k_{11} & \cdots & k_{1j} & \cdots & k_{1m} \\ \vdots & \ddots & \vdots & \ddots & \vdots \\ k_{i1} & \cdots & k_{ij} & \cdots & k_{im} \\ \vdots & \ddots & \vdots & \ddots & \vdots \\ k_{n1} & \cdots & k_{nj} & \cdots & k_{nm} \end{pmatrix} =
$$

$$
\sum_{i=1}^{n} \begin{pmatrix} k_{i1}k_{i1} & \cdots & k_{i1}k_{ij} & \cdots & k_{i1}k_{im} \\ \vdots & \ddots & \vdots & \ddots & \vdots \\ k_{ij}k_{i1} & \cdots & k_{ij}k_{ij} & \cdots & k_{ij}k_{im} \\ \vdots & \ddots & \vdots & \ddots & \vdots \\ k_{im}k_{i1} & \cdots & k_{im}k_{ij} & \cdots & k_{im}k_{im} \end{pmatrix} \approx \sum_{i=1}^{n} \begin{pmatrix} k_{i1}k_{i1} & \cdots & 0 & \cdots & 0 \\ \vdots & \ddots & \vdots & \ddots & \vdots \\ 0 & \cdots & k_{ij}k_{ij} & \cdots & 0 \\ \vdots & \ddots & \vdots & \ddots & \vdots \\ 0 & \cdots & 0 & \cdots & k_{im}k_{im} \end{pmatrix} = \boldsymbol{H}_0 \tag{3-13}
$$

这样就避免了存储大型矩阵，仅需将单炮检对核函数中的每一个元素平方，再对所有的炮检对累加求和即可。为了避免由于 $\boldsymbol{H}_0$ 对角元素中存在很小的数而产生的不稳定，需要引入正则化项，所以预条件后的最速下降方向为：

$$
\boldsymbol{p} = (\boldsymbol{H}_0 + \lambda \boldsymbol{I})^{-1} \boldsymbol{K}^{\mathrm{T}} \Delta t \tag{3-14}
$$

式中，$\boldsymbol{I}$ 表示单位矩阵；λ 表示一个较小的数。将式（3－14）代入式（3－10），即可实现预条件最速下降法初至波走时层析

回折波建立浅层介质速度场的优点是：①地球介质的各层，尤其是浅部层位，多为连续介质模型，而回折波正是基于连续介质的假设。②回折波在地震剖面上以初至波的形式出现，其地震相相对清晰、可靠、容易识别、能量强。③更宽的偏移距可以提高浅层资料的信噪比。因此，回折波旅行时的精度比续至波要高。

浅层由于有效偏移距的限制，其覆盖次数相对较低，加上浅层信噪比较低、拾取浅层反射波困难，导致浅层的速度谱精度较低。因此，通过初至波层析速度建模获取浅层的速度模型效果好。对于陆地勘探来说，一般浅部资料由于成像过程中会受到拉伸畸变的影响，存在低覆盖次数和低信噪比的问题，利用回折波层析成像技术来建立浅部速度模型。回折波层析成像技术是解决近地表速度的最新技术，它是利用地震资料的初至信息反演浅层速度的方法。近地表介质通常可以看成是连续介质，而连续介质下，初至波可以被认为是回折波。因此，可以利用回折波层析成像技术来反演出近地表速度场，同时又可以避免浅层速度变化对下覆地层成像带来的影响。

针对复杂近地表建模主要通过回折波层析（DWT）近地表速度建模技术，回折波在地震资料中具有较高的分辨率，且含有低频信息，DWT 在层析过程中完全将近地表近似为网格形态，每个网格同时存在垂向速度、梯度信息，因此建模深度更深，更适应纵向速度变化。

3.2.2 胖射线层析近地表速度建模

射线层析的假设使得其在传播过程中只能覆盖有限区域，层析矩阵非常稀疏，存在较大零空间。且射线在模型空间分布很不均匀，经常会出现在低速体发生聚焦，在高速区散焦等问题，这并不符合实际地震波的传播过程。地震波并不是严格按照几何射线路径传播的。因此用常规射线来进行层析成像时，往往会导致反演问题产生严重的不适定性，得不到理想的层析效果，影响层析成像的分辨率和可靠性。且传统的射线层析对视角范围的大小非常敏感，一般需要这样的前提：非均匀体的尺度远远大于地震波长并且波速在一个波长内变化较小，以及速度场较为平滑等，这些都限制了常规射线层析的发展和广泛应用。

事实上，地震波是频率带限的，地震能量不仅沿数学射线传播，其周围的介质点对于接收点旅行时也是有或多或少的影响的。由于地震仪器所记录的地震信号是第一菲涅尔带内介质异常的综合响应，位于第一菲涅尔带内的介质扰动都会对接收点的能量产生贡献，也即接收点的旅行时反应了波在第一菲涅尔带内的传播时间。如果我们用第一菲涅尔带定义胖射线的范围，相对于几何射线而言，可以更为准确的反应地震波在介质中的传播路径。胖射线考虑了地震主频因素以及射线附近的介质点对旅行时的影响作用，因此能够更加真实地反映地震波的实际物理过程，利用胖射线代替传统射线来进行层析成像，其层析效果会优于射线层析法。

波的能量沿第一菲涅尔带传播这一学术问题已经被大家公认，两点间旅行时受到菲涅尔带内速度的影响，经过了理论推敲且得到了验证。我们所记录的地震信号是数学射线邻近区域介质异常的综合效应，而这个所谓的邻近区域就是第一菲涅尔带。地震波的能量来自于以数学射线为轴心的菲涅尔体，因此我们用菲涅尔体来定义胖射线的范围，更合乎地震波的实际传播规律。下面我们将具体阐述菲涅尔体的概念以及计算方法。对于震源点激发的有限频带波场，接收点的波场是地震波传播过程中波场在接收点的同相叠加过程。满足同相叠加的条件是产生绕射波的各个绕射点要分布在一定的范围内，这个范围要求为其内部任意一点都满足其到激发点到这一点以及这一点到接收点的旅行时之和与激发接收点之间的最小旅行时之差不大于半周期。满足这个条件的区域就称之为第一菲涅尔带，其半径 R 为：

$$R = \left[\left(h + \frac{\lambda}{4} \right) - h^2 \right]^{\frac{1}{2}} \tag{3-15}$$

当 $\lambda \gg h$ 时，则有：

$$R \approx \sqrt{\frac{\lambda h}{2}} \text{或} R \approx \frac{v}{2} \sqrt{\frac{t_0}{f}} \tag{3-16}$$

式中，λ 为地震波波长；h 为激发点到目标层的垂直距离；v 为介质背景速度；t_0 为双程旅行时；f 为频率。一般情况下我们采用地震波的主频。

频率为 f 的地震波菲涅尔带的定义为：

$$T_{SP} + T_{PR} - T_{SR} \leqslant \frac{1}{2f} \tag{3-17}$$

因此，对于连接激发点 S 与接收点 R 的任意射线路径 L，满足以下条件：

$$t(S,R) - t_{\min}(S,R) \leqslant \frac{1}{2f} \tag{3-18}$$

由于波传播的互异性原理，我们认为菲涅尔带也满足互异性。激发点 S 与接收点 R 互换时涅尔带的范围不变。菲涅尔体示意图如图 3－6 所示。

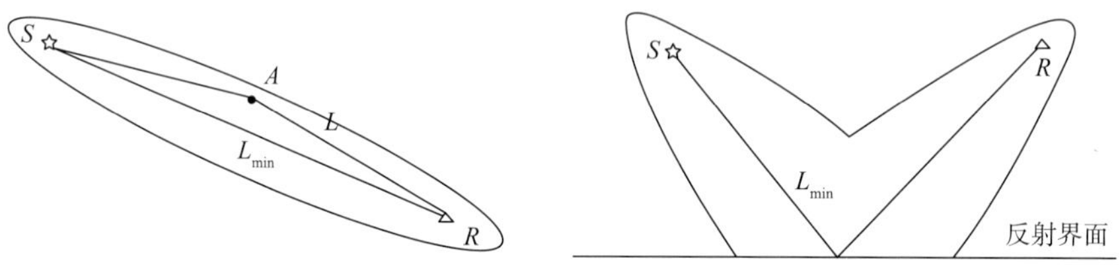

(a)二维透射菲涅尔带　　(b)反射菲涅尔带

图 3－6　二维透射菲涅尔带

对于某个特定震相的接收信息，菲涅尔体范围内所有空间内的点对接收信息都有一定的影响，不仅数学射线路径上的点对接收信息具有影响，数学射线路径附近一定范围内的其他点对接收信息也具有影响，而且空间不同位置的点对接收信息的影响程度是不同的，越靠近中心射线影响越大，越靠近反射菲涅尔带边界影响越小。我们把垂直于数学射线的二维切面（第一菲涅尔带）上的能流密度总和设定为 1，能量的传播与切面上点相对于交点的远近有关，离数学射线越近能流密度越大，越靠近第一菲涅尔带边界能流密度越小，第一菲涅尔带范围外的区域为零。菲涅尔带的半径与地震波的主频有关，三维菲涅尔体的形状与震源点和接收点的位置、地下介质结构和地震波的频率有关。而且菲涅尔体既体现了地震波的运动学特征，又体现了地震波传播过程中的动力学特征，还克服了射线理论的不足。当地震波频率为无限高频时，菲涅尔带退化为无限窄的曲线，也就是传统射线路径，因此传统射线是菲涅尔带路径在无限高频时的一个特例。

我们从菲涅尔体的数学定义出发：

$$\| T_{SP} + T_{PR} - T_{SR} \| \leqslant \frac{T}{2} \tag{3-19}$$

可知旅行时是判断某点是否落在菲涅尔体内的依据，通过旅行时就能够确定出胖射线的范围，操作简便且准确性高。而在准轴体射线法的计算中，必须进行均匀介质的假设才能将时间的要求转化为射线长度的要求，也就是半径，这样不但不准确，且我们要计算每个点的垂线，所以计算量增大，降低了效率。

因此本文选择筛选法确定胖射线的范围，具体实现分如下五个步骤：

（1）计算激发点出发到达介质任意一点处的波前时间 $t(S,P)$ 。

（2）计算接收点出发到达介质任意一点处的波前时间 $t(R,P)$ 。

（3）计算从激发点出发到达接收点处的波前时间 $t(S,R)$ 。

（4）在介质上每一点计算 $t(S,P) + t(R,P) - t(S,R)$ 。

（5）以半周期为阈值，对步骤（4）的计算结果判定是否落在胖射线方位之内。

胖射线层析根据地震波是有限频带的事实，根据地震波的主要能量在第一菲涅尔带内传播的理论，利用第一菲涅尔带对射线进行拓宽，修改层析敏感核函数 K，使慢度扰动与旅行时扰动之间的关系更加符合地震波真实的传播情况。

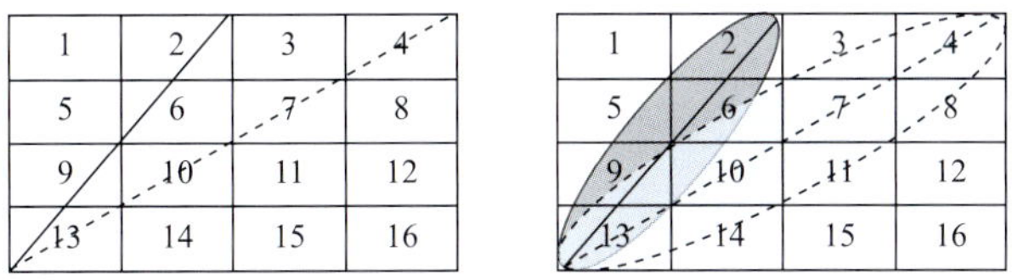

(a)常规射线对于速度模型的覆盖范围　(b)射线对于速度模型的覆盖范围

图 3－7　常规射线与胖射线对比

从图 3－7 中可以看出，胖射线通过对射线进行展宽，增大对速度场的覆盖范围，从而有效减少了层析反演矩阵的零空间分量，提高反演计算的精度和稳定性。这是胖射线对于层析敏感核函数的一重优化。要建立基于第一菲涅尔带的胖射线走时层析反演方程还需要需要考虑以下两点：①在胖射线范围内，每一点对地震波能量的作用不是均等的，轴心处能流密度最大，越远离胖射线的中心轴线，能量密度越小；②地震波走时与胖射线的宽度无关，也即宽度不同而长度相同的胖射线对走时的延迟是相当的。

$$w_{ij} = \begin{cases} 1 - 2f\Delta t_{ij} & 0 \leqslant \Delta t < 1/2f \\ 0 & 1/2f \leqslant \Delta t \end{cases} \tag{3-20}$$

即位于胖射线的轴心射线上的节点权重为 1，贡献为最大，向边界扩展逐渐减小，边界处权重为 0，对接收点旅行时无贡献。这样做更加符合地震波传播的物理规律，将第一菲涅尔带内的介质点对旅行时的影响全面考虑进来。此为胖射线对于层析敏感核函数的第二重优化。

二维胖射线的形态如图 3－8 所示，图 3－8 显示常梯度介质模型中的胖射线分布示意图，其速度随深度线性变化，地震波在常梯度介质模型中传播时形态为回折波，胖射线外形呈月牙状，我们用颜色的深浅来度量其位置对于地震波旅行时扰动的影响程度大小，可以看出，从轴心到边界，其影响程度从最大逐渐降低为零。通过利用第一菲涅尔带的范围对射线进行展宽，可以使原来射线无法覆盖的低速扰动得到有效覆盖，减少零空间分量，减弱层析反演矩阵的稀疏性或病态性。另一方面通过权重函数的引入，更加真实地刻画了地震波的传播规律，定量的计算空间位置每一点对旅行时扰动的影响。胖射线层析通过上述两个方面对传统层析理论进行修改，提高反演计算的精度与稳定性。

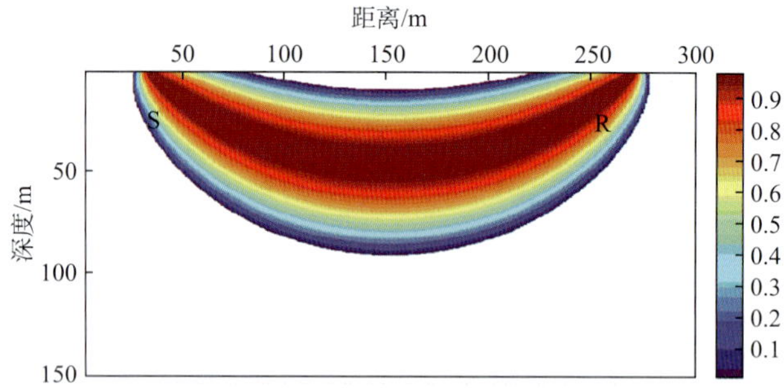

图 3－8　常梯度介质模型中的胖射线分布示意图

建立层析核函数，首先需要计算胖射线在每个网格点上对应的长度，对于每一对激发接受点我们有：

$$\frac{\Delta s_{ij}}{\sum_{j=1}^{N_i} s_j} \times P_{ij} = \frac{\Delta t_i}{t_i},\ P_{ij} = \frac{\omega_{ij}}{\sum_{j=1}^{N_i} \omega_{ij}} \tag{3-21}$$

式中，Δs_{ij} 为第 j 个节点上慢度的更新量；N_i 表示第 i 个胖射线包括的网格点个数；P_{ij} 表示第 j 个网格点在第 i 个胖射线的归一化系数。根据式（3－21）各异建立每一个胖射线对应的层析核函数，从而最终建立完整的层析核函数。

3.3　高斯束层析近地表速度建模方法

Semtchenok 等（2009）最早提出了高斯束层析反演方法，利用高斯束算子在中心射线一定范围内的波动来合并建立一个层析方程，再进一步通过建立多个层析方程可以减少单一层析方程所出现的病态性，从而提高了反演的精度和分辨率，并且该方法兼顾了传统射线层析计算效率高，反演结果相对稳定的优点。

3.3.1　高斯束运动学射线追踪

目前常用的射线追踪方法有初值射线追踪、两点射线追踪、有限差分法等。高斯束射线追踪方法是初值射线追踪，已知射线的初始点和初始出射方向，记录波传播的射线路径。初值射线追踪可以避开两点射线追踪的耗时问题，并保证高斯束射线追踪的高效计算。

运动学射线追踪方程的推导，从程函方程出发：

$$\left(\frac{\partial T}{\partial x}\right)^2 + \left(\frac{\partial T}{\partial y}\right)^2 + \left(\frac{\partial T}{\partial z}\right)^2 = (\nabla T)^2 = \frac{1}{V^2(x,y,z)} \tag{3-22}$$

射线参数的表达式为：

$$\boldsymbol{p} = \nabla T = \left(\frac{\partial T}{\partial x},\frac{\partial T}{\partial y},\frac{\partial T}{\partial z}\right) \tag{3-23}$$

根据图 3－9 可以看出，射线参数、入射角、方位角三者间的关系为：

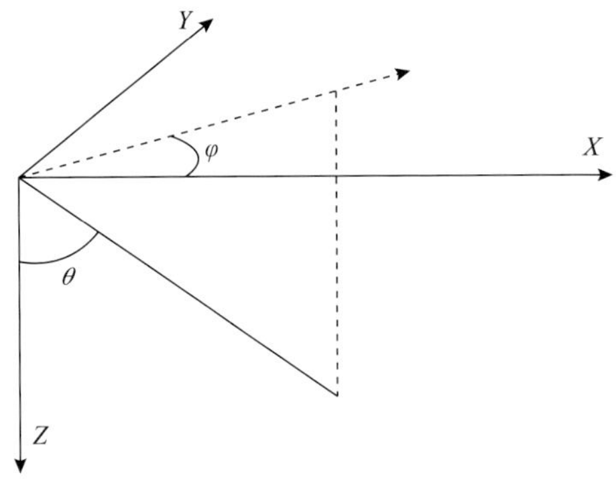

图 3－9　射线路径的参数关系

$$\begin{cases} p_x = \dfrac{\partial T}{\partial x} = \dfrac{\sin\theta\cos\varphi}{v} \\ p_y = \dfrac{\partial T}{\partial y} = \dfrac{\sin\theta\sin\varphi}{v} \\ p_z = \dfrac{\partial T}{\partial z} = \dfrac{\cos\theta}{v} \end{cases} \tag{3-24}$$

$$p_x^2 + p_y^2 + p_z^2 = \frac{1}{V^2(x,y,z)} \tag{3-25}$$

式中，θ、φ 分别为入射角和方位角。

假设射线在某点与射线参数 $\vec{p}$ 相切，且与某时刻 $T(x,y,z) = \text{const}$ 相互垂直。

在直角系中，我们可以得到如下关系：

$$\begin{cases} x = x(s) \\ y = y(s) \\ z = z(s) \end{cases} \tag{3-26}$$

式中，s 是射线中心坐标系中的射线长度值。

由此给定单位切向量的表达式：

$$\vec{r} = \left(\frac{\mathrm{d}x}{\mathrm{d}s},\frac{\mathrm{d}y}{\mathrm{d}s},\frac{\mathrm{d}z}{\mathrm{d}s}\right) \tag{3-27a}$$

$$\begin{cases} r_x = \left(\dfrac{\mathrm{d}x}{\mathrm{d}s}\right) \\ r_y = \left(\dfrac{\mathrm{d}y}{\mathrm{d}s}\right) \\ r_z = \left(\dfrac{\mathrm{d}z}{\mathrm{d}s}\right) \end{cases} \tag{3-27b}$$

因为单位切向量 $\vec{r}$ 与射线参数 $\vec{p}$ 同向，则：

$$v(\mathrm{s})\vec{p} = v(\mathrm{s})\,\nabla T = \vec{r} \tag{3-28a}$$

即：

$$\begin{cases} \dfrac{\mathrm{d}x(s)}{\mathrm{d}s} = v(s)p_x(s) \\ \dfrac{\mathrm{d}y(s)}{\mathrm{d}s} = v(s)p_y(s) \\ \dfrac{\mathrm{d}z(s)}{\mathrm{d}s} = v(s)p_z(s) \end{cases} \tag{3-28b}$$

进一步，程函方程可写作：

$$(v\,\nabla T)^2 = 1 \tag{3-29}$$

由式（3-29）可以看出，$v\,\nabla T$ 垂直于波前面，且模长为1，由此可得：

$$v\,\nabla T = \frac{\mathrm{d}\vec{r}}{\mathrm{d}s} \tag{3-30}$$

即：

$$\nabla T = \frac{1}{v}\frac{\mathrm{d}\vec{r}}{\mathrm{d}s} \tag{3-31}$$

我们知道，$\vec{n}\,\nabla T = \dfrac{1}{v} = \dfrac{\mathrm{d}T}{\mathrm{d}s}$，其中 $\vec{n} = \dfrac{\mathrm{d}\vec{r}}{\mathrm{d}s}$ 与波前面垂直，则有：

$$\nabla\left(\frac{1}{v}\right) = \frac{\mathrm{d}}{\mathrm{d}s}\left[\frac{1}{v}\frac{\mathrm{d}\vec{r}}{\mathrm{d}s}\right] \tag{3-32}$$

值得注意的是，由于式（3-32）中速度的需要可导，对于速度的要求就不能变化过快，需要连续可导才行。根据式（3-32）可得多形式射线追踪方程。

例如：

$$\nabla\left(\frac{1}{v}\right) = \frac{\mathrm{d}}{\mathrm{d}s}\nabla T = \frac{\mathrm{d}\vec{p}}{\mathrm{d}s} \tag{3-33a}$$

拆开写成分量的形式：

$$\begin{cases} \dfrac{\mathrm{d}p_x}{\mathrm{d}s} = -\dfrac{1}{v^2}\dfrac{\partial v}{\partial x} \\ \dfrac{\mathrm{d}p_y}{\mathrm{d}s} = -\dfrac{1}{v^2}\dfrac{\partial v}{\partial y} \\ \dfrac{\mathrm{d}p_z}{\mathrm{d}s} = -\dfrac{1}{v^2}\dfrac{\partial v}{\partial z} \end{cases} \tag{3-33b}$$

最终，通过式（3－33a）与（3－33b）进行运动学射线；追踪；，获取走时信息。

若将式（3－33b）中的 $\mathrm{d}s$ 换成 $\mathrm{d}\tau$，直接得到射线；追；踪方程组：

$$\begin{cases}\dfrac{\mathrm{d}x}{\mathrm{d}\tau}=v^2p_x=v\sin\theta\cos\varphi\\ \dfrac{\mathrm{d}y}{\mathrm{d}\tau}=v^2p_y=v\sin\theta\sin\varphi\\ \dfrac{\mathrm{d}z}{\mathrm{d}\tau}=v^2p_z=v\cos\theta\\ \dfrac{\mathrm{d}p_x}{\mathrm{d}\tau}=-\dfrac{1}{v}\dfrac{\partial v}{\partial x}\\ \dfrac{\mathrm{d}p_y}{\mathrm{d}\tau}=-\dfrac{1}{v}\dfrac{\partial v}{\partial y}\\ \dfrac{\mathrm{d}p_z}{\mathrm{d}\tau}=-\dfrac{1}{v}\dfrac{\partial v}{\partial z}\end{cases} \tag{3－34}$$

3.3.2 高斯束动力学射线追踪

高斯束运动学射线追踪确定了中心射线的轨迹，动力学则是获得射线附近的能量分布。在三维条件下，动力学射线追踪方程是为了求取 2×2 动力学参数 P、Q，满足：

$$\begin{cases}\dfrac{\partial Q(s)}{\partial\tau}=v^2(s)P(s)\\ \dfrac{\partial P(s)}{\partial\tau}=-\dfrac{1}{v(s)}\dfrac{\partial^2V(s)}{\partial n^2}Q(s)\end{cases} \tag{3－35}$$

其中：

$$V(s)=\begin{bmatrix}\dfrac{\partial^2v}{\partial n^2} & \dfrac{\partial^2v}{\partial n\partial m}\\ \dfrac{\partial^2v}{\partial m\partial n} & \dfrac{\partial^2v}{\partial m^2}\end{bmatrix} \tag{3－36}$$

式中，θ 为射线；方向与 z 轴正方向之间的夹角。

解方程组求取动力学射线参数 $P(s)$，$Q(s)$ 需要选择合适的初始值，使其满足高斯束条件。Hill（1990）给出了初始值选取的具体方式。其中，给定点源和线源初始条件分别为：

$$Q_1(s_0)=1,\ P_1(s_0)=0 \tag{3－37a}$$

$$Q_2(s_0)=0,\ P_2(s_0)=1 \tag{3－37b}$$

可以直观的理解求取高斯束数值解的过程：

（1）由式（3－34）求解高斯束中心射线路径和走时信息。

（2）由式（3－35）求取中心；射线动力；学参量 P、Q。

（3）将上面两步求得的值即可求取中心射线附近有效宽度内的波场。

3.3.3 高斯束核函数推导

假设背景波场中存在扰动速度场 $v_0(z)$，则波动方程为：

$$\left[\frac{\partial}{\partial x^2}+\frac{\partial}{\partial y^2}+\frac{\partial}{\partial z^2}+k_0^2(z)\right]u(x,y,z,\omega)=\omega^2\varepsilon(x,y,z)u(x,y,z,\omega) \tag{3-38}$$

式中，$k_0(z)=\omega/v_0(z)$ 表示波数；$\varepsilon(x,y,z)=1/v^2(x,y,z)-1/v_0^2(x,y,z)$。

Born 近似是一种散射波场的波场小扰动近似，总波场可以分解为背景波场和散射波场：

$$u=u_0+u_1 \tag{3-39}$$

式中，u_0 为介质扰动前地震背景波场，为 u_1 一阶 Born 散射场，对于波动方程式（3-38），令：

$$u(x,y,z,\omega)=Ae^{i\varphi(x,y,z,\omega)} \tag{3-40}$$

由于地震波场振幅与相位的一阶扰动遵循 Rytov 近似，令：

$$\varphi(x,y,z,\omega)\approx\varphi_0(x,y,z,\omega)+\Delta\varphi(x,y,z,\omega) \tag{3-41a}$$

$$A(x,y,z,\omega)\approx A_0(x,y,z,\omega)+\Delta A(x,y,z,\omega) \tag{3-41b}$$

扰动后 Rytov 波场 u_R 之间满足关系式：

$$u_R=u_0\exp\left(\frac{u_1}{u_0}\right) \tag{3-42}$$

其中，u_0 与 u_R 的公式为：

$$u_0=A_0(x,y,z,\omega)\exp[i\varphi_0(x,y,z,\omega)] \tag{3-43a}$$

$$u_R=[A_0(x,y,z,\omega)+\Delta A(x,y,z,\omega)]\exp[i\varphi_0(x,y,z,\omega)+\Delta\varphi(x,y,z,\omega)] \tag{3-43b}$$

式中，A_0 为背景波场振幅；φ_0 为包含初相位信息的背景波场相位，将式（3-43）代入式（3-42）得到振幅扰动 ΔA、相位扰动 $\Delta\varphi$ 与 Born 散射场 u_1 之间的关系。在 Born 近似 $\Delta A\ll A_0$ 条件下，式（3-44）可以简化为式（3-45）：

$$In\left(1+\frac{\Delta A}{A_0}\right)+i\Delta\varphi=\frac{u_1}{u_0} \tag{3-44}$$

$$\frac{\Delta A}{A_0}+i\Delta\varphi=\frac{u_1}{u_0} \tag{3-45}$$

因此，振幅扰动 ΔA、走时扰动 $\Delta\tau$ 与 u_1 之间存在如下关系：

$$\Delta A=A_0\mathrm{Re}\left(\frac{u_1}{u_0}\right) \tag{3-46}$$

$$\Delta\tau=\mathrm{Im}\left(\frac{u_1}{u_0}\right)/\omega \tag{3-47}$$

式中，ω 为圆频率；Im 表示取复数的虚部；Re 表示取复数的实部。

根据 Snieder 和 Lomax，Born 散射场可以用式（3－45）表示：

$$u_1 = \int_v \frac{2\omega^2 \varepsilon(x,y,z)}{v_0(x,y,z)} \cdot G_0(g,x,y,z) u_0(x,y,z,s) \mathrm{d}r \tag{3-48}$$

式中，$G_0(g,x,y,z)$ 为无扰动速度场 $v_0(x,y,z)$ 中 (x,y,z) 点在 g 处的格林函数，将式（3－48）代入式（3－47），再根据层析方程得到单频振幅与走时层析核函数表达式：

$$K_A(x,y,z,\omega) = \frac{2\omega^2 A_0}{v_0(x,y,z)} \mathrm{Re}\left[\frac{G_0(g,x,y,z) u_0(x,y,z,s)}{u_0(g,s)}\right] \tag{3-49a}$$

$$K_T(x,y,z,\omega) = \frac{2\omega}{v_0(x,y,z)} \mathrm{Im}\left[\frac{G_0(g,x,y,z) u_0(x,y,z,s)}{u_0(g,s)}\right] \tag{3-49b}$$

由此可见，单频振幅与走时层析核函数的计算关键在于格林函数的求取与理论波场的合成。对于简单的情况，如均匀介质、脉冲点源情况下，可以在理论上得到核函数的解析表达式。对于复杂的情况，则需要采用波动方程或动力学射线追踪，利用式（3－49）数值计算菲涅尔体层析核函数。

考虑到观测数据具有一定的带宽，Spetzler 和 Snieder 给出以下带限振幅和走时层析核函数表达式：

$$K_A(x,y,z) = \int_{\omega_1}^{\omega_2} P(\omega) K_A(x,y,z,\omega) \mathrm{d}\omega \tag{3-50a}$$

$$K_T(x,y,z) = \int_{\omega_1}^{\omega_2} P(\omega) K_T(x,y,z,\omega) \mathrm{d}\omega \tag{3-50b}$$

式中，$P(\omega)$ 为权系数，满足关系式 $\int_{\omega_1}^{\omega_2} P(\omega) \mathrm{d}\omega = 1$。

因此有限频地震波传播走时延迟可以表示为：

$$\Delta t = \iiint K_T(x,y,z) \Delta s(x,y,z) \mathrm{d}x\mathrm{d}y\mathrm{d}z \tag{3-51}$$

3.4 模型数据测试与实际资料试处理

3.4.1 模型数据测试

3.4.1.1 二维简单模型

设计一个二维简单模型（图 3－10）是一个包含 101×101 个离散网格的正方形模型，空间离散间隔为 10m×10m。背景速度为 1000m/s，中间有一个半径为 100m 的圆形高速异常体，速度为1160m/s。在模型每一边均匀放置50个炮点，共计200个炮点。检波器均匀放置在模型四周，每一边50个，共200个。基于真实模型的高精度射线追踪得到的走时作为观测走时，初始模型为均匀背景模型，用联合迭代重建法进行反演，经过20次迭代后，反演结果如图3－11所示。

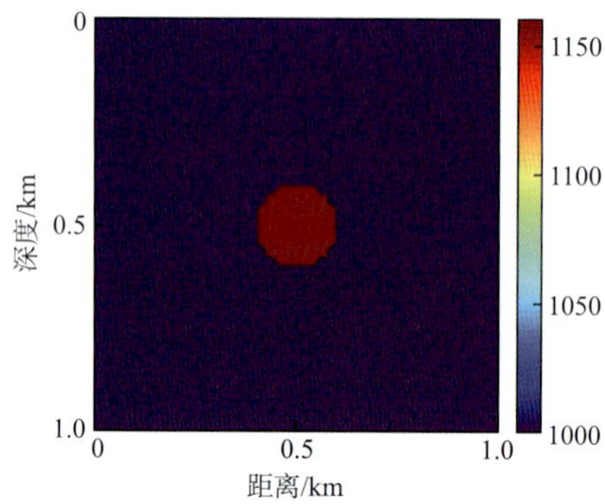

图3－10 二维简单模型反演结果对比图

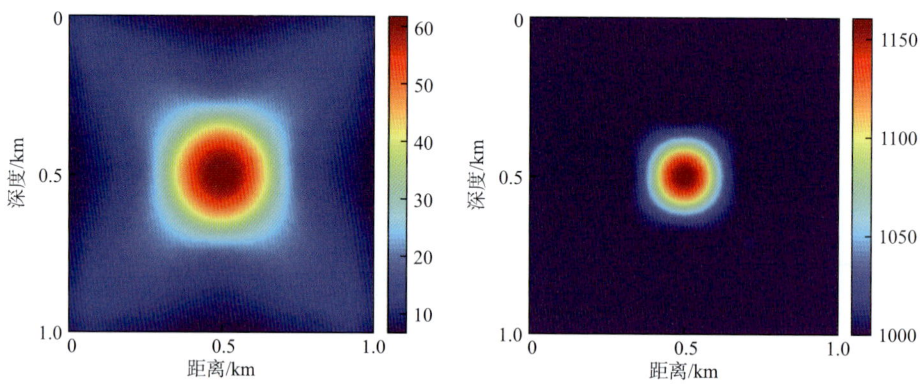

(a)第1次迭代更新量　(b)第20次迭代结果

图3－11　二维简单模型反演结果对比图

可以看出，利用联合迭代重建法进行反演，能够对速度异常体进行更精细的刻画，反演精度高，反演结果接近真实速度模型。可以看出，联合迭代重建法层析第一次迭代的梯度［图3－11（a）］主要聚焦在速度异常附近，在速度无异常处梯度尽管不为零（这是照明角度不均匀造成的），但是相对较弱。

3.4.1.2　二维复杂模型

图3－12为0～100m范围内的二维近地表模型，网格间距为0.5m×0.5m，道间距0.5m。首先我们建立初始梯度模型，如图3－13（a）所示，初始模型与真实模型相差很大，近地表反演结果如图3－13（b）所示。反演结果一定程度上贴合真实近地表情况，通过抽线对比（图3－14）发现，该模型的反演结果已经比较好，特别是在横坐标为

0.4～0.7km 的范围内。近地表速度已经比较好的贴合了实际真实模型。

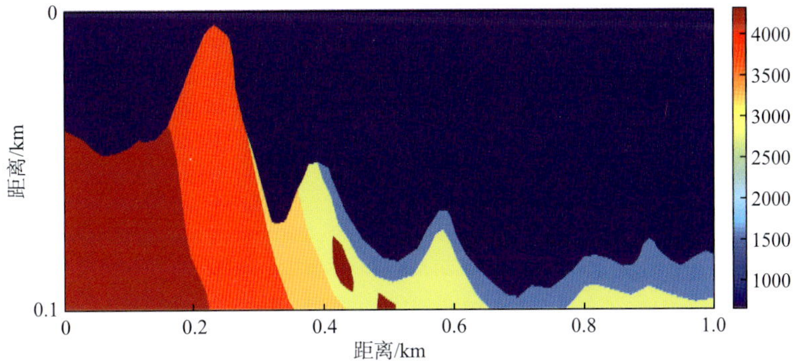

图 3－12　真实模型

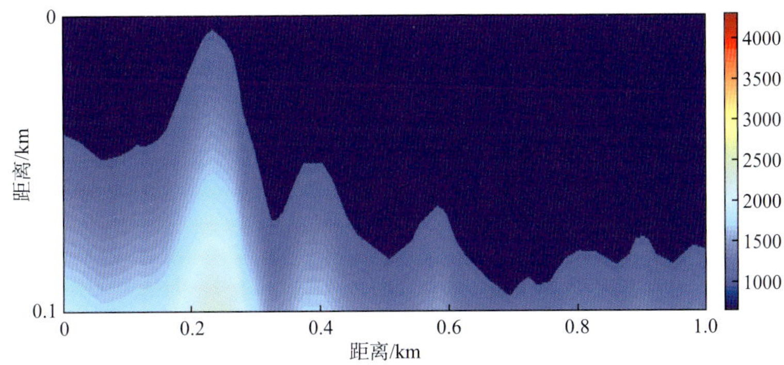

(a)初始模型

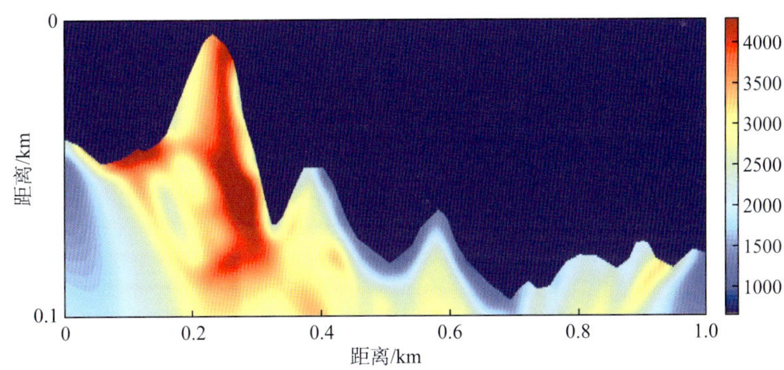

(b)反演结果

图 3－13　二维模型 0～100m 范围

我们将真实模型乘以 0.8 作为初始模型［图 3－15（a）］，同时用在反演过程中加入结构约束进行反演，该初始模型与图 3－13（b）相比更接近真实模型，并且层位分明。通过其反演结果（图 3－15）可以发现，在近地表 400～1000m 处低速近地表附近刻画的更加接近真实模型，同时 500m 附近的两个高速异常体也刻画清晰，在近地表反演中引入构造约束，有效控制近地表速度更新范围，从而提高近地表反演精度。图 3－16 是反演结果不同深度抽线情况，与图 3－14 相比，其反演结果误差更小，有利于深度偏移成像。但实际情况下，无法获得准确的层位、构造信息，则需要通过微测井、高密度电法、地质剖面调查等方法综合建立接近真实近地表的初始模型，这样才能获得更好的近地表反演结果。

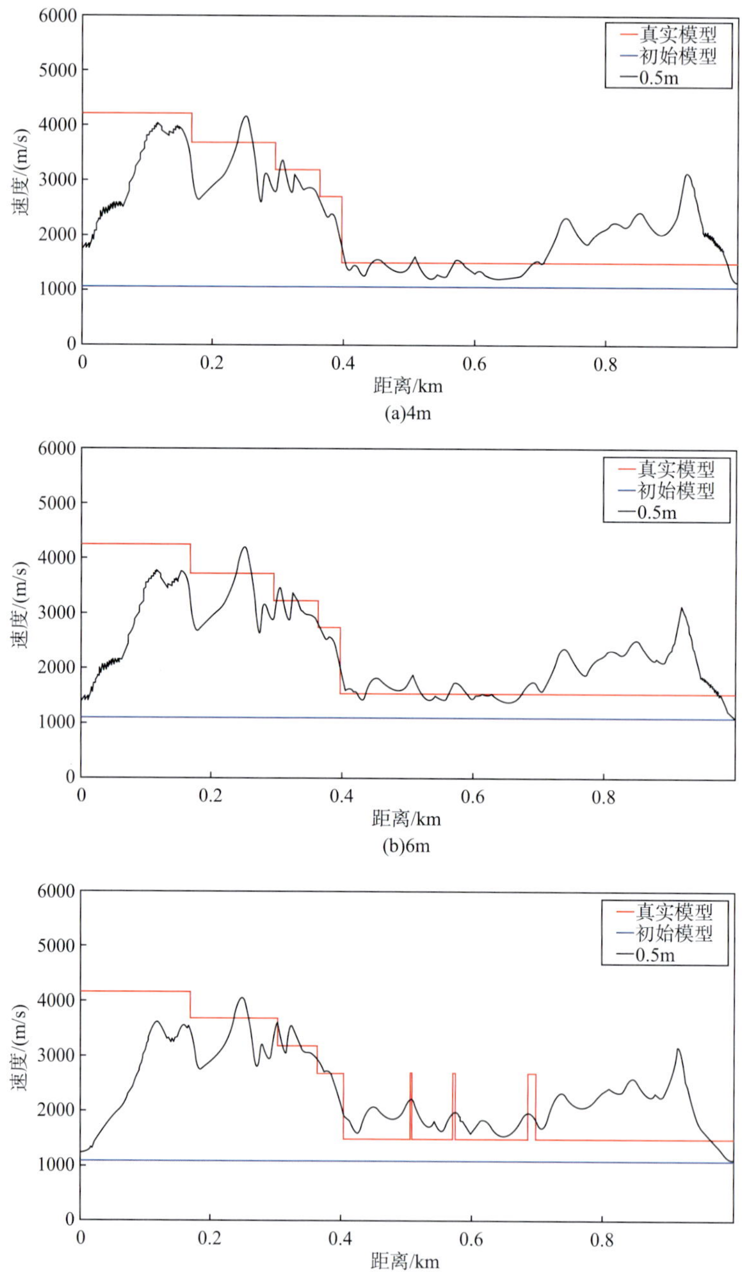

(a)4m

(b)6m

(c)8m

图 3－14　不同深度抽线对比

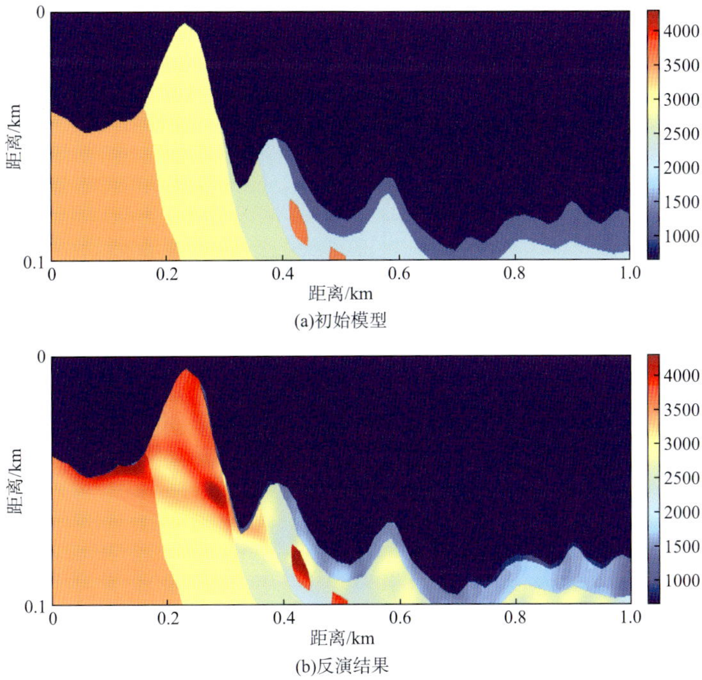

图 3－15　二维模型 0～100m 范围

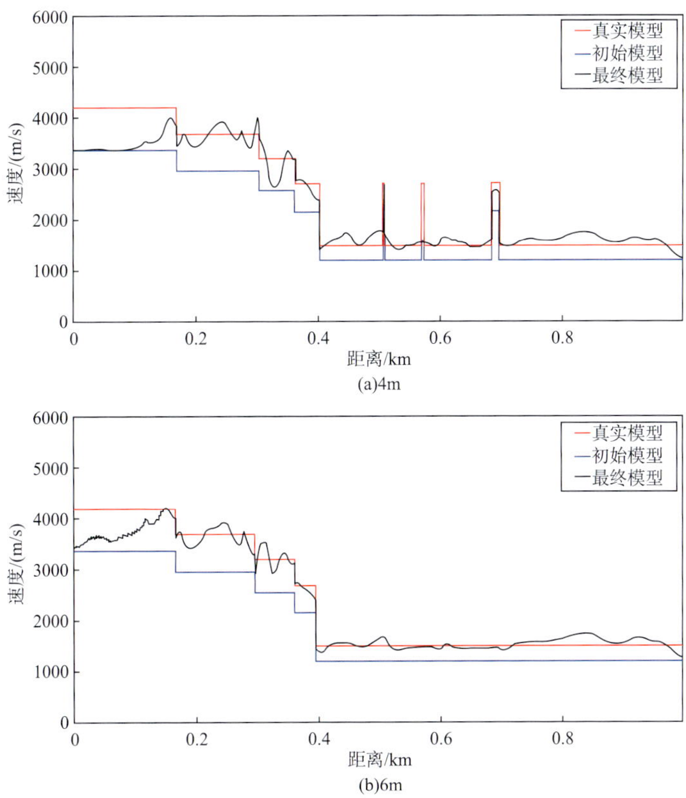

图 3－16　反演结果不同深度抽线对比

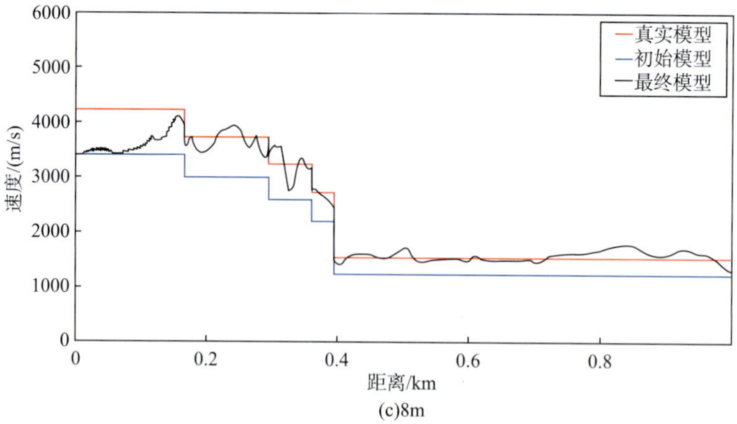

图 3-16　反演结果不同深度抽线对比（续）

3.4.2　实际资料试处理

3.4.2.1　二维实际资料试处理

根据探区微测井数据，建立初始模型，如图 3-17 所示。不同道距反演模型对比：10m 道距以内的反演模型主要区别在对高速层的刻画上，10m 道距以上的反演模型分辨率急剧降低。

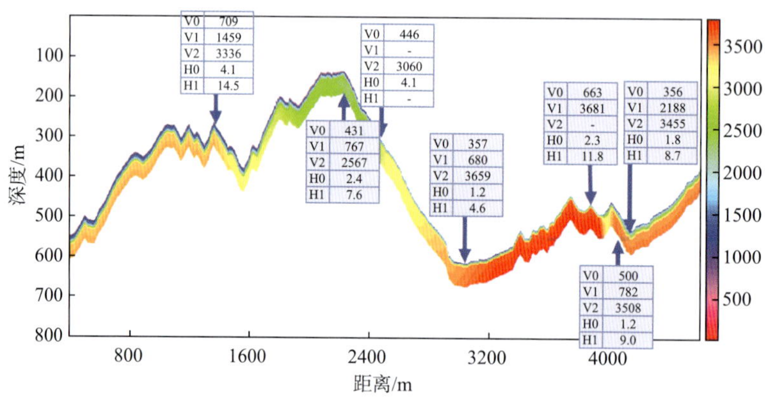

图 3-17　初始模型

通过与微测井信息对比，可以发现在道间距 2m 的情况下，反演结果与微测井数据很好地匹配了起来，这说明随着网格的减小，DWT 技术的分辨率在密度采集系统下可以与微测井对比。图 3-18 是不同道距的层析反演结果，通过道距的变化可以看出，小道距对近地表刻画能力更强，当道距大于 8m 时，近地表详细信息已经被模糊了。在道距 20m 的情况下，也就是常规大炮初至的观测系统下，近地表信息已经很难有反映了，模糊了速度变化，所以常规观测系统是无法建立50m范围内的精确速度模型的。通过高密度采集可以证明DWT反演能力随着网格的缩小而提升，随着道间距减小而提升。

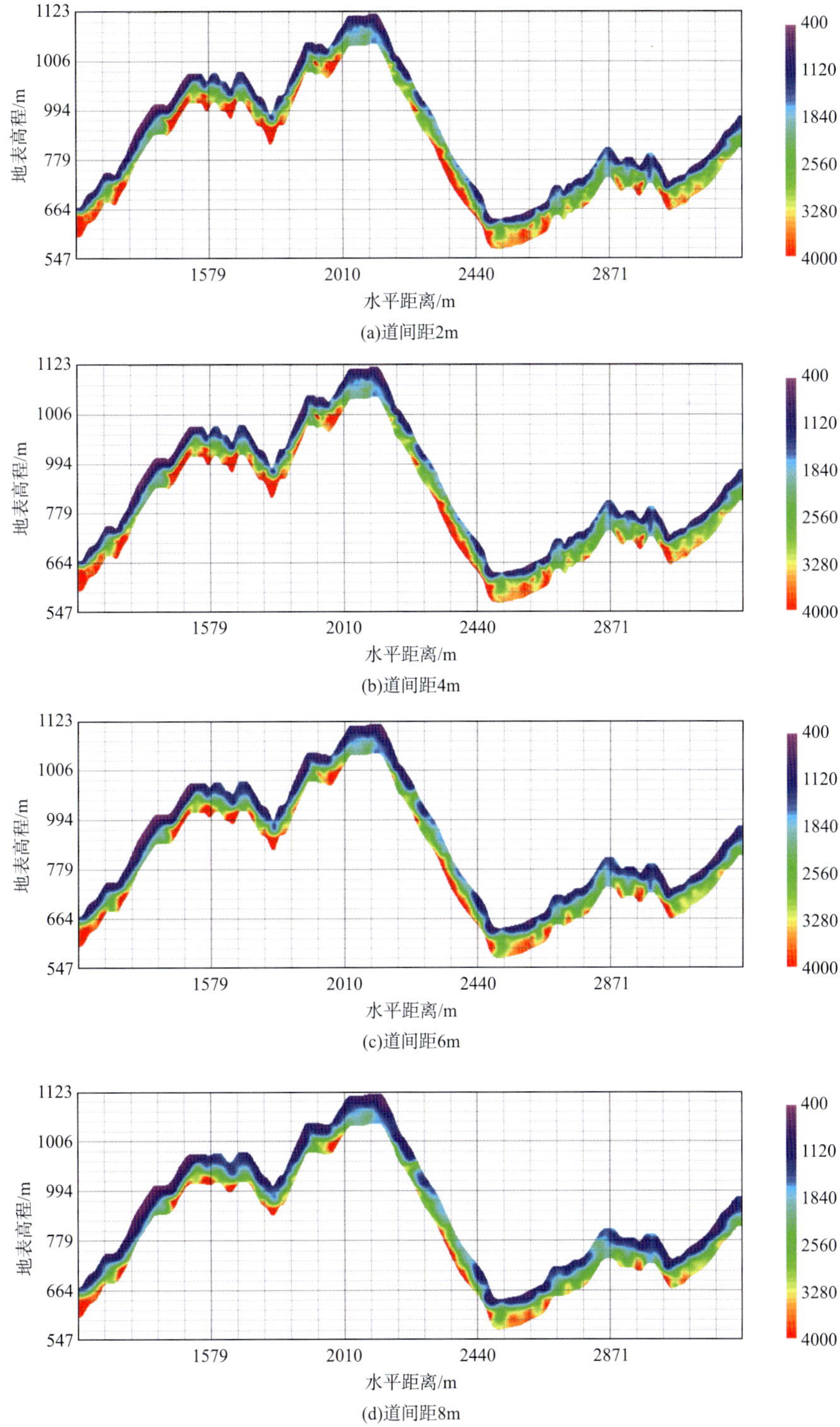

图3－18　不同道距反演模型对比

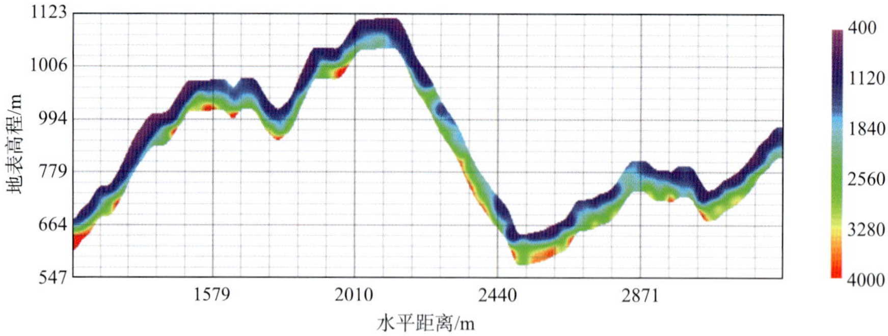

(e)道间距10m

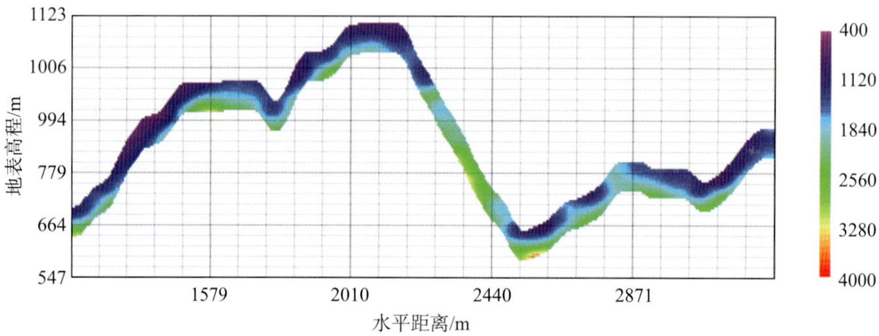

(f)道间距20m

图 3－18　不同道距反演模型对比（续）

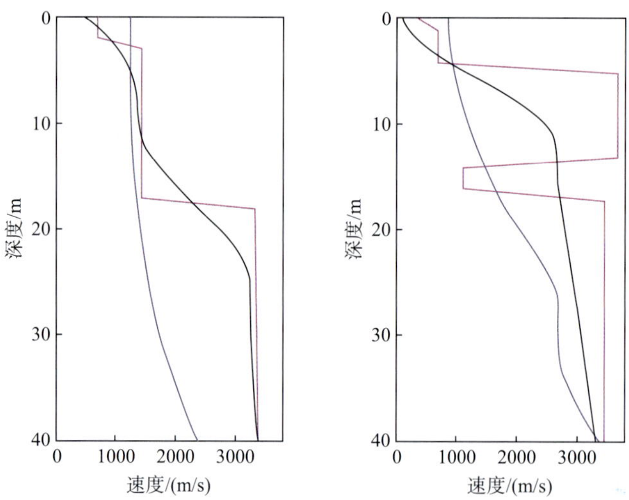

(a)桩号1679　　(b)桩号2616

图 3－19　反演结果与微测井对比图

综上得出结论：微测井显示，无约束层析反演速度建模精度及分辨率不够（无法收敛）（图 3－19）。根据微测井信息建立的初始模型保证了近地表层析速度反演的收敛，有效提高了最终层析反演精度。高密度浅层地震能够建立较为精细的浅层地表模型，反映更精细地质特征，而常规大炮初至远远不能满足复杂浅表层精细建模需求。

3.4.2.2 三维实际资料试处理

复杂近地表深度域速度建模是山前带地震资料处理的难点与重点。在没有足够的近地表结构作为先验信息约束的前提下，复杂近地表反演往往存在反演不稳定、分辨率不高等问题，给后续的深度偏移带来较大的成像误差。为了提高近地表反演的精度和稳定性，初始迭代中应选择大网格。同时初始迭代中应选择大偏移距范围，使射线尽量穿透更深区域，首先更新模型的深部。随着反演的推进逐渐减小最大偏移距，以及逐步减少面元，进而更新浅层区域，从而更精细刻画近地表模型。

在该三维实际数据进行近地表速度建模时，首先建立近地表初始模型［图3－20（a）］，该初始模型是根据地表建立梯度模型；在反演迭代前期使用400×400×10的面元［图3－20（b）］，反演得到的是大平滑尺度下的背景速度信息；中期使用200×200×10的面元［图3－20（c）］，随着面元尺度的减小，近地表速度变化趋势逐渐明显；后期使用100×100×10的面元［图3－20（d）］，同时随着偏移距范围的不断减小，得到最终的近地表速度模型［图3－20（e）］，近地表横向速度变化刻画更加准确。

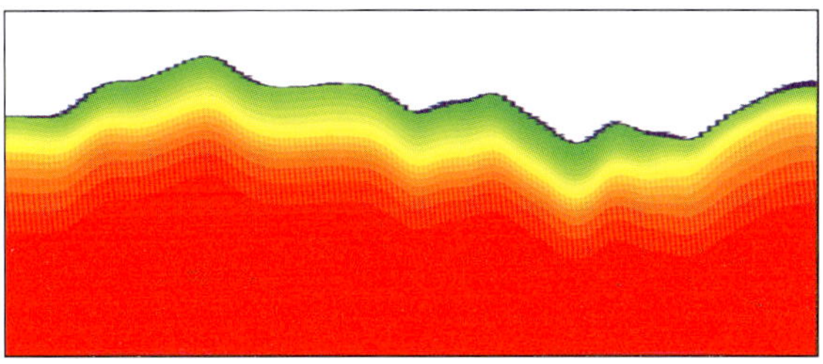

(a)初始近地表速度模型

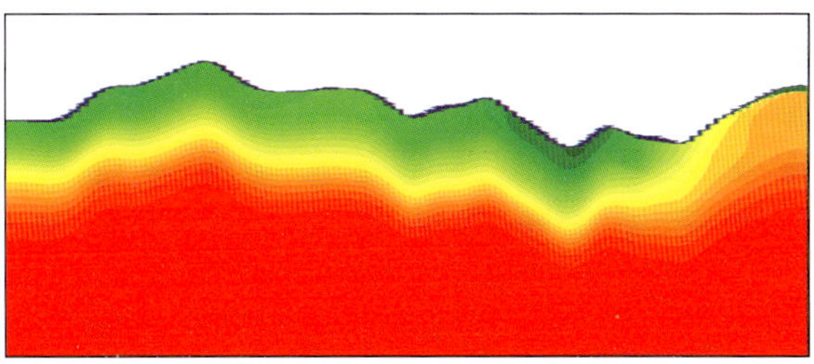

(b)400m尺度反演结果

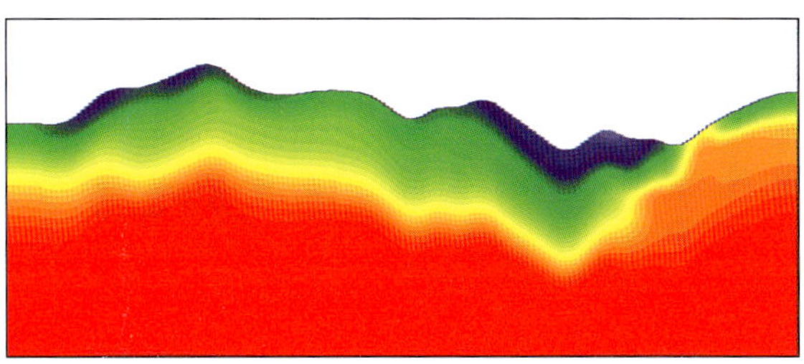

(c)200m尺度反演结果

图3－20 近地表速度反演结果

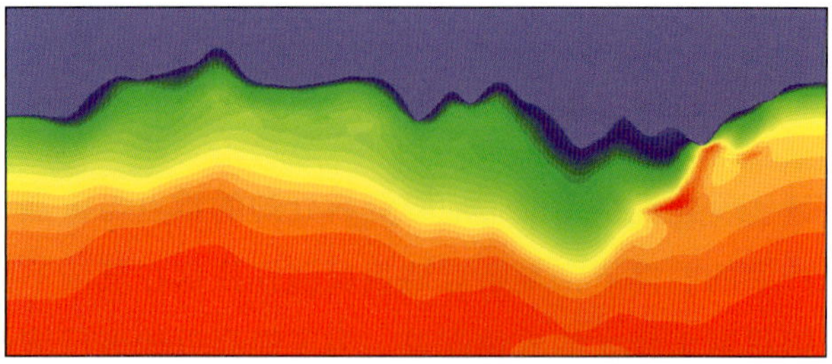

(d)100m尺度反演结果

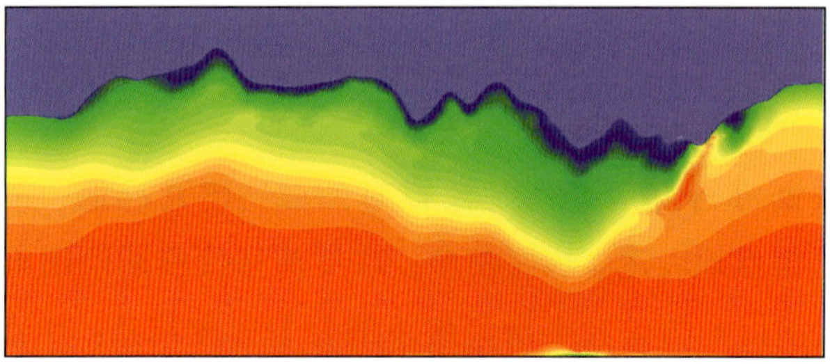

(e)最终速度模型

图 3 - 20　近地表速度反演结果（续）

通过图 3 - 21 可以看出，经过近地表速度建模后，叠前深度偏移地震剖面中浅层成像质量有着比较明显的改变，构造更加清晰，同相轴连续性更好，信噪比更高。

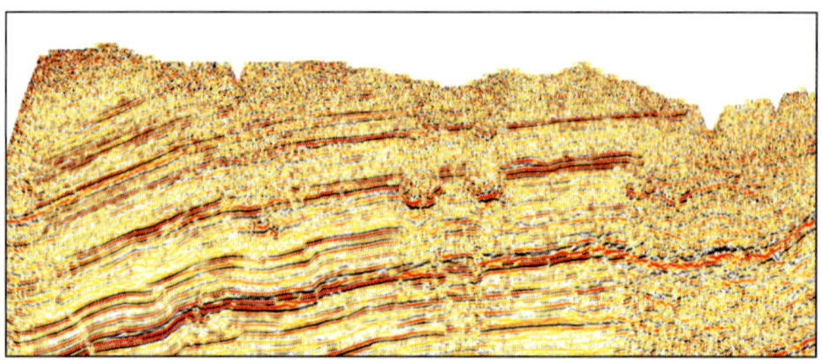

(a)近地表建模前的叠前深度偏移剖面

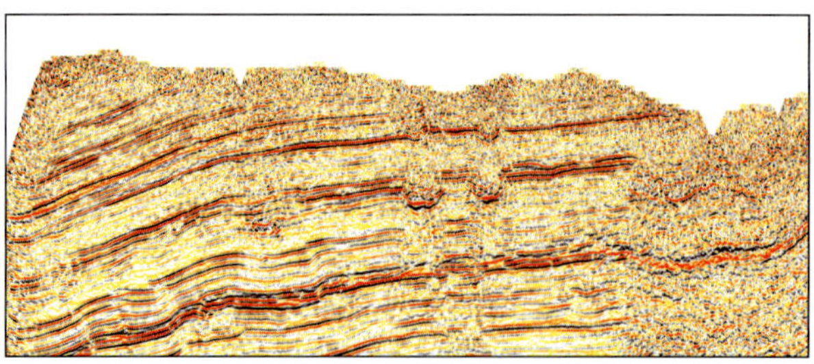

(b)近地表建模后的叠前深度偏移剖面

图 3 - 21　近地表反演结果对浅层成像质量的改变

3.5 小　结

本章从近地表层析的基本原理出发，介绍了目前几种常用的近地表速度建模方法，并对影响其速度建模精度的因素进行了分析，随后介绍了本书的特色：近地表高斯束层析速度建模技术，从正问题的建立（高斯束运动学和动力学射线追踪），到核函数的推导及层析矩阵的建立，最后对起伏地表模型数据和实际数据进行了测试，验证了本方法的有效性与实用性。

射线层析受限于焦散和阴影区等问题，在复杂构造中的效果较差，而且射线层析方程是一个病态方程，稳定性较差。胖射线层析，通过对射线路径拓宽，降低层析反演矩阵的稀疏性，提高速度反演结果的稳定性，但其缺少严格的理论证明。全波形反演层析，基于全波形反演理论框架，早至波波形反演利用早至波特征波的运动学和动力学信息，理论上可完成近地表高精度速度建模，但其计算复杂度高，对初始模型依赖程度高，难以在实际生产中应用。高斯束层析，有严格的理论证明，高斯束方法的理论基础是结合了动力学射线追踪和傍轴近似方法，是波动方程集中于射线区域的高频近似，计算速度快，通过在中心射线附近构建多个层析方程来减少层析方程的过于稀疏带来的病态性，提高层析反演的精度。当前的反演策略是先用全炮检距数据进行层析，大炮检距建立背景速度模型，然后逐渐减小最大炮检距，逐步刻画近地表速度模型，多尺度建模策略将有效提高速度建模精度与稳定性。

4 高斯束层析反演速度建模技术

反射波场的扰动由背景速度扰动和高波数速度扰动两部分共同引起，两部分是耦合在一起的。理论上讲，二者应该同时被估计。但这样做会由于反演参数空间的显著增大而导致反演收敛速度降低、收敛性变差。一般的策略是固定一个扰动量，反演另一个扰动量。因此，产生了工业界常用的叠前深度偏移 + 层析成像的地震波反演成像技术。层析成像可以在数据域实现，也可在成像域实现。在成像域利用反射波进行层析速度反演的目的是为了与偏移成像相结合，通过反射波偏移成像和层析成像两个步骤分别确定高波数扰动和背景速度扰动，这两个步骤在操作上是串联的、自然解耦的。由于背景速度扰动主要与走时有关，因此基于走时的层析反演是符合逻辑的选择。进一步地，由于叠前数据域信噪比较低，成像域的走时层析反演基本上成了最稳健的选择。基于波动理论的层析反演是进一步提高反演精度的方向。

把层析成像从射线理论推广到射线束（Beam）理论进而到波动理论是地震波反演成像既定的发展路线，偏移成像亦是如此。而基于波动理论的反射波走时层析成像的关键问题是建立起地震波走时扰动与速度扰动之间的关系式，即走时层析核函数的推导。波动理论下走时层析核函数的推导需要对波动方程波传播进行线性近似。Born 近似和 Rytov 近似是对波动方程进行线性化近似以描述散射波传播的，其前提假设是扰动场必须远小于背景场，这个假设与层析速度反演的假设是一致的。将用于描述散射波的 Born 近似和 Rytov 近似应用于描述反射波，需要假设反射波在反射界面点处的位置扰动是位于半菲尼尔带范围内的，这样就可以认为反射波的一个分支（如像点到检波点）是由另一个分支（如炮点到像点）在反射点“附近”的散射而引起的，这个“附近”即指半菲尼尔带范围。将 Born 近似和 Rytov 近似应用于成像域反射波的层析成像，实际公式推导和应用是从成像条件出发将反射波分为两支透射波而实现的，从而由两个透射波路径建立起成像域反射波走时层析方程，因此并不违背 Born 近似和 Rytov 近似是用来描述散射波传播的前提。成像域反射波走时层析方程中核函数的计算需要用高斯束波传播理论，我们将利用高斯束算子计算层析核函数的成像域波路径走时层析成像方法，简称高斯束层析。

本章的主要研究内容是高斯束层析速度建模方法。其中，包含高斯束偏移成像的主要目的是提取更高信噪比的方位 - 反射角度道集应用于高斯束层析，同时引出高斯束偏移的成像条件作为高斯束层析核函数推导的出发点，从而将高斯束层析和高斯束偏移有机结合起来。主要包括：①从程函方程及输运方程推导了射线中心坐标系下的高斯束算子，分别用于计算波路径层析核函数中的格林函数及高斯束叠前深度偏移成像；②从 RTM 及 GBM 成像条件分别推导了基于 Born 近似和 Rytov 近似的波路径层析核函数，包括单频及带限核函数。

4.1 高斯束传播算子的推导与特点

高频近似下的动力学射线追踪是射线理论偏移成像和层析成像的基础。常规情况下在笛卡尔坐标系中的数值计算方法不是很完善，特别是振幅计算存在焦散现象和阴影区的问题。高斯束动力学射线追踪方法是对这个问题比较好的解决办法。

高斯束动力学射线追踪方法的基本思想是在射线中心坐标系中表达波动方程，进行高频近似，得到不同于笛卡尔坐标系中的动力学射线追踪方程。在射线中心坐标系中，波场的估计按抛物波动方程方法进行。射线中心坐标系中的抛物波动方程沿着射线给出笛卡尔坐标系中的双曲波动方程的解，该解即为高斯束的表达形式。进一步地，介质空间中任意一点的波场由这点附近的相互独立所有高斯束叠加而成。该方程形式简单，易于计算，可以克服焦散区、阴影区和临界区域的振幅计算问题。

基于高斯束算子，Hill（1990、2001），Nowack（2003）等发展了高斯束偏移成像，形成了一种精致、精确和有效的深度偏移方法，改进了积分类偏移方法对复杂地质构造的成像精度，兼具了初至波到达时 Kirchhoff 积分偏移的灵活性及波动方程偏移的精确性。

本节从高频近似下程函方程和输运方程传播理论出发，在射线中心坐标系下求解程函方程得到高斯束算子的相位项、求解输运方程得到高斯束算子的振幅项，从而得到了高斯束波传播算子，并分析了该算子的特征，指出了高斯束传播算子的空间局部特性。高斯束算子的计算为后续的高斯束偏移及波路径层析方法的发展奠定了理论基础。

4.1.1 射线中心坐标系及其特征

图 4－1 中定义的射线从 O 点出发，蓝色曲线代表射线路径，射线周围一定范围内任意一点可用射线中心坐标表示。对空间中的任意一点 p，过该点向射线作垂线 $\boldsymbol{n}$ 交射线于 S 点，$\boldsymbol{n}$ 指向射线某一固定侧（如左侧），过 S 点作射线的切线 $\boldsymbol{t}$，指向与射线传播方向相同。s 表示 O 点到 S 点的射线长度，这样就建立了一条射线的中心坐标系。在该坐标系中，p 点的坐标可写成：

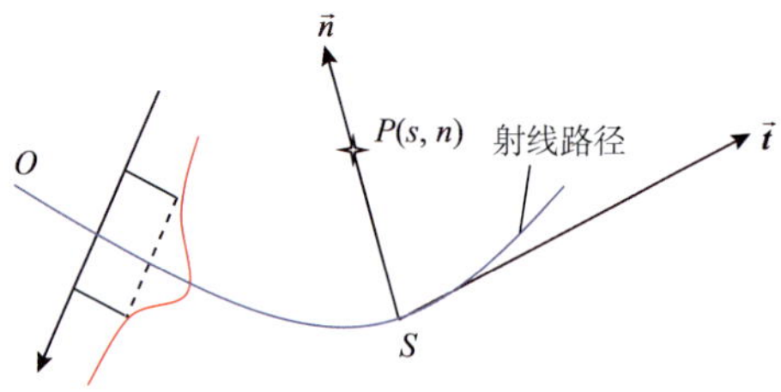

图 4－1　二维射线中心（ray-centered）坐标系

$$\boldsymbol{p} = x\boldsymbol{i} + y\boldsymbol{j} = s\boldsymbol{t} + n\boldsymbol{n} \tag{4-1}$$

式（4－1）中的 $\boldsymbol{t}$ 是有向曲线。值得注意的是，在射线中心坐标系中，某点的坐标是相对于某条确定的射线而言的，其坐标值可能并不唯一，这有别于笛卡尔坐标系。

在射线中心坐标系中，向量 $\boldsymbol{r}$ 有：

$$\begin{cases} \boldsymbol{r}(n,s) = \boldsymbol{r}(0,s) + n\boldsymbol{n}(s) \\ \dfrac{\mathrm{d}\boldsymbol{n}}{\mathrm{d}s} = (\boldsymbol{n} \cdot \nabla V)\boldsymbol{p} \end{cases} \tag{4-2}$$

式中，$\boldsymbol{p}(s)$ 是慢度向量，方向与 $\boldsymbol{n}(s)$ 垂直；$\boldsymbol{n}(s)$ 是一个单位向量。式（4－2）的物理含义为：第一式是坐标 (n,s) 处的向量 $\boldsymbol{r}$ 的表达。第二式确定了 (n,s) 如何构成射线中心坐标系，即定义了射线中心坐标系坐标轴的取向。第二式也说明了单位矢量 $\boldsymbol{n}(s)$ 的方向是随着射线长度 s 的变化而变化的。

基于上式，可以进行如下的运算：

$$\begin{aligned} \mathrm{d}\boldsymbol{r} &= \frac{\mathrm{d}\boldsymbol{r}}{\mathrm{d}s}\mathrm{d}s + \frac{\mathrm{d}\boldsymbol{r}}{\mathrm{d}n}\mathrm{d}n \\ &= \left[\frac{\mathrm{d}\boldsymbol{r}(0,s)}{\mathrm{d}s} + n\frac{\mathrm{d}\boldsymbol{n}}{\mathrm{d}s}\right]\mathrm{d}s + \boldsymbol{n}(s)\mathrm{d}n \\ &= \left[\boldsymbol{t} + n\boldsymbol{p}(\boldsymbol{n} \cdot \nabla V)\right]\mathrm{d}s + \boldsymbol{n}(s)\mathrm{d}n \\ &= \left[\boldsymbol{t} + n\frac{\boldsymbol{t}}{V}(\boldsymbol{n} \cdot \nabla V)\right]\mathrm{d}s + \boldsymbol{n}(s)\mathrm{d}n \\ &= \left[1 + \left(V^{-1}\frac{\partial V}{\partial n}\right)_{n=0} n\right]\boldsymbol{t}\mathrm{d}s + \boldsymbol{n}(s)\mathrm{d}n \\ &= h\boldsymbol{t}\mathrm{d}s + \boldsymbol{n}(s)\mathrm{d}n \end{aligned} \tag{4-3}$$

其中：

$$h = 1 + \left(V^{-1}\frac{\partial V}{\partial n}\right)_{n=0} n = 1 + v^{-1}\frac{\partial v}{\partial n}n \tag{4-4}$$

式中，$V(n,s)$ 是射线中心坐标系中任意一点的速度；$v(s)$ 是对应射线上点的速度。$\boldsymbol{t} = \dfrac{\mathrm{d}\boldsymbol{r}(0,s)}{\mathrm{d}s} = \left(\dfrac{\mathrm{d}x}{\mathrm{d}s}, \dfrac{\mathrm{d}y}{\mathrm{d}s}, \dfrac{\mathrm{d}z}{\mathrm{d}s}\right)$。

则由式（4－4）得：

$$d\boldsymbol{r}\cdot d\boldsymbol{r}=h^2d^2s+d^2n \tag{4-5}$$

从式（4－4）和式（4－5）可以清楚地看到，(n,s) 构成的坐标系只有当 $h=1$ 时才是一个正交坐标系，当 $\frac{\partial v}{\partial n}$ 较大或 n 较大时，(n,s) 构成的坐标系的正交性变差。由于只有 n 是可以控制的，因此只有中心射线附近的波场才能使得 (n,s) 构成的坐标系的正交性得到基本的保证。这也解释了高斯束算子必须在光滑速度模型中传播并且只能描述射线周围临域内波场的原因。

在三维情形下，射线中心坐标系可用图4－2表示，其中，$\boldsymbol{r}_0(s)$ 代表中心射线，$\boldsymbol{t}$ 代表射线的单位切向量，$\boldsymbol{t}=\frac{d\boldsymbol{r}_0}{ds}$。$\boldsymbol{e}_1$ 和 $\boldsymbol{e}_2$ 分别代表垂直中心射线的平面内，以射线与该垂直平面交点为原点的两个垂直的单位矢量，这两个矢量加上中心射线形成射线中心坐标系，图中 M 点代表中心射线附近的一个点。

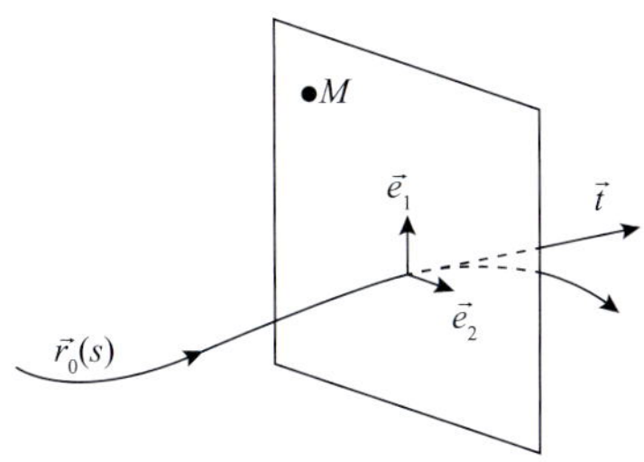

图4－2　三维射线中心坐标系
（据 Bleistein，2009）

笛卡尔坐标系中，射线表示：

$$\boldsymbol{r}=\boldsymbol{r}_0(s)=x(s)\boldsymbol{i}+y(s)\boldsymbol{j}+z(s)\boldsymbol{k} \tag{4-6}$$

首先定义：

$$\begin{cases}\dfrac{d\boldsymbol{e}_1}{ds}=\kappa_1(s)\boldsymbol{t}(s)\\[2ex]\dfrac{d\boldsymbol{e}_2}{ds}=\kappa_2(s)\boldsymbol{t}(s)\end{cases} \tag{4-7}$$

式中，$\kappa_1(s)$ 和 $\kappa_2(s)$ 与射线附近的沿 $\boldsymbol{e}_1$ 和 $\boldsymbol{e}_2$ 的速度变化率有关。它们决定了射线的弯曲程度。

在中心射线附近，引入局部坐标系 (s,q_1,q_2)。在此坐标系中，M 点的射线可以表示为：

$$\boldsymbol{r}_M(s)=\boldsymbol{r}_0(s)+q_1\boldsymbol{e}_1(s)+q_2\boldsymbol{e}_2(s) \tag{4-8}$$

$\boldsymbol{r}_M(s)$ 是一个以 $\boldsymbol{r}_0(s)$ 为中心的射线，M 总在图4－2中的垂直于射线的平面内。

$\mathrm{d}\boldsymbol{r}_M(s)$ 定义的面元大小为：

$$\mathrm{d}S^2 = \left(\mathrm{d}\boldsymbol{r}_M(s), \mathrm{d}\boldsymbol{r}_M(s)\right) \tag{4-9}$$

因为：

$$\begin{aligned}\mathrm{d}\boldsymbol{r}_M(s) &= \frac{\mathrm{d}\boldsymbol{r}_0(s)}{\mathrm{d}s}\mathrm{d}s + \mathrm{d}q_1\boldsymbol{e}_1(s) + \mathrm{d}q_2\boldsymbol{e}_2(s) + q_1\frac{\mathrm{d}\boldsymbol{e}_1(s)}{\mathrm{d}s}\mathrm{d}s + q_2\frac{\mathrm{d}\boldsymbol{e}_2(s)}{\mathrm{d}s}\mathrm{d}s \\ &= \boldsymbol{t}(s)\mathrm{d}s + q_1\kappa_1(s)\boldsymbol{t}(s)\mathrm{d}s + q_2\kappa_2(s)\boldsymbol{t}(s)\mathrm{d}s + \mathrm{d}q_1\boldsymbol{e}_1(s) + \mathrm{d}q_2\boldsymbol{e}_2(s) \\ &= \boldsymbol{t}(s)\left[1 + q_1\kappa_1(s) + q_2\kappa_2(s)\right]\mathrm{d}s + \mathrm{d}q_1\boldsymbol{e}_1(s) + \mathrm{d}q_2\boldsymbol{e}_2(s) \\ &= h\mathrm{d}s\boldsymbol{t}(s) + \mathrm{d}q_1\boldsymbol{e}_1(s) + \mathrm{d}q_2\boldsymbol{e}_2(s)\end{aligned} \tag{4-10}$$

其中，$h = 1 + q_1\kappa_1(s) + q_2\kappa_2(s)$。有：

$$\mathrm{d}S^2 = \left(\mathrm{d}\boldsymbol{r}_M(s), \mathrm{d}\boldsymbol{r}_M(s)\right) = h^2\mathrm{d}s^2 + \mathrm{d}q_1^2 + \mathrm{d}q_2^2 \tag{4-11}$$

可见，在三维情形下，射线中心坐标系 $\left(\boldsymbol{t}(s), \boldsymbol{e}_1(s), \boldsymbol{e}_2(s)\right)$ 也仅仅在射线 $\boldsymbol{r}_0(s)$ 附近是近似正交的。

4.1.2 从程函方程和输运方程到高斯束算子

高斯束传播算子的本质是傍轴近似方程在射线中心坐标系中描述波传播。上一节介绍了射线中心坐标系及其特征，本节在射线中心坐标系下推导程函方程和输运方程得到高斯束算子。

4.1.2.1 射线中心坐标系下求解程函方程

在中心射线 $\boldsymbol{r}_0(s)$ 附近，用射线中心坐标 (s, q_1, q_2) 表示的程函方程解的 Taylor 展开式为：

$$\tau(s, q_1, q_2) = \tau_0(s) + \frac{1}{2}\sum_{i,j=1}^{2}\boldsymbol{\Gamma}_{i,j}(s)q_iq_j + \cdots \tag{4-12}$$

在与中心射线垂直的面上及中心射线附近，走时 $\tau(s, q_1, q_2)$ 是常数。因此，走时 $\tau(s, q_1, q_2)$ 关于 q_1, q_2 的导数等于零。

$$\left.\frac{\partial\tau}{\partial q_1}\right|_{q_1=q_2=0} = \left.\frac{\partial\tau}{\partial q_2}\right|_{q_1=q_2=0} = 0 \tag{4-13}$$

式（4-12）中 $\boldsymbol{\Gamma}_{i,j}$ 是一个 Hessian 矩阵，$\Gamma_{12} = \Gamma_{21}$。若引入 $\boldsymbol{q} = \begin{pmatrix} q_1 \\ q_2 \end{pmatrix}$，则有如下的二次型定义：

$$\frac{1}{2}\sum_{i,j=1}^{2}\boldsymbol{\Gamma}_{i,j}(s)q_iq_j = \frac{1}{2}(\boldsymbol{\Gamma}\boldsymbol{q}, \boldsymbol{q}) \tag{4-14}$$

射线中心坐标系中的程函方程为：

$$(\nabla\tau,\nabla\tau)=\frac{1}{h^2}\left(\frac{\partial\tau}{\partial s}\right)^2+\left(\frac{\partial\tau}{\partial q_1}\right)^2+\left(\frac{\partial\tau}{\partial q_2}\right)^2=\frac{1}{V^2(s,q_1,q_2)} \tag{4-15a}$$

其中：

$$\nabla\tau=\frac{\boldsymbol{t}}{h}\frac{\partial\tau}{\partial s}+\frac{\partial\tau}{\partial q_1}\boldsymbol{e}_1+\frac{\partial\tau}{\partial q_2}\boldsymbol{e}_2 \tag{4-15b}$$

为了在中心射线附近近似表达程函方程，需要把式（4-15a）中的 $\frac{1}{h^2}$ 和 $\frac{1}{V^2(s,q_1,q_2)}$ 进行 Taylor 展开：

$$\frac{1}{h}=\frac{1}{1+\sum_{j=1}^{2}\kappa_j q_j}=1-\sum_{j=1}^{2}\kappa_j q_j+\left(\sum_{j=1}^{2}\kappa_j q_j\right)^2+\cdots \tag{4-16}$$

则有：

$$\frac{1}{h^2}=1-2\sum_{j=1}^{2}\kappa_j q_j+3\left(\sum_{j=1}^{2}\kappa_j q_j\right)^2+\cdots \tag{4-17}$$

同样地：

$$\frac{1}{V}=\frac{1}{V_0}-\frac{1}{V_0^2}\frac{\partial V}{\partial q_1}\bigg|_{q_1=q_2=0}q_1-\frac{1}{V_0^2}\frac{\partial V}{\partial q_2}\bigg|_{q_1=q_2=0}q_2+$$

$$\frac{1}{2}\frac{\partial^2 V^{-1}}{\partial q_1^2}\bigg|_{q_1=q_2=0}q_1^2+\frac{\partial^2 V^{-1}}{\partial q_1\partial q_2}\bigg|_{q_1=q_2=0}q_1q_2+\frac{1}{2}\frac{\partial^2 V^{-1}}{\partial q_2^2}\bigg|_{q_1=q_2=0}q_2^2+\cdots \tag{4-18a}$$

$$=\frac{1}{V}-\frac{1}{V_0}\sum_{j=1}^{2}\kappa_j q_j+\frac{1}{V_0}\left(\sum_{j=1}^{2}\kappa_j q_j\right)^2-\frac{1}{2V_0}\sum_{i,j=1}^{2}C_{i,j}q_iq_j+\cdots$$

$$\frac{1}{V^2}=\frac{1}{V_0^2}-\frac{2}{V_0^2}\sum_{j=1}^{2}\kappa_j q_j+\frac{3}{V_0^2}\left(\sum_{j=1}^{2}\kappa_j q_j\right)^2-\frac{1}{V_0^3}\sum_{i,j=1}^{2}C_{i,j}q_iq_j+\cdots \tag{4-18b}$$

对式（4-12）求导有：

$$\frac{\partial\tau(s,q_1,q_2)}{\partial s}=\tau'_0(s)+\frac{1}{2}\sum_{i,j=1}^{2}\boldsymbol{\Gamma}'_{i,j}(s)q_iq_j+\cdots$$

$$\left(\frac{\partial\tau}{\partial s}\right)^2=[\tau'_0(s)]^2+\tau'_0(s)\sum_{i,j=1}^{2}\boldsymbol{\Gamma}'_{i,j}(s)q_iq_j+\cdots \tag{4-19}$$

另外：

$$\left(\frac{\partial\tau}{\partial q_1}\right)^2=(\Gamma_{11}q_1+\Gamma_{12}q_2)^2 \tag{4-20a}$$

$$\left(\frac{\partial\tau}{\partial q_2}\right)^2=(\Gamma_{12}q_1+\Gamma_{22}q_2)^2 \tag{4-20b}$$

首先把式（4-20a）和式（4-20b）合起来，

$$\left(\frac{\partial\tau}{\partial q_1}\right)^2+\left(\frac{\partial\tau}{\partial q_2}\right)^2=(\Gamma_{11}^2+\Gamma_{21}^2)q_1^2+2(\Gamma_{11}\Gamma_{21}+\Gamma_{12}\Gamma_{22})q_1q_2+(\Gamma_{21}^2+\Gamma_{22}^2)q_2^2=\sum_{i,j=1}^{2}\boldsymbol{\Gamma}_{i,j}^2q_1q_2 \tag{4-21}$$

把式（4－17）、式（4－18b）、式（4－19）和式（4－20）代入程函方程式（4－15a）有：

$$\begin{aligned}&\left[1-2\sum_{j=1}^{2}\boldsymbol{\kappa}_jq_j+3\left(\sum_{j=1}^{2}\boldsymbol{\kappa}_jq_j\right)^2\right]\left[(\tau'_0)^2+(\tau'_0)\sum_{i,j=1}^{2}\boldsymbol{\Gamma}_{i,j}q_iq_j\right]+\sum_{i,j=1}^{2}\boldsymbol{\Gamma}_{i,j}q_1q_2\\&=\frac{1}{V_0^2}-\frac{2}{V_0^2}\sum_{j=1}^{2}\boldsymbol{\kappa}_jq_j+\frac{3}{V_0^2}\left(\sum_{j=1}^{2}\boldsymbol{\kappa}_jq_j\right)^2\end{aligned} \tag{4-22}$$

按 p_1、p_2 和 q_1、q_2 的幂次，式（4－22）可以分为三组：

第一组：

$$\tau'_0=\frac{1}{V_0}\Rightarrow\tau_0=\int_{s_0}^{s}\frac{\mathrm{d}s}{V_0}+\tau_0(s_0) \tag{4-23}$$

第二组：

$$-2(\tau'_0)^2\sum_{j=1}^{2}\boldsymbol{\kappa}_jq_j=-\frac{2}{V_0^2}\sum_{j=1}^{2}\boldsymbol{\kappa}_jq_j \tag{4-24}$$

第三组：

$$\begin{aligned}&3(\tau'_0)^2\left(\sum_{j=1}^{2}\boldsymbol{\kappa}_jq_j\right)^2+(\tau'_0)\sum_{i,j=1}^{2}\boldsymbol{\Gamma}_{i,j}q_iq_j+\sum_{i,j=1}^{2}(\boldsymbol{\Gamma}^2)_{i,j}q_iq_j\\&=\frac{3}{V_0^2}\left(\sum_{j=1}^{2}\boldsymbol{\kappa}_jq_j\right)^2-\frac{1}{V_0^3}\boldsymbol{C}_{i,j}q_iq_j\end{aligned} \tag{4-25}$$

式（4－25）可以重写为：

$$\sum_{i,j=1}^{2}q_iq_j\left\{\tau'_0\boldsymbol{\Gamma}'_{i,j}+\boldsymbol{\Gamma}_{i,j}^2+\frac{1}{V_0^3}\boldsymbol{C}_{i,j}\right\}=0 \tag{4-26}$$

若式（4－26）成立，必有：

$$\frac{\mathrm{d}}{\mathrm{d}s}\boldsymbol{\Gamma}_{i,j}+V_0\boldsymbol{\Gamma}_{i,j}^2+\frac{1}{V_0^2}\boldsymbol{C}_{i,j}=0(i,j=1,2) \tag{4-27a}$$

式（4－27a）的矩阵形式为：

$$\frac{\mathrm{d}}{\mathrm{d}s}\boldsymbol{\Gamma}+V_0\boldsymbol{\Gamma}^2+\frac{1}{V_0^2}\boldsymbol{C}=0 \tag{4-27b}$$

由于 $\boldsymbol{\Gamma}^2$ 的存在，上式为非线性常微分方程，为了把上式化为线性的，

令：

$$\boldsymbol{\Gamma}=\boldsymbol{P}\boldsymbol{Q}^{-1} \tag{4-28}$$

则有：

$$\frac{\mathrm{d}\boldsymbol{\Gamma}}{\mathrm{d}s}=\frac{\mathrm{d}\boldsymbol{P}}{\mathrm{d}s}\boldsymbol{Q}^{-1}+\boldsymbol{P}\frac{\mathrm{d}\boldsymbol{Q}^{-1}}{\mathrm{d}s} \tag{4-29}$$

又有 $\boldsymbol{QQ}^{-1}=\boldsymbol{I}$，则：

$$\frac{\mathrm{d}}{\mathrm{d}s}(\boldsymbol{QQ}^{-1})=\frac{\mathrm{d}\boldsymbol{Q}}{\mathrm{d}s}\boldsymbol{Q}^{-1}+\boldsymbol{Q}\frac{\mathrm{d}\boldsymbol{Q}^{-1}}{\mathrm{d}s}=\frac{\mathrm{d}}{\mathrm{d}s}(\boldsymbol{I})=0 \tag{4-30}$$

进一步地：

$$\frac{\mathrm{d}\boldsymbol{Q}}{\mathrm{d}s}\boldsymbol{Q}^{-1}=-\boldsymbol{Q}\frac{\mathrm{d}\boldsymbol{Q}^{-1}}{\mathrm{d}s} \tag{4-31}$$

把式（4-29）和式（4-31）代入式（4-27b）得到：

$$\begin{aligned}&\frac{\mathrm{d}\boldsymbol{P}}{\mathrm{d}s}\boldsymbol{Q}^{-1}-\boldsymbol{PQ}^{-1}\frac{\mathrm{d}\boldsymbol{Q}}{\mathrm{d}s}\boldsymbol{Q}^{-1}+V_0\boldsymbol{PQ}^{-1}\boldsymbol{PQ}^{-1}+\frac{1}{V_0^2}\boldsymbol{C}\\&=\frac{\mathrm{d}\boldsymbol{P}}{\mathrm{d}s}\boldsymbol{Q}^{-1}+\frac{1}{V_0^2}\boldsymbol{C}-\boldsymbol{PQ}^{-1}\left(\frac{\mathrm{d}\boldsymbol{Q}}{\mathrm{d}s}-V_0\boldsymbol{P}\right)\boldsymbol{Q}^{-1}=0\end{aligned} \tag{4-32}$$

为了使上式成立，必有：

$$\begin{cases}\dfrac{\mathrm{d}\boldsymbol{Q}}{\mathrm{d}s}=V_0\boldsymbol{P}\\[2ex]\dfrac{\mathrm{d}\boldsymbol{P}}{\mathrm{d}s}=-\dfrac{1}{V_0^2}\boldsymbol{CQ}\end{cases} \tag{4-33}$$

式（4-27b）是一个 Ricatti 方程。为解此方程，我们导出了式（4-33）的变分方程。这一节所推导的公式用于求取高斯束函数的走时项。下面推导高斯束函数的振幅项。

4.1.2.2 射线中心坐标系下求解输运方程

求解一阶输运方程可以得到波场高频近似解的振幅主项。一阶输运方程形式为：

$$2(\nabla A_0,\nabla\tau)+A_0\Delta\tau=0 \tag{4-34}$$

同样地，我们仅仅求中心射线附近点的振幅。因此，有如下的 Taylor 展开：

$$A_0(s,q_1,q_2)=A_0(s)+\sum_{j=1}^{2}A_0^j(s)q_j+\cdots \tag{4-35}$$

但是，在实际计算中，我们仅仅关注 $A_0(s)$。其他点上的振幅通过高斯束来近似。为此，我们需要计算中心射线附近的 ∇A_0、$\nabla\tau$ 和 $\Delta\tau$。前面已经讨论过 $\nabla\tau$ 的计算。

在射线中心坐标系中，有：

$$\nabla=\frac{\boldsymbol{t}}{h}\frac{\partial}{\partial s}+\frac{\partial}{\partial q_1}\boldsymbol{e}_1+\frac{\partial}{\partial q_2}\boldsymbol{e}_2 \tag{4-36}$$

对应走时的 Laplace 运算结果为：

$$\begin{aligned}\Delta\tau&=\frac{1}{h}\left[\frac{\partial}{\partial s}\left(\frac{1}{h}\frac{\partial\tau}{\partial s}\right)+\frac{\partial}{\partial q_1}\left(h\frac{\partial\tau}{\partial s}q_1\right)+\frac{\partial}{\partial q_2}\left(h\frac{\partial\tau}{\partial s}q_2\right)\right]\\&=\frac{1}{h^2}\frac{\partial^2\tau}{\partial s^2}-\frac{1}{h^3}\frac{\partial h}{\partial s}\frac{\partial\tau}{\partial s}+\frac{\partial^2\tau}{\partial q_1^2}+\frac{\partial^2\tau}{\partial q_2^2}+\frac{1}{h}\frac{\partial h}{\partial q_1}\frac{\partial\tau}{\partial q_1}+\frac{1}{h}\frac{\partial h}{\partial q_2}\frac{\partial\tau}{\partial q_2}\end{aligned} \tag{4-37}$$

把式（4－35）、式（4－36）和式（4－37）代入输运方程式（4－34）可以计算高频近似场的振幅分布。此处我们仅仅处理中心射线上的振幅分布 $A_0(s)$。

首先：

$$(\nabla A_0,\nabla\tau)\big|_{q_1=q_2=0}=\left(\boldsymbol{t}\frac{\mathrm{d}\tau_0}{\mathrm{d}s},\boldsymbol{t}\frac{\mathrm{d}A_0^{(0)}}{\mathrm{d}s}\right)=\frac{\mathrm{d}A_0^{(0)}}{\mathrm{d}s}\frac{\mathrm{d}\tau_0}{\mathrm{d}s}=\frac{1}{V_0}\frac{\mathrm{d}A_0^{(0)}}{\mathrm{d}s} \tag{4-38}$$

$$\begin{aligned}\Delta\tau\big|_{q_1=q_2=0}&=\left(\frac{\partial^2\tau}{\partial s^2}+\frac{\partial^2\tau}{\partial q_1^2}+\frac{\partial^2\tau}{\partial q_2^2}+\kappa_1\frac{\partial\tau}{\partial q_1}+\kappa_2\frac{\partial\tau}{\partial q_2}\right)\bigg|_{q_1=q_2=0}\\&=\frac{\partial^2\tau_0}{\partial s^2}+tr(\boldsymbol{\Gamma})=-\frac{1}{V_0^2}\frac{\mathrm{d}V_0}{\mathrm{d}s}+tr(\boldsymbol{\Gamma})\end{aligned} \tag{4-39}$$

式中，$tr(\boldsymbol{\Gamma})=\Gamma_{11}+\Gamma_{22}$。把式（4－38）和式（4－39）代入式（4－34）有：

$$\frac{2}{V_0}\frac{\mathrm{d}A_0^{(0)}}{\mathrm{d}s}+A_0^{(0)}\left[-\frac{1}{V_0^2}\frac{\mathrm{d}V_0}{\mathrm{d}s}+tr(\boldsymbol{\Gamma})\right]=0 \tag{4-40}$$

求解式（4－40）：

$$\begin{aligned}&\frac{1}{A_0^{(0)}}\frac{\mathrm{d}A_0^{(0)}}{\mathrm{d}s}=\frac{1}{2}\frac{1}{V_0}\frac{\mathrm{d}V_0}{\mathrm{d}s}-\frac{V_0}{2}tr(\boldsymbol{\Gamma})\Rightarrow\\&\frac{\mathrm{d}}{\mathrm{d}s}\ln A_0^{(0)}=\frac{1}{2}\frac{\mathrm{d}}{\mathrm{d}s}\ln V_0-\frac{V_0}{2}tr(\boldsymbol{\Gamma})\Rightarrow\\&\ln A_0^{(0)}=\ln\sqrt{V_0}-\frac{1}{2}\int_{s_0}^{s}V_0tr(\boldsymbol{\Gamma})\mathrm{d}s+\ln\psi_0\Rightarrow\\&A_0^{(0)}=\psi_0\sqrt{V_0}\exp\left[-\frac{1}{2}\int_{s_0}^{s}V_0tr(\boldsymbol{\Gamma})\mathrm{d}s\right]\end{aligned} \tag{4-41}$$

式（4－41）中最后一式的积分处理需要用到变分方程。为此，计算：

$$\frac{\mathrm{d}\boldsymbol{Q}}{\mathrm{d}s}=V_0\boldsymbol{P}\boldsymbol{Q}^{-1}Q=V_0\boldsymbol{\Gamma}\boldsymbol{Q} \tag{4-42}$$

而且：

$$\begin{aligned}\frac{\mathrm{d}}{\mathrm{d}s}\det\boldsymbol{Q}&=\frac{\mathrm{d}}{\mathrm{d}s}(Q_{1,1}Q_{2,2}-Q_{1,2}Q_{2,1})\\&=V_0(\Gamma_{11}Q_{1,1}+\Gamma_{12}Q_{2,1})Q_{2,2}-V_0(\Gamma_{11}Q_{1,}+\Gamma_{12}Q_{2,2})Q_{2,1}+\\&\quad V_0(\Gamma_{21}Q_{1,2}+\Gamma_{22}Q_{2,2})Q_{1,1}-V_0(\Gamma_{21}Q_{1,1}+\Gamma_{22}Q_{2,1})Q_{1,2}\\&=V_0\mathrm{tr}\boldsymbol{\Gamma}\det\boldsymbol{Q}\end{aligned} \tag{4-43}$$

因此，

$$V_0\mathrm{tr}\boldsymbol{\Gamma}=\frac{1}{\det\boldsymbol{Q}}\frac{\mathrm{d}}{\mathrm{d}s}\det\boldsymbol{Q}\Rightarrow\ln\det\boldsymbol{Q}=\int_{s_0}^{s}V_0\mathrm{tr}\boldsymbol{\Gamma}\mathrm{d}s+\mathrm{const} \tag{4-44}$$

把式（4－44）代入式（4－41）最后一式得到：

$$A_0^{(0)} = \frac{\psi_0}{\sqrt{\frac{1}{V_0}\left|\det \boldsymbol{Q}\right|}} \tag{4-45}$$

此为中心射线上的高频近似波场的零阶振幅主项。结合高斯束函数的相位项及振幅项就可以得到射线中心坐标系下的高斯束算子式（4-46）：

$$u(s,q_1,q_2) = \sqrt{\frac{v(s)\det \boldsymbol{Q}(s_0)}{v(s_0)\det \boldsymbol{Q}(s)}}\exp\left\{iw\left[\tau(s) + \frac{1}{2}\boldsymbol{q}^{\mathrm{T}}M(S)\boldsymbol{q}\right]\right\} \tag{4-46}$$

式中，$\boldsymbol{q}^{\mathrm{T}} = (q_1,q_2)$，$M = PQ^{-1}$。式（4-46）反映了傍轴近似情况下地震波在射线中心坐标系中的走时和振幅的展布。

4.2 基于高斯束传播算子的叠前深度偏移成像

叠前深度偏移技术在过去的几十年里得到了很大的发展，产生了许多适应不同地质特点、具有各自优势的成像算法。主要可以分为两大类：射线类方法以及波动方程类偏移方法。这两类方法都是以波动方程为理论基础，不同之处在于射线类偏移方法利用几何射线理论计算波场的振幅及相位信息，从而实现波场的延拓成像；而波动方程偏移则是基于波动方程的数值解法。两类方法具有各自的优势与不足，一般来说，波动方程偏移具有更高的成像精度，而射线类偏移则具有更高的计算效率和灵活性。

Kirchhoff 偏移是最常用的射线类偏移方法，利用波动方程的积分解来实现地震波场的反向传播及成像。Kirchhoff 偏移很容易实现局部目标体成像、可以定义任意地下成像点的偏移孔径、可以通过控制地下射线的角度信息来选定参与成像的数据采样、可以利用射线追踪的角度信息来计算地下的偏移张角以及地质构造的倾角。除了上述特点之外，Kirchhoff 偏移还具有很高的计算效率以及对观测系统良好的适应性，可以适应复杂的地表条件以及不规则的观测系统。综合上述各种优点，自 20 世纪 80 年代开始，Kirchhoff 偏移在勘探地球物理界得到了广泛的研究，并在工业界得到了广泛的应用。Kirchhoff 偏移同样也有缺陷，其依赖于常规的射线方法来计算地震波的走时。一方面，常规的射线方法存在射线的焦散区及阴影区等缺陷，使得射线振幅在复杂区的计算存在问题；另一方面，若地下介质复杂，震源、接收点和地下成像点之间往往存在多次波至，大部分 Kirchhoff 偏移算法利用最小走时或最大能量算法只选择其中的单次波至，而单次波至往往难以对复杂构造进行有效成像，且其导致偏移算子的截断会造成大量的偏移噪声。虽然基于多值走时的 Kirchhoff 偏移算法在成像质量上得到了明显提高，但是其计算效率明显降低，且编程计算的复杂性大大提高。

作为射线类偏移方法的另一个分支，射线束偏移是一种改进的积分类偏移方法，其最大特点是波场传播的局部空间和方向性，可归到特征波成像范畴，可以对多次波至进行成像，并提高成像信噪比。Hill（1990、2001）奠定了此类偏移方法的理论基础，此后衍生出一系列的束偏移方法（控制束偏移、快速束偏移、自适应束偏移等）。高斯束叠前深度偏移成像技术包括单个高斯束的求解及所有高斯束叠加成像两步骤。单个独立的高斯束传播分两步求得，即通过运动学射线追踪求取中心射线的路径及走时，通过动力学射线追踪获取中心射线附近的高频能量分布。利用相互独立的高斯束描述波传播，既保持了射线方法的高效性和灵活性，又考虑了波场的动力学特征。高斯束偏移利用相互独立的高斯束叠加并成像，解决了射线类方法中的多路径问题，兼具了初至波到达时 Kirchhoff 积分偏移的灵活性及波动方程偏移的精确性，是一种精致、精确且实现上灵活高效的深度偏移方法。高斯束偏移方法没有成像倾角限制，同时容易将其应用到起伏地表情况。

Hill 于 1990 年首先提出高斯束叠后深度偏移方法，并于 2001 年将该方法推广到叠前深度偏移。Hill 利用共偏移距道集和共方位角道集中的某种对称性解决了高斯束叠前深度偏移中的执行效率问题，非常适合处理海上拖缆地震数据的成像处理。其算法的关键是：①对共偏移距数据体进行局部平面波分解，用射线参数标识分解后的局部平面波数据。②利用一个基于渐进分析的技巧，即对于一个已知的中点 – 射线参数，找出一个偏移距 – 射线参数对。把共偏移距数据与中点 – 射线参数标识的局部平面波数据关联起来，可以得到较高的计算效率。然而，对陆上地震数据的成像处理，该方法不甚合适：地表高程变化及地表速度的横向变化对于高斯束方法中的局部平面波分解是很大的挑战。另一方面，偏移距域的偏移方法不利于共方位 – 反射角度道集的提取。Gray 于 2005 年提出了一种适合于陆地起伏地表数据的炮道集高斯束叠前深度偏移方法，但该方法仍基于简单的高程静校正。

本节在实现了现有高斯束叠前深度偏移成像方法的基础上，发展了用于提高复杂山前带资料成像信噪比的起伏地表优选束偏移技术，并提出了一种高精度高效的三维方位 – 反射角度道集提取技术。具体包括：①给出了 2D/3D 高斯束算子的具体计算及高斯束偏移的基本实现流程，并讨论了优化计算效率的实现方案。②针对山前带起伏地表低信噪比特点，提出了一种复杂地表条件下高斯束优选偏移方法，该方法考虑了起伏地表条件下的局部平面波分解，综合利用了地表高程以及近地表速度信息。③在局部平面波分解时利用相似系数进行数据筛选，改进局部平面波合成的信噪比从而提高了最终的成像信噪比。④提出了一种简单高效提取三维方位角/反射角 ADCIGs 的方法，为后续利用角度道集进行层析反演提供了实用化技术；利用发展的起伏地表优选束偏移技术，成功实现在山前带复杂低信噪比实际资料中的应用，显著提高成像质量。

4.2.1 高斯束传播算子的具体计算

前面在射线中心坐标系下推导得到了高斯束算子式（4 – 46），本节讨论射线中心坐标系下高斯束算子的具体计算，重点讨论如何利用动力学射线追踪来确定射线周围的走时场及其二阶导数。

在射线中心坐标系下（以二维为例），假设已知射线上某点 $s = s_0$ 的信息，为了求射线周围某点 $S(s,n)$ 的走时（图 4－3），将其 Taylor 展开：

$$\tau(s,n) \approx \tau(s,0) + \left[\frac{\partial\tau(s,0)}{\partial s}\right]_{s=s_0}(s-s_0) + \frac{1}{2}\left[\frac{\partial^2\tau(s,0)}{\partial s^2}\right]_{s=s_0}(s-s_0)^2 + \frac{1}{2}M(s_0)n^2 \tag{4-47}$$

其中：

$$\left[\frac{\partial\tau(s,0)}{\partial s}\right]_{s=s_0} = \frac{1}{v(s_0)}$$

$$\left[\frac{\partial^2\tau(s,0)}{\partial s^2}\right]_{s=s_0} = -\frac{1}{v^2(s_0)}\frac{\partial v(s_0)}{\partial s} \tag{4-48}$$

即：

$$\tau(s,n) \approx \tau_0 + \frac{1}{v}(s-s_0) - \frac{1}{2v^2}\frac{\partial v}{\partial s}(s-s_0)^2 + \frac{1}{2}Mn^2 \tag{4-49}$$

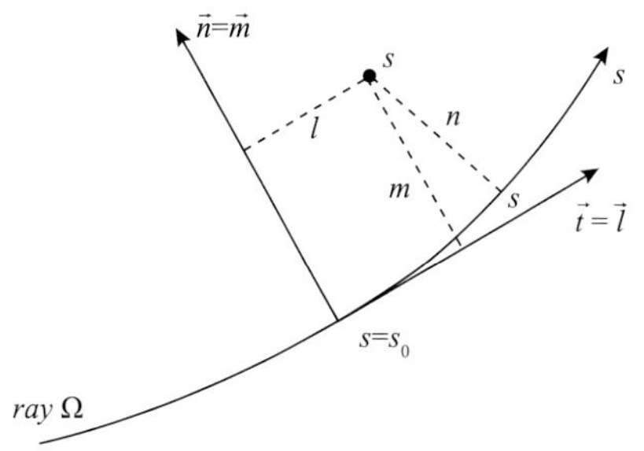

图 4－3　利用射线周围一点的射线中心坐标计算其走时（据 Hale，1992）

式（4－49）是用射线中心坐标表示的，但射线追踪得到的是笛卡尔坐标下的射线信息，包括位置、走时等。因此，需将式（4－49）转化为笛卡尔坐标表示。注意射线中心坐标与笛卡尔坐标的定义如图 4－4 所示。

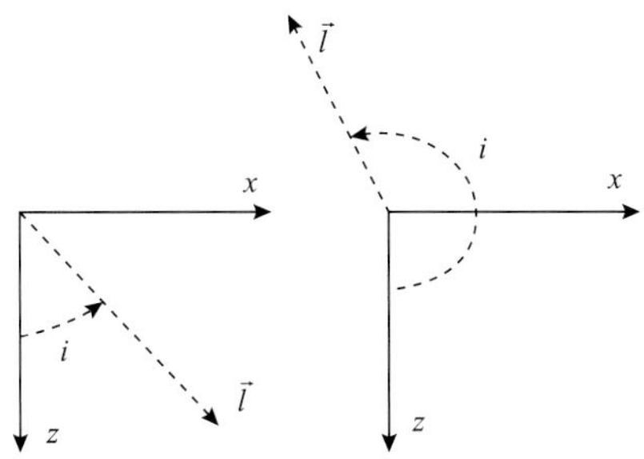

图 4－4　笛卡尔坐标与射线中心坐标的定义

注意到，笛卡尔坐标 z 方向向下为正，射线方向 l 与 z 轴正方向夹角 i 定义逆时针方向为正。因此可以得到两个坐标系的映射关系（图 4－5）：

$$\begin{aligned} m &= (x-x_0)\cos i-(z-z_0)\sin i \\ l &= (x-x_0)\sin i+(z-z_0)\cos i \end{aligned} \tag{4－50}$$

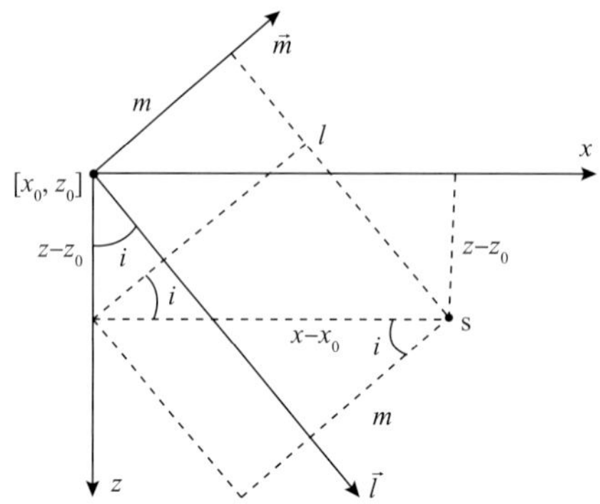

图 4－5　射线中心坐标与笛卡尔坐标的几何映射关系

用矩阵 $\boldsymbol{A}$ 表示：

$$\boldsymbol{A}=\begin{bmatrix}\cos i & -\sin i \\ \sin i & \cos i\end{bmatrix} \tag{4－51}$$

定义：

$$\boldsymbol{x}=\begin{bmatrix}x-x_0 \\ z-z_0\end{bmatrix}$$

$$\boldsymbol{m}=\begin{bmatrix}m \\ l\end{bmatrix} \tag{4－52}$$

因此式（4－52）可以重写成矩阵形式：

$$\boldsymbol{m}=\boldsymbol{A}\boldsymbol{x} \tag{4－53}$$

因此可以将式（4－49）重写为：

$$\tau(x,z)\approx\tau(x_0,z_0)+\frac{1}{v}(z-z_0)\cos i+\frac{1}{v}(x-x_0)\sin i+\frac{1}{2}\boldsymbol{x}^{\mathrm{T}}\boldsymbol{W}\boldsymbol{x} \tag{4－54}$$

其中：

$$\boldsymbol{W}=\boldsymbol{A}^{\mathrm{T}}\boldsymbol{B}\boldsymbol{A}=\frac{1}{v^2}\begin{bmatrix}\cos i & \sin i \\ -\sin i & \cos i\end{bmatrix}\begin{bmatrix}v^2\boldsymbol{M} & -v_{\mathrm{m}} \\ -v_{\mathrm{m}} & -v_l\end{bmatrix}\begin{bmatrix}\cos i & -\sin i \\ \sin i & \cos i\end{bmatrix} \tag{4－55}$$

另外有：

$$\begin{aligned} v_{\mathrm{m}} &= v_x\cos i-v_z\sin i \\ v_l &= v_x\sin i+v_z\cos i \end{aligned} \tag{4－56}$$

可以看出，高斯束算子的计算，重点是动力学参数矩阵 $\boldsymbol{M}$ 的计算，而 $\boldsymbol{M}$ 由动力学射

线追踪得到的 $\boldsymbol{P}$ 、$\boldsymbol{Q}$ 求得，即：

$$\boldsymbol{M} = \frac{\boldsymbol{P}}{\boldsymbol{Q}} \tag{4-57}$$

$\boldsymbol{P}$ 、$\boldsymbol{Q}$ 满足动力学射线追踪方程式（4－58）：

$$\begin{cases} \dfrac{\partial Q}{\partial s} = v(s)P(s) \\ \dfrac{\partial P(s)}{\partial s} = \dfrac{1}{v^2(s)}V(s)Q(s) \end{cases} \tag{4-58}$$

式中，$v = v(s) = v(x,y,z)$，$V_{IJ} = \dfrac{\partial^2 v}{\partial q_I \partial q_J}$。求解该一阶偏微分方程组可用经典的 Runge-Kutta 法求解，初值选择参考 Hill（1990）给出的初始平面波，关于该初始值的意义将在后续讨论并给出数值试验。

$$\boldsymbol{P}_0 = \begin{pmatrix} \dfrac{i}{v_0} & 0 \\ 0 & \dfrac{i}{v_0} \end{pmatrix}, \boldsymbol{Q}_0 = \begin{pmatrix} \dfrac{\omega_r w_0^2}{v_0} & 0 \\ 0 & \dfrac{\omega_r w_0^2}{v_0} \end{pmatrix} \tag{4-59}$$

求解动力学射线追踪方程式（4－58）需要给出速度场沿射线中心坐标的二阶导数 V_{IJ} 的具体表达式。

在二维情况下表达为：

$$\frac{\partial^2 v}{\partial n^2} = \frac{\partial^2 v}{\partial x^2}\cos^2 i - 2\frac{\partial^2 v}{\partial x \partial z}\sin i\cos i + \frac{\partial^2 v}{\partial z^2}\sin^2 i \tag{4-60}$$

式中，i 即为图 4－5 中定义的，沿逆时针为正方向。

在三维情况下表达为：

$$\begin{aligned} \frac{\partial^2 v}{\partial q_1^2} = & \frac{\partial^2 v}{\partial x^2}(\cos\theta\cos\varphi)^2 + \frac{\partial^2 v}{\partial y^2}(\cos\theta\sin\varphi)^2 + \frac{\partial^2 v}{\partial z^2}\sin^2\theta + \\ & 2\left(\frac{\partial^2 v}{\partial x \partial y}\cos^2\theta\cos\varphi\sin\varphi - \frac{\partial^2 v}{\partial x \partial z}\sin\theta\cos\theta\cos\varphi - \frac{\partial^2 v}{\partial y \partial z}\sin\theta\cos\theta\sin\varphi\right) \end{aligned} \tag{4-61a}$$

$$\frac{\partial^2 v}{\partial q_2^2} = \frac{\partial^2 v}{\partial x^2}\sin^2\varphi + \frac{\partial^2 v}{\partial y^2}\cos^2\varphi - 2\frac{\partial^2 v}{\partial x \partial y}\cos\varphi\sin\varphi \tag{4-61b}$$

$$\begin{aligned} \frac{\partial^2 v}{\partial q_1 \partial q_2} = & -\sin\varphi\cos\theta\cos\varphi\frac{\partial^2 v}{\partial x^2} + \cos\varphi\cos\theta\sin\varphi\frac{\partial^2 v}{\partial y^2} + \\ & \cos\theta(\cos^2\varphi - \sin^2\varphi)\frac{\partial^2 v}{\partial x \partial y} - \cos\varphi\sin\theta\frac{\partial^2 v}{\partial y \partial z} + \sin\varphi\sin\theta\frac{\partial^2 v}{\partial x \partial z} \end{aligned} \tag{4-61c}$$

式中，θ 和 φ 的定义范围是 $\theta \in [0°, 180°)$，$\varphi \in [0°, 360°)$，如图 4－6 所示。

总结射线周围一点的走时由下述步骤计算得到：

（1）首先沿着射线进行动力学射线追踪，这是与运动学射线追踪同时进行的。得到的

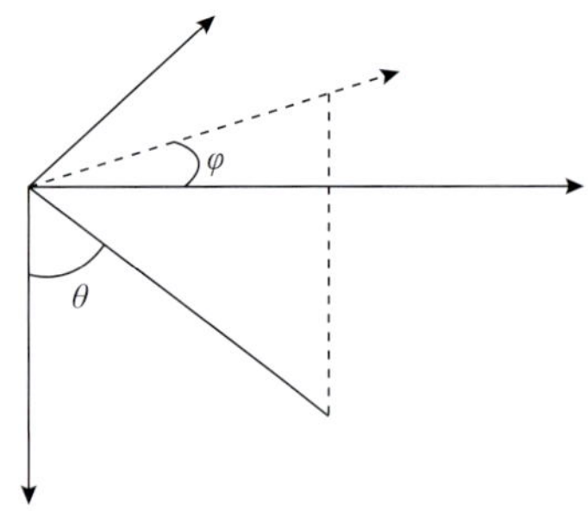

图 4-6 三维射线追踪坐标系定义

是射线运动学信息及 $\boldsymbol{M}$ 矩阵。$\boldsymbol{M}$ 矩阵是定义在射线上的，由参数 $\boldsymbol{P}$ 、$\boldsymbol{Q}$ 确定。

（2）确定射线周围一点 $S(s,n)$ 的坐标 (s,n)（一般可以搜索距离射线上的最近点认为是垂直点）。

（3）通过射线上样点间的插值，确定出对应于点 $S(s,n)$ 的 $\tau(s,0)$ 及 $M(s)$ 。

（4）利用式（4-54）计算 $\tau(s,n)$ 。

至此，实现二维/三维高斯束算子的具体计算。

通过运动学及动力学射线追踪即可实现高斯束算子的具体计算，但其物理意义不是很明显。分离 $P(s)$ 及 $Q(s)$ 的实部和虚部，则可以得到具有更为明显物理意义的高斯束频率域表达式：

$$u(s,n,\omega)=\psi\sqrt{\frac{v(s)}{Q(s)}}\exp\left[i\omega\tau(s)+\frac{i\omega}{2V(s)}K(s)n^2-\frac{n^2}{L^2(s)}\right] \tag{4-62}$$

式中，$\tau(s)$ 代表中心射线的走时；$K(s)=V(s)\mathrm{Re}\left(\frac{P(s)}{Q(s)}\right)$ 为高斯束的波前曲率，$L(s)=\left[\frac{\omega}{2}\mathrm{Im}\left(\frac{P(s)}{Q(s)}\right)\right]^{-\frac{1}{2}}$ 为高斯束的有效半宽度。动力学射线追踪方程的初始值决定了高斯束的初始宽度及波前曲率值。

分析式（4-59）初始值的意义，ω_r 为参考频率，w_0 为初始宽度参数。由式（4-62）可知，$\frac{P(s_0)}{Q(s_0)}$ 为一个纯虚数，此时 $K(s_0)=0$，表示高斯束波前在其初始位置为平面波。$L(s_0)=\frac{1}{\sqrt{\frac{\omega}{2\omega_r w_0^2}}}\approx\sqrt{2}w_0$，表示高斯束的半宽度，下面我们通过数值试验测试高斯束初始宽度对高斯束传播的影响。

以均匀介质为例，图 4-7（a）、（b）、（c）、（d）分别为初始宽度 160m、240m、400m、1000m 时，频率为 25Hz 的高斯束瞬时波场。可以看出，对应初始宽度较小的高斯束传播，波前曲率变化较快，有效宽度也随之增大；而初始宽度较大的高斯束传播，波前曲率变化则较为缓慢。

高斯束偏移从方法上讲，主要包括射线追踪（运动学及动力学）及高斯束波场叠加两个部分。前者给出了单个独立的高斯束的计算，后者则表达了空间中任意一点的格林函数计算可由其邻域内所有高斯束的叠加计算得到式（4-63）。该格林函数可用于推导实现高斯束叠前深度偏移，亦可用于波路径层析核函数的计算。

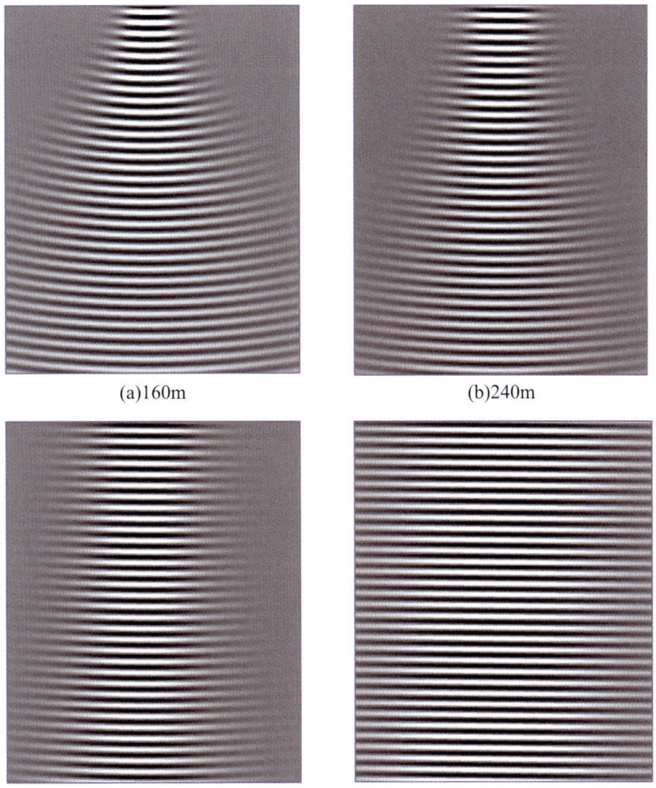

(a)160m (b)240m (c)400m (d)1000m

图 4-7 不同初始宽度的单频高斯束传播

$$G(\boldsymbol{x},\boldsymbol{x}';\omega) = \frac{i\omega}{2\pi}\int \frac{\mathrm{d}p_x \mathrm{d}p_y}{p_z} u_{GB}(\boldsymbol{x},\boldsymbol{x}',\boldsymbol{p};\omega) \tag{4-63}$$

u_{GB} 代表着从震源点 $\boldsymbol{x}=(x,y,z)$ 出发的单个高斯束在目标点 $\boldsymbol{x}'=(x',y',z')$ 的高斯束波场。该高斯束通过运动学射线追踪确定其中心射线的轨迹，通过动力学射线追踪获取中心射线附近的高斯束波场分布（图 4-8）。式（4-63）代表的格林函数表示目标点 $\boldsymbol{x}'=(x',y',z')$ 的最终波场值由每个相互独立的高斯束在该点的积分得到，通过相互叠加的策略可以解决复杂介质引起的波场多波至问题。

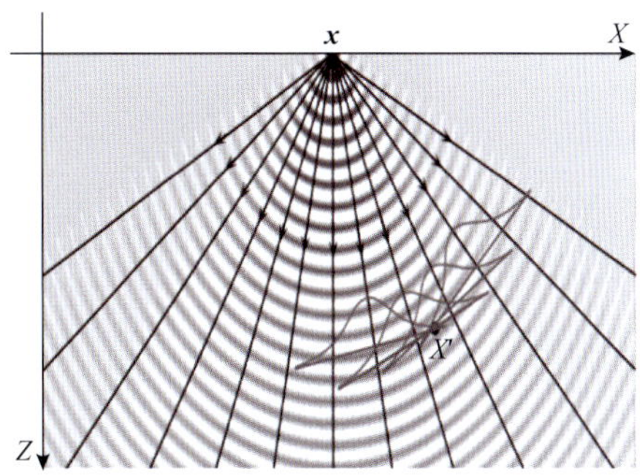

图 4-8 高斯束积分表示的格林函数
（据 Bleistein，2009）

下面，利用高斯束算子及其格林函数表达式来表达空间中某个点的波场，并通过与单程波方程所描述的传播波场对比来验证高斯束传播及叠加所描述波传播的正确性。

为了近似地表示一个点源的波场，从震源出发以不同的初始角度发出多个高斯束，而点源的波场通过积分得到。

$$I(x,z) = \frac{1}{2\pi}\int_{-\infty}^{\infty} F(\omega)\int_{\varphi_0}^{\varphi} u_{\varphi}(s,n,\omega)\,\mathrm{d}\varphi\mathrm{d}\omega \tag{4-64}$$

式中，$F(\omega)$ 代表子波。

利用式（4－64）的高斯束积分法计算波场，一般分为三个步骤：

（1）对于给定的模型，计算出一定密度的射线，并沿每条射线计算动力学参量 $Q(s)$ 、$P(s)$ 。

（2）确定检波器在当前射线的周围局部范围内，按高斯束函数计算波场。

（3）累加所有高斯束在检波器处的所有频率波场值，变换到时间域得到该点处的最终波场值。

下面设计一个 Ricker 子波及一个单层界面的简单模型，利用式（4－64）正演高斯束波场传播，并记录检波点位于透射层下方处的单炮记录。

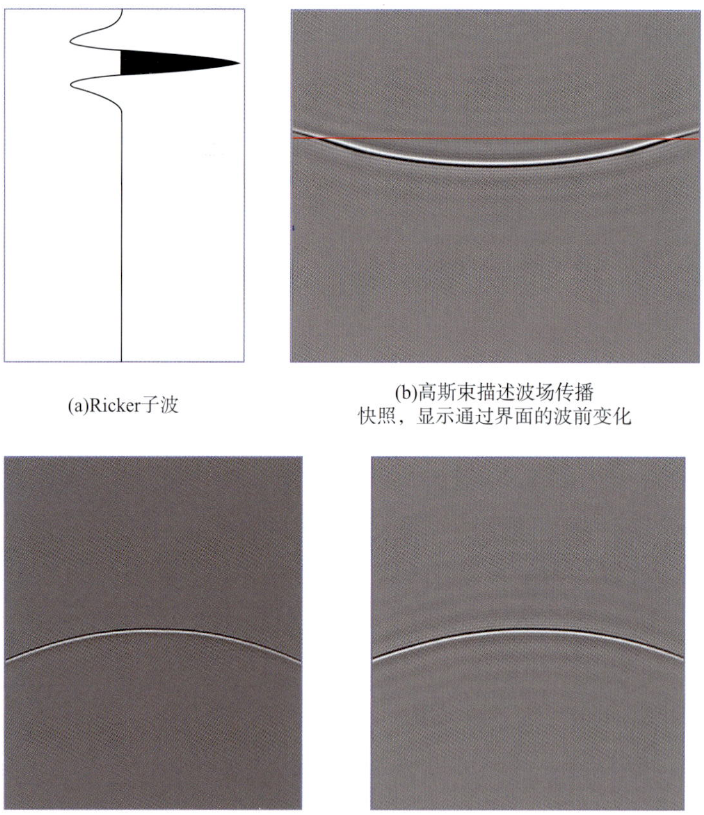

(a)Ricker子波

(b)高斯束描述波场传播快照，显示通过界面的波前变化

(c)频率空间域有限差分单程波正演单炮记录

(d)高斯束积分正演单炮记录

图 4－9　单层模型高斯束正演数值模拟实验

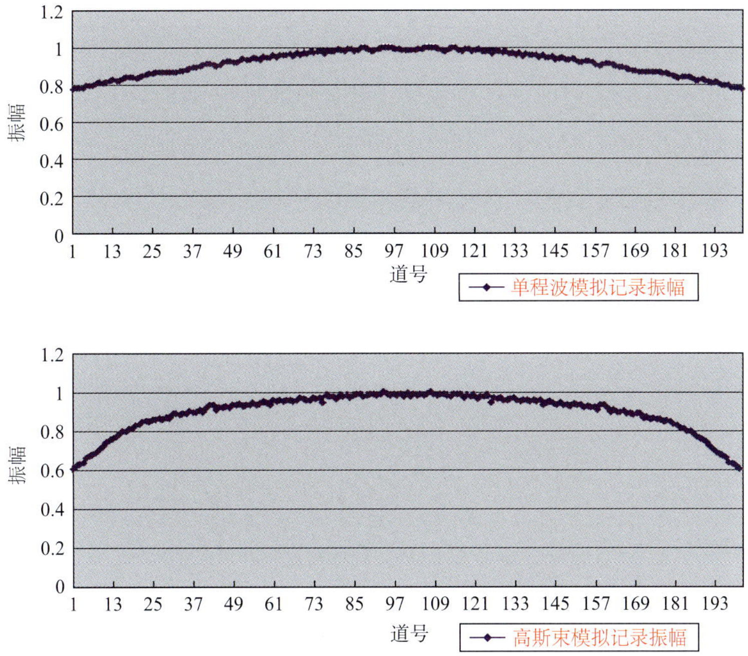

(e)单程波模拟记录与高斯束模拟记录振幅随偏移距衰减曲线

图 4 – 9 单层模型高斯束正演数值模拟实验（续）

从图 4 – 9 可以看出，高斯束算子及其积分表达式所描述的波场传播可以正确地反映波场的空间分布（注意高斯束传播波场在大角度时出现全反射，导致投射波振幅值出现陡降），从高斯束正演与单程波方程正演的单炮记录对比分析可以看出，两者的振幅及相位信息空间分布规律均一致，这证明了高斯束函数可以基本达到波动方程的精度。

4.2.2 高斯束偏移方法的实现

前面推导了高斯束传播算子的具体计算，在此基础上推导出适应于不同道集形式的积分成像公式，通过适当的成像条件即可实现高斯束叠后深度偏移及叠前深度偏移。

4.2.2.1 高斯束分解

前面在具体计算高斯束时提到，高斯束在出射点时表现为平面波。这就要求高斯束偏移过程需要首先将地震数据划分为一系列局部的区域，并利用倾斜叠加将局部区域内的地震记录分解为不同方向的平面波（也就是初始射线束），然后利用高斯束的走时和振幅信息将平面波进行延拓成像。由于不同方向平面波的映射成像过程是相互独立的，因此高斯束偏移可以很自然地对多次波至（多路径问题）进行成像，其成像效果往往优于常规的基于单值走时的 Kirchhoff 积分法偏移。本节讨论如何将地表记录分解成与高斯束传播相匹配的地表局部平面波。

将地震记录分解为同高斯束初始方向相一致的局部平面波分量，然后将局部平面波通过相对应的高斯束传播延拓至地下进行成像。然而高斯束波前仅在初始点为绝对平面，远离初始点的地方波前曲率不再为零，此时利用基于线性近似的 tau-p 变换合成的平面波同匹配的高斯束在远离束中心位置存在走时和振幅的误差。为此 Hill（1990）提出了加高斯窗局部倾斜叠加，利用高斯函数沿两侧衰减的性质减少上述误差，如图 4－10 所示。其表达式为：

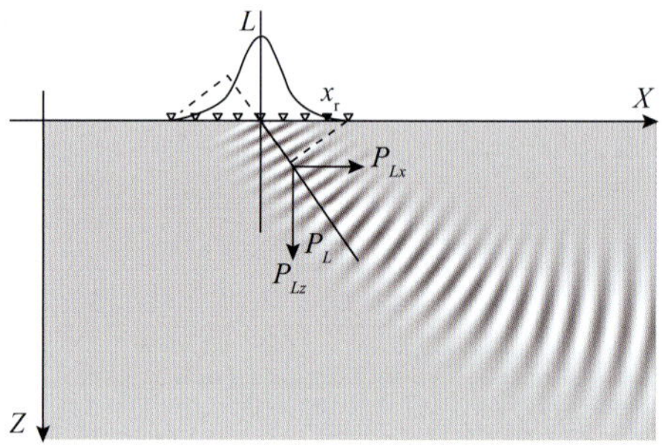

图 4－10　高斯束分解：加高斯窗局部倾斜叠加（据 Hale，1992）

$$D_s(L,p_{Lx},\omega) = \left|\frac{\omega}{\omega_r}\right|^{3/2}\int \mathrm{d}x_r p_U(\boldsymbol{x}_r;\boldsymbol{x}_s;\omega)\exp[-i\omega p_{Lx}(x_r - L)] \times \exp\left[-\left|\frac{\omega}{\omega_r}\right|\frac{(x_r - L)^2}{2w_0^2}\right] \tag{4-65}$$

式中，ω 表示角频率；ω_r 表示参考角频率；p 代表分解的平面波方向；L 表示分解的高斯束中心位置；x_s 和 x_r 分别代表炮点和检波点坐标。该式表示在共炮点道集上进行加高斯窗倾斜叠加，其同样适用于其他道集的高斯束分解。

4.2.2.2　高斯束叠后深度偏移

通过将相邻的输入道进行局部倾斜叠加分解为局部平面波，然后通过高斯束将局部平面波分量反传至地下局部的成像区域进行成像即可实现叠后高斯束偏移（图 4－11）。根据爆炸反射面理论，将速度取半，从地表检波点处向下进行高斯束射线追踪，即可得到地下成像点的叠后偏移结果，其表达式为：

$$I(\boldsymbol{x}') = \frac{-1}{2\pi}\int \mathrm{d}\omega \int \mathrm{d}x \int \mathrm{d}y \frac{\partial G^*(\boldsymbol{x},\boldsymbol{x}',\omega)}{\partial z} D_{h=0}(x,y,\omega) \tag{4-66}$$

式中，$I(\boldsymbol{x}')$ 表示所有射线束叠加后的成像结果；$\boldsymbol{x}' = (x',y',z)$ 表示地下成像点坐标；$\boldsymbol{x} = (x,y,z)$ 表示地表坐标；$D_{h=0}(x,y,\omega)$ 表示零偏移距记录的频谱。$G(\boldsymbol{x},\boldsymbol{x}',\omega)$ 见式（4－63）。

叠后高斯束偏移的实现过程可以大致概括为：

（1）选择一系列的地表束中心位置。

（2）对于每个束中心位置，将其局部范围内的地震记录按照式（4－65）进行加窗倾斜叠加，分解为不同方向的局部平面波。即式（4－66）中的 $D_{h=0}$。

（3）在束中心位置根据平面波的初始入射方向进行高斯束延拓，根据式（4－66）叠加所有高斯束波场得到成像结果。

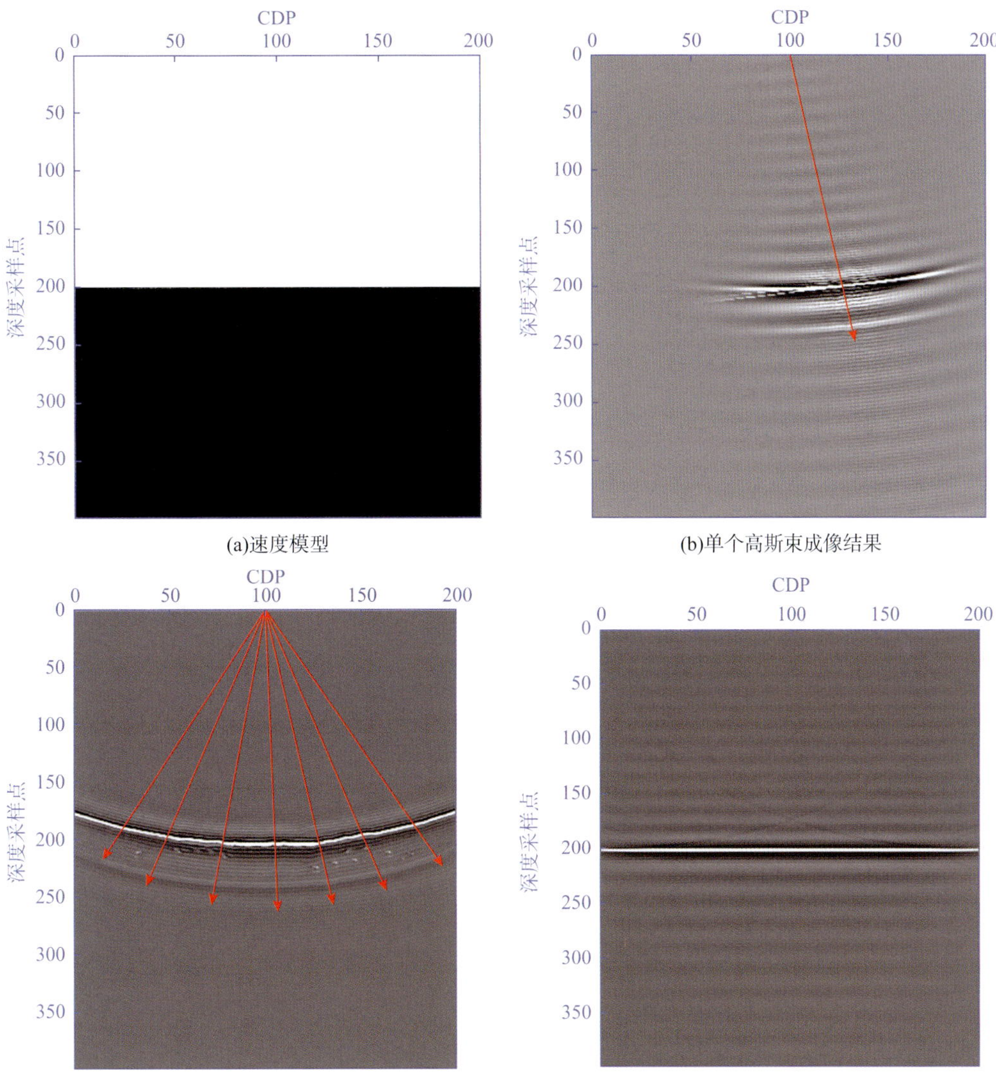

(a)速度模型 (b)单个高斯束成像结果

(c)对应地表单个射线束中心的成像结果 (d)所有射线束中心的最终成像结果

图4－11　简单模型高斯束叠后深度偏移实现

图4－12给出了高斯束叠后偏移的实现步骤。从图4－13的实际数据偏移结果可以看出，高斯束偏移精度不亚于单程波偏移，且高斯束偏移的成像信噪比较高，这一点我们将

在后续章节中讨论。

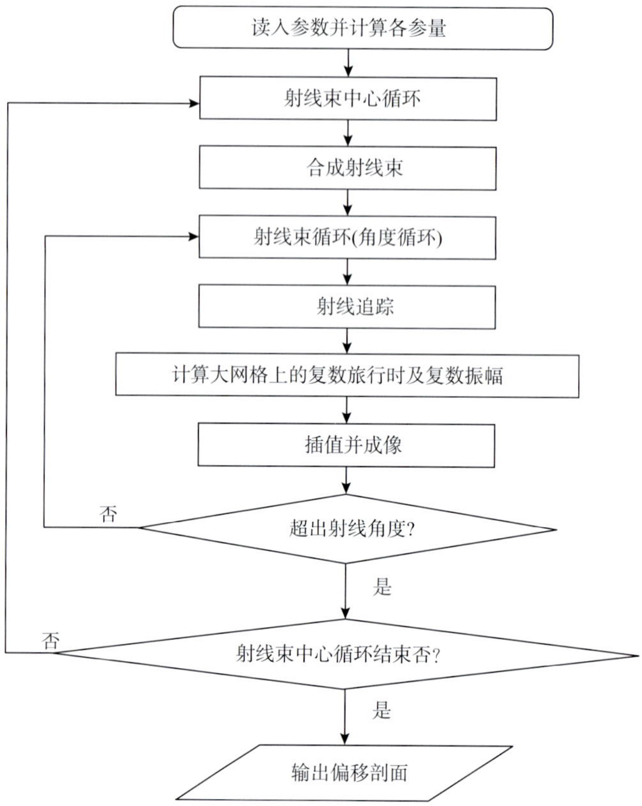

图 4－12　高斯束叠后深度偏移实现流程图

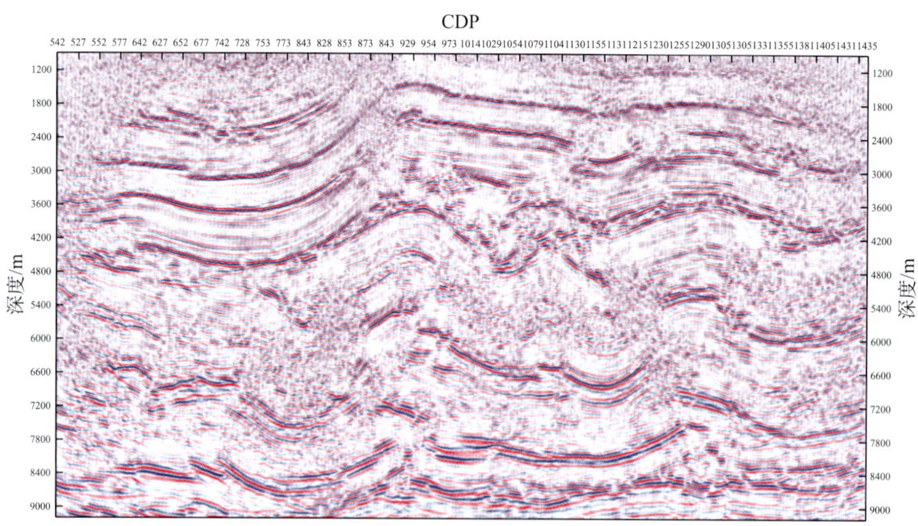

(a)实际数据单程波SSF叠后深度偏移

图 4－13　某实际数据叠后深度偏移结果对比

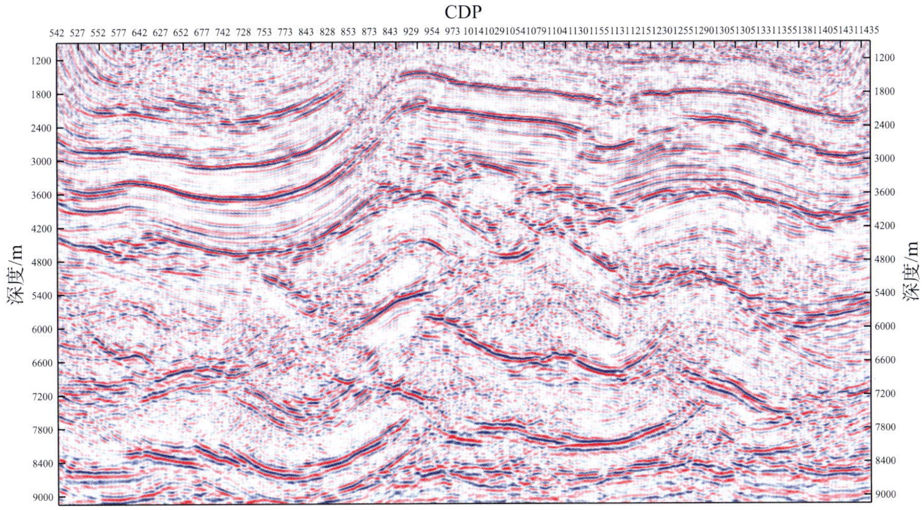

(b)高斯束叠后深度偏移结果

图 4－13　某实际数据叠后深度偏移结果对比（续）

4.2.2.3　高斯束叠前深度偏移

高斯束叠前深度偏移一般可以在共炮点道集和共偏移距道集中实现。其中，共偏移距道集高斯束叠前深度偏移适合于处理海上数据，其输出偏移距域共成像点道集的方式与常规的 Kirchhoff 积分法偏移类似，该道集在常规处理的层析速度反演中较为常用。而共炮道集高斯束偏移技术较容易处理起伏地表问题及输出角度域共成像点道集，考虑到本节发展的高斯束偏移主要应用在陆上山前带低信噪比资料的成像及角度域层析反演，因此本节仅考虑共炮道集高斯束偏移方法。

对于炮域高斯束叠前深度偏移，需要从炮点和接收点分别进行射线追踪以求得从炮点出发的下行波和从反射点出发到达检波器的上行波。类似于波动方程偏移，所使用的成像条件是上行波场和下行波场的互相关：

$$I(\boldsymbol{x}) = \frac{-1}{2\pi}\int \mathrm{d}\omega \int \mathrm{d}\boldsymbol{x}_{\mathrm{r}} \int \mathrm{d}\boldsymbol{x}_{\mathrm{s}} \frac{\partial G^{*}(\boldsymbol{x},\boldsymbol{x}_{\mathrm{r}},\omega)}{\partial z_{\mathrm{r}}} G^{*}(\boldsymbol{x},\boldsymbol{x}_{\mathrm{s}},\omega) D_{\mathrm{s}}(\boldsymbol{x}_{\mathrm{s}},\boldsymbol{x}_{\mathrm{r}},\omega) \tag{4-67}$$

式中，$G(\boldsymbol{x},\boldsymbol{x}_{\mathrm{s}},\omega)$ 与 $G(\boldsymbol{x},\boldsymbol{x}_{\mathrm{r}},\omega)$ 分别表示从炮点到成像点以及从成像点到检波点的格林函数；$*$ 代表共轭；$D_{\mathrm{s}}(\boldsymbol{x}_{\mathrm{s}},\boldsymbol{x}_{\mathrm{r}},\omega)$ 表示基于炮道集的加高斯窗局部倾斜叠加。其计算流程如图 4－14。

可以看出，共炮道集的高斯束叠前深度偏移成像的核心计算部分是高斯束积分的计算。单个射线束中心的偏移：

$$I_{\mathrm{cs}}(\boldsymbol{x},\boldsymbol{L}_{\mathrm{r}},\omega) = \omega^{3}\int \mathrm{d}\boldsymbol{p}_{\mathrm{s}}\int \mathrm{d}\boldsymbol{p}_{\mathrm{r}} U_{\mathrm{GB}}^{*}(\boldsymbol{x},\boldsymbol{x}_{\mathrm{s}},\boldsymbol{P}_{\mathrm{s}},\omega) \times U_{\mathrm{GB}}^{*}(\boldsymbol{x},\boldsymbol{L}_{\mathrm{r}},\boldsymbol{P}_{\mathrm{r}},\omega) D_{\mathrm{s}}(\boldsymbol{L}_{\mathrm{r}},\boldsymbol{P}_{\mathrm{r}},\omega) \tag{4-68}$$

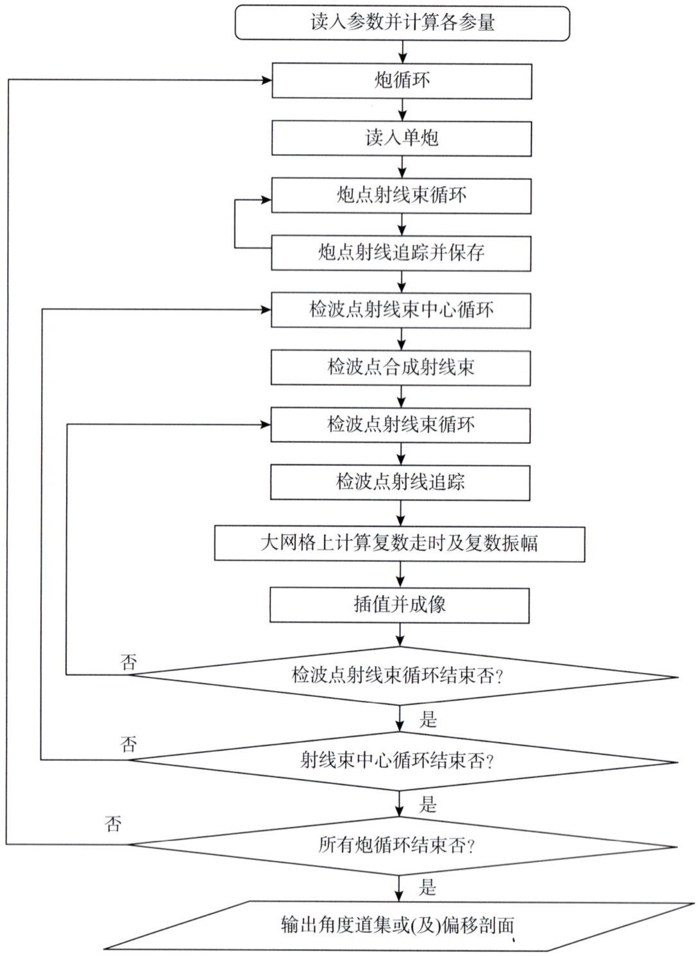

图 4－14　高斯束偏移实现流程

对于每一个地表的射线束中心偏移，根据式（4－67）的积分可将其计算过程描述如下：

对于每个束中心位置{

加高斯窗局部倾斜叠加，计算并保存震源点和接收点出射的高斯束

对于每个震源点射线参数{

对于每个接收点射线参数{

对于成像孔径内的每个成像点{

利用倾斜叠加道，根据高斯束信息插值成像

}成像点循环结束

}接收点射线参数循环结束

}震源点射线参数循环结束

}束中心位置循环结束

该计算过程直接实现式（4－67）所描述的积分表达，但直接计算上式得不到较高的计算效率。以单个成像数据体为例，假设可以划分 nb 个束中心位置，震源和接收点的高斯束数目分别为 np_s 和 np_r，则上述算法需要计算 $nb \times np_s \times np_r$ 个高斯束。

Hill（2001）针对上述问题，提出了一种具有较高计算效率的高斯束偏移实现方法，其基本思想是利用最速下降法求取积分鞍点从而将积分进行降维以提高计算效率。其基本实现过程如下：首先将积分变量由震源、接收点射线参数转化为中心点、偏移距域射线参数，此时式（4－68）变为：

$$I_{co}(\boldsymbol{x},\boldsymbol{L}_r,\omega) = \frac{\omega^2}{4}\int \mathrm{d}\boldsymbol{p}_m I_{ch}(\boldsymbol{x},\boldsymbol{L}_r,\boldsymbol{P}_m,\omega) D_s(\boldsymbol{L}_r,\boldsymbol{P}_r,\omega) \tag{4-69}$$

其中：

$$\begin{aligned} I_{ch}(\boldsymbol{x},\boldsymbol{L}_r,\boldsymbol{P}_m,\omega) &= \int \mathrm{d}\boldsymbol{p}_h U^*_{GB}(\boldsymbol{x},\boldsymbol{x}_s,\boldsymbol{P}_s,\omega) \times U^*_{GB}(\boldsymbol{x},\boldsymbol{L}_r,\boldsymbol{P}_r,\omega) \\ &= \int \mathrm{d}\boldsymbol{p}_h A(\boldsymbol{x},\boldsymbol{P}_m,\boldsymbol{P}_h) \times \exp[-i\omega T^*(\boldsymbol{x},\boldsymbol{P}_m,\boldsymbol{P}_h)] \end{aligned} \tag{4-70}$$

式中，$A(\boldsymbol{x},\boldsymbol{P}_m,\boldsymbol{P}_h)$ 为震源和接收点高斯束的振幅乘积；$T(\boldsymbol{x},\boldsymbol{P}_m,\boldsymbol{P}_h)$ 为复值走时之和。Hill（2001）证明了式（4－70）所示积分的鞍点对应着令 $T(\boldsymbol{x},\boldsymbol{P}_m,\boldsymbol{P}_h)$ 中虚值走时最小的 $\boldsymbol{P}_h$，如图 4－15 所示。

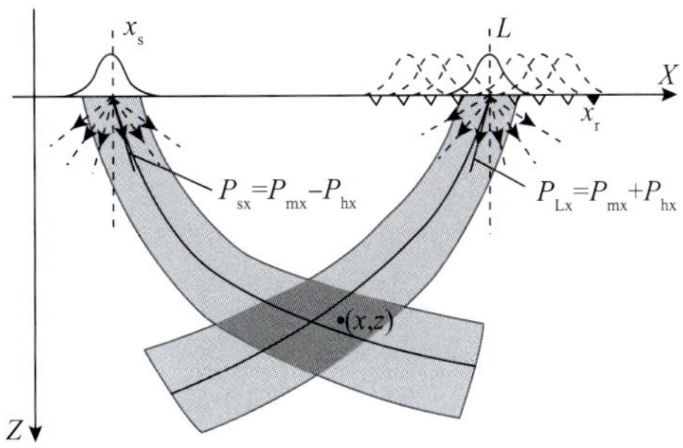

图 4－15　高斯束偏移计算积分鞍点实现过程（据 Hill，2001）

并给出了上述积分的渐进解：

$$I_{ch}(\boldsymbol{x},\boldsymbol{L}_r,\boldsymbol{P}_m,\omega) \approx \frac{A_0}{\omega}\exp(-i\omega T_0^*) \tag{4-71}$$

式中，A_0 为震源高斯束同接收点高斯束之和；T_0 为对应高斯束虚值走时之和最小值。

式（4－71）对应的计算流程可表达为：

```
对于每个束中心位置{
加高斯束窗局部倾斜叠加,计算并保存震源点和接收点出射的高斯束
对于每个中心点射线参数{
对于每个粗网格{
扫描得到对应虚值走时最小的偏移距射线参数
        }粗网格循环结束
对于成像孔径内的每个成像点{
利用扫描得到的偏移距射线参数对应的倾斜叠加道,根据高斯束信息插值成像
        }成像点循环结束
    }束中心射线参数循环结束
}束中心位置循环结束
```

基于上述流程需要计算 $nb \times (np_s + np_r - 1)$ 个高斯束。虽然求解积分鞍点的搜索运算需要一定的计算量，但总的来说该算法的计算量大大减少，可得到更为实用的高斯束叠前深度偏移实现流程。

利用 Sigsbee2a 模型来测试上述算法［图 4－16（a）］。Sigsbee2a 层速度模型纵横向间隔分别为 37.5ft（1ft＝0.3048m）、25.0ft。正演记录共 500 炮，单炮最大道数为 348 道，炮间距为 75.0ft，道间隔为 75.0ft。模型中部盐丘的陡倾边界、盐丘下断层以及高速绕射体是成像的关键。

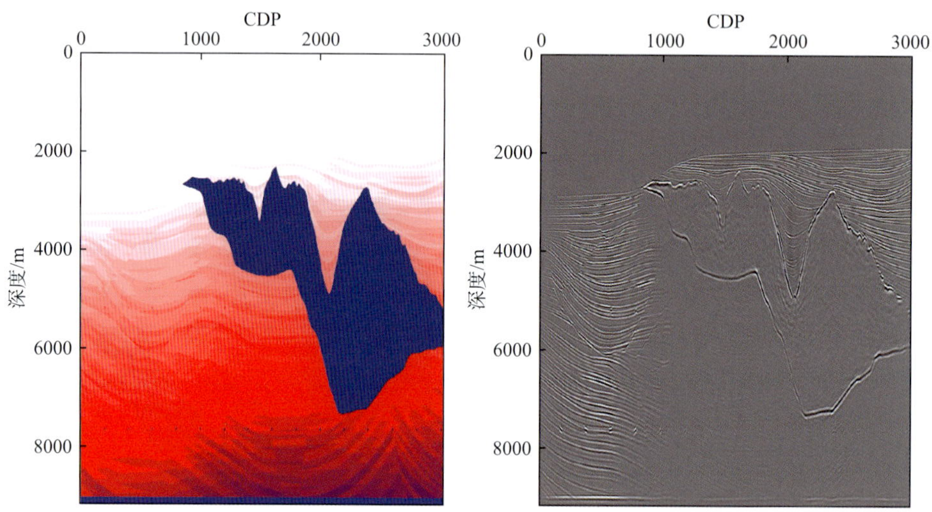

(a)Sigsbee2a速度模型　　(b)高斯束叠前深度偏移结果

图 4－16　高斯束叠前深度偏移实现

从图 4－16（b）可以看到高斯束偏移对盐丘的陡倾边界以及盐下的高速绕射体均进行了较好的成像。

4.2.3　高斯束叠前深度偏移技术的发展完善

相比于 Kirchhoff 积分法偏移，高斯束偏移方法在具体实现上体现出了明显的先进性。针对各种问题的实际应用，各大石油公司在此基础上衍生出了一系列实用化的射线束偏移技术（比如 CGGVeritas 公司的控制束偏移最大的优点是用于提高成像信噪比，WesternGeco 公司的快速束偏移与自适应束偏移配套，分别用于速度建模和最终的高精度成像等）。

我国陆上山前带探区是有利的储油区，但山前带地震资料信噪比低，高精度的 RTM 成像显然无法发挥其优势，在复杂的南方镇巴探区甚至无法成像。高斯束偏移得益于其带有方向性的局部空间传播特征，可灵活发展适合于我国山前带低信噪比资料成像的特色方法技术。本节，我们将常规高斯束偏移方法发展完善，使其适应起伏地表情况、能提高成像信噪比，并能高效地输出角度道集用于后续的层析速度反演。

4.2.3.1 起伏地表高斯束偏移方法

复杂地表问题是陆上地震勘探常遇到的棘手问题，地表高程起伏及近地表速度的横向变化给常规地震数据处理带来了很大的困扰。简单情况下可以通过常规的静校正来消除起伏地表的影响，但是当地表高程起伏较大，且近地表速度横向变化剧烈时，常规静校正所基于的地表一致性假设不再满足，经过静校正后的偏移成像的质量有所降低。

为了解决复杂地表条件下的成像问题，波动类方法走出了一条利用波场延拓的基准面重构路线。其本质上都是通过一定的改进使传统的波场延拓方法能间接地适应起伏地表情况，其实现往往需要额外的计算量并且需要准确已知近地表速度。与波动类方法不同，射线类偏移方法往往具有较强的灵活性，很容易适应复杂的地表条件。Gray（2005）首先提出了一种适应于复杂地表条件的高斯束偏移方法（图 4－17）。认为高斯窗内接收点的高程变化相对较小，通过简单的高程静校正将高斯窗内接收点的高程校正到束中心所在的基准面上，在此基准面上进行常规的水平面局部平面波分解及成像。其思想仍然是高程静校正，没有将起伏地表信息直接考虑进局部平面波分解及后续的成像。

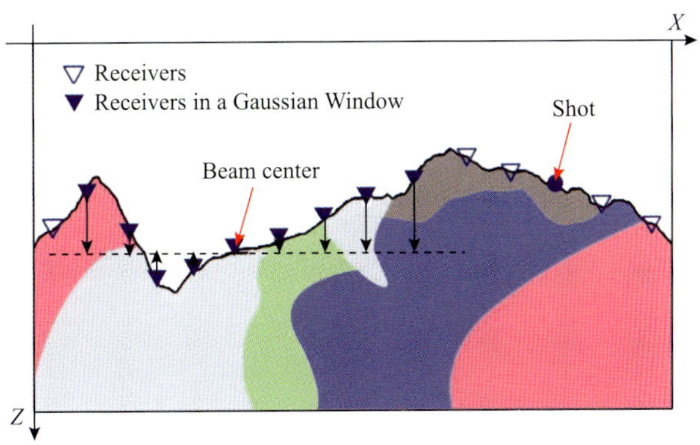

图 4－17　局部静校正高斯束偏移（据 Gray，2005）

由于高斯束偏移利用初值射线追踪技术进行中心射线追踪，保持了常规射线追踪的高效灵活且没有倾角限制的优点。相对于水平地表，起伏地表高斯束偏移只需引进高程管理来限制每根射线的运行轨迹，且在局部平面波分解时考虑起伏地表影响，即可实现起伏地表情况下的高斯束分解及传播，因此容易将其推广到起伏地表偏移中。

起伏地表射线追踪定义了高斯束在地下构造中的传播方向，而在此之前需要先合成与射线追踪初始入射方向相一致的地表高斯束，也就是起伏地表情况下的高斯束分解。起伏地表情况下的高斯束分解（即加高斯窗的局部倾斜叠加）与水平地表时的高斯束分解的不同之处在于倾斜叠加时需要引进高程差，如图 4－18 所示，根据不同方向的平面波到达接收点 $\boldsymbol{x}_{\mathrm{r}}$ 与束中心 $\boldsymbol{L}$ 的走时延迟，将格林函数 $G(\boldsymbol{x},\boldsymbol{x}_{\mathrm{r}},\omega)$ 通过 $\boldsymbol{L}$ 处出射的高斯束 $u_{\mathrm{GB}}(\boldsymbol{x},\boldsymbol{L},\omega)$ 的积分来近似表示：

$$G(\boldsymbol{x},\boldsymbol{x}_{\mathrm{r}},\omega)\approx\frac{i}{4\pi}\int\frac{\mathrm{d}p_{Lx}}{p_{Lz}}u_{\mathrm{GB}}(\boldsymbol{x},\boldsymbol{L},\omega)\exp[-i\omega\boldsymbol{P}_{\mathrm{L}}\cdot(\boldsymbol{x}_{\mathrm{r}}-\boldsymbol{L})]\tag{4-72}$$

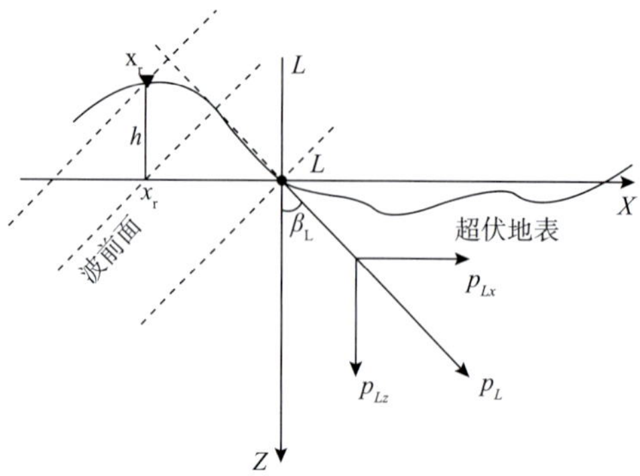

图 4-18　起伏地表高斯束分解示意图（据岳玉波，2012）

式中，$\boldsymbol{P}_{\mathrm{L}}=(p_{Lx},p_{Lz})=\left(\dfrac{\sin\beta_L}{V_{\mathrm{r}}},\dfrac{\cos\beta_L}{V_{\mathrm{r}}}\right)$代表着高斯束中心位置的初始慢度，即局部平面波的出射方向；β_L 为出射角度。假设实际接收点 x_{r} 与高斯束中心位置 L 的高程差为 h，则式（4-72）可以改写为：

$$G(\boldsymbol{x},\boldsymbol{x}_{\mathrm{r}},\omega)\approx\frac{i}{4\pi}\int\frac{\mathrm{d}p_{Lx}}{p_{Lz}}u_{\mathrm{GB}}(\boldsymbol{x},\boldsymbol{L},\omega)\exp\{-i\omega[p_{Lx}(x_{\mathrm{r}}-L)+p_{Lz}h]\}\tag{4-73}$$

从式（4-73）可以看出，相较于水平地表情况，起伏地表的高斯束分解引进了 $p_{Lz}h$ 项以校正由于地表起伏影响带来的局部平面波分解时的相位差。因此，可以最终得到起伏地表高斯束波场延拓公式：

$$U(\boldsymbol{x},\boldsymbol{x}_{\mathrm{s}},\omega)=\frac{\omega\Delta L}{2\pi\sqrt{2\pi}w_0V_L}\sum_L\int\frac{\mathrm{d}p_{Lx}}{p_{Lz}}A_L^*\exp[-i\omega T_L^*]D_{\mathrm{s}}(\boldsymbol{L},p_{Lx},\omega)\tag{4-74}$$

其中：

$$D_{\mathrm{s}}(L,p_{Lx},\omega)=$$

$$\left|\frac{\omega}{\omega_{\mathrm{r}}}\right|^{1/2}\int\mathrm{d}S\cos(\beta_L-\alpha_{\mathrm{r}})U(\boldsymbol{x}_{\mathrm{r}},\boldsymbol{x}_{\mathrm{s}},\omega)\exp\left\{i\omega[p_{Lx}(x_{\mathrm{r}}-L)+p_{Lz}h]-\left|\frac{\omega}{\omega_{\mathrm{r}}}\right|\frac{(x_{\mathrm{r}}-L)^2}{2w_0^2}\right\}\tag{4-75}$$

从式（4-75）可以看出，不同于常规的局部倾斜叠加之处在于其包含了起伏地表的高程以及倾角信息，可以直接在起伏地表面进行局部平面波合成。当近地表速度剧烈变化时，可以通过接收点处的近地表速度来计算上式中的相移量，以此来提高局部平面波分解的精度。

对二维的洛基山脉山前带模型（简称加拿大模型）做测试，证明该方法的有效性。加拿大模型数据共 278 炮，中间放炮，每炮共 240 道，炮间距为 90m。炮道集中的偏移距间距为 15m。道长 1200，4ms 采样，最大偏移距 3600m。

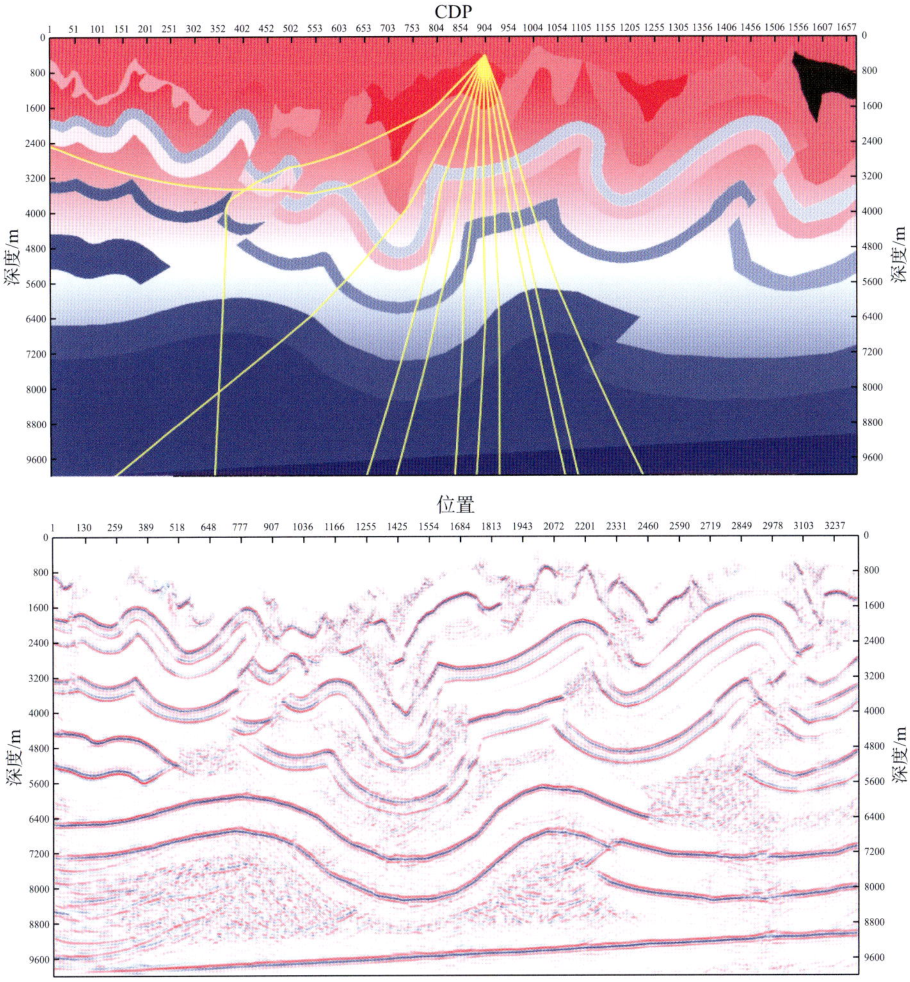

图 4－19　洛基山脉山前带模型起伏地表高斯束偏移

从图 4－19 可以看出，起伏地表高斯束偏移很好地适应了非水平地表数据，完全满足构造成像的需要。在进一步的发展中，可以考虑结合起伏地表高斯束偏移及基于起伏地表高斯束偏移角度道集的层析速度反演，应用于山前带的速度建模及偏移成像。

4.2.3.2　优选束偏移方法

常规高斯束叠前深度偏移技术保持了 Kirchhoff 偏移与波动方程偏移的诸多共同优点，已成为一种复杂构造高精度成像的有力工具。作为束偏移技术的理论基础，高斯束偏移在工业界的应用中发展出了多种“加强版”的特色偏移技术，包括诸如快速束偏移技术（Fast Beam Migration，FBM），控制束偏移技术（Controlled Beam Migration，CBM）等。其中，FBM 技术主要应用于快速速度建模，其偏移效率相较于 Kirchhoff 偏移可提高至少一个数量级以上，而 CGGVeritas 公司所研发的 CBM 技术在提高成像信噪比及改进高陡构造成像质量方面有明显优势。

高斯束偏移需要利用局部倾斜叠加合成与初始入射高斯束方向一致的局部平面波。因此，可以在高斯束分解时优选有利的局部平面波参与高斯束延拓成像，我们称这样的方法为“优选高斯束偏移”方法。所谓“有利的局部平面波”即指在线性局部 $\tau-p$ 变换时提取相似度较高的局部同相轴参与变换，筛选掉相似度较低的同相轴，认为其是随机噪音，从而提高局部 $\tau-p$ 变换的信噪比。其过程可通过在局部 $\tau-p$ 变换时添加一个相似系数的判断来实现。线性局部 $\tau-p$ 变换可用式（4－76）表示。将原始数据（如炮道集）分解为局部平面波数据，然后对每个局部平面波数据利用其初始入射角所确定的高斯束进行延拓并成像。局部倾斜叠加得到平面波数据的同时也压制了原始数据的随机噪音，提高了数据信噪比。

$$F(\tau,p)=\int_{x_1}^{x_2}f(t=\tau+px,x)\,\mathrm{d}x \tag{4-76}$$

式中，$f(t,x)$ 代表输入数据（如炮道集），积分范围 x_1 与 x_2 确定了局部 $\tau-p$ 变换的输入范围；p 代表变换后的平面波分量的方向，同时也确定了该平面波分量对应的高斯束初始入射角度。

利用相似系数式（4－77）可以在 $\tau-p$ 变换时判断原始数据局部同相轴的相干程度，从而在高斯束延拓及成像时区分该合成的平面波数据是“噪音”还是“信号”，仅对“信号”进行高斯束延拓及成像可以明显提高高斯束成像信噪比（图 4－20）。

$$s(\tau_i,p_j)=\frac{\sum_w\left[\sum_{k=1}^{N}f(\tau_i+p_jX_k,X_k)\right]^2}{N\sum_w\sum_{k=1}^{N}\left[f(\tau_i+p_jX_k,X_k)\right]^2} \tag{4-77}$$

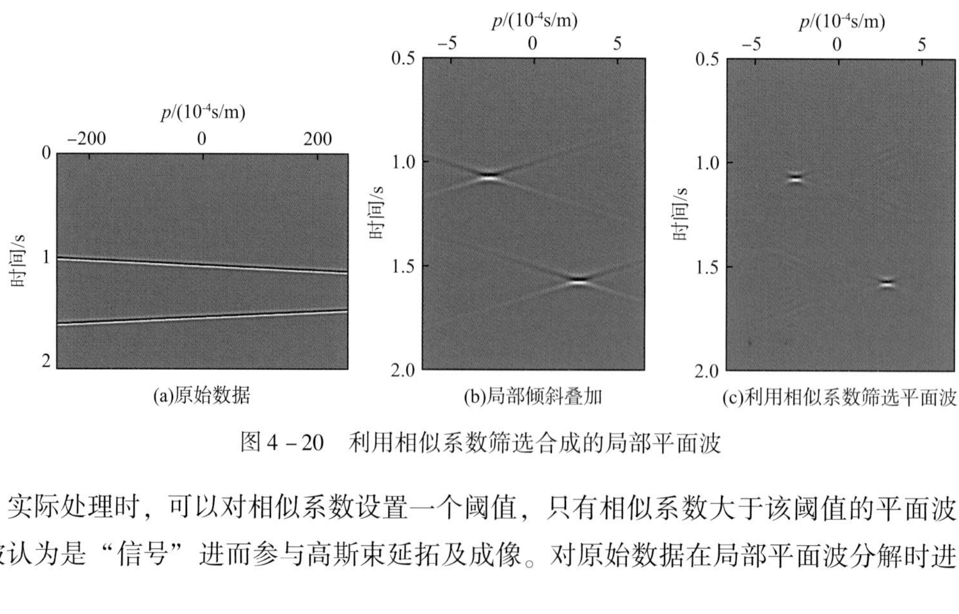

(a)原始数据 (b)局部倾斜叠加 (c)利用相似系数筛选平面波

图 4－20 利用相似系数筛选合成的局部平面波

实际处理时，可以对相似系数设置一个阈值，只有相似系数大于该阈值的平面波分量才被认为是“信号”进而参与高斯束延拓及成像。对原始数据在局部平面波分解时进行信噪分离使得高斯束偏移方法相对于其他偏移方法可以明显提高成像信噪比（图4－21），特别是可以提取信噪比更高的成像道集应用于后续的层析速度反演，能够保证同相轴的自动拾取精度，这一优点在低信噪比数据的成像及层析建模中尤为重要。

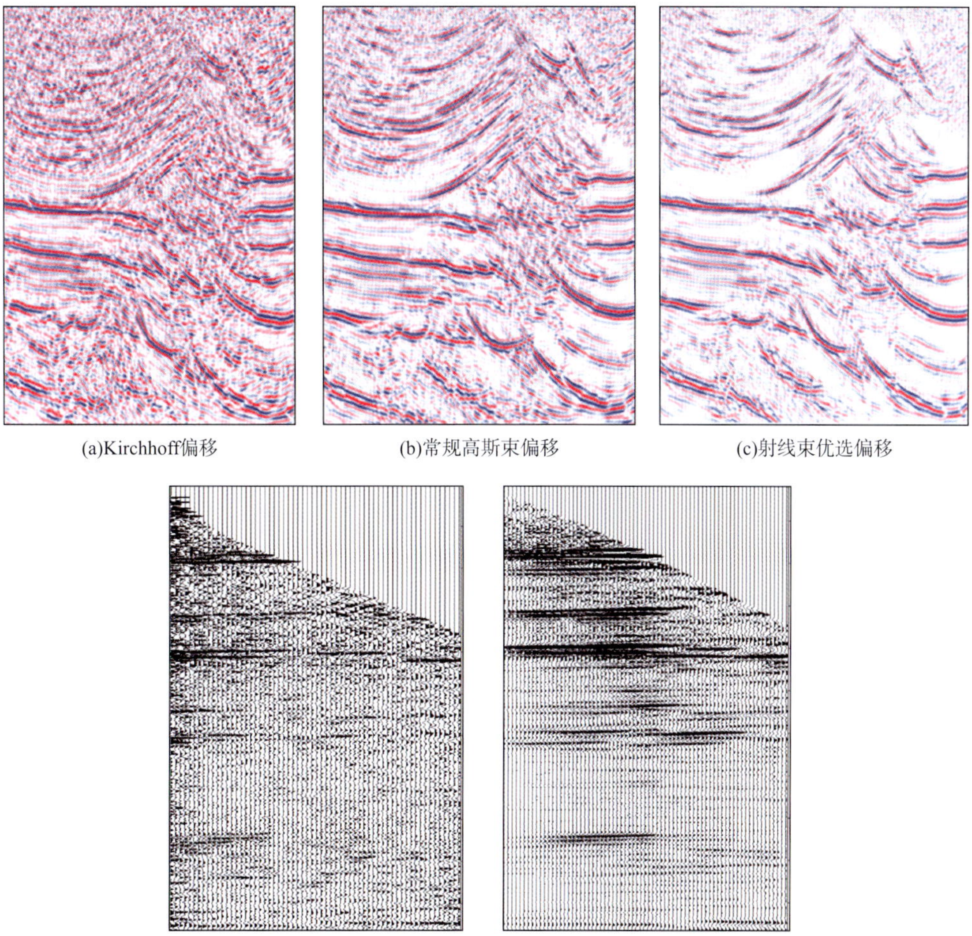

(a)Kirchhoff偏移　(b)常规高斯束偏移　(c)射线束优选偏移

(d)Kirchhoff偏移成像道集　(e)射线束优选偏移成像道集

图4－21　某山前带低信噪比数据，利用射线束优选偏移提高成像信噪比

4.2.4　三维方位－反射角度道集提取方法

4.2.4.1　反射张角与方位角的定义

在前面中已经介绍了高斯束叠前深度偏移技术。实际上，偏移距域高斯束偏移与Kirchhoff偏移一样，由于对原始数据进行偏移距分组，因此可以很自然地输出偏移距域共成像点道集。同时，由于高斯束偏移需要事先进行倾斜叠加，从而得到地表的出射平面波方向，因此亦可以很方便地提取共入射角（数据域）成像道集。那么，高斯束偏移是否能

同样方便高效地提取地下成像点的反射张角与方位角呢？实际上，高斯束叠前深度偏移可以比较方便地输出角度域共成像点道集，这个优点归结于其射线追踪所得到的高斯束有效范围内的走时信息，另外，初值射线追踪所蕴藏的角度信息以及高斯束函数所表达的局部空间光滑走时场为角度道集的提取提供了方便。在某个成像点上，通过走时的空间导数可以求出波矢量，结合炮点射线及检波点射线的波矢量可以求得相应的角度信息。比如可以提取某个炮检对的倾角－方位角，也可以提取反射角（张角）－方位角。这里我们讨论提取反射角－方位角。

一种估计地下成像点的反射张角及方位角的有效且高效的手段是事先得到从炮点入射到成像点的局部射线慢度 $\boldsymbol{P}_{\mathrm{s}}$ 及从检波点反向入射到成像点的局部射线慢度 $\boldsymbol{P}_{\mathrm{r}}$，之后通过两者之间的代数运算即可求得成像点处的局部入射角与反射角。而射线慢度的求取则可以通过高斯束函数的走时梯度计算得到。如图 4－22 所示，定义三维情况下成像点处的反射张角 θ（反射角 α 的两倍）与反射方位角 φ，则反射角及方位角可以通过如下运算得到：

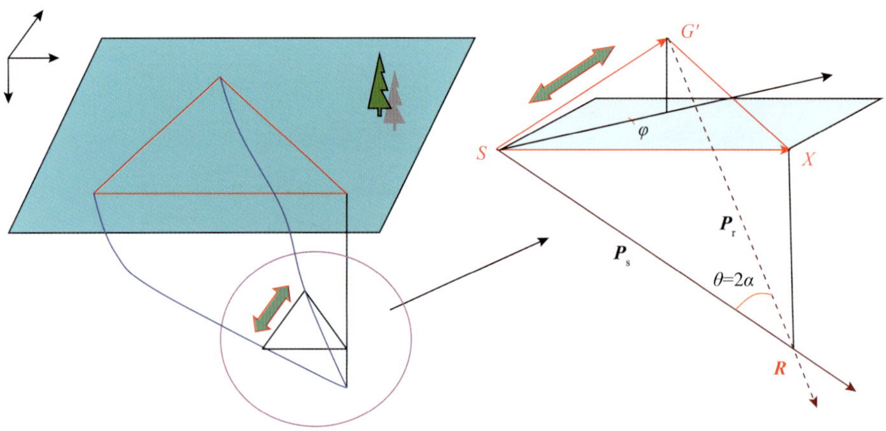

图 4－22　共成像点处反射张角与方位角定义

$$\cos\theta = \cos(2\alpha) = \frac{\boldsymbol{P}_{\mathrm{s}} \cdot \boldsymbol{P}_{\mathrm{r}}}{|\boldsymbol{P}_{\mathrm{s}}||\boldsymbol{P}_{\mathrm{r}}|} \tag{4-78}$$

$$\cos\varphi = \frac{(\boldsymbol{z} \times \boldsymbol{P}_{\mathrm{sr}}) \cdot (\boldsymbol{z} \times \boldsymbol{x})}{|\boldsymbol{z} \times \boldsymbol{P}_{\mathrm{sr}}||\boldsymbol{z} \times \boldsymbol{x}|} = \frac{(\boldsymbol{P}_{\mathrm{sr}} \times \boldsymbol{z}) \cdot \boldsymbol{y}}{|\boldsymbol{z} \times \boldsymbol{P}_{\mathrm{sr}}|} \tag{4-79}$$

式中，$\boldsymbol{P}_{\mathrm{sr}} = \boldsymbol{P}_{\mathrm{s}} - \boldsymbol{P}_{\mathrm{r}}$；$\boldsymbol{x} = (1,0,0)$，$\boldsymbol{y} = (0,1,0)$，$\boldsymbol{z} = (0,0,1)$。

需要注意的是，这里定义的方位角是指炮检点矢量差 $\boldsymbol{P}_{\mathrm{sr}}$ 在 $x-y$ 平面内的投影相对于 x 坐标轴的旋转角 φ，此时的参考方向（起始方位角方向）是单位向量 $\boldsymbol{x} = (1,0,0)$ 所指方向，即 x 轴方向。实际操作中，当然可以取其他方向为参考方向，如 y 轴方向。

4.2.4.2　反射张角与方位角的计算

求取反射张角与方位角需要事先得到方向矢量 $\boldsymbol{p}_{\mathrm{s}}$ 及 $\boldsymbol{p}_{\mathrm{r}}$，而高斯束函数通过运动学射线追踪及动力学射线追踪可以得到局部空间的光滑走时场，从而进一步通过走时的空间导数可以得到方向矢量。

某个成像点处的波矢量方向可以表示为走时的空间导数：

$$\boldsymbol{P} = \nabla t = \left(\frac{\partial t}{\partial x},\frac{\partial t}{\partial y},\frac{\partial t}{\partial z}\right) \tag{4-80}$$

若得到空间走时场 $t(x,y,z)$，则最方便的方式是直接差分求解得到方向矢量 $\boldsymbol{P}$。而由于高斯束函数的特殊性，可以进一步解析表达方向矢量，而不需要通过差分求解。

为讨论的完整性，三维高斯束函数：

$$u(s,q_1,q_2) = \sqrt{\frac{v(s)\det\boldsymbol{Q}(s_0)}{v(s_0)\det\boldsymbol{Q}(s)}}\exp\left[i\omega\left(\tau(s) + \frac{1}{2}\boldsymbol{q}^{\mathrm{T}}\frac{P(s)}{Q(s)}\boldsymbol{q}\right)\right] \tag{4-81}$$

式中，ω 是圆频率；$v(s)$ 和 $\tau(s)$ 分别代表中心射线上的速度与走时。$\boldsymbol{q}^{\mathrm{T}} = (q_1,q_2)$ 表示射线中心坐标系中的坐标分量。$\boldsymbol{P}(s)$ 与 $\boldsymbol{Q}(s)$ 是 2×2 的动力学参量复值矩阵，决定着高斯束传播的波前曲率。假设：

$$\boldsymbol{M}(\mathrm{s}) = \frac{\boldsymbol{P}(\mathrm{s})}{\boldsymbol{Q}(\mathrm{s})}$$

如图 4-23 所示，假设空间中一点 Q，其三维射线中心坐标分量如图所示，从高斯束函数可以得到实值走时表达式：

$$T(Q) = T(R) + \frac{1}{2}\boldsymbol{q}^{\mathrm{T}}\mathrm{Re}(\boldsymbol{M})\boldsymbol{q} = T(R) + \frac{1}{2}\sum_{i,j=1}^{2}q_iq_jM_{i,j} \tag{4-82}$$

其中：

$$\mathrm{Re}\left(\frac{\boldsymbol{P}(s)}{\boldsymbol{Q}(s)}\right) = \mathrm{Re}(\boldsymbol{M}) = \begin{bmatrix} M_{11} & M_{12} \\ M_{21} & M_{22}\end{bmatrix} \tag{4-83}$$

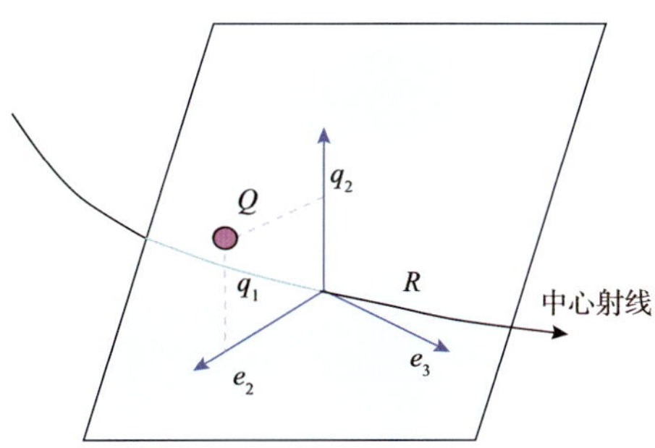

图 4-23　三维射线中心坐标系

为了求 Q 点的慢度向量 $\boldsymbol{p}$，对式（4-82）求空间导数：

$$\boldsymbol{P}(Q) = \frac{\partial T(Q)}{\partial x} \tag{4-84}$$

将式（4-83）代入式（4-84），得：

$$P_k(Q) = \frac{\partial T(Q)}{\partial x_k} = \frac{\partial T(R)}{\partial x_k} + \frac{1}{2}\sum_{i,j=1}^{2}\left(q_i \frac{\partial q_j}{\partial x_k} + q_j \frac{\partial q_i}{\partial x_k}\right)M_{i,j}$$
$$= P_k(R) + \frac{1}{2}\sum_{i,j=1}^{2}\left(q_i \frac{\partial q_j}{\partial x_k} + q_j \frac{\partial q_i}{\partial x_k}\right)M_{i,j}(k = 1,2,3) \tag{4-85}$$

则可以解析地表达空间中任意一点相对于某个高斯束的慢度向量，从而进一步可以计算得到任意一点处的反射张角及方位角。

值得注意的是，求取式（4－85）的额外计算量是很小的。其中，$p_k(R)$ 代表着中心射线上对应点的慢度向量，由运动学射线追踪得到，而矩阵 $\boldsymbol{M}$ 及射线中心坐标系分量 $\boldsymbol{q}_1$、$\boldsymbol{q}_2$ 均在动力学射线追踪过程中获得，不需要额外的计算量。

为了验证所述的高斯束叠前深度偏移提取方位－反射角成像道集技术，我们对理论模型及实际数据进行了测试验证。首先选择了二维 Sigsbee2A 数据，以测试该方法在二维情况下提取反射角（无方位角）道集是否正确。从图 4－24 可以看出，Sigsbee2A 速度模型的特点包括多个薄层、两排点绕射以及盐下陡构造成像，而高斯束叠前深度偏移结果显示出良好的适应性，薄层分辨率较高，绕射点收敛，特别是陡构造成像界面清楚。

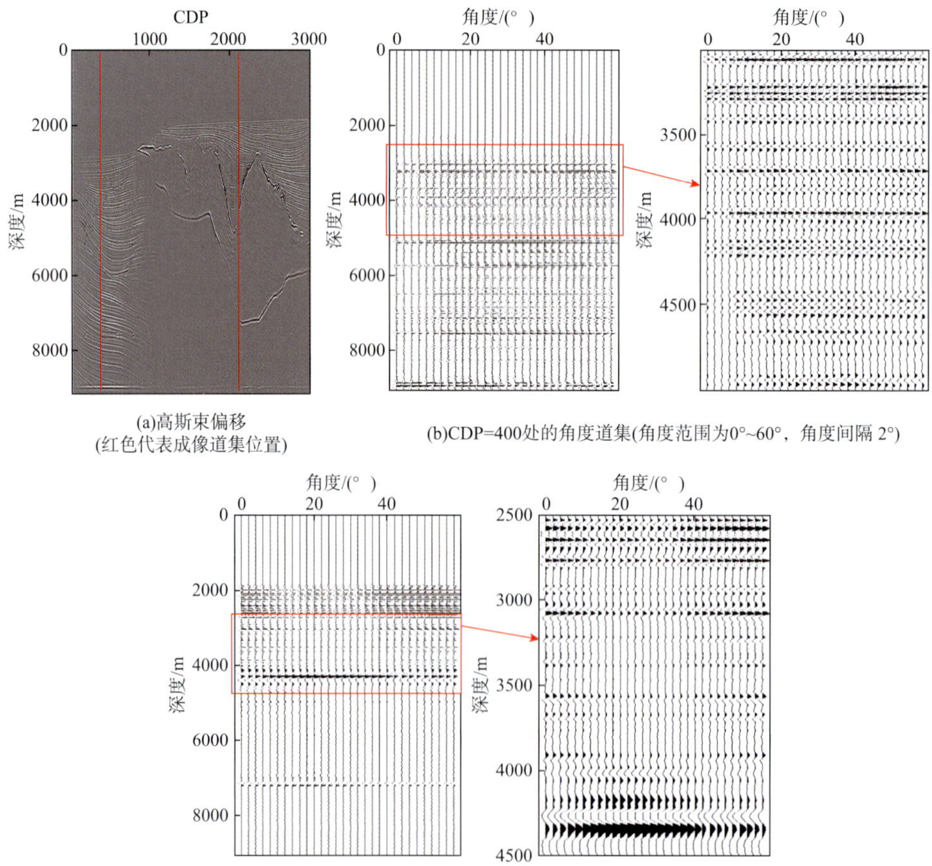

(a)高斯束偏移
(红色代表成像道集位置)

(b)CDP=400处的角度道集(角度范围为0°~60°，角度间隔 2°)

(c)CDP=2100处的角度道集(角度范围为0°~60°，角度间隔 2°)

图 4－24　Sigsbee 2A 模型高斯束叠前深度偏移及提取两个 CDP 的角度道集

从图 4 – 24 可以看出，高斯束偏移在真速度模型下可以提取得到较高质量的角度道集，即使在断层及绕射点处的分辨率依然较高，并且整个成像道集得到很好地拉平，验证了算法的正确性。

进一步地，为了验证三维情况下提取方位 – 反射角成像道集，我们设计了一个包含两个水平反射层的简单理论模型，如图 4 – 25（a）所示。在此模型上正演全方位角数据，其观测系统如图 4 – 25（b）所示，炮点位于单炮观测的中心。图 4 – 25（c）显示了位于模型中心位置成像点的方位 – 反射角度道集。该道集将方位分为 8 个，间隔 45°，而提取的反射张角范围是 0°～60°。可以看出，从该模型提取的方位 – 反射角度道集按不同方位和反射角准确地排列，验证方法的准确性。

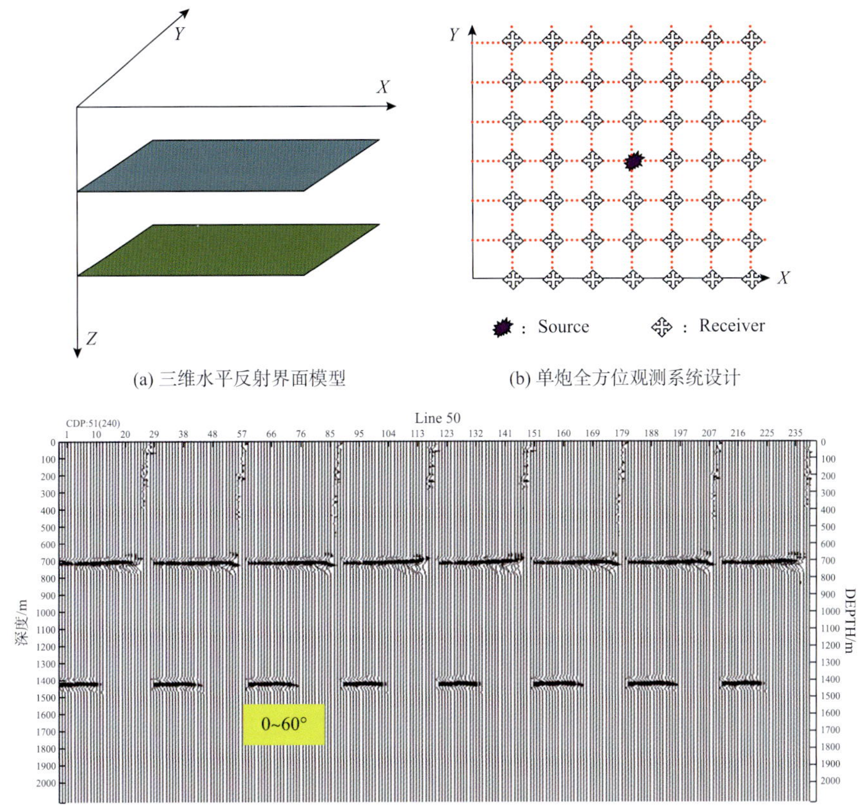

(a) 三维水平反射界面模型　　(b) 单炮全方位观测系统设计

(c) 高斯束叠前深度偏移提取方位-反射角道集(方位角分成8个，张角范围为0°~60°)

图 4 – 25　三维全方位观测系统正演数据高斯束偏移提取方位 – 反射角度道集

4.3　基于高斯束成像的波路径走时层析核函数的推导

反射波场由背景速度扰动和高波数速度扰动共同决定，因此基于反射波场的成像分为叠前深度偏移成像（确定高波数扰动）和反射波层析成像（确定背景速度扰动）两个步骤。当然，这两个步骤也可以耦合在一起进行数据域的迭代反演成像。而结合叠前深度偏移成像提取的角度域共成像点道集，成像域的反射波层析可以将反射波路径分解成两个透射波分支，这类似于高斯束或单程波偏移成像的处理方式，其基本思想是认为像点的走时扰动是由炮点到像点的走时扰动以及像点到检波点的走时扰动之和决定的。从而，成像域反射波走时层析成像可以建立起包含两个核函数分支的走时扰动对速度扰动的线性关系。这两个核函数分别代表从炮点到成像点以及从成像点到检波点的透射波路径。考虑到陆上地震数据采样时的地表非水平、空间采样不规则和数据信噪比低，以及为了更方便高效地提取共方位 - 反射角度道集从而将偏移成像与层析成像更好地配套起来，波传播算子选择用高斯束传播算子，而不是双向波传播算子或单程波传播算子。

波路径层析的目的是利用波动方程的 Born 近似和 Rytov 近似导出波路径（层析核函数）替代射线层析的射线路径（核函数为常数 1）作为反投影算子，改进反演精度和提高反演稳定性的同时兼顾了射线层析的高效。波路径概念的提出主要用于透射波层析（Vasco 和 Majer，1993、1995），进一步地可以发展成像域利用反射波的波路径层析成像方法。

成像域波路径层析核函数的推导是与成像方法及成像道集类型相关的。不同的成像方法对应不同的成像条件，推导得到的成像域层析核函数亦不同。RTM 方法的成像条件为时间域的相关成像条件，单程波和高斯束成像方法为激励时间成像条件（下行波的到达时等于上行波的出发时 $t = t_s + t_r$），但高斯束成像条件引入了表示射线束局部空间传播方向的射线慢度 p 。

4.3.1 基于逆时偏移方法的波路径层析

从角度域 RTM 相关成像条件出发：

$$I_{\mathrm{RTM}}(\boldsymbol{x},\theta,\varphi) = \int S(\boldsymbol{x},t;\boldsymbol{x}_s)R(\boldsymbol{x},t;\boldsymbol{x}_s)\,\mathrm{d}t \tag{4-86}$$

式中，$I_{\mathrm{RTM}}(\boldsymbol{x},\theta,\varphi)$ 表示单炮角度域成像结果（角度成像道集）；$S(\boldsymbol{x},t)$ 表示炮点正传波场；$R(\boldsymbol{x},t)$ 表示检波点反传波场；$\boldsymbol{x} = (x,y,z)$ 表示成像点坐标；θ、φ 分别表示成像点的反射张角及方位角。式（4 - 86）表示的 RTM 成像条件为时间域相关成像条件。从成像条件出发，下面推导出基于 RTM 成像的波路径层析核函数。

在波动方程的 Born 近似下，波场可以分解为背景波场和扰动波场：

$$U = U_0 + \Delta U \tag{4-87}$$

式（4 - 87）可以表示成背景场与扰动场的相关成像（舍去扰动场与扰动场的相关项），得：

$$\Delta I_{\mathrm{RTM}}(\boldsymbol{x},\theta,\varphi) \approx \int [\Delta S(\boldsymbol{x},t;\boldsymbol{x}_s)R_0(\boldsymbol{x},t;\boldsymbol{x}_s) + S_0(\boldsymbol{x},t;\boldsymbol{x}_s)\Delta R(\boldsymbol{x},t;\boldsymbol{x}_s)]\,\mathrm{d}t \tag{4-88}$$

$\Delta S,\Delta R$ 分别为一阶 Born 近似散射场，有（Bakker，2015）：

$$\Delta S(\boldsymbol{x},t;\boldsymbol{x}_{\mathrm{s}}) = \int \frac{2\Delta v(\boldsymbol{y})}{v^3(\boldsymbol{y})} G_0(\boldsymbol{y},t-\tau;\boldsymbol{x}) \frac{\partial^2 S_0(\boldsymbol{y},\tau;\boldsymbol{x}_{\mathrm{s}})}{\partial \tau^2} \mathrm{d}\tau \mathrm{d}y \tag{4-89}$$

式中，$G_0(\boldsymbol{y},t-\tau;\boldsymbol{x})$ 表示从源点 $\boldsymbol{x}$ 到散射点 $\boldsymbol{y}$ 的逆时格林函数，同样可以表示出 $\Delta R(\boldsymbol{x},t;\boldsymbol{x}_{\mathrm{s}})$。

将式（4－89）代入式（4－86），可以表示成：

$$\Delta I_{\mathrm{RTM}}(\boldsymbol{x},\theta,\varphi) = \int K(\boldsymbol{y} \mid \boldsymbol{x}(\theta,\varphi)) \Delta v(\boldsymbol{y}) \mathrm{d}\boldsymbol{y} \tag{4-90}$$

式中，$K(\boldsymbol{y} \mid \boldsymbol{x}(\theta,\varphi))$ 表示 RTM 角度域成像扰动与速度扰动的层析核函数，其包括两个分支，一个与炮点端［称之为 $K_{\mathrm{S}}(\boldsymbol{y} \mid \boldsymbol{x}(\theta,\varphi))$，下同］有关，一个与检波点端［统一称之为 $K_{\mathrm{R}}(\boldsymbol{y} \mid \boldsymbol{x}(\theta,\varphi))$，下同］有关。

很明显，式（4－90）中的 $K=K_{\mathrm{S}}+K_{\mathrm{R}}$，$K_{\mathrm{S}}$ 和 K_{R} 可以分别表示为：

$$K_{\mathrm{S}}(\boldsymbol{y} \mid \boldsymbol{x}(\theta,\varphi)) = \int S_0(\boldsymbol{x},t;\boldsymbol{x}_{\mathrm{S}}) \iint \frac{2}{v^3(\boldsymbol{y})} G_0(\boldsymbol{y},t-\tau;\boldsymbol{x}) \frac{\partial^2 R_0(\boldsymbol{y},\tau;\boldsymbol{x}_{\mathrm{s}})}{\partial \tau^2} \mathrm{d}\tau \mathrm{d}y \mathrm{d}t \tag{4-91a}$$

$$K_{\mathrm{R}}(\boldsymbol{y} \mid \boldsymbol{x}(\theta,\varphi)) = \int R_0(\boldsymbol{x},t;\boldsymbol{x}_{\mathrm{S}}) \iint \frac{2}{v^3(\boldsymbol{y})} G_0(\boldsymbol{y},t-\tau;\boldsymbol{x}) \frac{\partial^2 S_0(\boldsymbol{y},\tau;\boldsymbol{x}_{\mathrm{s}})}{\partial \tau^2} \mathrm{d}\tau \mathrm{d}y \mathrm{d}t \tag{4-91b}$$

从式（4－91）可以看出，K_{S} 和 K_{R} 的计算分别都涉及到成像点 $\boldsymbol{x}$ 处背景波场和散射场的时间相关成像，这类似于 RTM 成像过程。也就是说，核函数 $K=K_{\mathrm{S}}+K_{\mathrm{R}}$ 的求解计算量（包括散射场的计算）大于一次 RTM 的成像计算量。

式（4－91）核函数的计算可以从图 4－26 分析其实现过程。

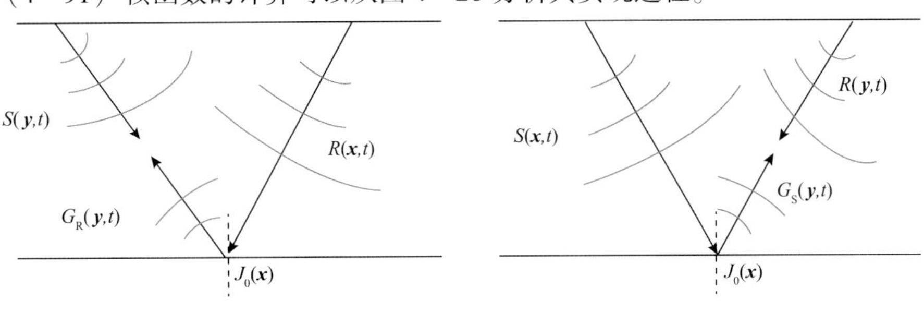

图 4－26　核函数计算示意图

（a）炮点端的核函数 K_{S}，由背景波场 $S_0(\boldsymbol{y},t)$ 与格林函数 $G_{\mathrm{R}}(\boldsymbol{y},t)$ 相关计算得到；（b）检波点端的核函数 K_{R}，由背景波场 $R_0(\boldsymbol{y},t)$ 与格林函数 $G_{\mathrm{S}}(\boldsymbol{y},t)$ 相关计算得到；x_{S} 和 x_{R} 分别表示炮点和检波点位置；$J_0(\boldsymbol{x})$ 表示像点的扰动 $\Delta I_{\mathrm{RTM}}(\boldsymbol{x},\theta,\varphi)$ 与深度扰动 $\Delta z_{\mathrm{RTM}}(\boldsymbol{x},\theta,\varphi)$ 的近似关系

从图4－26可以分析该层析核函数的物理意义。炮点端的核函数 K_S 是由炮点正传的背景波场 $S_0(\boldsymbol{y},t)$ 与反射波场 $G_R(\boldsymbol{y},t)$ 相关得到。$G_R(\boldsymbol{y},t)$ 是以像点 $\boldsymbol{x}$ 附近范围（因有速度扰动，成像点 $\boldsymbol{x}$ 与真实像点存在误差）作为二次源反射回来的波场，其入射波场即为检波点反传下来的背景波场 $R_0(\boldsymbol{y},t)$ 。反之亦然。

式（4－90）形式上给出了像的扰动与速度扰动的关系式，但是否可以直接利用该式进行层析反演呢？显然不能。对比数据域层析反演可以分析：数据域反演利用的是正演数据与实测数据的差在某种范数下（一般是二范数）最小作为误差泛函，其实测数据是客观的，可直接用来做逼近标准。而如果直接利用式（4－90）进行成像域反演，则由于事实上无法得到真实像从而无法客观得到 $\Delta I(\boldsymbol{x},\theta,\varphi)$，因此其本质是利用一个未知的中间量来估计另一未知量 Δm 。直接利用像的扰动这个概念来进行反演缺乏严格的判断标准。从另一个角度分析，像的扰动是一个综合概念，其实质包括了走时（位置）扰动和振幅扰动。实际计算时需要将像的扰动退化为走时扰动（深度扰动）或振幅扰动，从而分别建立与速度扰动的关系式。由于像域的振幅扰动影响因素太复杂［抛开地表一致性因素、震源及检波器的耦合效应等因素，即使是在准确模型下的保幅成像，角度道集仍然存在AVA效应。因此角度道集上能用来层析反演的仅仅是其同相轴的剩余曲率（走时差），不包括其振幅］，实际层析反演一般退化为仅利用走时扰动。Tygel（1996），Bakker和Gerritsen（2013、2015）给出了像扰动与深度扰动的关系式 $\Delta z(\boldsymbol{x}) = \int_{z_1}^{z_2}\Delta I(\boldsymbol{x})J_0(\boldsymbol{x})\mathrm{d}z$，其中，$J_0(\boldsymbol{x})$ 表示像点的扰动 $\Delta I_{\mathrm{RTM}}(\boldsymbol{x},\theta,\varphi)$ 与深度扰动 $\Delta z_{\mathrm{RTM}}(\boldsymbol{x},\theta,\varphi)$ 的近似关系。

有了式（4－91）表示的层析核函数，就可以建立类似于射线层析的方程：

$$\boldsymbol{A}\Delta\boldsymbol{m} = \Delta\boldsymbol{r} \tag{4-92}$$

式中，$\boldsymbol{A}$ 是利用式（4－91）波路径层析核函数计算得到的Jacobian矩阵；$\Delta\boldsymbol{m}$ 是待反演的模型扰动量；$\Delta\boldsymbol{r}$ 是RTM方位－反射角道集的剩余深度差 Δz（RMO）。

基于RTM方位－反射角道集的波路径层析成像核函数的计算，从利用数据属性的角度考虑，仍然是基于波形差，也就是说需要利用（背景模型）双程波动方程正演的全波场信息。因此，该方法的实际应用仍然会受到类似于数据域波形层析成像方法问题的制约；从计算量的角度考虑，对于任意一对炮检对 (x_S,x_R)，需要计算一次波场正演［计算 $S_0(\boldsymbol{x},t;\boldsymbol{x}_s)$］以及一次波场逆时传播［计算 $G_0(\boldsymbol{y},t-\tau;\boldsymbol{x})\dfrac{\partial^2 S_0(\boldsymbol{y},\tau;\boldsymbol{x}_s)}{\partial\tau^2}$］。显然，这与RTM的互相关成像条件相同。由于每个炮检对 (x_S,x_R) 所对应的层析核函数的计算等同于一次RTM过程，因此其计算量要远远高于利用射线追踪或高斯束计算层析核函数。在三维大规模实际数据层析迭代反演中更显得不现实。因此，需要进一步退化，考虑基于高斯束成像的走时层析反演方法。

4.3.2 基于高斯束偏移方法的波路径层析

从角度域高斯束成像条件出发：

$$I_{\mathrm{GBM}}(\boldsymbol{x},\theta,\varphi,w)=S(\boldsymbol{x},\boldsymbol{p}_{\mathrm{S}},w;\boldsymbol{x}_{\mathrm{S}})R^{*}(\boldsymbol{x},\boldsymbol{p}_{\mathrm{R}},w;\boldsymbol{x}_{\mathrm{S}}) \tag{4-93}$$

式（4－93）是引入了方向传播特征 $\boldsymbol{p}$ 的频率域高斯束成像条件。$I_{\mathrm{GBM}}(\boldsymbol{x},\theta,\varphi,w)$ 表示频率域单炮角度域成像结果（共方位－反射角成像道集）；$S(\boldsymbol{x},\boldsymbol{p}_{\mathrm{S}},w;\boldsymbol{x}_{\mathrm{S}})$ 表示炮点出发的下行高斯束波场、$R(\boldsymbol{x},\boldsymbol{p}_{\mathrm{R}},w;\boldsymbol{x}_{\mathrm{S}})$ 表示检波点出发的上行高斯束波场；$\boldsymbol{x}=(x,y,z)$ 表示成像点坐标；θ,φ 分别表示成像点的反射张角及方位角；$*$ 表示共轭。我们所熟知的单程波成像条件（在波场传播时没有显式地得到局部方向特征 $\boldsymbol{p}$）与高斯束成像条件类似，都是激励时间成像条件。

式（4－93）的成像条件隐含了炮点端外推波场与检波点端波场振幅相乘、走时相加的物理意义，即提取成像值所利用的走时关系是：

$$t=t_{\mathrm{S}}+t_{\mathrm{R}} \tag{4-94}$$

同样地，在波动方程的 Born 近似下，波场可以分解为背景波场和扰动波场［式（4－87）］，因此从成像条件式（4－93）可以近似得到扰动像：

$$\begin{aligned}\Delta I_{\mathrm{GBM}}(\boldsymbol{x},\theta,\varphi,w)\approx{}&\Delta S(\boldsymbol{x},\boldsymbol{p}_{\mathrm{S}},w;\boldsymbol{x}_{\mathrm{S}})R_{0}^{*}(\boldsymbol{x},\boldsymbol{p}_{\mathrm{R}},w;\boldsymbol{x}_{\mathrm{S}})+\\&S_{0}(\boldsymbol{x},\boldsymbol{p}_{\mathrm{S}},w;\boldsymbol{x}_{\mathrm{S}})\Delta R^{*}(\boldsymbol{x},\boldsymbol{p}_{\mathrm{R}},w;\boldsymbol{x}_{\mathrm{S}})\end{aligned} \tag{4-95}$$

该成像条件表明，成像点 $\boldsymbol{x}$ 处像的扰动来自炮点端和检波点端两个分支的影响。结合式（4－94），仅从相位扰动的角度考虑，炮点端在成像点处的相位扰动是由扰动波场 ΔS 引起的，检波点端在成像点处的相位扰动是由扰动波场 ΔR^{*} 带来的。而从炮点到成像点的扰动波场 ΔS 是炮点端波路径上目标函数（这里特指速度）扰动共同影响的，检波点端的扰动影响分析类似。因此，下面可以从 Born 近似和 Rytov 近似出发，推导得到成像域走时扰动与速度扰动的关系式，利用 Born 波路径和 Rytov 波路径表达层析核函数。

根据（Snieder 和 Lomax，1996），地震波场振幅与相位的一阶扰动遵循 Rytov 近似。介质扰动前的背景波场 u_0、一阶 Born 散射场 u_1、扰动后 Rytov 波场 u_{R} 之间满足关系式：

$$u_1=u_0\ln\left(\frac{u_{\mathrm{R}}}{u_0}\right) \tag{4-96}$$

其中，u_0 及 u_{R} 可以表示为：

$$u_0(\boldsymbol{x},w)=A_0(\boldsymbol{x},w)\exp[i(\varphi_0(\boldsymbol{x},w))] \tag{4-97a}$$

$$u_{\mathrm{R}}(\boldsymbol{x},w)=[A_0(\boldsymbol{x},w)+\Delta A(\boldsymbol{x},w)]\exp[i(\varphi_0(\boldsymbol{x},w)+\Delta\varphi(\boldsymbol{x},w))] \tag{4-97b}$$

式中，$A_0(\boldsymbol{x},w)$ 为背景波场的振幅；$\varphi_0(\boldsymbol{x},w)$ 为背景波场的相位；ΔA 为扰动波场的振幅；$\Delta\varphi$ 为扰动波场的相位，均为实数；将式（4－97）代入式（4－96）得到振幅扰动 ΔA、相位扰动 $\Delta\varphi$ 与 Born 散射场 u_1 间的关系：

$$\ln\left(1+\frac{\Delta A}{A_0}\right)+i\Delta\varphi=\frac{u_1}{u_0} \tag{4-98}$$

在 Born 近似下，$\Delta A \ll A$，$\ln\left(1+\frac{\Delta A}{A_0}\right)$ 可以近似为 $\frac{\Delta A}{A_0}$。因此，式（4－98）可以进一步简化，分别得到振幅项和相位项与散射场 u_1 间的关系式：

$$\frac{\Delta A}{A_0}=\mathrm{Re}\left(\frac{u_1}{u_0}\right) \tag{4-99a}$$

$$\Delta\varphi=\mathrm{Im}\left(\frac{u_1}{u_0}\right) \tag{4-99b}$$

式（4－99）分别可用于建立透射波振幅层析及走时层析核函数（刘玉柱，2010）。由于我们只考虑相位扰动，将式（4－99b）中的 u_1 替换成 ΔS 和 ΔR，u_0 替换成 S_0 和 R_0，应用到成像条件式（4－95）的右端项，可得到相位扰动的表达式：

$$\begin{aligned}\Delta\varphi_{\mathrm{GBM}}(\boldsymbol{x},\theta,\varphi,w)&=\Delta\varphi_{\mathrm{S}}(\boldsymbol{x},\theta,\varphi,w)+\Delta\varphi_{\mathrm{R}}(\boldsymbol{x},\theta,\varphi,w)\\&=\mathrm{Im}\left(\frac{\Delta S(\boldsymbol{x};\boldsymbol{p}_{\mathrm{S}},w,\boldsymbol{x}_{\mathrm{S}})}{S_0(\boldsymbol{x};\boldsymbol{p}_{\mathrm{S}},w,\boldsymbol{x}_{\mathrm{S}})}+\frac{\Delta R^*(\boldsymbol{x};\boldsymbol{p}_{\mathrm{R}},w,\boldsymbol{x}_{\mathrm{S}})}{R_0^*(\boldsymbol{x};\boldsymbol{p}_{\mathrm{R}},w,\boldsymbol{x}_{\mathrm{S}})}\right)\end{aligned} \tag{4-100}$$

根据（Woodward，1992；Jocker 等，2006），ΔS 与 ΔR 可以表示成 Born 散射场：

$$\Delta S(\boldsymbol{x};\boldsymbol{p}_{\mathrm{S}},w,\boldsymbol{x}_{\mathrm{S}})=\int_{V_{\mathrm{S}}}2k_0^2\frac{\Delta v(\boldsymbol{y})}{v_0(\boldsymbol{y})}G_{\mathrm{S}}(\boldsymbol{x};\boldsymbol{p}_{\mathrm{S}},w,\boldsymbol{y})S_0(\boldsymbol{y};\boldsymbol{p}_{\mathrm{S}},w,\boldsymbol{x}_{\mathrm{S}})\mathrm{d}y \tag{4-101a}$$

$$\Delta R^*(\boldsymbol{x};\boldsymbol{p}_{\mathrm{R}},w,\boldsymbol{x}_{\mathrm{S}})=\int_{V_{\mathrm{R}}}2k_0^2\frac{\Delta v(\boldsymbol{y})}{v_0(\boldsymbol{y})}G_{\mathrm{R}}(\boldsymbol{x};\boldsymbol{p}_{\mathrm{R}},w,\boldsymbol{y})R_0^*(\boldsymbol{y};\boldsymbol{p}_{\mathrm{R}},w,\boldsymbol{x}_{\mathrm{S}})\mathrm{d}y \tag{4-101b}$$

式（4－101）的 V_{S} 和 V_{R} 分别表示从炮点到成像点和从检波点到成像点的波路径；$k_0=\frac{w}{v_0}$ 表示背景模型波数；Δv 为待反演的速度扰动；$G(\boldsymbol{x};\boldsymbol{p},w,\boldsymbol{y})$ 表示由高斯束表示的从源点 $\boldsymbol{y}$ 到接收点 $\boldsymbol{x}$ 的格林函数。

不难看出，式（4－101）描述了 Born 近似下扰动场与速度扰动的关系式，该关系式即 Born 近似下波动方程层析方程。其中，该波动方程层析核函数 K_{Born}，即 Born 波路径为：

$$K_{\mathrm{Born}}(\boldsymbol{y};w,\boldsymbol{x},\boldsymbol{x}_{\mathrm{S}})=2k_0^2G_{\mathrm{s}}(\boldsymbol{x};w,\boldsymbol{y})S_0(\boldsymbol{y};w,\boldsymbol{x}_{\mathrm{S}}) \tag{4-102}$$

通过均匀介质下的理论模型数值计算得到的 Born 波路径如图 4－27 所示。可以发现，波路径反映了激发点与接收点之间所有可能的震相信息。

利用式（4－101）进行层析成像仍然是基于波形相关的，这类似于全波形反演（FWI），同样受到波形反演所面临的影响因素而限制了其实际应用。刘玉柱（2011）只针对某个特定震相（走时或振幅）进行波动层析成像，发展了数据域透射波及反射波走时菲涅尔体层析成像方法。这里，我们进一步推导成像域反射波走时层析核函数。

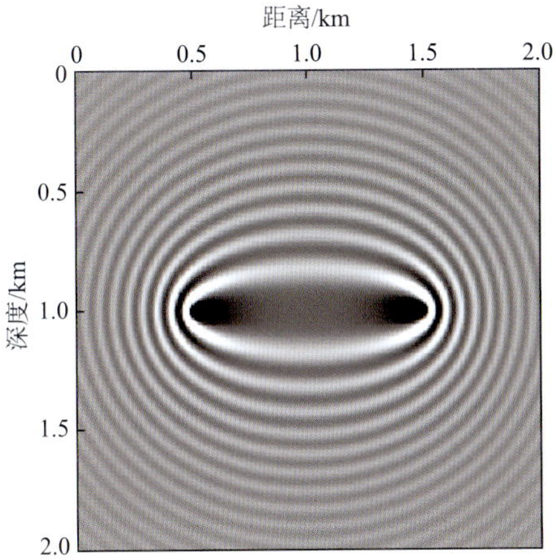

(a)20Hz实部

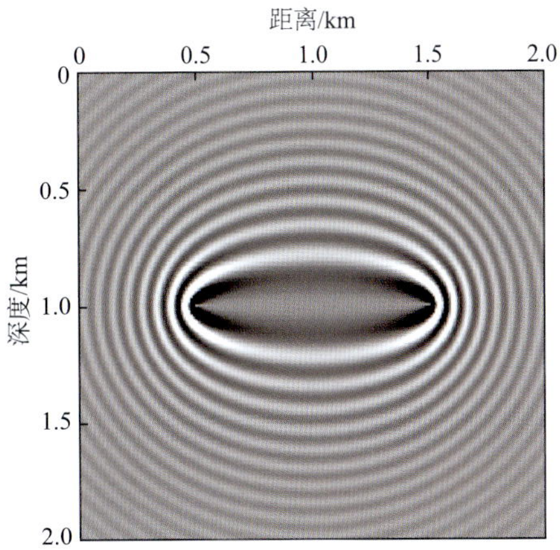

(b)20Hz虚部

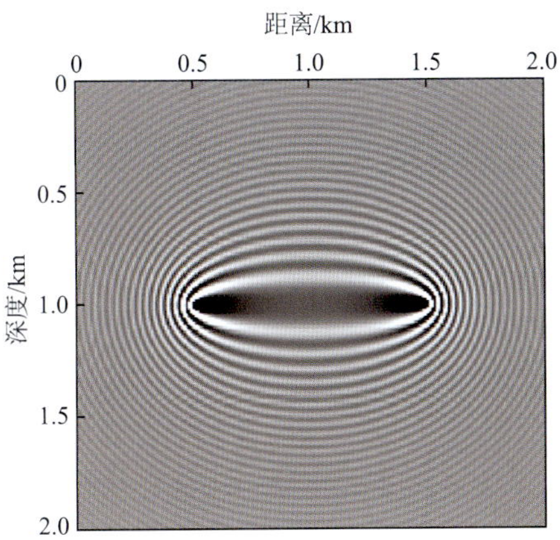

(c)40Hz实部

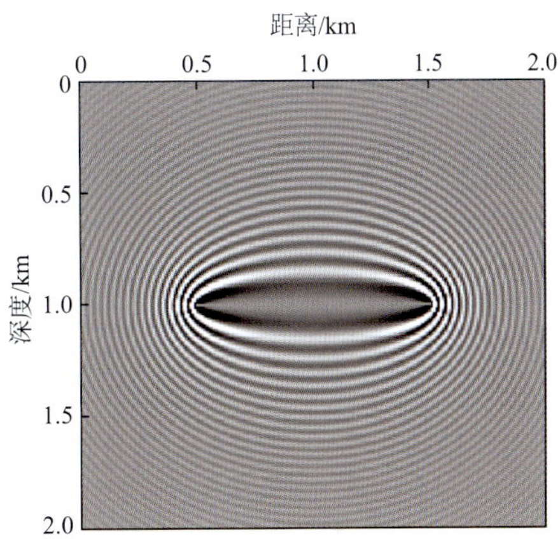

(d)40Hz虚部

图 4－27 均匀介质 Born 波路径

模型参数为：源点坐标（500，1000），接收点坐标（1500，1000），背景速度 2500m/s

将式（4－101）代入式（4－102）得到成像域单频相位扰动与速度扰动的关系式：

$$\Delta\varphi_{\mathrm{GBM}}(\boldsymbol{x},\theta,\varphi,w) = \int_{V_S}\mathrm{Im}\left[\frac{2k_0^2}{v_0(\boldsymbol{y})}\frac{G_S(\boldsymbol{x};\boldsymbol{p}_S,w,\boldsymbol{y})G_0(\boldsymbol{y};\boldsymbol{p}_S,w,\boldsymbol{x}_S)}{G_0(\boldsymbol{x};\boldsymbol{p}_S,w,\boldsymbol{x}_S)}\right]\Delta v(\boldsymbol{y})\mathrm{d}\boldsymbol{y} + \int_{V_R}\mathrm{Im}\left[\frac{2k_0^2}{v_0(\boldsymbol{y})}\frac{G_R(\boldsymbol{x};\boldsymbol{p}_R,w,\boldsymbol{y})G_0^*(\boldsymbol{y};\boldsymbol{p}_R,w,\boldsymbol{x}_S)}{G_0^*(\boldsymbol{x};\boldsymbol{p}_R,w,\boldsymbol{x}_S)}\right]\Delta v(\boldsymbol{y})\mathrm{d}\boldsymbol{y} \tag{4－103}$$

考虑单频相位扰动 $\Delta\varphi_{\mathrm{GBM}}(\boldsymbol{x},\theta,\varphi,w)$ 与单频走时扰动 $\Delta t_{\mathrm{GBM}}(\boldsymbol{x},\theta,\varphi,w)$ 有如下近似关系（Spetzler 和 Snieder，2001）：

$$\Delta t(\boldsymbol{x},\theta,\varphi,w) = \frac{\Delta\varphi_{\mathrm{GBM}}(\boldsymbol{x},\theta,\varphi,w)}{w} \tag{4－104}$$

则可以给出成像域单频走时扰动与速度扰动的关系式：

$$\Delta t_{\mathrm{GBM}}(\boldsymbol{x},\theta,\varphi,w)=\int_{V_{\mathrm{S}}}K_{\mathrm{S}}^{\mathrm{F}}(\boldsymbol{y};\boldsymbol{x},\boldsymbol{p}_{\mathrm{S}},w,\boldsymbol{x}_{\mathrm{S}})\Delta v(\boldsymbol{y})\mathrm{d}\boldsymbol{y}+\int_{V_{\mathrm{R}}}K_{\mathrm{R}}^{\mathrm{F}}(\boldsymbol{y};\boldsymbol{x},\boldsymbol{p}_{\mathrm{R}},w,\boldsymbol{x}_{\mathrm{S}})\Delta v(\boldsymbol{y})\mathrm{d}\boldsymbol{y} \tag{4-105}$$

显然，式（4－105）表达了单频核函数由两个分支构成，即炮点端核函数 $K_{\mathrm{S}}^{\mathrm{F}}(w)$ 及检波点端核函数 $K_{\mathrm{R}}^{\mathrm{F}}(w)$ 。单频走时层析核函数表示为：

$$K_{\mathrm{S}}^{\mathrm{F}}(\boldsymbol{y};\boldsymbol{x},\boldsymbol{p}_{\mathrm{S}},w,\boldsymbol{x}_{\mathrm{S}})=\mathrm{Im}\left[\frac{2w}{v_0^3(\boldsymbol{y})}\frac{G_{\mathrm{S}}(\boldsymbol{x};\boldsymbol{p}_{\mathrm{S}},w,\boldsymbol{y})G_0(\boldsymbol{y};\boldsymbol{p}_{\mathrm{S}},w,\boldsymbol{x}_{\mathrm{S}})}{G_0(\boldsymbol{x};\boldsymbol{p}_{\mathrm{S}},w,\boldsymbol{x}_{\mathrm{s}})}\right] \tag{4-106a}$$

$$K_{\mathrm{R}}^{\mathrm{F}}(\boldsymbol{y};\boldsymbol{x},\boldsymbol{p}_{\mathrm{R}},w,\boldsymbol{x}_{\mathrm{S}})=\mathrm{Im}\left[\frac{2w}{v_0^3(\boldsymbol{y})}\frac{G_{\mathrm{R}}(\boldsymbol{x};\boldsymbol{p}_{\mathrm{R}},w,\boldsymbol{y})G_0^*(\boldsymbol{y};\boldsymbol{p}_{\mathrm{R}},w,\boldsymbol{x}_{\mathrm{S}})}{G_0^*(\boldsymbol{x};\boldsymbol{p}_{\mathrm{R}},w,\boldsymbol{x}_{\mathrm{S}})}\right] \tag{4-106b}$$

进一步地，带限地震信号的走时扰动可以用单频走时扰动加权叠加（Xie 和 Yang，2008）表示：

$$\Delta t=\int_{w_0-\Delta w}^{w_0+\Delta w}W(w)\Delta t(w)\mathrm{d}w \tag{4-107}$$

式中，$W(w)$ 表示归一化的加权函数，可以有多种取法［刘玉柱（2011）采用归一化的高斯函数；徐文君（2014）采用基于宽带时间延迟函数的归一化权函数；冯波（2015）采用模拟数据的归一化能谱作为权函数］。这里采用高斯函数 $g(w)=\frac{1}{\sqrt{2\pi}\delta}\exp\left[-\frac{(w-w_0)^2}{2\delta^2}\right]$，以 w_0 为高斯函数的期望值（对称中心），Δw 为高斯函数的标准差（半宽度），则：

$$W(w)=\frac{g(w)}{\int_{w_0-\Delta w}^{w_0+\Delta w}g(w)\mathrm{d}w} \tag{4-108}$$

将式（4－108）代入式（4－107）及式（4－105），得到成像域带限走时扰动与速度扰动的最终关系式：

$$\Delta t_{\mathrm{GBM}}(\boldsymbol{x},\theta,\varphi)=\int_{V_{\mathrm{S}}}K_{\mathrm{S}}^{\mathrm{T}}(\boldsymbol{y};\boldsymbol{x},\boldsymbol{p},\boldsymbol{x}_{\mathrm{S}})\Delta v(\boldsymbol{y})\mathrm{d}\boldsymbol{y}+\int_{V_{\mathrm{R}}}K_{\mathrm{R}}^{\mathrm{T}}(\boldsymbol{y};\boldsymbol{x},\boldsymbol{p},\boldsymbol{x}_{\mathrm{S}})\Delta v(\boldsymbol{y})\mathrm{d}\boldsymbol{y} \tag{4-109}$$

其中，带限走时层析核函数的两个分支分别表示为：

$$K_{\mathrm{S}}^{\mathrm{T}}(\boldsymbol{y};\boldsymbol{x},\boldsymbol{p}_{\mathrm{S}},\boldsymbol{x}_{\mathrm{S}})=\int W(w)\mathrm{Im}\left[\frac{2w}{v_0^3(\boldsymbol{y})}\frac{G_{\mathrm{S}}(\boldsymbol{x};\boldsymbol{p}_{\mathrm{S}},w,\boldsymbol{y})G_0(\boldsymbol{y};\boldsymbol{p}_{\mathrm{S}},w,\boldsymbol{x}_{\mathrm{S}})}{G_0(\boldsymbol{x};\boldsymbol{p}_{\mathrm{S}},w,\boldsymbol{x}_{\mathrm{S}})}\right]\mathrm{d}w \tag{4-110a}$$

$$K_{\mathrm{R}}^{\mathrm{T}}(\boldsymbol{y};\boldsymbol{x},\boldsymbol{p}_{\mathrm{R}},\boldsymbol{x}_{\mathrm{S}})=\int W(w)\mathrm{Im}\left[\frac{2w}{v_0^3(\boldsymbol{y})}\frac{G_{\mathrm{R}}(\boldsymbol{x};\boldsymbol{p}_{\mathrm{R}},w,\boldsymbol{y})G_0^*(\boldsymbol{y};\boldsymbol{p}_{\mathrm{R}},w,\boldsymbol{x}_{\mathrm{S}})}{G_0^*(\boldsymbol{x};\boldsymbol{p}_{\mathrm{R}},w,\boldsymbol{x}_{\mathrm{S}})}\right]\mathrm{d}w \tag{4-110b}$$

到此为止，基于高斯束角度道集、在 Born 近似和 Rytov 近似下导出了带限走时波路径层析核函数的表达式（4－110），该核函数中的格林函数将利用下一节介绍的高斯束算子计算。将该核函数应用到层析方程式（4－92）计算层析矩阵可实现成像域反射波走时波路径层析成像，具体实现将在后续讨论。

下面通过数值试验分析单频和带限走时层析核函数的特征。考虑到三维均匀介质中的格林函数存在解析解式（4－111），可以直接计算出三维走时敏感度核函数，从而加以分析。

$$G_0^{3D}(R;S) = \frac{1}{4\pi l_{SR}}\exp\left(iw\frac{l_{SR}}{v_0}\right) \tag{4-111}$$

式中，l_{SR} 表示均匀介质中源点 S 到接收点 R 的距离；w 为圆频率；v_0 为常速速度。将其代入单频走时层析核函数式（4－111）可得到其解析表达式：

$$K^F(\boldsymbol{x}) = \frac{w}{2\pi v_0^3}\frac{l_{SR}}{l_{SX}\cdot l_{XR}}\sin\left(w\frac{l_{SX}+l_{XR}-l_{SR}}{v_0}\right) \tag{4-112}$$

设计背景模型参数：网格个数 $N_x = N_y = N_z = 201$，网格间距 $d_x = d_y = d_z = 10.0\text{m}$，速度为3000m/s，震源和检波点坐标分别为（500，1000，1000）和（1500，1000，1000），带限走时层析核函数的频率范围取（0，40Hz），单频核函数计算取中心频率20Hz。图4－28给出了对应的单频及带限走时层析核函数。从图上可以看出，核函数在炮检连线的中心线上的敏感度为零，这与常规射线层析的核函数仅分布在射线上的假设完全相反。刘玉柱（2011）详细分析了这种差异，并指出了常规射线层析之所以仍然能取得较好效果的原因。

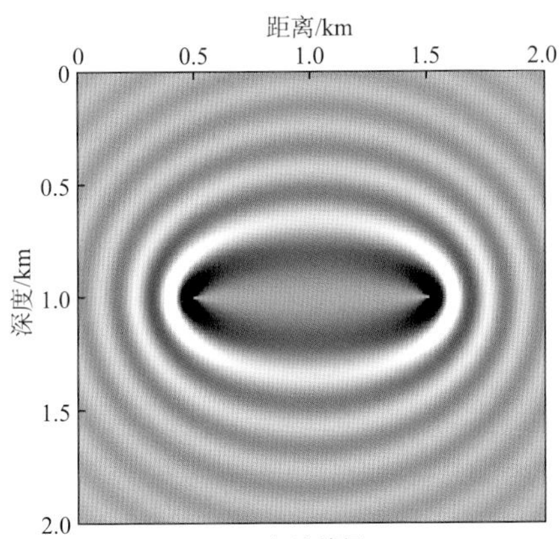

(a)XZ切片单频10Hz

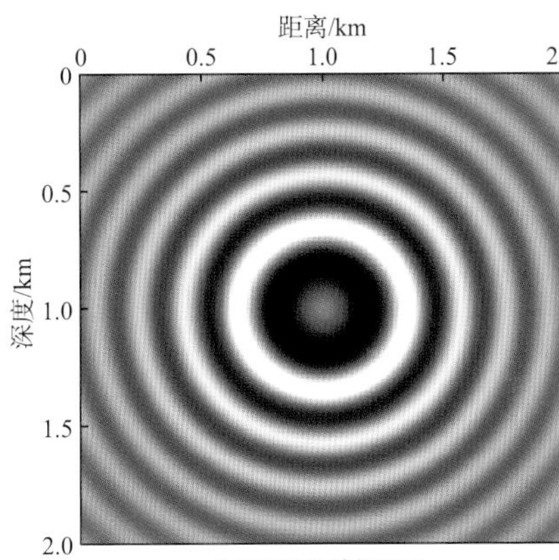

(b)YZ切片单频10Hz

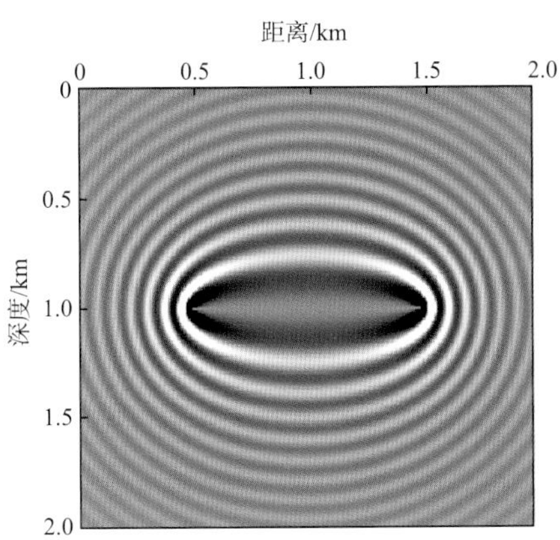

(c)XZ切片单频20Hz

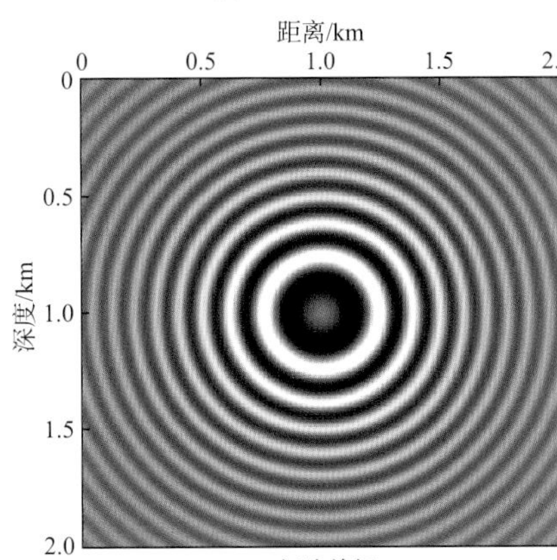

(d)YZ切片单频20Hz

图4－28　单频和带限走时层析核函数

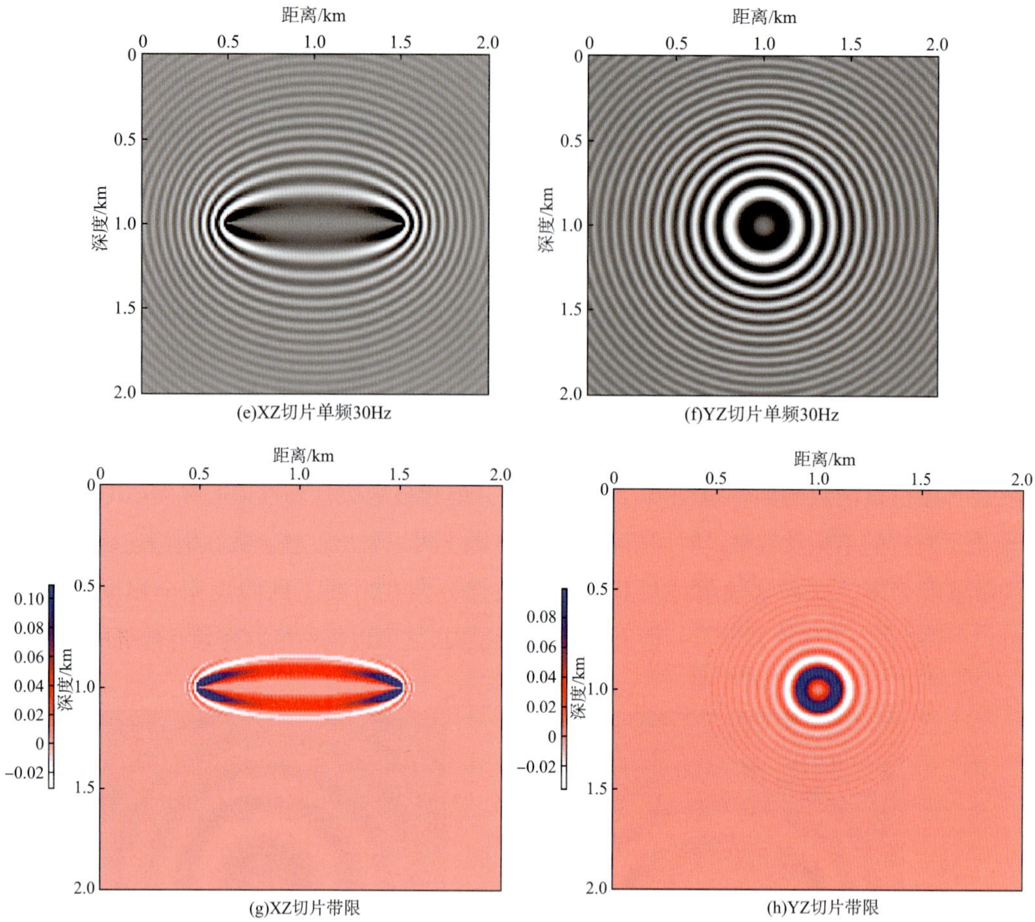

图 4－28　单频和带限走时层析核函数（续）

图 4－28 对应成像域单频和带限走时层析核函数中的一个分支，两个分支（炮点到成像点及成像点到检波点）则构成了成像域走时层析反演核函数的完整形态（图 4－29）。

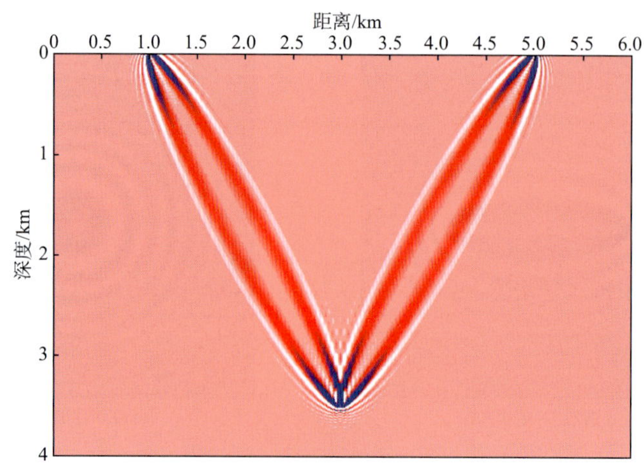

图 4－29　成像域波路径走时层析反演核函数示意图

4.4 高斯束层析反演速度建模技术的实现

由于叠前观测数据信噪比不高，且波场复杂，走时自动拾取的精度往往不高，这严重影响了层析反演的实用化程度（特别是三维大规模数据），发展成像域层析反演方法对实际应用更具实用性。与常规成像域层析方法一样，在成像域执行层析反演的基本思想是将成像道集的剩余时差沿着波传播的特定路径进行反投影，得到速度模型更新量，完成速度模型的一次迭代更新。具体而言，本文将利用高斯束计算层析核函数来构建层析反投影的波路径。

高斯束层析方法的实现关键是波路径的计算。前面从 Born 近似和 Rytov 近似出发，推导得到了波路径走时层析核函数的具体表达式，并给出了常速情况下的解析解数值试验。波路径的具体计算有多种方法：全波场有限差分法（Zhao 等，2005）可以处理复杂速度模型但十分耗时，且全波场的模拟包含了所有波至使得难以区分感兴趣的特征波场；单程波算子（Xie 和 Yang，2007、2008a）具有较高的效率，适合处理大规模数据且可以模拟散射、绕射等波现象，其最大的缺点是对陡倾角的限制，不能模拟大角度及回转波场。

高斯束是波动方程在射线中心坐标系下的高频近似解。与常规射线相比，高斯束克服了焦散问题及两点射线追踪问题；与全波场有限差分相比，高斯束非常高效和灵活；与单程波相比，高斯束没有倾角限制且可以模拟回转波。高斯束的缺点是仅能在光滑背景速度模型中传播，而成像域层析成像的目的就是建立适合于叠前深度偏移成像的光滑背景速度场，从这个角度考虑，高斯束算子是一个很好的选择。前面将高斯束算子应用于叠前深度偏移方法中，形成了特色的起伏地表优选束叠前深度偏移技术。进一步地，建立高斯束层析反问题，并将高斯束算子应用到波路径走时层析中以高效计算格林函数，实现成像域波路径走时层析成像方法。事实上，高斯束在偏移成像中的应用也可以归纳为高斯束在格林函数计算中的应用，只是在偏移成像中我们直接给出了叠前成像的最终积分表达式，而没有显式地表示格林函数。

4.4.1 成像域高斯束层析反问题的建立

成像域高斯束层析反问题的建立需要构建成像道集剩余时差与波路径反投影的线性关系。共成像点道集剩余时差可以在偏移距道集上拾取，也可以在角度道集上拾取。相对于偏移距域，角度域层析更有优势。首先，基于角度成像道集的层析偏移速度分析过程中不再需要费时且不稳定的两点射线追踪；其次，角度成像道集可以避免多路径等问题。对于角度域共成像点道集，对应的角度为成像点处的方位角 - 张角。在高斯束偏移提取角度道集的基础上，研究高斯束叠前深度偏移角度域共成像点道集剩余深度差与速度扰动量之间的关系，并以此关系为基础建立层析方程组，进而迭代求取剩余速度。

当初始速度模型与真实模型的低波数成分接近时，对于共成像点道集满足图 4－30（a）所示的关系。图中，S 是成像道集某道对应的炮点，R 是对应的检波点，A 是偏移速度的成像点，A'是正确速度时的偏移位置，实线 SAR 是偏移速度的射线追踪路径，虚线 $SA'R$ 是假设真速度时的射线路径，距离 AB 是拾取的剩余深度差，θ、ϕ 分别是偏移射线路径入射角和理论射线路径入射角，当射线路径比较长，速度误差比较小时，我们近似认为 $\theta=\phi$，红线是共成像点 CIP 位置。

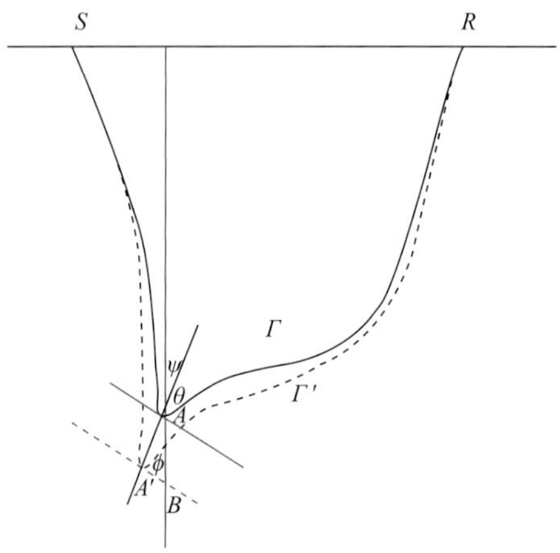

(a)复杂介质射线路径

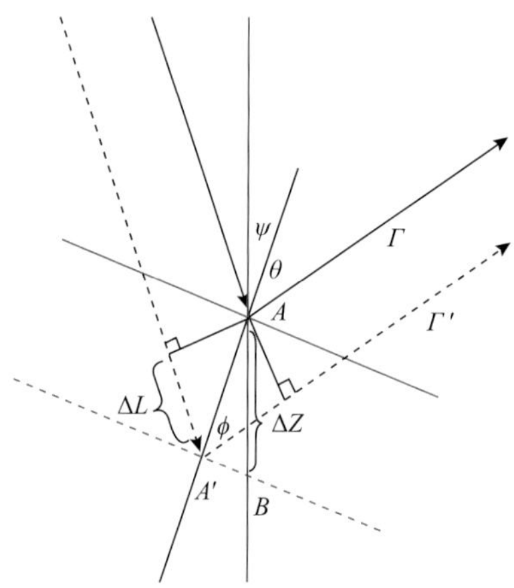

(b)成像点局部射线路径

图 4－30　共成像点道集射线路径（据张兵，2011）

在反射点局部，可以假定 s 是常数，又因为在远离反射点的地方两条射线路径比较接近，这样在反射点局部［图 4－30（b）］，走时扰动量等于两条射线路径之差乘以慢度 s。即

$$\Delta T = 2s\Delta L \tag{4-113}$$

其中：

$$\Delta L = \Delta z\cos\theta\cos\varphi, \Delta z = \mathrm{AB} \tag{4-114}$$

式中，φ 是地层倾角。

将式（4－114）代入式（4－113）得到剩余深度差与走时残差的关系式：

$$\Delta T = 2s\cos\theta\cos\phi\Delta z \tag{4-115}$$

将式（4－115）求得的 RMO 代入走时层析反演方程即可实现像域层析反问题的建立。

$$\boldsymbol{A}\Delta m = \Delta t_{\mathrm{RMO}} \tag{4-116}$$

然而实际求解时，矩阵 $\boldsymbol{A}$ 一般是病态的，这是因为数据往往是有限的，并不足以约束所有的模型分量，破坏了反演的稳定性。因此，必须引入额外的信息对反问题进行正则化，即加入一些先验约束，使得解向所约束的方向发展。

从反演的角度，像域层析归结为如下泛函的求极值问题：

$$S(m) = \|\Delta t_{\mathrm{RMO}}\|_2^2 \tag{4-117}$$

改造上式的泛函，得到如下新的误差泛函：

$$\begin{aligned} S(m) &= \|\Delta t_{\mathrm{RMO}}\|_2^2 + \varepsilon_{\mathrm{d}}^2 \|m - m_{\mathrm{r}}\|_2^2 + \\ &\varepsilon_{\mathrm{C}_1}^2 \|D_1(m - m_{\mathrm{r}})\|_2^2 + \varepsilon_{\mathrm{C}_2}^2 \|D_2(m - m_{\mathrm{r}})\|_2^2 \end{aligned} \tag{4-118}$$

式中，$\varepsilon_{\mathrm{d}}^2, \varepsilon_{\mathrm{C}_1}^2, \varepsilon_{\mathrm{C}_2}^2$ 为较小的正实数，用于加权数据拟合项与正则化项之间的权重；m_{r} 为某给定的先验模型，一般取 $m_{\mathrm{r}} = 0$ 或 $m_{\mathrm{r}} = m_{\mathrm{n}}$，$\varepsilon_{\mathrm{d}}^2 \|m - m_{\mathrm{r}}\|_2^2$ 为阻尼项，这项的引入使得每次迭代的模型更新量较小。$\varepsilon_{\mathrm{C}_1}^2 \|D_1(m - m_{\mathrm{r}})\|_2^2$ 和 $\varepsilon_{\mathrm{C}_2}^2 \|D_2(m - m_{\mathrm{r}})\|_2^2$ 分别约束速度模型在横向和纵向上的光滑程度，D_1、D_2 分别是对 B 样条基函数系数更新量在横向和纵向上的一阶差分算子。

对于更改后的误差泛函式（4-118），每次迭代需要求解的层析方程变为：

$$\begin{bmatrix} \boldsymbol{A} \\ \varepsilon_{\mathrm{d}} I \\ \varepsilon_{\mathrm{C}_1} D_1 \\ \varepsilon_{\mathrm{C}_2} D_2 \end{bmatrix} \Delta m = \begin{bmatrix} \Delta t_{\mathrm{RMO}} \\ -\varepsilon_{\mathrm{d}}(m - m_{\mathrm{r}}) \\ -\varepsilon_{\mathrm{C}_1} D_1(m - m_{\mathrm{r}}) \\ -\varepsilon_{\mathrm{C}_2} D_2(m - m_{\mathrm{r}}) \end{bmatrix} \tag{4-119}$$

为方便起见，本文算法取 $m_{\mathrm{r}} = m_{\mathrm{n}}$。

利用 LSQR 方法求解矩阵方程组式（4-119），该方法是一种迭代的方法，可以在最小二乘意义下高效地求解大规模稀疏矩阵。至此，建立了带有正则化项的像域高斯束层析成像反问题。

4.4.2 高斯束计算格林函数

单频波路径走时层析核函数的表达式如下：

$$K^{\mathrm{F}}(\boldsymbol{y};\boldsymbol{x},w,\boldsymbol{x}_{\mathrm{S}}) = \mathrm{Im}\left[\frac{2w}{v_0^3(\boldsymbol{y})} \frac{G_0(\boldsymbol{x};w,\boldsymbol{y})G_0(\boldsymbol{y};w,\boldsymbol{x}_{\mathrm{S}})}{G_0(\boldsymbol{x};w,\boldsymbol{x}_{\mathrm{S}})}\right] \tag{4-120}$$

计算该核函数的关键是格林函数的计算。利用高斯束计算格林函数需要讨论其精度，并通过与常速情况下的格林函数解析解对比分析。

二维单频高斯束可以表达为：

$$u(s,n,\omega) = \left[\frac{v(s)}{Q(s)}\right]^{\frac{1}{2}} \exp\left[i\omega\tau(s) + \frac{i\omega}{2}\frac{P(s)}{Q(s)}n^2\right] \tag{4-121}$$

式中，s 是中心射线传播弧长；n 是垂直于中心射线的长度；τ 是中心射线的走时；ω 是圆频率；v 是中心射线上垂点的速度；P 和 Q 是动力学射线追踪求得的复数参数。

$$\begin{aligned}\frac{\mathrm{d}Q(s)}{\mathrm{d}s} &= v(s)P(s) \\ \frac{\mathrm{d}P(s)}{\mathrm{d}s} &= -\frac{1}{v^2(s)}\frac{\partial^2 v(s,n)}{\partial n^2}Q(s)\end{aligned} \tag{4-122}$$

其中：

$$\frac{\partial^2 v(s,n)}{\partial n^2} = \frac{\partial^2 v(s,n)}{\partial x^2}\cos^2\theta - 2\frac{\partial^2 v(s,n)}{\partial x \partial z}\cos\theta\sin\theta + \frac{\partial^2 v(s,n)}{\partial z^2}\sin^2\theta$$

式中，θ 为中心射线传播方向与 z 轴的夹角。式（4－107）是一阶常微分方程组，一般利用龙格库塔方法数值求解。求解该方程组需要给定初始值，参考 Hill（1990）给的建议：$P_0 = \frac{i}{v_0}$ 及 $Q_0 = \frac{\omega_r w_0^2}{v_0}$，$\omega_r$ 是参考圆频率，w_0 是高斯束的初始宽度（初始高斯束为平面波）。求得 P 和 Q 值后代入式（4－122），通过积分得到光滑背景速度场中的格林函数：

$$\begin{aligned}G(\boldsymbol{y},\boldsymbol{x},\omega) &= \Phi\int u(\boldsymbol{y},\boldsymbol{x},\boldsymbol{p},\omega)\,\mathrm{d}\theta \\ &= \Phi\int\sqrt{\frac{v(s)}{Q(s)}}\exp\left[i\omega\tau(s) + \frac{i\omega}{2}\frac{P(s)}{Q(s)}n^2\right]\mathrm{d}\theta\end{aligned} \tag{4-123}$$

式中，$\boldsymbol{p}$ 为高斯束的初始慢度矢量；$u(\boldsymbol{y},\boldsymbol{x},\boldsymbol{p},\omega)$ 为以直角坐标系参量表示的高斯束；Φ 为上述叠加积分公式的初始振幅系数，该系数可将其同解析格林函数进行对比来求得，具体求解过程可以参见 Popov（1982）、Červeny（1982）。

均匀介质中二维格林函数的解析表达式为：

$$G(\boldsymbol{y},\boldsymbol{x},\omega) = \frac{\exp[i\omega R/v + i\pi/4]}{\sqrt{\frac{2\omega R}{\pi v}}} \tag{4-124}$$

可以得到 Φ 为：

$$\Phi = \frac{i\sqrt{\omega_r w_0^2}}{2v(\boldsymbol{x})} \tag{4-125}$$

通过式（4－123）利用高斯束的积分表达的格林函数受到频率及高斯束最大积分角度（高斯束的个数）的影响，下面通过一个常速介质模型数值试验来对比分析高斯束计算格林函数的精度。

设计一个模型：假设常速度为 2km/s。首先分析频率对计算格林函数的影响。图 4－31（a）、（b）分别为计算频率 40Hz 的高斯束积分所计算格林函数同格林函数解析解的实部、虚部的对比。图 4－31（c）、（d）分别为计算频率 20Hz 的高斯束积分所计算格林函数同格林函数解析解的实部、虚部的对比。图 4－31（e）、（f）分别为 40Hz 及 20Hz 高斯束计算格林函数（实部）与解析解的相对误差。图中可以看到，频率为 40Hz 时，当传播距离大于 200m 时，高斯束积分所计算格林函数就已经很好地近似了格林函数解析解，其误差值基本为 0；而当频率为 20Hz 时，只有当传播距离大于 350m 时，高斯束积分所计算格林函数才能很好地近似格林函数解析解，误差值基本为0。这一点应证了高斯束的高频假设。

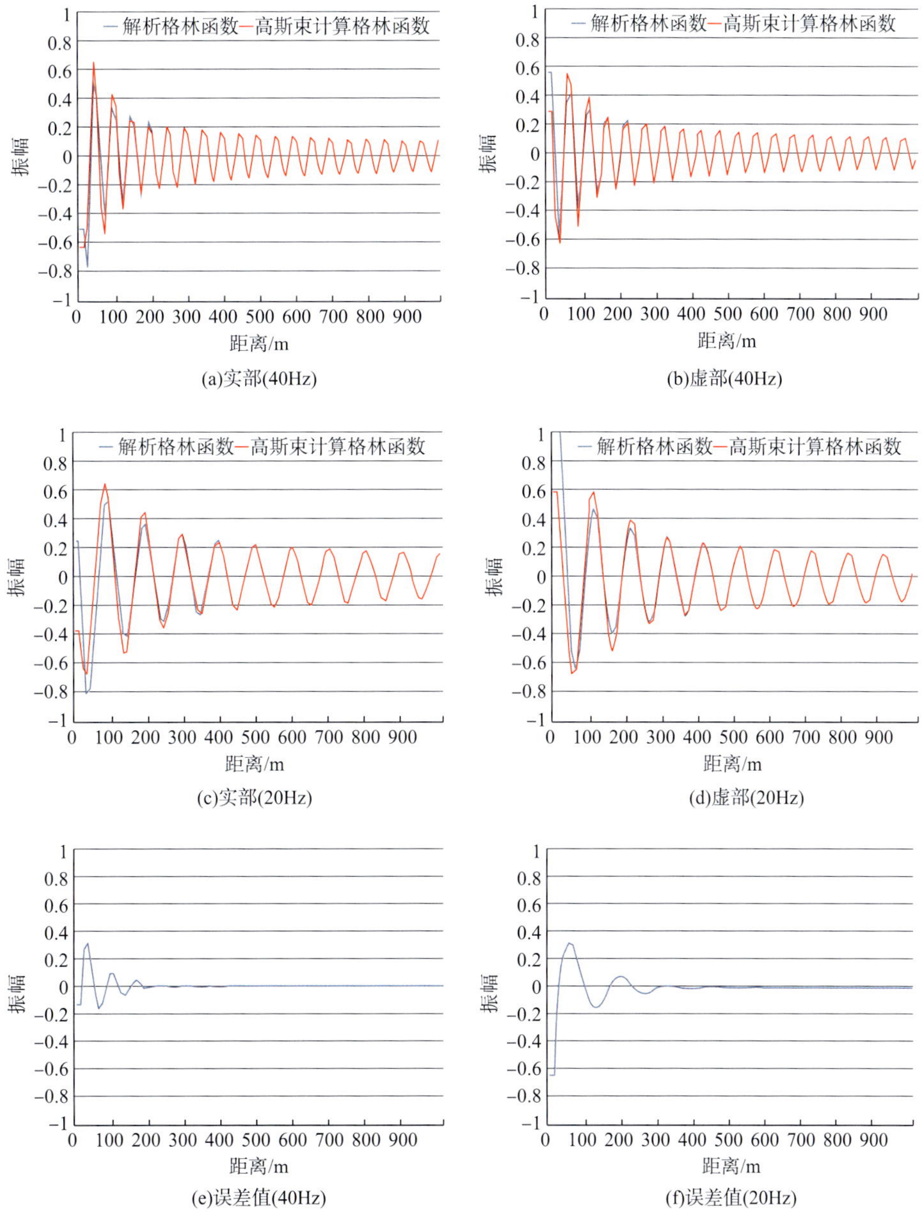

图4-31 不同频率高斯束计算格林函数与解析格林函数对比

高斯束计算格林函数的精度与频率有关，同时和参与积分的高斯束个数有关，即式（4-123）中的θ积分。取同上的模型，频率40Hz，分别试验最大积分角度30°和60°所计算的格林函数（仅对比实部）与解析解的对比。

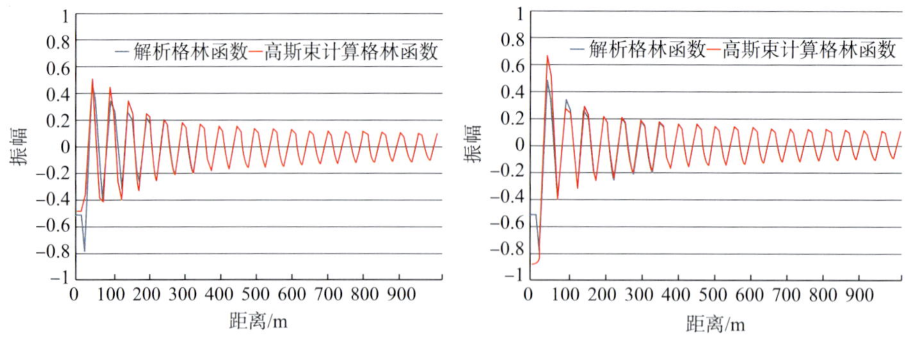

(a)30°　　(b)60°

图 4-32　不同最大张角高斯束积分计算格林函数与解析格林函数对比

从图 4-32 中可以看出，最大积分角度为 30°时，高斯束计算格林函数与解析格林函数的一致性较差，直到传播距离大于 200m 之后误差才基本为零；而当最大积分角度为 60°时，两者的误差震荡较小，且在传播距离 150m 以后即基本为零。可以看出，积分角度对高斯束计算格林函数的精度有影响，但影响较小。积分角度越大，参与的高斯束越多，所计算的格林函数越准确，越稳定，但这仅仅体现在震源附近，远场的拟合基本不受积分角度的影响。考虑到计算量的增加，实际计算时并非单纯地增加高斯束个数，仅需要在一定程度上满足精度要求，同时平衡计算效率。

4.4.3　高斯束计算层析核函数

上一小节利用高斯束计算格林函数与解析解对比，分别对比分析了不同频率及不同最大积分角度对计算格林函数精度的影响，认为高斯束计算格林函数的精度除了在震源附近出现误差震荡外，在远离震源一定距离时基本与解析解一致。将格林函数代入波路径走时层析核函数中即可实现高斯束计算层析核函数，并在常速情况下与解析解对比分析。

设计一个模型：假设常速 3000m/s，传播距离 1000m，考虑单频 20Hz 和 40Hz 的波路径计算。为了简化式（4-123）层析核函数的表达，省略格林函数对频率和空间坐标的显式表达，记 $G_{\mathrm{R}}=G_0(\boldsymbol{x};w,\boldsymbol{y})$，$G_{\mathrm{S}}=G_0(\boldsymbol{y};w,\boldsymbol{x}_{\mathrm{S}})$，$G_{\mathrm{S,R}}=G_0(\boldsymbol{x};w,\boldsymbol{x}_{\mathrm{S}})$，将波路径走时层析核函数简写为：

$$K_{\mathrm{S,R}}^{\mathrm{F}}=\mathrm{Im}\left[\frac{2w}{v_0^3(\boldsymbol{y})}\frac{G_{\mathrm{R}}G_{\mathrm{S}}}{G_{\mathrm{S,R}}}\right] \tag{4-126}$$

此时，$G_{\mathrm{R}}=\dfrac{\exp[i\omega R_{\mathrm{y,R}}/v+i\pi/4]}{\sqrt{\dfrac{2\omega R_{\mathrm{y,R}}}{\pi v}}}$，$G_{\mathrm{S,R}}=\dfrac{\exp[i\omega R_{\mathrm{S,R}}/v+i\pi/4]}{\sqrt{\dfrac{2\omega R_{\mathrm{S,R}}}{\pi v}}}$，$G_{\mathrm{S}}=\dfrac{\exp[i\omega R_{\mathrm{S,y}}/v+i\pi/4]}{\sqrt{\dfrac{2\omega R_{\mathrm{S,y}}}{\pi v}}}$，

则 $\dfrac{G_{\mathrm{R}}G_{\mathrm{S}}}{G_{\mathrm{S,R}}}$ 可以写为：

$$\frac{G_R G_S}{G_{S,R}} = \sqrt{\frac{\pi v}{2\omega}\frac{R_{S,R}}{R_{S,y}R_{y,R}}}\exp\left[i\left(\omega\frac{R_{S,y}+R_{y,R}-R_{S,R}}{v}+\pi/4\right)\right] \tag{4-127}$$

记时差 $\Delta t = \frac{R_{S,y}+R_{y,R}-R_{S,R}}{v}$，则常速下波路径最终表示为：

$$K_{S,R}^{F} = \frac{1}{v^3}\sqrt{2\pi v\frac{R_{S,R}}{R_{S,y}R_{y,R}}}\sqrt{\omega}\sin(\omega\Delta t+\pi/4) \tag{4-128}$$

利用该式作为常速情况下波路径的解析解，对比高斯束计算的波路径。

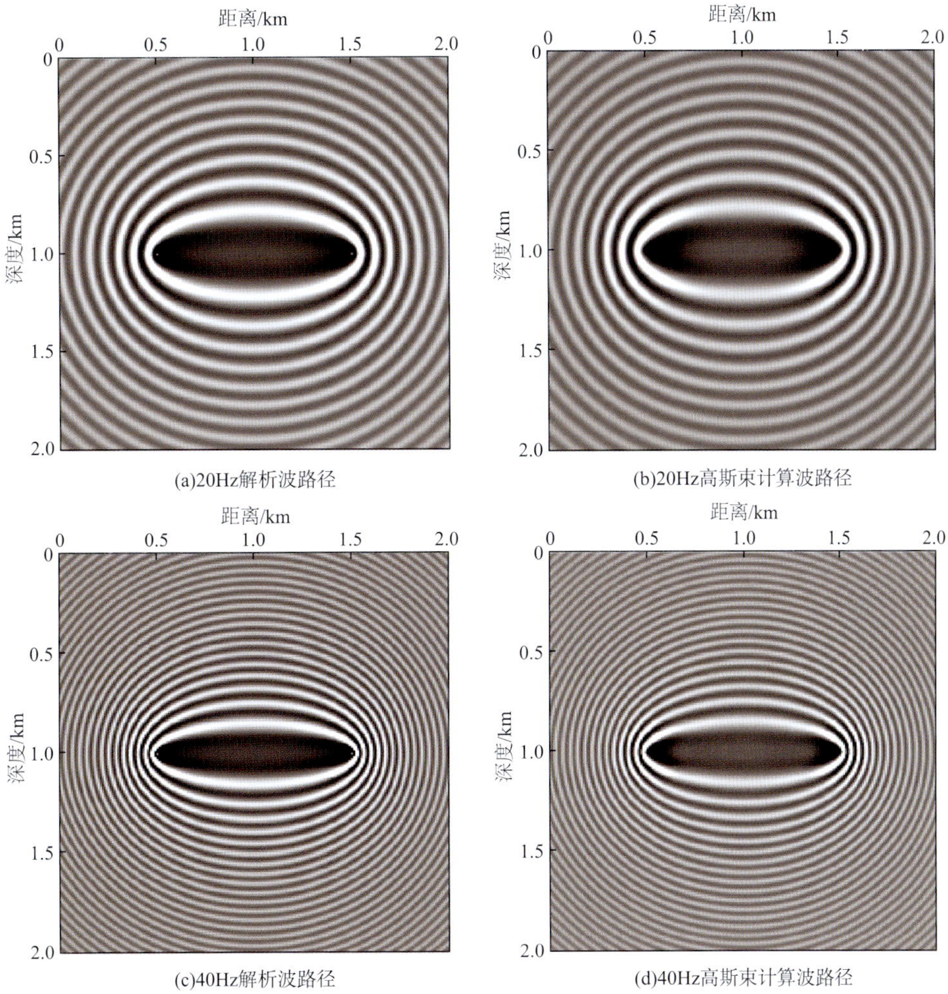

图 4-33 常速情况下单频高斯束计算波路径与解析解对比

为直观分析两者的差别，抽取图 4-33 中横坐标 $x=1000$m 处的波路径纵截面数值进行对比。

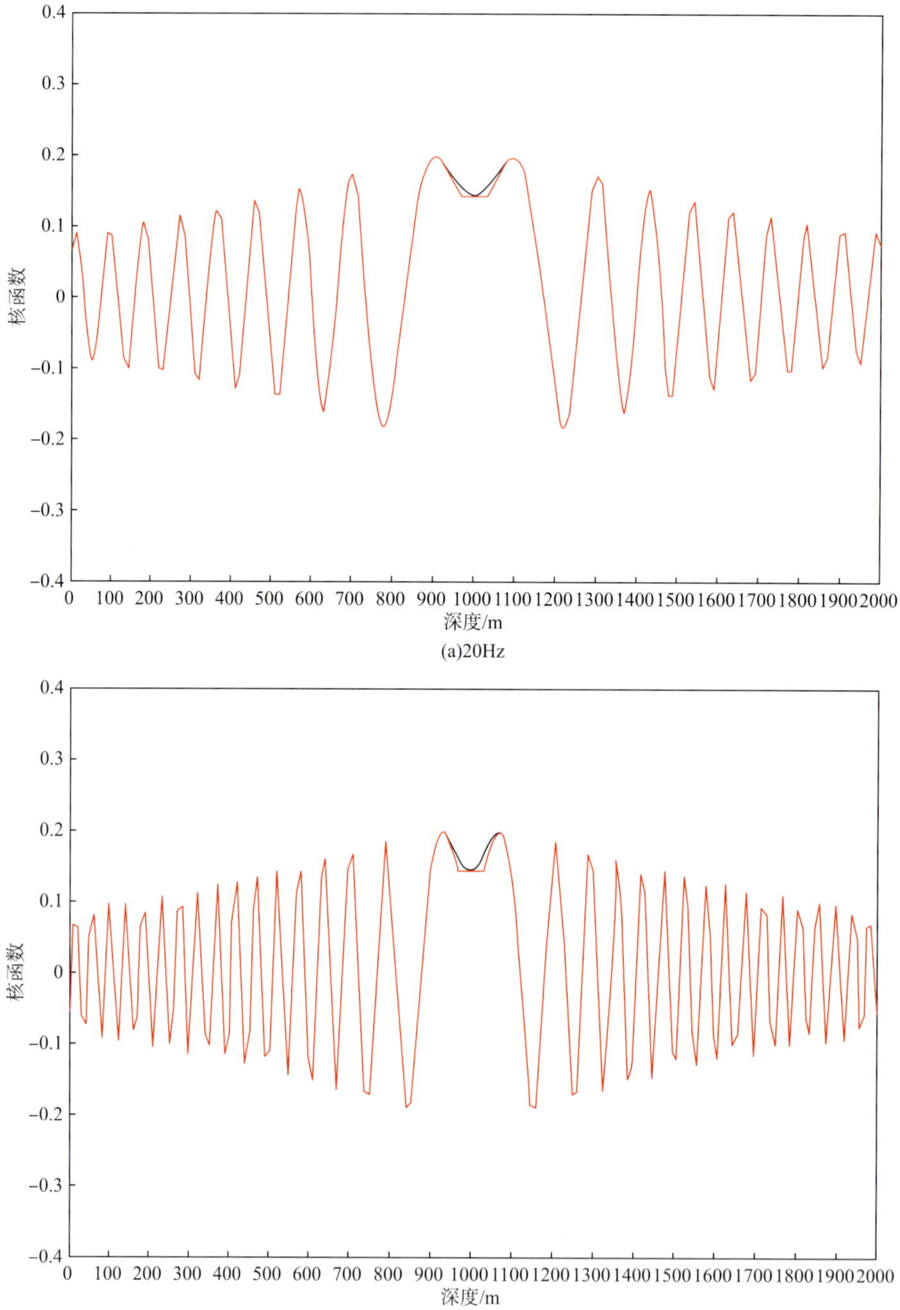

(a)20Hz

(b)40Hz

图 4-34　不同频率高斯束计算波路径与解析解在 $x=1000$m 处纵截面的精度对比
（黑线表示解析波路径，红线表示高斯束计算波路径）

从图 4-34 中可以看出，不同频率高斯束计算的波路径与解析解基本一致，完全满足后续走时层析速度反演的需求。

对频率加权积分可计算带限波路径走时层析核函数：

$$K^{T}(\boldsymbol{x}) = \int W(\omega) K^{F}(\boldsymbol{x}, \omega) d\omega \tag{4-129}$$

其中：

$$W(w) = \frac{g(w)}{\int_{w_0-\Delta w}^{w_0-\Delta w} g(w) dw}, g(w) = \frac{1}{\sqrt{2\pi}\delta} \exp\left[-\frac{(w-w_0)^2}{2\delta^2}\right] \tag{4-130}$$

对图 4－33 所示的模型计算带限核函数（图 4－35），积分频率范围为 0～60Hz。

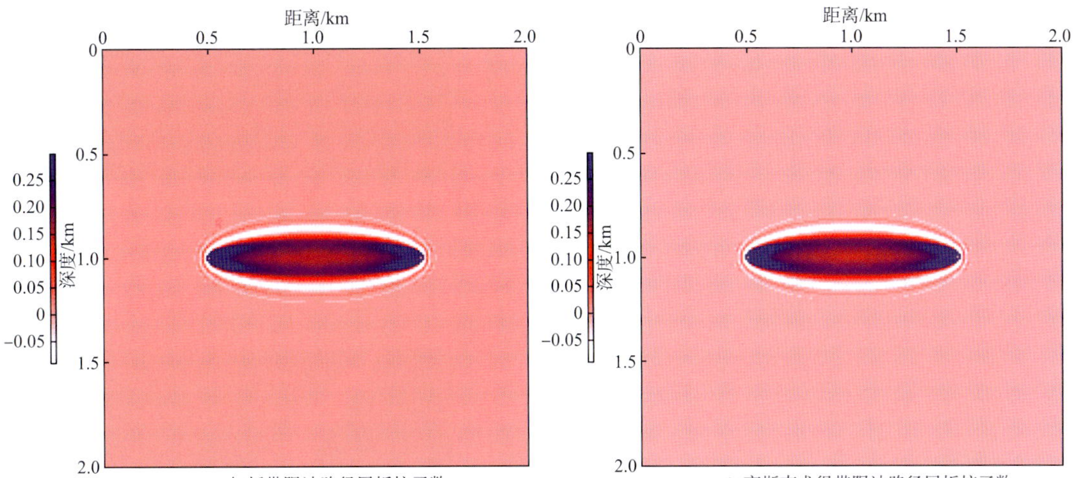

(a)解析带限波路径层析核函数

(b)高斯束求得带限波路径层析核函数

图 4－35　高斯束计算的带限波路径走时层析核函数与解析解对比

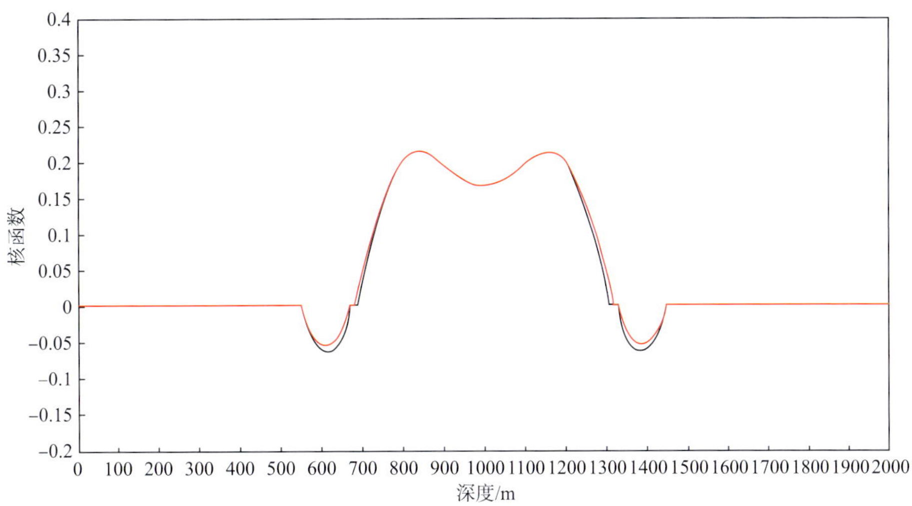

图 4－36　高斯束计算带限波路径层析核函数与解析解在 $x=1000$m 处纵截面的精度对比

（黑线表示解析波路径，红线表示高斯束计算波路径）

从图 4－36 可以看出，利用高斯束计算带限波路径层析核函数与解析解基本一致；若加大频率积分范围可以进一步提高计算精度，完全满足层析成像的需求。

下面给出常梯度速度情况下及层状介质情况下的波路径计算，两种核函数的计算均通过高斯束积分得到，其表现形式如图 4－37、图 4－38 所示。

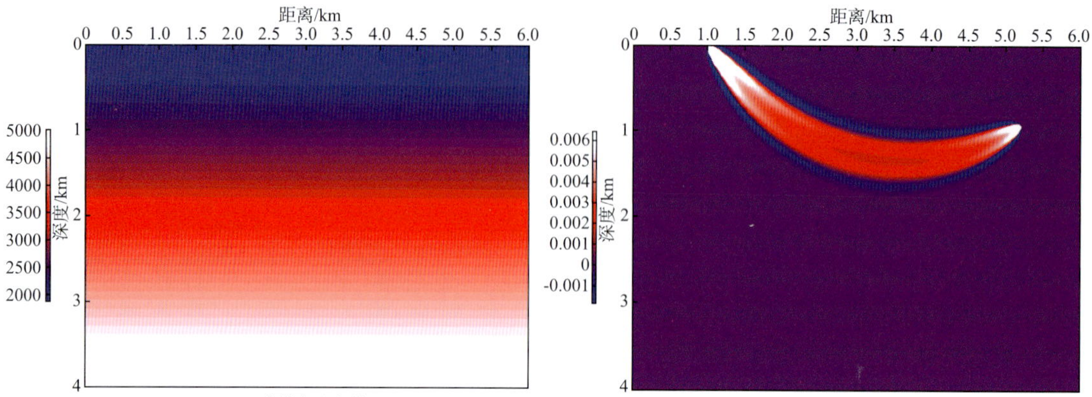

(a)常梯度速度模型　(b)常梯度模型带限波路径

图 4－37　常梯度模型及其波路径［震源位于（1km，0），接收点位于（5.2km，0.9km）］

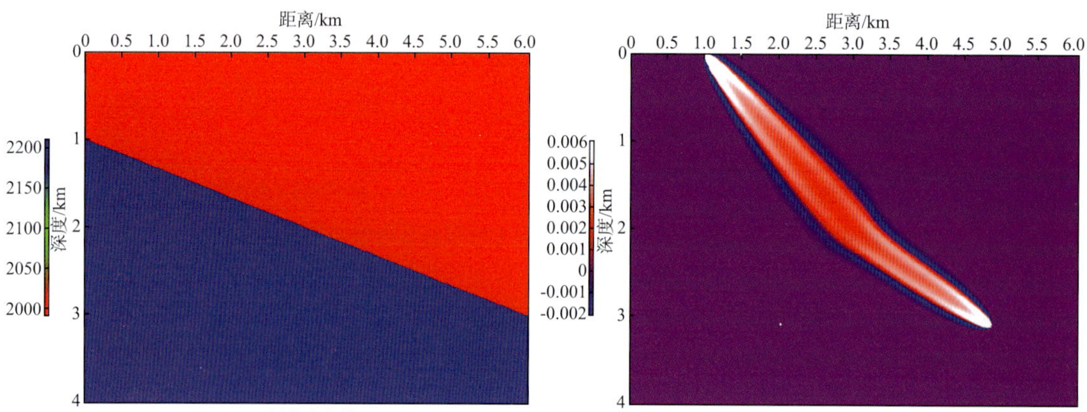

(a)层状速度模型　(b)层状模型带限波路径

图 4－38　层状模型及其波路径［震源位于（1km，0），接收点位于（4.9km，3.1km）］

4.5　模型数据测试与实际资料应用

4.5.1　模型数据测试

该模型断层发育，地层高陡，速度横向变化比较剧烈［图 4－39（a）］。采样点分别为 731 ×550，纵向采样间隔为 10m，横向采样间隔为 10m。利用弹性波正演叠前地震记录［图 4－39（b）］，利用等梯度速度模型作为层析初始模型［图 4－40（a）］。对初始速度模型进行高斯束叠前深度偏移并输出偏移剖面［图 4－40（b）］，从图中可以看出，初始模型偏移剖面上的绕射波没有完全收敛，层位界面也没有归位到正确的深度位置。图 4－41 是对图 4－40 进行全自动拾取，可以看出拾取的反射点与反射层位十分吻合；图 4－42 是 CDP 在 400 位置处提取的初始角道集和层析角道集对比，发现初始角道集同相轴出现上翘现象，说明初始速度偏小，而经过层析反演得到的速度模型偏移后角道集得到了很好的拉平。与常规射线层析对比可知，高斯束层析提取的角道集更加接近真实速度模型提取的角道集。图 4－43 是经过五次高斯束层析迭代得到的速度模型以及相应的高斯束叠前深度偏移剖面，可以看到绕射波收敛，反射界面能够归位到正确的深度位置，地堑位置处的同相轴聚焦更好，说明高斯束层析反演在横向速度变化剧烈的区域优于常规射线层析方法。图 4－44 是经过八次常规射线层析得到的速度模型以及相应的高斯束叠前偏移剖面，与图 4－43 对比可以发现，高斯束层析能够提供更加丰富的速度信息，迭代次数也大大小于常规射线层析。从图 4－45 的偏移深度对比中可以看出，高斯束层析结果更加逼近真实速度模型。

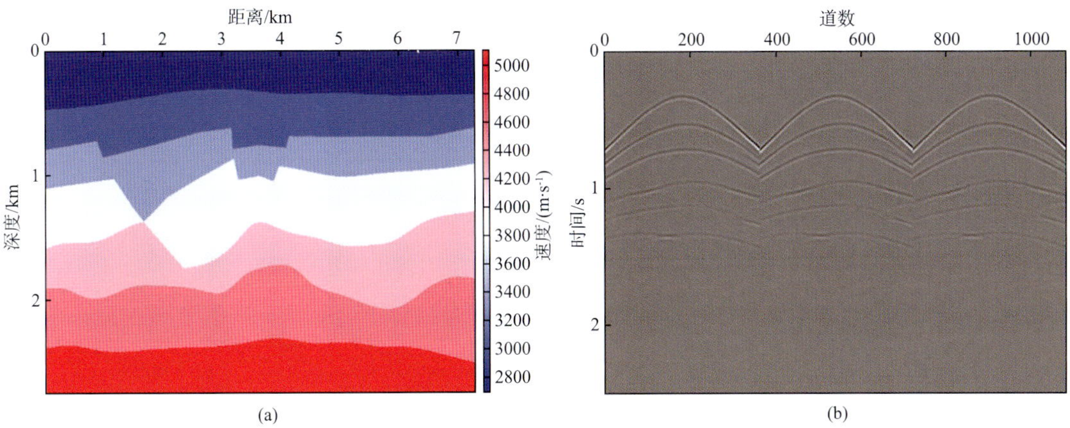

图 4－39　某地区复杂速度模型（a）及其相应炮集记录（b）

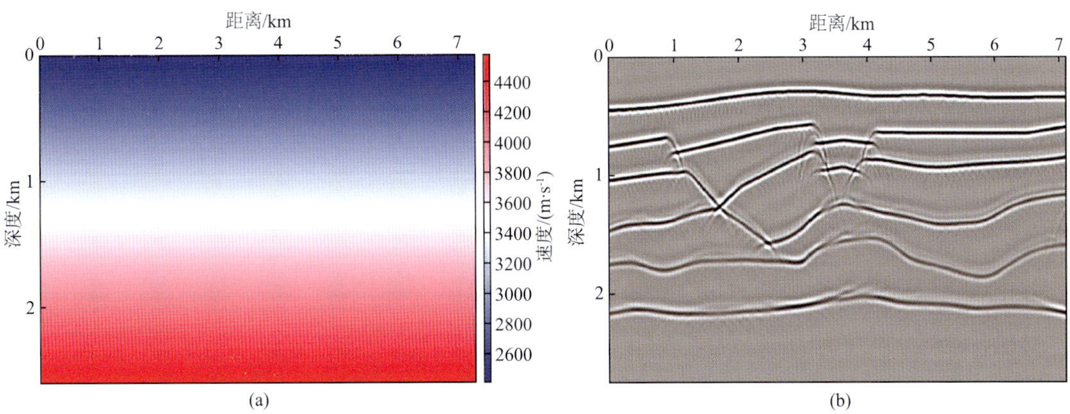

图 4－40　初始速度模型（a）及其高斯束叠前深度偏移剖面（b）

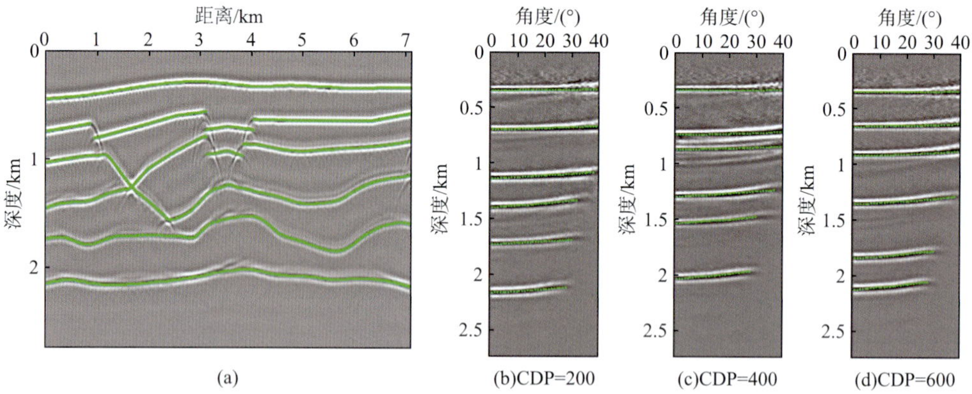

图 4-41　模型全自动拾取反射点示意图（a）以及角道集自动拾取（b、c、d）

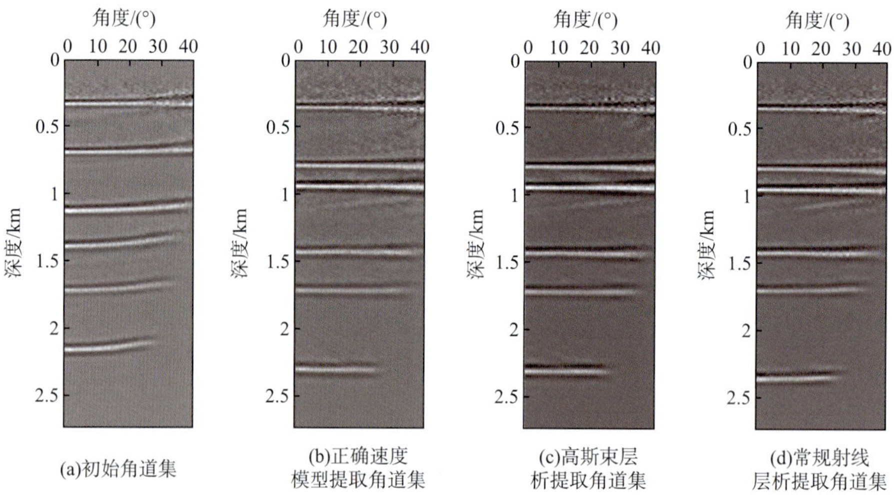

图 4-42　CDP 为 400 位置处角度域共成像点道集

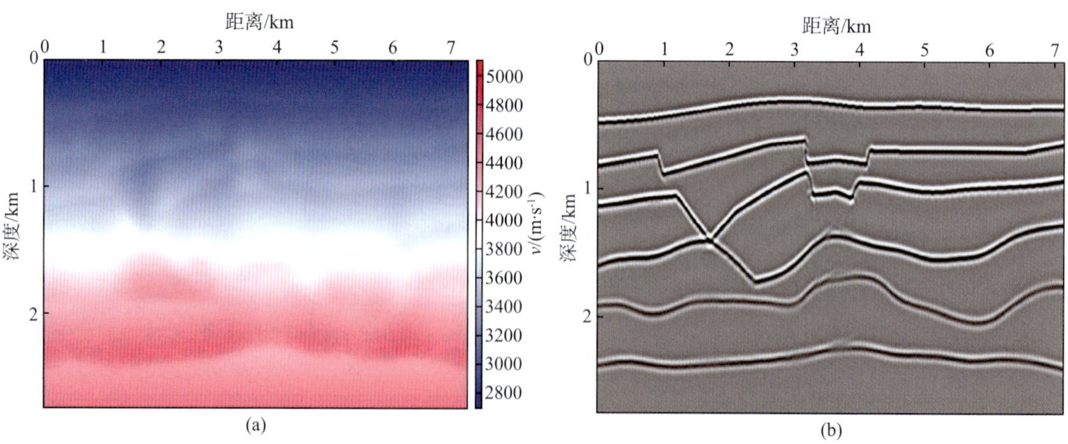

图 4-43　高斯束层析更新速度场（a）及其层析后高斯束叠前深度偏移（b）

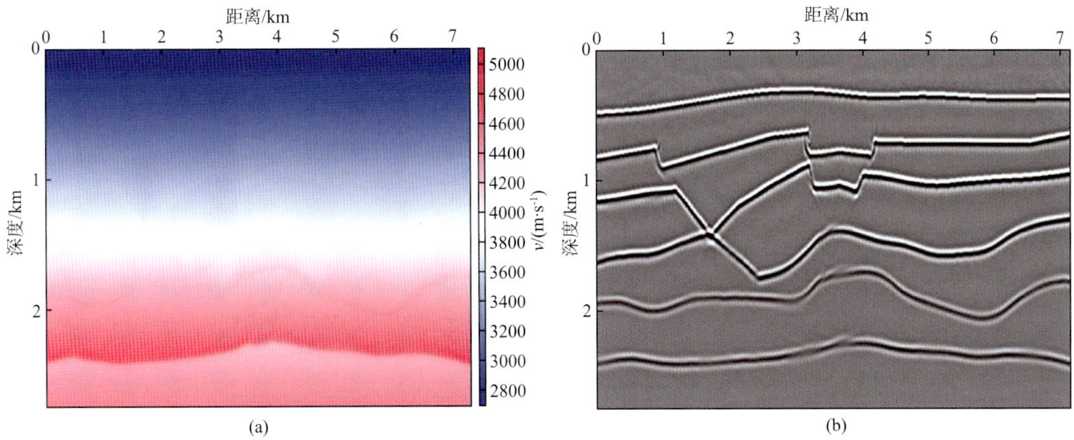

图 4－44　常规射线层析更新速度场（a）及其层析后高斯束叠前深度偏移（b）

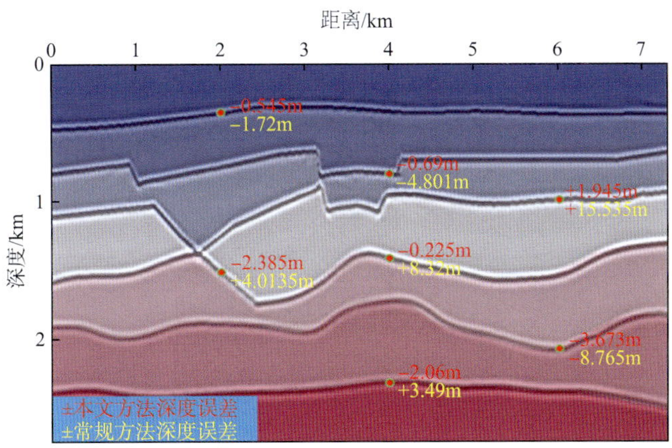

图 4－45　真实深度、高斯束层析偏移深度以及常规射线层析偏移深度对比
＋表示位于真实深度下方；－表示位于真实深度上方

通过复杂模型试算以及与常规射线层析对比可知，高斯束层析偏移速度建模方法具有较高的速度反演精度，能够得到更稳健的叠前深度偏移结果。

4.5.2　实际资料应用

实际资料例子来自中国南方复杂山前带某工区。该区地形极其恶劣，海拔逐级增高，海拔范围跨越两千多米，地形起伏剧烈（图 4－46 中的红线代表高程），悬崖峭壁密布，山高谷深，沟壑纵横，碳酸盐岩大面积裸露，喀斯特岩溶地貌较发育，形成岭谷相间地形地貌。地震数据信噪比非常低（图 4－46），波场复杂。受地表地震地质条件及复杂构造的影响，深部构造的勘探工作困难重重，特别是在深部构造高部位通常反射能量均很弱、且信噪比低，波组连续性差，造成落实构造形态难度大。

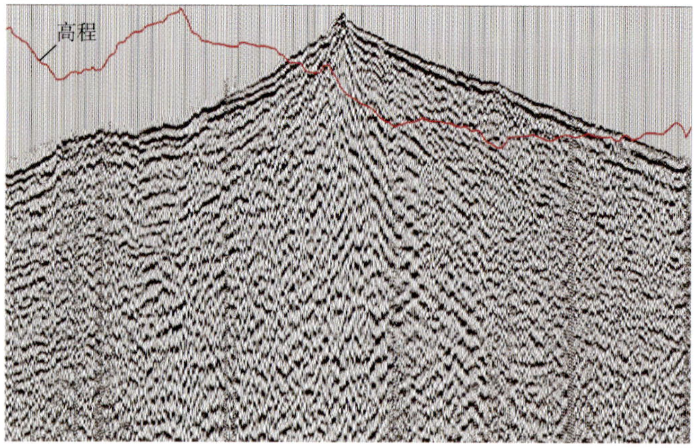

图 4-46　中国南方某山前带工区实际资料某单炮

该研究工作是在前期处理人员进行了预处理、叠前时间偏移及深度域初始建模及偏移成像的基础上开展的，主要通过高斯束层析反演后的速度模型进行高斯束叠前深度偏移成像来体现本方法的实际应用效果（图 4-47）。

(a)某实际数据深度域初始建模　(b)常规射线层析成像建模　(c)高斯束层析成像建模

图 4-47　不同方法建模结果对比

从层析成像的模型上看，高斯束层析结果体现了速度模型的更多细节信息，期望通过高斯束偏移能进一步提高成像质量。

从图 4-48 可以看出，同样利用高斯束偏移方法，高斯束层析成像的速度模型对应的偏移结果信噪比更高，同相轴更连续，整体成像质量更高。而从图 4-49 的不同偏移算法处理可以看出，优选束偏移结果信噪比明显高于 Kirchhoff 偏移结果，整体成像质量有较明显的提升，对后续的构造落实有较好的指导意义。

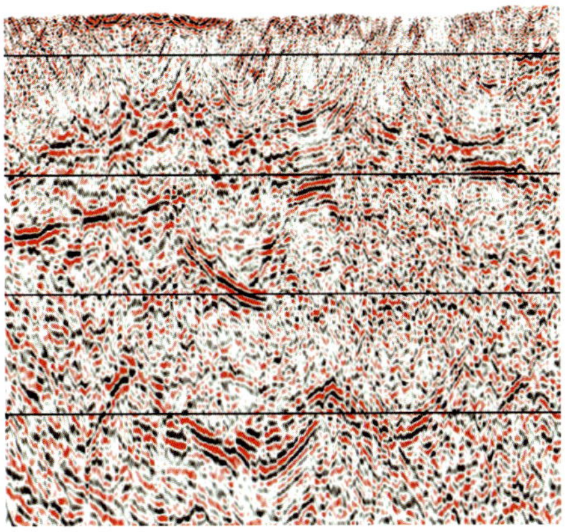

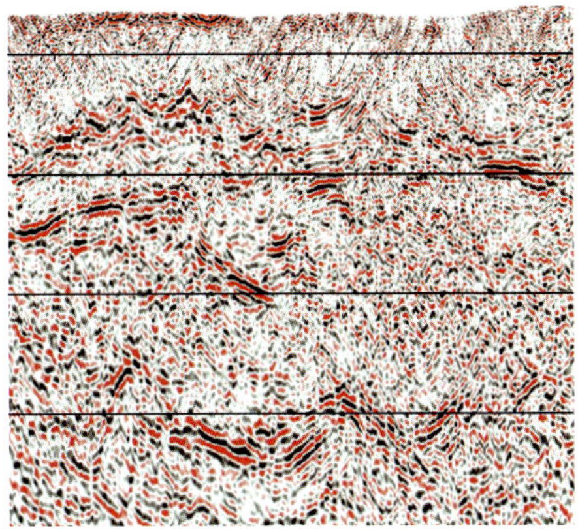

(a)射线层析模型　　(b)高斯束层析模型

图 4－48　实际数据不同模型的高斯束叠前深度偏移结果

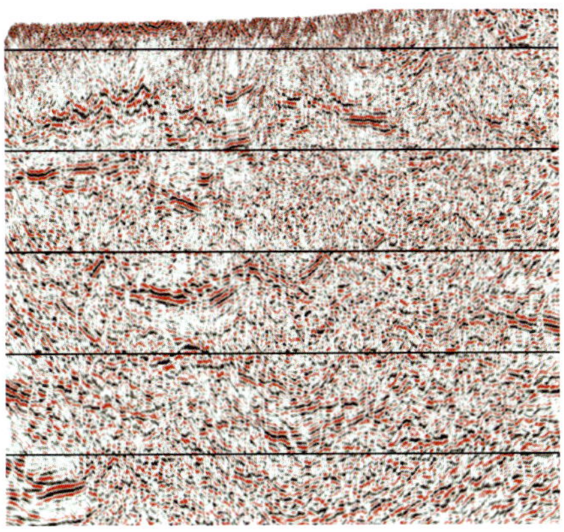

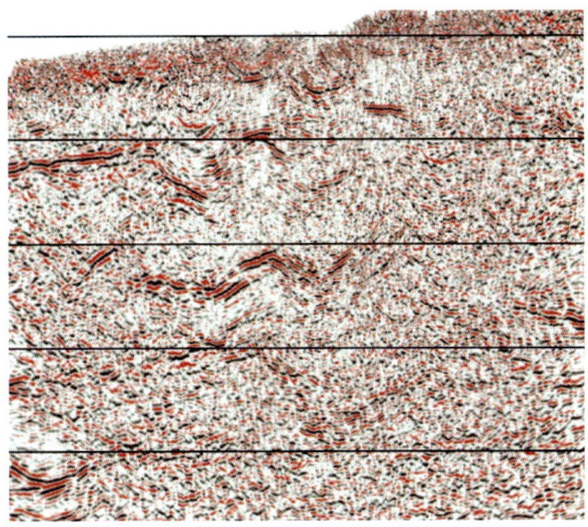

(a)Kirchhoff偏移方法　　(b)优选束偏移

图 4－49　某实际数据利用高斯束层析模型用不同方法进行偏移成像结果

4.6 小　结

针对我国陆上数据的实际发展一套有效的成像技术是非常必要和急迫的。层析成像及偏移成像仍然是当前地震数据成像处理的核心技术：前者获取背景速度模型，后者获得高波数成分。本章以高斯束传播算子为引擎，以波路径走时层析成像方法和射线束叠前深度偏移成像方法为载体，从偏移成像和速度建模一体化的角度，发展了更加适合复杂构造、复杂地表、低信噪比资料的高斯束层析成像方法以及高斯束叠前深度偏移方法系列，两者之间通过方位－反射角度成像道集结合形成迭代反演成像流程。所发展的高斯束层析成像及高斯束偏移成像技术旨在提高低信噪比数据情形下复杂构造的速度建模精度及偏移成像质量。

本章整体可以总结为：首先，通过在射线中心坐标系中高频近似表达波动方程，得到不同于笛卡尔坐标系中的动力学射线追踪方程，从而构造了高斯束传播算子。成像方面，在特征波成像理论指导下，形成了面向复杂地表复杂构造低信噪比资料，发展特色的优选束偏移技术。进一步地，从相关成像条件出发，在波动方程的 Born 和 Rytov 近似下，推导给出了成像域走时扰动与速度扰动的线性关系，从而构造了成像域显式表达的波动方程走时层析成像核函数，建立了波路径层析方程。并利用高斯束传播算子计算波动方程走时层析核函数，结合高斯束偏移输出角度域道集提供给高斯束层析速度建模，从而实现了角度域高斯束层析反演方法，提高了常规射线层析的反演精度及反演稳定性。

4.6.1 高斯束传播算子

高频近似下的动力学射线追踪是射线理论偏移成像和层析成像的基础。常规情况下在笛卡尔坐标系中的数值计算方法不是很完善，特别是振幅计算存在焦散现象和阴影区的问题。高斯束动力学射线追踪方法是对这个问题比较好的解决办法。高斯束动力学射线追踪方法的基本思想是在射线中心坐标系中表达波动方程，进行高频近似，得到不同于笛卡尔坐标系中的动力学射线追踪方程。在射线中心坐标系，波场的估计按抛物波动方程进行。射线中心坐标系中的抛物波动方程沿着射线给出笛卡尔坐标系中的双曲波动方程的解，该解即为高斯束的表达形式。进一步地，介质空间中任意一点的波场由这点附近的相互独立所有高斯束叠加而成。该方程形式简单，易于计算，可以克服焦散区、阴影区和临界区域的振幅计算问题。

基于该基本思想，本章从高频近似下程函方程和输运方程传播理论出发，在射线中心坐标系下求解程函方程得到高斯束算子的相位项、求解输运方程得到高斯束算子的振幅项，从而得到了高斯束波传播算子，并分析了该算子的特征，指出了高斯束传播算子的空间局部特性。高斯束算子的表达为后续的高斯束偏移及高斯束层析成像方法的发展奠定了理论基础。

4.6.2 成像域波路径走时层析核函数

把层析成像从射线理论推广到射线束理论进而到波动理论是地震波反演成像既定的发展路线。而基于射线束理论的层析成像的关键问题是建立起地震波走时扰动与速度扰动之间的关系式，即层析核函数的推导。一般用 Born 近似和 Rytov 近似推导波路径建立该线性关系，而核函数计算需要用射线束波传播理论。

波路径走时层析成像方法主要应用于数据域的透射波反演。为了更好地与偏移成像相配套及避免数据域复杂波场的拾取问题，本章将其发展到成像域。其核心研究内容是建立走时差（RMO）与速度扰动的关系式，即成像域层析核函数的导出。而利用波动方程的 Born 近似和 Rytov 近似导出波路径（层析核函数）替代射线层析的射线路径（核函数为常数 1）作为反投影算子，目的是改进反演精度和提高反演稳定性的同时兼顾射线层析的高效。

本章从角度域相关成像条件出发，分别给出了对应 RTM 及 GBM 成像道集的层析波路径，即层析核函数的显示表达。从实用性角度及与高斯束偏移配套的角度出发，在波动方程的 Born 近似和 Rytov 近似下，基于 GBM 成像道集进一步简化层析核函数，建立了走时扰动与速度扰动的线性关系式。为进一步发展高斯束层析成像方法奠定理论基础。

4. 6. 3　高斯束叠前深度偏移成像

作为积分类偏移方法的新代表，高斯束偏移由于其灵活高效以及适于低信噪比数据成像的特色优点而具有较高的实用价值以及广阔的应用前景。其不但可以适应复杂的地表条件，可以明显地提高成像信噪比，并能够高效地抽取方位反射角度道集用于偏移速度分析。具有较高的成像精度及计算效率，使得其非常适合三维情况下的深度域偏移成像，并且利用其信噪比较高的成像道集进行速度建模迭代。本章针对陆上数据的特点，给出了炮域高斯束偏移的表达式，并讨论了其具体实现的效率问题。

进一步地，针对山前带资料的复杂地表低信噪比特点，本章发展了适合于起伏地表条件的高斯束分解方法及旨在提高成像信噪比的优选束成像方法。起伏地表高斯束分解不需要进行静校正处理，实现在真地表上的直接偏移。通过在高斯束分解时引进相似系数进行初始射线束的“优选”，剔除相干性较差的局部平面波，仅保留“信号”参与高斯束成像，从而可以控制成像信噪比，有利于提取高信噪比道集用于层析速度反演。利用发展的起伏地表优选束偏移技术，成功实现在山前带复杂低信噪比实际资料中的应用，明显提升成像质量。

4. 6. 4　高斯束计算波路径核函数

高斯束已广泛应用于偏移成像并发展了诸多实用化的射线束偏移技术，而高斯束在层析成像领域的应用相对较少。本章在理论推导成像域波路径走时层析核函数表达式基础上，利用高斯束算子具体计算波路径的格林函数，进而计算波路径走时层析核函数，实现了高斯束层析成像方法。讨论了单频高斯束计算格林函数的精度，发现除了在震源附近出现不稳定现象以外，在远离震源一定距离后的计算值基本与解析解一致；频率越高，不稳定区域越小；而高斯束计算带限波路径，除了在波路径的中心线附近有较小误差外，其他区域计算值与解析解基本一致，完全满足后续走时层析成像的需求。不管是单频还是带限的走时层析核函数，其计算的核函数总体表现为中心值比较小，远离中心射线后逐渐增大，在某点达到最大后又逐渐减小直至为 0，形状表现为双驼峰型。

□□□ 5 全波形反演速度建模技术 □□□

速度是地震勘探领域中最重要的参数之一，对于高精度地震成像以及储层岩石的刻画起着非常重要的作用。随着地震勘探条件复杂程度不断加剧，地层速度估计难度越来越大。传统的偏移速度分析方法和走时层析反演方法主要利用旅行时信息，只能得到宏观的背景速度场，难以得到高分辨率的速度模型。

全波形反演（Full Waveform Inversion，FWI）是一种基于数据驱动的反演基于全波场正演模拟技术，从野外观测记录反演地球物理参数的方法。全波形反演萌芽于 20 世纪 80 年代，由 Lailly（1983）和 Tarantola（1984）最早提出了基于声波方程的时间域非线性全波形反演理论，之后全波形反演成为了国际的研究热点与难点，Operto（2004）等将频率域反演技术用到了 Naikan 海沟的宽角度海底数据，并取得了较走时反演更好的层析结果，也是第一次尝试用宽角度地震数据中的所有信息来迭代反演地下结构。3D 全波形反演的应用大多是基于声波方程，弹性波全波形反演还受到计算资源的很大限制。其中 BP 对 Valhall 油田的成功处理是全波形反演应用的经典案例，他们使用 OBC 宽方位角数据进行了声波的全波形反演，在常规建模、成像的盲区，获得了高分辨率速度模型，并在深度偏移、4D 地震响应分析和地震属性解释中取得了良好的应用效果。法国科学院著名的反演小组 SEISCOPE 也在全波形反演的方法和实际资料应用上得到了可喜的进展。BGP 与 Shell E&P 合作，将声波全波形反演应用于内蒙古陆上地震资料的处理，其结果说明利用低频和大偏移距资料构建初始速度模型和更新背景速度场是极为重要的，同时也说明了全波形反演技术在当前速度建模中发挥了重要作用。本章首先总结了全波形反演的基本特点和发展历程，再从正演和反演两个方面介绍了全波形反演速度建模的基本原理。由于初始速度建模在全波形反演体系中起着关键性作用，本章在第三节重点介绍了递进式全波形反演反演初始速度建模，最后展示了模型测试和实际资料应用效果。

5.1 全波形反演基本特点和发展历程

全波形反演的核心思想是建立在 Tarantola 提出的广义最小二乘约束下的数据拟合基础

上，利用数据的运动学和动力学信息，是 Bayes 估计理论在地球物理领域的应用范例。任何反演过程包含三个主要元素：未知量、已知量以及二者之间的关系。未知量：指的是描述介质参数模型所需要的属性。已知量：所指的是已经拥有的观测资料，在勘探地球物理领域通常指的是地表所记录的地震数据或井中数据。两者之间的关系主要是指将观测数据（已知量）变换为模型（未知量）的算子。如果该算子是线性的，那么该变换可直接用矩阵来实现。如果是非线性的，就需要对该算子线性化后再实现。

5.1.1 全波形反演的基本特点

旅行时反演主要是针对波形的几何特征，通过拟合观测数据与模拟数据的走时，得到平滑的背景介质信息。另一方面，普通的波形反演主要利用波场的振幅信息来获得高分辨率的介质参数，在迭代过程中在反演算子中引入非线性，增加了反演的难度。

全波形反演同时反演背景速度场和扰动速度场，高分辨率的速度模型可以获得更详细更准确的地下构造成像，如果全波形反演能成功地得到这样一个模型，那它就像用真实速度模型进行偏移一样。

近几十年来许多学者把成像过程与速度建模过程分开进行处理。成像的目标是获得由于地下介质存在速度（阻抗）差异而产生的反射系数，虽然反射率（即成像目标）定义了，但当前速度建模的方法往往得到的是光滑的背景速度模型，在模型中不存在速度差异界面。这种将原始速度分为光滑的背景速度和能够产生反射波的扰动速度的分离方法实际上形成了反射系数和地震数据的线性关系，即称为地震成像，在这种假设条件下主要受到多次波问题的困扰。具体来说，这种成像方法常常忽略了多种能量来源的潜在影响。通过偏移速度分析（MVA）我们可以得到地下地质结构的精确成像，但是用偏移速度分析得到的速度模型不能用来模拟地震数据，因为它通常不会产生反射。图 5－1 展示了记录数据中不同方法所对应的波数信息，由于存在严重的波数缺失，全波形反演反演从低波数到高波数的递进式反演受到一定程度的限制。如果地震记录数据上的低频成分是有效的，那么反射系数部分可扩展到较低的波数，因此低频地震数据对全波形反演尤为重要。

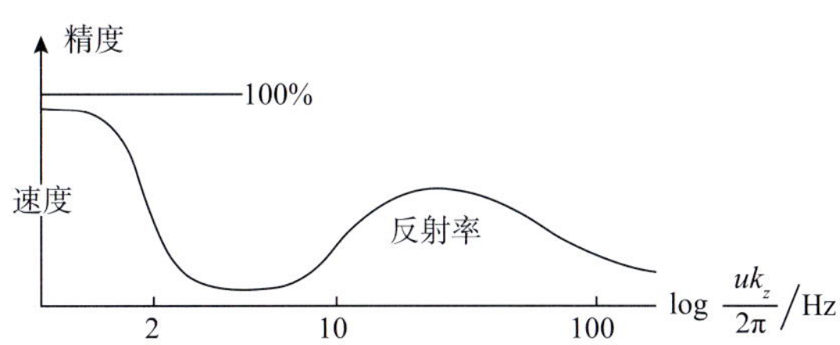

图 5－1　速度建模精度与分辨率（据 Claerbout）

高分辨率速度模型可以帮助获得地下构造更精细准确的成像剖面，且可以产生反射波。如果全波形反演能成功地得到这样一个模型，那它其实与用真实速度模型进行偏移并无太大差异。

5.1.2 全波形反演的发展历程

全波形反演是一个高度的非线性问题，长期以来地球物理学家一直在致力于全波形反演的实用化研究。从国内外研究来看，Tarantola（1984a、b）和 Lially（1984）提出梯度函数可以通过伴随状态法表示，这使得梯度和近似海 Hessian 矩阵的计算成本明显减少，为 FWI 的实用化奠定了基础。此外 FWI 是高度的非线性问题，通过在估计模型过程中增加间接约束（Engl 等，1996；Zhdanov，2002）使反演问题适定的正则化方法得到了广泛使用。正则化最初由 Tikhonov（1963）等提出，它已成为求解反问题中一个不可缺少的部分。胡光辉等（2018）通过提取偏移剖面内的层位信息，结合测井资料构建先验模型引入误差泛函中，使得反演结果具有地质意义，提高了速度建模的精度。近二十年，全波形反演在计算域方面也有了长远的发展，从开始的时间域发展到频率域和拉普拉斯域。频率域相对于时间域具有计算高效、数据选择灵活等优势（Pratt，1999），拉普拉斯域利用波场的零频分量反演模型作为初始速度模型，继而进行传统意义下的全波形反演，也在一定程度上降低了全波形反演问题的非线性（Shin 和 Ha，2008）。

目前全波形反演的成功案例主要针对海上地震数据，陆地资料相对较少。Operto（2004）等将频率域反演技术用到了 Naikan 海沟的宽角度海底数据，并取得了较走时反演更好的层析结果，也是第一次尝试用宽角度地震数据中的所有信息来迭代反演地下结构。3D 全波形反演的应用大多是基于声波方程，弹性波全波形反演还受到计算资源的很大限制。其中 BP 对 Valhall 油田的成功处理是全波形反演应用的经典案例，他们使用 OBC 宽方位角数据进行了声波的全波形反演，在常规建模、成像的盲区获得了高分辨率速度模型，并在深度偏移、4D 地震响应分析和地震属性解释中，取得了良好的应用效果。Plessix（2010）等采用低频信息丰富、大偏移距、高密度陆地可控震源数据完成了内蒙古二维高精度速度建模，取得了良好的应用效果。国内的全波形反演起步较晚，实际资料的成功运用较少。近几年来，中国石化物探院全波形反演建模小组已成功对多块陆地及海洋资料进行了实际应用，成功解决了南海某工区的断层阴影问题，落实了低幅构造，提高了偏移成像的质量。陆地资料方面，在东北龙凤山地区采用特征波全波形反演技术联合使用反射波和潜波等信息，得到了高精度的速度模型。

在这一章中，我们回顾了全波形反演的基本知识，下面我们将对全波形反演速度建模的基本原理进行简要介绍。

5.2 全波形反演速度建模方法原理

FWI 的理论框架从 20 世纪 80 年代提出至今一直受限于地震数据量和计算能力的不足。近年来，高密度宽方位角的采集方式和高性能计算机技术为 FWI 的实际应用提供了可能。从计算方法上，随着过去三十年中地球物理学家对利用迭代策略的全波形反演的研究，全波形反演的实现方式上主要有梯度导引类方法和牛顿类方法（如高斯－牛顿法）。在全波形反演中，有几个关键的技术点：一是构造一个高效精确的正演算子，再就是构造一个可行的局部寻优泛函，用以估计梯度和 Hessian 算子。当然，对实际地震数据的 FWI，尤其是陆地资料来说仍然存在诸多制约因素，比如偏移距较短、起伏地表、地震资料低信噪比、6Hz 以下低频信息缺失、初始模型精度较低、各向异性、黏性衰减，这些因素都有可能造成寻优过程的不收敛。然而，地震成像技术的发展趋势显示，FWI 最终会在适当的先验信息和正则化条件约束下成为一个成熟的地震资料处理方法。在 FWI 中，面临的问题可以归纳为：①建立一个精度较高的初始速度模型，降低反演问题的非线性；②构建一个合适的误差泛函，以减少 FWI 对各种因素造成的振幅误差的敏感性；③构造适当的正则化参数，使得反演结果具有地质意义；④重建地震数据中的低频信息。

地震正演是反演的基础，以上问题的基础前提是具备准确高效的地震波正演模拟。基于波动方程的地震波数值模拟的计算精度和计算效率直接决定了全波形反演的准确程度和效率高低。全波形反演梯度求取过程中，对于每一个震源点需要震源正传和检波点残差的反传两个正演过程，在步长求取过程中又需要至少另外两次正演。因此，正演是全波形反演过程中最主要的计算，正演问题的有效解决关系全波形反演的成败。本章首先对全波形反演中的正演问题加以介绍。

5.2.1 时间域有限差分法正演模拟

正演模拟可看做是在给定空间内求解波动方程的过程，通常施加边界条件消除由于空间限定引起的边界反射，以达到与真实地震波传播相匹配的地震波场。正演模拟意味着我们已知模型（即介质的参数）和震源（或部分空间的波场），未知量是目标全空间的波场或者合成数据（在该空间内或边界上特定位置处的随时间变化的波场）。要获得地震波场，我们要对一个给定的速度模型、边界条件和震源来求解波动方程。对于全波形反演，模型正演是产生与观测数据作对比的合成数据。合成数据的准确性直接影响全波形反演建模的精度，高精度的正演模拟是做好全波形反演的基础。

求解波动方程的方法总体而言包括四种：解析法、积分法、射线理论和数值计算方法。只有当地下介质是均匀介质时才可以求解出解析解；积分解可以在频率波数域中进行求解，虽然其求解精度较高，但仅适用于层状介质或简单介质；射线理论由于基于高频近似假设，一般要求地震波的波长要小于地下介质的变化；目前弹性波动方程正演数值模拟的方法主要有有限差分法、有限元法、边界元法、伪谱法、以及最近发展起来的谱元法和离散伽辽金法。有限差分法（FDM）是地震波数值模拟中出现最早、应用最广的方法。有限差分法既可以在时间空间域实现，也可以在频率空间域完成。时间域有限差分模拟所需计算机内存和计算量都相对较小，因而其被广泛用于地震波数值模拟。3D 大规模全波形反演计算需要巨大的内存与计算量，为了节约内存和计算时间，本章采用交错网格有限差分法对声波波动方程进行求解。相对于传统规则网格，交错网格在同一网格的不同节点上计算应力和速度分量，在不增加计算量和存储量的前提下，具有频散小、精度高、模拟结果更加符合客观规律等优点。下面基于有限差分法对声波方程进行离散后求解。

5.2.1.1 时间域离散

在声波方程离散前，首先需要采用泰勒展开法推导地震波场的空间导数在规则网格和交错网格的高精度近似。设 $u(x)$ 有 $2N+1$ 阶导数，则 $u(x)$ 在 $x_0+\Delta x$，与 $x_0-\Delta x$ 处的 $2N+1$ 阶泰勒展开式为：

$$
\begin{aligned}
u_{i+1} &= u_i + \Delta x\frac{\partial u_i}{\partial x} + \frac{\Delta x^2}{2!}\frac{\partial^2 u_i}{\partial x^2} + \frac{\Delta x^3}{3!}\frac{\partial^3 u_i}{\partial x^3} + \ldots + \frac{\Delta x^{2N}}{2N!}\frac{\partial^{2N} u_i}{\partial x^{2N}} + o(\Delta x^{2N+1}) \\
u_{i-1} &= u_i - \Delta x\frac{\partial u_i}{\partial x} + \frac{\Delta x^2}{2!}\frac{\partial^2 u_i}{\partial x^2} - \frac{\Delta x^3}{3!}\frac{\partial^3 u_i}{\partial x^3} + \ldots + \frac{\Delta x^{2N}}{2N!}\frac{\partial^{2N} u_i}{\partial x^{2N}} + o(\Delta x^{2N+1})
\end{aligned}
\tag{5-1}
$$

两式做差有：

$$
u_{i+1} - u_{i-1} = 2\Delta x\frac{\partial u_i}{1!\partial x} + 2\frac{\Delta x^3}{3!}\frac{\partial^3 u_i}{\partial x^3} + 2\frac{\Delta x^5}{5!}\frac{\partial^5 u_i}{\partial x^5}\ldots + o(\Delta x^{2N+1}) \tag{5-2}
$$

同理有：

$$
\begin{aligned}
u_{i+2} - u_{i-2} &= 2\frac{2\Delta x}{1!}\frac{\partial u_i}{\partial x} + 2\frac{(2\Delta x)^3}{3!}\frac{\partial^3 u_i}{\partial x^3} + \ldots + 2\frac{(2\Delta x)^{2N-1}}{(2N-1)!}\frac{\partial^{2N-1} u_i}{\partial x^{2N-1}} + o(\Delta x^{2N+1}) \\
u_{i+3} - u_{i-3} &= 2\frac{3\Delta x}{1!}\frac{\partial u_i}{\partial x} + 2\frac{(3\Delta x)^3}{3!}\frac{\partial^3 u_i}{\partial x^3} + \ldots + 2\frac{(3\Delta x)^{2N-1}}{(2N-1)!}\frac{\partial^{2N-1} u_i}{\partial x^{2N-1}} + o(\Delta x^{2N+1}) \\
u_{i+N} - u_{i-N} &= 2\frac{N\Delta x}{1!}\frac{\partial u_i}{\partial x} + 2\frac{(N\Delta x)^3}{3!}\frac{\partial^3 u_i}{\partial x^3} + \ldots + 2\frac{(N\Delta x)^{2N-1}}{(2N-1)!}\frac{\partial^{2N-1} u_i}{\partial x^{2N-1}} + o(\Delta x^{2N+1})
\end{aligned}
\tag{5-3}
$$

则任意 $2N$ 阶精度中心有限差分系数的计算公式为：

令 $\Delta x\frac{\partial u_i}{\partial x} = a_1(u_{i+1}-u_{i-1}) + a_2(u_{i+2}-u_{i-2}) + a_3(u_{i+3}-u_{i-3}) + \ldots + a_N(u_{i+N}-u_{i-N})$，

则有：

$$a_1\begin{pmatrix}2\dfrac{\Delta x}{1!}\dfrac{\partial u_i}{\partial x}\\2\dfrac{(\Delta x)^3}{3!}\dfrac{\partial^3 u_i}{\partial x^3}\\2\dfrac{(\Delta x)^5}{5!}\dfrac{\partial^5 u_i}{\partial x^5}\\2\dfrac{(\Delta x)^{2N-1}}{(2N-1)!}\dfrac{\partial^{2N-1}u_i}{\partial x^{2N-1}}\end{pmatrix}+a_2\begin{pmatrix}2\dfrac{2\Delta x}{1!}\dfrac{\partial u_i}{\partial x}\\2\dfrac{(2\Delta x)^3}{3!}\dfrac{\partial^3 u_i}{\partial x^3}\\2\dfrac{(2\Delta x)^5}{5!}\dfrac{\partial^5 u_i}{\partial x^5}\\2\dfrac{(2\Delta x)^N}{(2N-1)!}\dfrac{\partial^{2N-1}u_i}{\partial x^{2N-1}}\end{pmatrix}+\ldots+a_N\begin{pmatrix}2\dfrac{N\Delta x}{1!}\dfrac{\partial u_i}{\partial x}\\2\dfrac{(N\Delta x)^3}{3!}\dfrac{\partial^3 u_i}{\partial x^3}\\2\dfrac{(N\Delta x)^5}{5!}\dfrac{\partial^5 u_i}{\partial x^5}\\2\dfrac{(N\Delta x)^N}{(2N-1)!}\dfrac{\partial^{2N-1}u_i}{\partial x^{2N-1}}\end{pmatrix}=\begin{pmatrix}\Delta x\dfrac{\partial u_i}{\partial x}\\0\\0\\ER_L\end{pmatrix} \tag{5-4}$$

化简得：

$$a_1\begin{pmatrix}2\dfrac{\Delta x}{1!}\dfrac{\partial u_i}{\partial x}\\2\dfrac{(\Delta x)^3}{3!}\dfrac{\partial^3 u_i}{\partial x^3}\\2\dfrac{(\Delta x)^5}{5!}\dfrac{\partial^5 u_i}{\partial x^5}\\2\dfrac{(\Delta x)^{2N-1}}{(2N-1)!}\dfrac{\partial^{2N-1}u_i}{\partial x^{2N-1}}\end{pmatrix}+a_2\begin{pmatrix}2\dfrac{2\Delta x}{1!}\dfrac{\partial u_i}{\partial x}\\2\dfrac{(2\Delta x)^3}{3!}\dfrac{\partial^3 u_i}{\partial x^3}\\2\dfrac{(2\Delta x)^5}{5!}\dfrac{\partial^5 u_i}{\partial x^5}\\2\dfrac{(2\Delta x)^{2N-1}}{(2N-1)!}\dfrac{\partial^{2N-1}u_i}{\partial x^{2N-1}}\end{pmatrix}+\ldots+a_N\begin{pmatrix}2\dfrac{N\Delta x}{1!}\dfrac{\partial u_i}{\partial x}\\2\dfrac{(N\Delta x)^3}{3!}\dfrac{\partial^3 u_i}{\partial x^3}\\2\dfrac{(N\Delta x)^5}{5!}\dfrac{\partial^5 u_i}{\partial x^5}\\2\dfrac{(N\Delta x)^{2N-1}}{(2N-1)!}\dfrac{\partial^{2N-1}u_i}{\partial x^{2N-1}}\end{pmatrix}=\begin{pmatrix}\Delta x\dfrac{\partial u_i}{\partial x}\\0\\0\\ER_L\end{pmatrix} \tag{5-5}$$

$$\begin{pmatrix}1&2&3&\ldots&N\\1&2^3&3^3&\ldots&N^3\\1&2^5&3^5&\ldots&N^5\\\ldots&\ldots&\ldots&\ldots&\ldots\\1&2^{2N-1}&3^{2N-1}&\ldots&N^{2N-1}\end{pmatrix}\begin{pmatrix}a_1\\a_2\\a_2\\\ldots\\a_N\end{pmatrix}=\begin{pmatrix}1/2\\0\\0\\\ldots\\0\end{pmatrix} \tag{5-6}$$

$$a_n=\frac{(-1)^{n+1}\prod\limits_{i=1,i\neq n}^{N}i^2}{2n\prod\limits_{i=1}^{n-1}(n^2-i^2)\prod\limits_{i=n+1}^{N}(i^2-n^2)} \tag{5-7}$$

同理可推导交错网格任意 $2N$ 阶精度有限差分差分格式和差分系数计算式根据泰勒展开式有：

$$u_{i+1/2}=u_{i-1/2}+\frac{1}{2}\Delta x\frac{\partial u_i}{\partial x}+\frac{1}{4}\frac{\Delta x^2}{2!}\frac{\partial^2 u_i}{\partial x^2}+\frac{1}{8}\frac{\Delta x^3}{3!}\frac{\partial^3 u_i}{\partial x^3}+\ldots+\left(\frac{1}{2}\right)^{2N}\frac{\Delta x^{2N}}{2N!}\frac{\partial^{2N}u_i}{\partial x^{2N}}+o(\Delta x^{2N+1})$$

$$u_{i+1/2}=u_{i-1/2}-\frac{1}{2}\Delta x\frac{\partial u_i}{\partial x}+\frac{1}{4}\frac{\Delta x^2}{2!}\frac{\partial^2 u_i}{\partial x^2}-\frac{1}{8}\frac{\Delta x^3}{3!}\frac{\partial^3 u_i}{\partial x^3}+\ldots+\left(\frac{1}{2}\right)^{2N}\frac{\Delta x^{2N}}{2N!}\frac{\partial^{2N}u_i}{\partial x^{2N}}+o(\Delta x^{2N+1})$$

$$u_{i+3/2}=u_{i-3/2}+\frac{3}{2}\Delta x\frac{\partial u_i}{\partial x}+\left(\frac{3}{2}\right)^2\frac{\Delta x^2}{2!}\frac{\partial^2 u_i}{\partial x^2}+\left(\frac{3}{2}\right)^3\frac{\Delta x^3}{3!}\frac{\partial^3 u_i}{\partial x^3}+\ldots+\left(\frac{3}{2}\right)^{2N}\frac{\Delta x^{2N}}{2N!}\frac{\partial^{2N}u_i}{\partial x^{2N}}+o(\Delta x^{2N+1})$$

$$u_{i+3/2}=u_{i-3/2}-\frac{3}{2}\Delta x\frac{\partial u_i}{\partial x}+\left(\frac{3}{2}\right)^2\frac{\Delta x^2}{2!}\frac{\partial^2 u_i}{\partial x^2}-\left(\frac{3}{2}\right)^3\frac{\Delta x^3}{3!}\frac{\partial^3 u_i}{\partial x^3}+\ldots+\left(\frac{3}{2}\right)^{2N}\frac{\Delta x^{2N}}{2N!}\frac{\partial^{2N}u_i}{\partial x^{2N}}+o(\Delta x^{2N+1}) \tag{5-8}$$

$$u_{i+(2N-1)/2}=u_{i-(2N-1)/2}+\frac{2N-1}{2}\Delta x\frac{\partial u_i}{\partial x}+\left(\frac{2N-1}{2}\right)^2\frac{\Delta x^2}{2!}\frac{\partial^2 u_i}{\partial x^2}+\ldots+\left(\frac{2N-1}{2}\right)^{2N}\frac{\Delta x^{2N}}{2N!}\frac{\partial^{2N}u_i}{\partial x^{2N}}+o(\Delta x^{2N+1})$$

$$u_{i+(2N-1)/2}=u_{i-(2N-1)/2}-\frac{2N-1}{2}\Delta x\frac{\partial u_i}{\partial x}+\left(\frac{2N-1}{2}\right)^2\frac{\Delta x^2}{2!}\frac{\partial^2 u_i}{\partial x^2}+\ldots+\left(\frac{2N-1}{2}\right)^{2N}\frac{\Delta x^{2N}}{2N!}\frac{\partial^{2N}u_i}{\partial x^{2N}}+o(\Delta x^{2N+1})$$

化简后有：

$$\begin{pmatrix}1 & 3 & 5 & \ldots & 2N-1\\ 1 & 3^3 & 5^3 & \ldots & (2N-1)^3\\ 1 & 3^5 & 5^5 & \ldots & (2N-1)^5\\ \ldots & \ldots & \ldots & \ldots & \ldots\\ 1 & 3^{2N-1} & 5^{2N-1} & \ldots & (2N-1)^{2N-1}\end{pmatrix}\begin{pmatrix}a_1\\ a_2\\ a_3\\ \ldots\\ a_n\end{pmatrix}=\begin{pmatrix}1\\ 0\\ 0\\ \ldots\\ 0\end{pmatrix} \tag{5-9}$$

其中 a_n 为差分系数

$$a_n=\frac{(-1)^{n+1}\prod\limits_{i=1,i\neq n}^{N}(2i-1)^2}{(2n-1)\prod\limits_{i=1}^{N-1}\left[(2n-1)^2-(2i-1)^2\right]} \tag{5-10}$$

因此采用交错网格有限差分，三维一阶速度－应力声波方程可以离散为：

$$
p^{n}(i,j,k) = p^{n-1}(i,j,k) + \kappa(i,j,k)\left\{\begin{aligned}&\frac{\Delta t}{\Delta x}\sum_{l=0}^{L-1}a_l\left[v_x^{n-\frac{1}{2}}\left(i+\frac{1}{2}+l,j,k\right)-v_x^{n-\frac{1}{2}}\left(i-\frac{1}{2}-l,j,k\right)\right]+\\&\frac{\Delta t}{\Delta y}\sum_{l=0}^{L-1}a_l\left[v_y^{n-\frac{1}{2}}\left(i,j+\frac{1}{2}+l,k\right)-v_y^{n-\frac{1}{2}}\left(i,j-\frac{1}{2}-l,k\right)\right]+\\&\frac{\Delta t}{\Delta z}\sum_{l=0}^{L-1}a_l\left[v_z^{n-\frac{1}{2}}\left(i,j,k+\frac{1}{2}+l\right)-v_z^{n-\frac{1}{2}}\left(i,j,k-\frac{1}{2}-l\right)\right]\end{aligned}\right\}+\Delta t f_1^{n-\frac{1}{2}}(i,j,k)
$$

$$
\begin{aligned}
v_x^{n+\frac{1}{2}}\left(i+\frac{1}{2},j,k\right) &= v_x^{n-\frac{1}{2}}\left(i+\frac{1}{2},j,k\right)+\\
&\frac{\Delta t}{\Delta x}\frac{1}{\rho\left(i+\frac{1}{2},j,k\right)}\sum_{l=0}^{L-1}a_l[p^n(i+1+l,j,k)-p^n(i-l,j,k)] \\
v_y^{n+\frac{1}{2}}\left(i,j+\frac{1}{2},k\right) &= v_y^{n-\frac{1}{2}}\left(i,j+\frac{1}{2},k\right)+\\
&\frac{\Delta t}{\Delta x}\frac{1}{\rho\left(i,j+\frac{1}{2},k\right)}\sum_{l=0}^{L-1}a_l[p^n(i,j+1+l,k)-p^n(i,j-l,k)] \\
v_z^{n+\frac{1}{2}}\left(i,j,k+\frac{1}{2}\right) &= v_z^{n-\frac{1}{2}}\left(i,j,k+\frac{1}{2}\right)+\\
&\frac{\Delta t}{\Delta z}\frac{1}{\rho\left(i,j,k+\frac{1}{2}\right)}\sum_{l=0}^{L-1}a_l[p^n(i,j,k+1+l)-p^n(i,j,k-l)]
\end{aligned}
\tag{5-11}
$$

其中：

$$
\begin{cases}
\rho\left(i+\frac{1}{2},j,k\right)=[\rho(i,j,k)+\rho(i+1,j,k)]/2\\
\rho\left(i,j+\frac{1}{2},k\right)=[\rho(i,j,k)+\rho(i,j+1,k)]/2\\
\rho\left(i,j,k+\frac{1}{2}\right)=[\rho(i,j,k)+\rho(i,j,k+1)]/2
\end{cases}
$$

式中，Δx、Δy、Δz、Δt 分别为空间和时间采样间隔，当给定初值和边值条件时，用上述差分格式可以递推得到各个时刻波场的空间分布。

5.2.1.2 CPML 边界条件

实际地下介质为半无限空间，而正演模拟受限于计算机内存需要用有限的空间进行逼近，而人为界限会产生边界反射，形成较为严重的干扰波。这些干扰波的存在可能会导致全波形反演时产生虚假的层速度信息，严重影响全波形反演质量。因此需要对边界反射进行压制，模拟地震波在半无限空间的波传播过程。目前，常用的方法是对模型参数进行扩边，引入 PML 来吸收边界反射。速度应力关于 x 方向的空间导数变为：

$$\tilde{\partial}_x = \frac{i\omega}{i\omega + d_x}\partial_x = \frac{1}{s_x}\partial_x, s_x = 1 + \frac{d_x}{i\omega} \tag{5-12}$$

式中，d_x 为吸收衰减函数，在原始计算区域范围内为0，PML 边界内大于0。但是当检波器位于远偏移距或者模拟低频波传播时，传统的 PML 边界无法对边界反射进行有效的吸收。对此，本章采用非分裂形式的 CPML 边界，加强对上述情况下边界反射的吸收衰减。CPML 边界条件的拉伸因子为：

$$s_{x_i} = \kappa_{x_i} + \frac{d_{x_i}}{i\omega + \alpha_{x_i}} \tag{5-13}$$

与传统 PML 边界相比，该方法引入了实数变量 κ_{x_i} 与 α_{x_i}（Komatitsch，2007）。基于傅里叶反变换将频率域表达式转化为时间域，关于空间方向 x 的导数可表示为：

$$\tilde{\partial}_x = \bar{s}_x(t) \times \partial_x \tag{5-14}$$

$\bar{s}_x(t)$ 为 $\frac{1}{s_x}$ 的傅里叶反变换，通过一系列代数变换计算 $\bar{s}_x(t)$，得到如下表达式：

$$\begin{aligned} \tilde{\partial}_x &= \frac{1}{k_x}\partial_x + \xi_x(t) \times \partial_x \\ \xi_x(t) &= -\frac{d_x}{k_x^2}H(t)\mathrm{e}^{-(d_x/k_x+\alpha_x)t} \end{aligned} \tag{5-15}$$

式中，H 为 Heaviside 分布，第 n 个时刻的时间卷积项可以用递推卷积方法来近似（Hunsberger，1992），

$$\begin{aligned} \psi_x^n &= (\xi_x \times \partial_x)^n \approx \sum_{m=0}^{N-1} Z_x(m)\,(\partial_x)^{n-(m+1/2)} \\ Z_x(m) &= -\frac{d_x}{k_x^2}\int_{m\Delta t}^{(m+1)\Delta t} \mathrm{e}^{-(d_x/k_x+\alpha_x)\tau}\mathrm{d}\tau = a_x\mathrm{e}^{-(d_x/k_x+\alpha_x)m\Delta t} \end{aligned} \tag{5-16}$$

假设 $b_x = \mathrm{e}^{-(d_x/k_x+\alpha_x)\Delta t}$、$a_x = \frac{d_x}{k_x(d_x + k_x\alpha_x)}(b_x - 1)$，代入式（5-16）得到与 f（关于速度或应力）相关的存储变量 ψ_x 在时刻 n 时的表达式：

$$\psi_x^n(f) = b_x\psi_x^{n-1}(f) + a_x\,(\partial_x f)^{n-1/2} \tag{5-17}$$

5.2.1.3 稳定性关系和频散条件

有限差分算子是导数的近似，所以只有在满足稳定性和频散符合要求时弹性波波动方程的解才是正确的。稳定性与频散限制了在特定的模型与震源条件下的时间步长与网格间距。为了能够较为有效的避免频散，通常在一个波长的范围内至少需要有五个采样点。同时由于在弹性介质条件下最短波长跟介质中的横波速度有关，因此参数模型的横波速度会

限制空间采样间隔。另一方面时间采样间隔应该遵循稳定性条件：

$$\Delta x \leqslant \frac{\lambda_{\min}}{5} \leqslant \frac{v_{\mathrm{P}_{\min}}}{5f_{\max}} \tag{5-18}$$

式中，Δx 为空间网格大小；$\lambda_{\min}$ 是最短波长；$v_{\mathrm{P}_{\min}}$ 为最小纵波速度；$f_{\max}$ 是最大频率。

空间采样网格大小确定之后，还需要选择合适的时间采样大小来满足有限差分数值稳定性条件：

$$\Delta t \leqslant \frac{1}{v_{\mathrm{P}_{\max}} \sqrt{\frac{1}{\Delta x^2} + \frac{1}{\Delta y^2} + \frac{1}{\Delta z^2}} \sum_{l=1}^{L} |a_l|} \tag{5-19}$$

式中，Δt 为时间采样间隔；$v_{\mathrm{P}_{\max}}$ 为最大纵波速度。

5.2.2 波动方程反演方法

勘探地球物理中研究的问题可以归结为两类，即正问题和反问题。正问题研究地球介质中地震波场传播现象，归纳不同介质中地震波场传播的规律。而反问题是根据人工能够观测得到的地震数据（包括地表观测数据、海底观测数据、井中观测数据、井间观测数据等），反向推演波场传播过程，并估计介质地球物理参数的过程。因此，从地震数据反推地下地球物理参数的过程都可以称为地震反演。地球物理学家所做的工作主要是致力于求解反问题——地震反演。实际上反演问题是一个双重的概念，它包括了正问题和反问题两个方面。图 5－2 就给出了物理量与经验观测资料的联系。

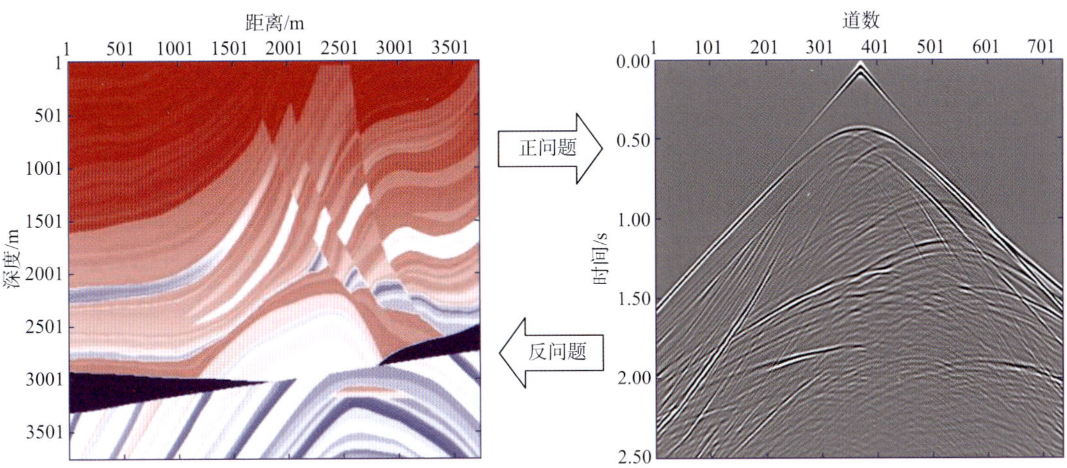

图 5－2　模型参数与数据示意图

正问题是将已知的物理定律直接用于一系列变量用以描述所研究的系统的性质，这一系列变量就是参数模型。模型空间或是参数空间则是由将一个问题参数化的值构成。对该空间有如下的假设：①模型参数是离散的，并且个数是有限的；②模型参数是线性的，即满足加乘准则。空间的维度则由描述模型所需的最小的参数个数决定。例如，λ、μ、ρ 就可以定义一个弹性波波动方程的模型空间，该空间由这三个变量的所有的值构成，有限的个数定义了问题的边界。

地震波场的正传播过程可以记为：

$$\boldsymbol{d} = b(\boldsymbol{m}) \tag{5-20}$$

式中，m 为地震地球物理参数矢量，如速度、密度、弹性参数等；$\boldsymbol{d}$ 为观测到的地震数据；$b(\boldsymbol{m})$ 描述了依赖于 $\boldsymbol{m}$ 的地震波场正传播过程，它表示了地震波场传播的系统。在此系统下，研究特定模型 $\boldsymbol{m}$ 中地震波的传播过程以得到数据 $\boldsymbol{d}$ 的过程为地震正演。反之，由数据 $\boldsymbol{d}$ 反推模型参数 $\boldsymbol{m}$ 的过程为地震反演。反演的过程可以记为：

$$\boldsymbol{m} = b^{-1}(\boldsymbol{d}) \tag{5-21}$$

式中，$b^{-1}(\boldsymbol{m})$ 描述了利用各种数学工具进行地震反演的过程。相对地，地震反演问题比正演问题要复杂，这是由于地震正传播得到的数据只把模型的部分信息带入了数据中。而且，模型和正问题的传播过程都只是实际情况的近似。

反问题没有一个固定的解，它的解有不确定性，通常来说应该是某一概率分布。数据空间是模型空间的对偶空间，而它的维度是由不同的观测变量的个数决定的。地震反演理应遵从普遍的数学反演方法规律。法国数学 Jacques Hadamard 将反演的问题归结为三点：

（1）存在性。对于给定数据 $\boldsymbol{d}$，存在一个模型 $\boldsymbol{m}$ 能够满足 $\boldsymbol{d} = b(\boldsymbol{m})$。

（2）唯一性。只存在一个 $\boldsymbol{m}$。

（3）稳定性。数据中一个小的扰动只能在解中带来一个微小的扰动。

如果反演问题不能满足上述条件中的至少一个，该问题就是一个病态问题。而在地震反演中，上述条件常常是不能同时满足的。例如，由于实际地震观测孔径、频带范围、采集步长等造成数据量不足，使得地震反演的过程是不唯一和不稳定的。再如，观测数据中的噪声，并不受波动方程所控制，这会给反问题的存在性带来挑战。

这就是在地震反演这一地质与物理实际问题中遇到的难题。完美的数学模型常常与实际地质－地球物理模型不相符，拿到的数据并不能反映地球物理模型的所有信息。那么，面对一个近似的数学物理模型（弹性波、声波方程并不能完全反应现实介质）、面对缺失信息的数据（频带限制、孔径限制），要想得到反应地质－地球物理模型的参数信息，我们能做些什么呢？

基于地震数据的观测被限定在一定观测孔径和频带范围等现实，我们对地下介质的认识，只能建基于对客观地球物理参数的估计。地震反演提供的只能是一定理论框架下的最优解，而不可能是精确解。因此，本质上，将地震波场的传播过程及地震数据记录过程均看做是随机过程，从概率论的角度来评价地震反演过程及反演解具有重要的意义。贝叶斯（Bayes）估计是其必然的选择。它把先验概率分布和后验概率分布联系在一起，利用关于模型的先验概率分布，求出其后验概率分布。概率的最大对应着我们所期望的模型出现。

站在概率论的高度来看地震反演问题，能够有效评估地震反演解的可信度。

一般认为观测到的地震数据是一个确定性信号，但如果从概率论的角度看，将采集地震数据这一过程视为一个随机过程，则观测到的地震数据只是该随机过程的一次具体实现。因此，地震数据是一个随机的信号，具有均值、方差等统计特征，而不是一个确定性的信号。

反演的结果在很大程度上取决于所用的观测数据，当观测数据不同时，所得到的反演结果也肯定不同，因此当所用的观测数据具有随机性时，反演的结果也肯定是随机的。由于反演结果的方差描述了反演结果的可靠性，所以方差的值不能太大，否则所得到结果的可靠性就会很低，反演问题就会失去其意义和价值。所以，对反演问题的求解过程也可以理解为利用尽可能多的先验信息和约束条件来降低反演结果方差的一个过程。

综上所述，基于随机观测数据的反演结果也应该是随机的，其主要统计特征可以用均值和方差来衡量。所得估计结果的统计特征应该是无偏、方差最小。无偏是为了保证估计结果与真实情况保持一致，方差最小是为了保证估计结果的可靠性达到最高。为了得到这样的估计结果，可以在 Bayes 理论框架下求解反演问题。

Bayes 估计的思想可以简单概括为：估计的结果 $\hat{\boldsymbol{m}}$ 是由后验概率密度函数 $P(\boldsymbol{m}/\boldsymbol{y})$ 所决定的均值 $E\{\boldsymbol{m}/\boldsymbol{y}\}$，其中 $\boldsymbol{y}$ 代表观测数据：

$$\hat{\boldsymbol{m}} = E\{\boldsymbol{m}/\boldsymbol{y}\} = \int \boldsymbol{m}P(\boldsymbol{m}/\boldsymbol{y})\,\mathrm{d}\boldsymbol{m} \tag{5-22}$$

式（5-22）表示参数估计的结果是由观测数据所对应的模型参数出现的概率所决定的。由于后验概率密度 $P(\boldsymbol{m}/\boldsymbol{y})$ 很难估计，所以将其转化为较容易估计的模型空间的先验概率密度函数 $P(\boldsymbol{m})$、数据空间的概率密度函数 $P(\boldsymbol{y})$ 和条件概率密度函数 $P(\boldsymbol{y}/\boldsymbol{m})$ 来表示，其中 $P(\boldsymbol{y}/\boldsymbol{m})$ 体现了正算子的不确定性，描述了从模型空间到数据空间的映射关系。该 Bayes 公式为：

$$P(\boldsymbol{m}/\boldsymbol{y}) = \frac{P(\boldsymbol{y}/\boldsymbol{m})P(\boldsymbol{m})}{P(\boldsymbol{y})} \tag{5-23}$$

根据 Bayes 公式可以看出，$P(\boldsymbol{m}/\boldsymbol{y})$ 的均值和方差主要由 $P(\boldsymbol{m})$，$P(\boldsymbol{y})$ 和 $P(\boldsymbol{y}/\boldsymbol{m})$ 来决定。从这个角度看，对反演问题的求解可以认为是在 $P(\boldsymbol{y})$，$P(\boldsymbol{m})$ 和 $P(\boldsymbol{y}/\boldsymbol{m})$ 的约束下，使 $P(\boldsymbol{m}/\boldsymbol{y})$ 最大化，并且期望均值为 $\hat{\boldsymbol{m}} = \int \boldsymbol{m}P(\boldsymbol{m}/\boldsymbol{y})\,\mathrm{d}\boldsymbol{m}$ 时，模型空间的方差最小。目前，常规反演问题的基本做法是假设 $P(\boldsymbol{m})$ 和 $P(\boldsymbol{y}/\boldsymbol{m})$ 均为高斯函数，在忽略观测系统不规则性的前提下，假设 $P(\boldsymbol{y})$ 是标准的正态分布（当地震数据是规则采样时，其各个分量的方差应均相等），则 $\boldsymbol{m}$ 的后验概率密度可以表示为：

$$P(\boldsymbol{m}) \propto \exp\left\{-\frac{1}{2}\left[(b(\boldsymbol{m})-\boldsymbol{d}_{\mathrm{obs}})^{\mathrm{T}}C_{\mathrm{D}}^{-1}(b(\boldsymbol{m})-\boldsymbol{d}_{\mathrm{obs}})+(\boldsymbol{m}-\boldsymbol{m}_{\mathrm{prior}})^{\mathrm{T}}C_{\mathrm{M}}^{-1}(\boldsymbol{m}-\boldsymbol{m}_{\mathrm{prior}})\right]\right\} \tag{5-24}$$

式中，C_D 为数据协方差矩阵；C_M 为模型的协方差矩阵。后验概率的最大化是贝叶斯反演的核心。观测数据为高斯白噪声随机过程时，后验概率估计是无偏的方差最小估计。此时，贝叶斯估计等价于最大似然估计。

将 $P(\boldsymbol{m}/\boldsymbol{y})$ 的最大化问题转化为目标泛函 $E(\boldsymbol{m})$ 的最小化问题。一般地，如果假设 $P(\boldsymbol{m})$ 和 $P(\boldsymbol{y})$ 均为高斯分布，并且忽略正算子的不确定性，则目标泛函 $E(\boldsymbol{m})$ 可以简单地定义为：

$$E(\boldsymbol{m}) = \frac{1}{2}[(b(\boldsymbol{m}) - \boldsymbol{d}_{obs})^T C_D^{-1}(b(\boldsymbol{m}) - \boldsymbol{d}_{obs})] + \lambda(\boldsymbol{m} - \boldsymbol{m}_{prior})^T C_M^{-1}(\boldsymbol{m} - \boldsymbol{m}_{prior})] \tag{5-25}$$

式（5－25）定义了一个无约束的非线性优化问题。

如果正演问题 $b(\boldsymbol{m})$ 是线性函数，即 $b(\boldsymbol{m}) = B(\boldsymbol{m})$，并且矩阵（$\boldsymbol{B}^T\boldsymbol{C}_D^{-1}\boldsymbol{B} + \lambda\boldsymbol{C}_M^{-1}$）是正定的，则 $E(\boldsymbol{m})$ 是一个正定二次函数，有唯一的极小值点。求解 $E(\boldsymbol{m})$ 极小值点的收敛速度和解的稳定性取决于矩阵（$\boldsymbol{B}^T\boldsymbol{C}_D^{-1}\boldsymbol{B} + \lambda\boldsymbol{C}_M^{-1}$）条件数的大小，因此可以用 Newton 类的方法快速得到其最优解。如果矩阵（$\boldsymbol{B}^T\boldsymbol{C}_D^{-1}\boldsymbol{B} + \lambda\boldsymbol{C}_M^{-1}$）是非正定的，即其特征值有正有负，则要先对 $E(\boldsymbol{m})$ 做适当的正则化处理［在 $E(\boldsymbol{m})$ 的构造过程中加入适当的约束条件］，再求取其极小值点。

如果正演问题 $b(\boldsymbol{m})$ 是非线性问题，但目标泛函 $E(\boldsymbol{m})$ 是个严格凸的函数，那么 $E(\boldsymbol{m})$ 的极小值点也是唯一的。求解 $E(\boldsymbol{m})$ 极小值点的收敛速度和解的稳定性，取决于 $E(\boldsymbol{m})$ 的二阶导数在模型空间各个方向上的比值的大小，此时各种最优化方法均可以用来求解其极小值点。如果初始值在极小值点附近，可以用一个二次函数来近似 $E(\boldsymbol{m})$ 在该局部范围内的值，这时也可以用 Newton 类方法加快收敛速度。如果 $E(\boldsymbol{m})$ 不是严格凸的函数，则 $E(\boldsymbol{m})$ 的极小值点不再唯一，解决此类问题可以用信赖域方法、Monte Carlo 方法等。这些方法都可以用来求解非线性最优化问题，但由于 Monte Carlo 方法计算量大，如果没有一个比较好的策略则很难得以实现，因此信赖域方法在这种情况下是一个比较好的选择。信赖域方法的具体实现方式有很多种，其主要思想就是通过相关的先验信息来约束解的范围，从而降低解空间的大小，使 $E(\boldsymbol{m})$ 在约束后的解空间里为一个严格凸的函数，再用相应的最优化方法即可求取其极小值点。

对于声波波动方程而言，假定地震勘探设备包含多个检波器排列。在这种情况下，数据空间的维度应是震源的数量乘以检波器的数量再乘以时间的采样点数。如果观测系统采用的是四分量的海底电缆，那么数据空间的维数应当再乘以四。模型空间与数据空间的维数变化范围由 1 到无穷。当模型参数或者是数据采用函数来表示的时候它的维度就是无穷的。然而通常情况下模型与数据空间是离散的，两种空间的维数都是有限的。

全波形反演是众多地震反演方法中的一种，是目前地球物理领域建模精度最高的方法之一。全波形反演的核心是衡量模拟数据与观测记录之间的匹配程度。反演目标是寻找误差泛函的最小值，即模拟数据通过迭代寻优逐渐逼近观测数据。常用的全波形反演误差泛函可表示如下：

$$\min E(\boldsymbol{m}) = \min \| \boldsymbol{L}(\boldsymbol{m}) - \boldsymbol{d}_{\mathrm{obs}} \| \tag{5-26}$$

式是，$\| \ \|$ 是特定范数，常用的有抗噪较强的 $\boldsymbol{L}_1$ 范数，较为稳定能够求取平滑解的 $\boldsymbol{L}_2$ 范数。全波形反演的目标泛函早已不再局限于计算观测记录与模拟记录之间的误差。作为传统最小二乘误差函数的替代方法，Shin 和 Min（2006）建议使用对数波场来分离振幅和相位，并利用相位来进行相位反演。王杰等（2017）基于互相关目标泛函实现了二维陆地资料的全波形反演，提高了反演建模精度，速度模型与偏移剖面叠合较好。无论基于何种误差泛函，全波形反演的最终落脚点始终是求取误差函数的最小值。正演算子也就是波动方程相对于地下介质参数是非线性的，目标函数会产生多个极小值，而不是一个。可能有数千或数百万的模型满足 $\nabla_m E(\boldsymbol{m}) = 0$ 。在这种情况下，我们将有多个不同的极小值，但通常只有一个最小值趋于精确，因为它是目标函数的实际最小值。所有极小值中的最小值称为全局最小值。通常，全局极小值在目标函数中的值最小，其他极小值是局部极小值。全波形反演的目标是找到产生全局最小值的参数模型。但由于其高度的非线性，求取的任务是非常难以完成的。另一个需要考虑的问题是全局最小值是否是真实的解。在全波形反演的理论框架下，必须假设并与最小值对应的解就是真实情况。然而，在许多情况下，由于正演误差可能会导致另一个模型（或模型集合）可以更好地拟合数据。因此，很多情况下需要加入先验信息对求解过程进行约束，提高迭代反演过程的准确性。

5.2.2.1 全波形反演目标泛函求解

全波形反演反问题主要有牛顿法和梯度法两大类求解方法。

1）牛顿法

牛顿法认为误差函数在初始模型附近满足二次型，因此基于泰勒展开式将误差函数进行展开：

$$\begin{aligned} E(\boldsymbol{m}_0 + \delta\boldsymbol{m}) &= E(\boldsymbol{m}_0) + \delta\boldsymbol{m}^t \nabla_m E(\boldsymbol{m}_0) + \frac{1}{2}\delta\boldsymbol{m}^t \boldsymbol{H} \delta\boldsymbol{m} + O(|\delta\boldsymbol{m}|^3) \\ &\approx E(\boldsymbol{m}_0) + \delta\boldsymbol{m}^t \nabla_m E(\boldsymbol{m}_0) + \frac{1}{2}\delta\boldsymbol{m}^t \boldsymbol{H} \delta\boldsymbol{m} \end{aligned} \tag{5-27}$$

式中，$\nabla_m E(\boldsymbol{m}_0) = F_{m_0}^t \Delta\boldsymbol{d}(\boldsymbol{m}_0)$，$F_{m_0} = \left.\dfrac{\partial L(\boldsymbol{m})}{\partial \boldsymbol{m}}\right|_{m_0}$。$\nabla_m E(\boldsymbol{m}_0)$ 是误差函数对模型的导数在 $\boldsymbol{m}_0$ 处的值。$\boldsymbol{H}$ 是误差函数在 $\boldsymbol{m}_0$ 处对模型的二阶导数：

$$\boldsymbol{H} = \frac{\partial^2 E(\boldsymbol{m})}{\partial \boldsymbol{m}^2} = \boldsymbol{F}^t \boldsymbol{F} + \frac{\partial \boldsymbol{F}^t}{\partial \boldsymbol{m}} \Delta \boldsymbol{d} \tag{5-28}$$

$\boldsymbol{H}$ 为 Hessian 算子，为了简化计算需对其进行线性化忽略非线性项，则 Hessian 算子变为：

$$\boldsymbol{H} = \boldsymbol{F}^{t}\boldsymbol{F} \tag{5-29}$$

由式（5－27）化简可得模型参数 $\boldsymbol{m}$ 的 $k+1$ 次迭代公式：

$$\boldsymbol{m}^{(k+1)} = \boldsymbol{m}^{(k)} - \boldsymbol{H}^{-1(k)}\nabla_{m}E^{(k)} \tag{5-30}$$

2）梯度法

牛顿法模型参数的迭代更新依赖于误差函数对模型的导数，Hessian 逆算子的计算精度直接影响反演结果的准确性。而梯度法则是将 Hessian 逆算子简化为一个数并沿着梯度方向进行寻优。梯度法也是泛函问题中最基本的一类数值解法，它把式（5－30）的牛顿法变换为：

$$\boldsymbol{m}^{(k+1)} = \boldsymbol{m}^{(k)} - \alpha^{(k)}\nabla_{m}E^{(k)} \tag{5-31}$$

式中，α 是迭代步长。步长的求解可以将误差泛函在模型上进行展开求解：

$$E(\boldsymbol{m}^{(k)} - \alpha\nabla_{m}E^{(k)}) = E(\boldsymbol{m}^{(k)}) - \alpha(\boldsymbol{F}\nabla_{m}E)^{(k)t}\Delta\boldsymbol{d}^{(k)} + \frac{1}{2}\alpha^{2}(\boldsymbol{F}\nabla_{m}E)^{(k)t}(\boldsymbol{F}\nabla_{m}E)^{(k)} \tag{5-32}$$

对步长进行求导令其为零，可得：

$$\alpha^{(k)} = \frac{(\boldsymbol{F}\nabla_{m}E)^{(k)t}\Delta\boldsymbol{d}^{(k)}}{(\boldsymbol{F}\nabla_{m}E)^{(k)t}(\boldsymbol{F}\nabla_{m}E)^{(k)}} \tag{5-33}$$

3）高斯牛顿法

对于线性系统，式（5－23）定义的误差泛函变为：

$$E(\boldsymbol{m}) = \frac{1}{2}(\boldsymbol{Lm} - \boldsymbol{d}_{\text{obs}})^{\mathrm{T}}(\boldsymbol{Lm} - \boldsymbol{d}_{\text{obs}}) \tag{5-34}$$

误差函数对模型的梯度为：

$$\nabla_{m}E(\boldsymbol{m}) = \boldsymbol{L}^{t}(\Delta\boldsymbol{d}) \tag{5-35}$$

在牛顿方法中，Tarantola 给出了 Hessian 矩阵的非线性项趋于极小值的条件：①剩余数据相对于数据极小；②正演方程是拟线性的。事实上，在迭代的牛顿方法中，并不需要一个完全精确的 Hessian 矩阵。这也许会增加一定的迭代次数，但只要迭代是收敛的。Hessian 矩阵近似为其线性部分：

$$\boldsymbol{H}_{a} = \boldsymbol{F}^{t}\boldsymbol{F} = \boldsymbol{L}^{t}\boldsymbol{L} \tag{5-36}$$

如果第 $\boldsymbol{k}$ 次迭代模型记为 $\boldsymbol{m}^{(k)}$，数据误差为：

$$\Delta\boldsymbol{d} = \boldsymbol{d}_{\text{cal}} - \boldsymbol{d}_{\text{obs}} = \boldsymbol{L}(\boldsymbol{m}^{(k)} - \boldsymbol{m}_{\text{true}}) = \boldsymbol{L}\Delta\boldsymbol{m}^{(k)} \tag{5-37}$$

将上式带入梯度公式中得到

$$\nabla_{m}E^{(k)}(\boldsymbol{m}) = \boldsymbol{L}^{t}(\Delta\boldsymbol{d})^{(k)} = \boldsymbol{L}^{t}\boldsymbol{L}\Delta\boldsymbol{m}^{(k)} = \boldsymbol{H}_{a}\Delta\boldsymbol{m}^{(k)} \tag{5-38}$$

基于线性化后的 Hessian 矩阵和梯度的牛顿法称为高斯－牛顿法。模型更新式为：

$$\begin{aligned}\boldsymbol{m}^{(k+1)} &= \boldsymbol{m}^{(k)} - \boldsymbol{H}_{a}^{-1(k)}\nabla_{m}E^{(k)} \\ &= \boldsymbol{m}^{(k)} - ((\boldsymbol{L}^{t}\boldsymbol{L})^{(k)})^{-1}\boldsymbol{L}^{t}\Delta\boldsymbol{d} \\ &= \boldsymbol{m}^{(k)} - \boldsymbol{H}_{a}^{-1(k)}\boldsymbol{H}_{a}^{(k)}\Delta\boldsymbol{m}^{(k)}\end{aligned} \tag{5-39}$$

5.2.2.2 基于伴随状态法的梯度计算

为了计算目标泛函对参数的梯度，引入伴随状态法。定义投影算子：

$$F(\boldsymbol{u}(\boldsymbol{m}),\boldsymbol{m})=0 \tag{5-40}$$

式中，F 代表正传播方程；$\boldsymbol{m}$ 是模型参数，属于实数的模型空间 $\boldsymbol{M}$；$\boldsymbol{u}$ 是状态变量（即波场），属于状态变量空间 $\boldsymbol{U}$，$\boldsymbol{U}$ 可以是实数空间也可以是复数空间。模拟产生的数据是状态变量空间的一个子集。假设 F 和 $\boldsymbol{u}$ 都是相对 $\boldsymbol{m}$ 二阶可微的，那么在线性化模型假设的情况下，投影算子可以写为 $F(\boldsymbol{u}(\boldsymbol{m}),\boldsymbol{m})=\boldsymbol{u}-\boldsymbol{Bm}$ 或者 $F(\boldsymbol{u},\boldsymbol{m})=\|\boldsymbol{u}-\boldsymbol{d}_{\text{obs}}\|^2$。这就是最简单的最小二乘意义下的泛函。由于接收到的地震数据只是模拟波场的一个子集（如地表数据），即最小二乘意义下的泛函为，

$$E(\boldsymbol{m})=\frac{1}{2}\|\boldsymbol{Ru}-\boldsymbol{d}_{\text{obs}}\|^2 \tag{5-41}$$

式中，$\boldsymbol{R}$ 代表了将波场限定在地震观测点上。上式定义的目标泛函可以用 Fréchet 微商来求导，即 $\nabla_m E(\boldsymbol{m}_0)=\boldsymbol{F}_{m_0}^{\mathrm{T}}\Delta\boldsymbol{d}(\boldsymbol{m}_0)$。然而，直接求取 Fréchet 微商的方法是十分复杂耗时的。在局部，可以基于线性化假设，将 Fréchet 微商近似为正传播算子，梯度的求取相应地表示为 $\nabla_m E(\boldsymbol{m}_0)=\boldsymbol{B}_{m_0}^{\mathrm{T}}\Delta\boldsymbol{d}(\boldsymbol{m}_0)$。

Plessix（2006）对伴随状态法在泛函分析的意义下进行了详尽的数学定义。其引入的扰动模型就是 Born 模型中，模型 $\boldsymbol{m}$ 的微小扰动 $\delta\boldsymbol{m}$ 带来数据 $\boldsymbol{d}$ 的扰动 $\delta\boldsymbol{d}$。因此，正传过程的一阶近似可以写为，

$$0=F(\boldsymbol{u}+\delta\boldsymbol{u},\boldsymbol{m}+\delta\boldsymbol{m})=F(\boldsymbol{u},\boldsymbol{m})+\frac{\partial F(\boldsymbol{u},\boldsymbol{m})}{\partial\boldsymbol{u}}\delta\boldsymbol{u}+\frac{\partial F(\boldsymbol{u},\boldsymbol{m})}{\partial\boldsymbol{m}}\delta\boldsymbol{m} \tag{5-42}$$

在真实模型附近有 $F(\boldsymbol{u},\boldsymbol{m})=0$，因此可以得出，

$$\frac{\partial F(\boldsymbol{u},\boldsymbol{m})}{\partial\boldsymbol{u}}\delta\boldsymbol{u}=-\frac{\partial F(\boldsymbol{u},\boldsymbol{m})}{\partial\boldsymbol{m}}\delta\boldsymbol{m} \tag{5-43}$$

式（5-43）在 Born 意义下与 $\nabla_m E(\boldsymbol{m}_0)=\boldsymbol{B}_{m_0}^{\mathrm{T}}\Delta\boldsymbol{d}(\boldsymbol{m}_0)$ 是统一的。从物理上说，伴随状态就是把数据残差用正算子的共轭反传播回去，以求取目标泛函对模型的梯度方向的方法。

下面基于二阶声波方程假设分析梯度的具体求算。尽管频率-空间域的全波形反演有其诸多优势（主要表现在尺度优势），但当前受限于正演模拟手段的不足，不能在实际地震资料处理中加以应用。因此，这里的分析还是建立在时间-空间域。事实上，全波形反演的理论在时间域和频率域的建立过程是完全统一的。因此，这里基于时间域的分析结果经过傅里叶变换完全适用于频率域方法。

野外的观测最直接的方法是炮道集，反演也针对炮集数据来进行。另外，在模型尺度上，方便起见，这里的讨论限定在二维空间。由于正反演是在炮集进行的，这里建立的框架同样可以方便地移植到三维情况。

在声波方程意义下，模型参数变为速度场 $\boldsymbol{v}$（当然还可以定为慢度或慢度的平方，同样可以导出类似的方程）。记观测得到的炮集波场为 $\boldsymbol{d}_{\text{obs}}(t,\boldsymbol{x}_{\text{r}},\boldsymbol{x}_{\text{s}})$，模拟得到的全波场为 $\boldsymbol{u}(t,\boldsymbol{x},\boldsymbol{x}_{\text{s}};\boldsymbol{v}) = \boldsymbol{B}(\boldsymbol{v},\boldsymbol{x}_{\text{s}})$ 是与速度 $\boldsymbol{v}$ 有关的量，$\boldsymbol{B}$ 表示正传播过程。其中，$\boldsymbol{x}_{\text{s}}$ 为炮点坐标，$\boldsymbol{x}_{\text{r}}$ 为与炮点相关的检波点坐标。由于我们不可能在整个模型空间观测数据，只能在地表（或井中等）观测，因此需要用一个算子 $\boldsymbol{R}$ 来表述检波点位置限定，$\boldsymbol{Ru}(t,\boldsymbol{x},\boldsymbol{x}_{\text{s}};\boldsymbol{v}) = \boldsymbol{u}(t,\boldsymbol{x}=\boldsymbol{x}_{\text{r}},\boldsymbol{x}_{\text{s}};\boldsymbol{v})$。数据残差为 $\boldsymbol{Ru}(t,\boldsymbol{x},\boldsymbol{x}_{\text{s}};\boldsymbol{v}) - \boldsymbol{d}_{\text{obs}}(t,\boldsymbol{x}_{\text{r}},\boldsymbol{x}_{\text{s}})$。测量这一残差受制于许多因素，如地震子波的影响、噪声的影响等。这里，首先考虑最基本的情况，即子波正确、噪声符合高斯分布（在统计意义下可以忽略）。定义目标泛函：

$$E(\boldsymbol{v}) = \frac{1}{2}\sum_{x_{\text{s}}}\sum_{x_{\text{r}}}\sum_{t}\left[\boldsymbol{Ru}(t,\boldsymbol{x},\boldsymbol{x}_{\text{s}};\boldsymbol{v}) - \boldsymbol{d}_{\text{obs}}(t,\boldsymbol{x}_{\text{r}},\boldsymbol{x}_{\text{s}})\right]^2 \tag{5-44}$$

可以用变分原理来推导梯度。由于限定算子 $\boldsymbol{R}$ 和观测数据 $\boldsymbol{d}_{\text{obs}}(t,\boldsymbol{x}_{\text{r}},\boldsymbol{x}_{\text{s}})$ 对模型无关，目标泛函的变分可以写为：

$$\begin{aligned}\delta E(\boldsymbol{v}) &= \frac{1}{2}\delta(\boldsymbol{Ru}-\boldsymbol{d}_{\text{obs}},\boldsymbol{Ru}-\boldsymbol{d}_{\text{obs}}) = \\ &\left(\delta(\boldsymbol{Ru}-\boldsymbol{d}_{\text{obs}}),\boldsymbol{Ru}-\boldsymbol{d}_{\text{obs}}\right) = (\boldsymbol{R}\delta\boldsymbol{u},\boldsymbol{Ru}-\boldsymbol{d}_{\text{obs}})\end{aligned} \tag{5-45}$$

问题转化为求取 $\delta\boldsymbol{u}$。正传播波场的变分 $\delta\boldsymbol{u}$ 可以写为：

$$\delta\boldsymbol{u} = \lim_{\varepsilon\to 0}\frac{\boldsymbol{u}(\boldsymbol{v}+\varepsilon\delta\boldsymbol{v}) - \boldsymbol{uv}}{\varepsilon} \tag{5-46}$$

式中，$\delta\boldsymbol{v}$ 为速度场扰动。$\boldsymbol{u}(\boldsymbol{v})$ 和 $\boldsymbol{u}(\boldsymbol{v}+\varepsilon\Delta\boldsymbol{v})$ 均满足波动方程，记 $\boldsymbol{u}_{\varepsilon} = \boldsymbol{u}(\boldsymbol{v}+\varepsilon\delta\boldsymbol{v})$，代入波动方程，

$$\frac{1}{\boldsymbol{v}^2}\frac{\partial^2\boldsymbol{u}}{\partial t^2} - \Delta\boldsymbol{u} = \delta(\boldsymbol{x}-\boldsymbol{x}_{\text{s}})f_{\text{s}}(t) \tag{5-47}$$

$$\frac{1}{(\boldsymbol{v}+\varepsilon\delta\boldsymbol{v})^2}\frac{\partial^2\boldsymbol{u}_{\varepsilon}}{\partial t^2} - \Delta\boldsymbol{u}_{\varepsilon} = \delta(\boldsymbol{x}-\boldsymbol{x}_{\text{s}})f_{\text{s}}(t) \tag{5-48}$$

基于线性化假设，将式（5-65）在 $\boldsymbol{v}$ 处泰勒展开，并取其一阶项，合并可得：

$$\left(\frac{1}{\boldsymbol{v}^2}\frac{\partial^2}{\partial t^2} - \Delta\right)\delta\boldsymbol{u} = \left(\frac{1}{\boldsymbol{v}^2}\frac{\partial^2}{\partial t^2} - \Delta\right)\left(\frac{\boldsymbol{u}_{\varepsilon}-\boldsymbol{u}}{\varepsilon}\right) = \frac{2\delta\boldsymbol{v}}{\boldsymbol{v}^3}\frac{\partial^2\boldsymbol{u}}{\partial t^2} \tag{5-49}$$

式（5-49）就是波动方程的表达式。因此，其含义表示以右端项为震源的波场传播出的波场为 $\delta\boldsymbol{u}$，即：

$$\delta\boldsymbol{u} = \boldsymbol{B}\left(\frac{2\delta\boldsymbol{v}}{\boldsymbol{v}^3}\right)\frac{\partial^2\boldsymbol{u}}{\partial t^2} \tag{5-50}$$

因此，式（5-45）定义的变分可以写为：

$$\begin{aligned}\delta E(\boldsymbol{v}) &= (\boldsymbol{R}\delta\boldsymbol{u}-\boldsymbol{d}_{\text{obs}}) = \left(\boldsymbol{B}\left(\frac{2\delta\boldsymbol{v}}{\boldsymbol{v}^3}\frac{\partial^2\boldsymbol{u}}{\partial t^2}\right),\boldsymbol{R}^*(\boldsymbol{Ru}-\boldsymbol{d}_{\text{obs}})\right) \\ &= \left(\frac{2\delta\boldsymbol{v}}{\boldsymbol{v}^3}\frac{\partial^2\boldsymbol{u}}{\partial t^2},\boldsymbol{B}^*(\boldsymbol{R}^*(\boldsymbol{Ru}-\boldsymbol{d}_{\text{obs}}))\right)\end{aligned} \tag{5-51}$$

式（5－51）的推导过程应用了两次共轭。其中，$\boldsymbol{R}^*$ 定义将限定在检波器上的数据残差空间扩展到整个模型空间（只需要将非检波器位置充零即可）。$\boldsymbol{B}^*$ 的应用基于伴随状态法，即局部扰动近似。$\boldsymbol{B}^*(\boldsymbol{R}^*(\boldsymbol{Ru}-\boldsymbol{d}_{\mathrm{obs}}))$ 即是将剩余波场在模型空间反传播，即逆时偏移。则泛函对速度模型的梯度为：

$$\boldsymbol{g}(\boldsymbol{v})=\frac{\delta E(\boldsymbol{v})}{\delta \boldsymbol{v}}=\frac{2}{\boldsymbol{v}^3}\sum_{x_s}\sum_{t}\frac{\partial^2 \boldsymbol{u}}{\partial t^2}B^*(\boldsymbol{R}^*(\boldsymbol{Ru}-\boldsymbol{d}_{\mathrm{obs}})) \tag{5-52}$$

可见，梯度方向的值由正传播场在时间上的二阶导数与剩余数据的反传波场在时间上的内积得到。每一炮的正反传波场都是独立计算的。最终求取的梯度值为每一炮求取结果的叠加。式（5－52）涉及一炮的两次波场传播。可以整理梯度求取的实现方案：

（1）对每一炮：

①计算并记录每一时刻的正传波场 $\boldsymbol{u}$。

②计算检波点位置的波场残差 $\boldsymbol{Ru}-\boldsymbol{d}_{\mathrm{obs}}$。

③将波场残差反传播到模型空间，得到反传播数据 $\boldsymbol{B}^*(R^*(\boldsymbol{Ru}-\boldsymbol{d}_{\mathrm{obs}}))$。

④求取反传波场与正传波场在时间上的二阶导数在时间上的内积，得到单炮的梯度。

（2）叠加所有炮求取的梯度值，得到与模型空间的全局梯度。

这样就得到了无论是梯度导引类还是牛顿类反演方法的梯度方向。

这里，我们是基于全波场模拟的方法求取正反传波场的，由此得到的梯度是全波形反演的梯度。当然，由定义的梯度方向中的波场算子同样可以由其他的算子得出。例如，可以用射线追踪的方法得到波场，此时的梯度就变为层析的梯度方向。

式（5－52）是时间域求解的梯度，而在频率域，有着类似的表达形式（Plessix 和 Mulder）：

$$\boldsymbol{g}(\boldsymbol{v})=\frac{\delta E(\boldsymbol{v})}{\delta \boldsymbol{v}}=-\frac{2\omega^2}{\boldsymbol{v}^3}\sum_{\omega}\sum_{x_s}\tilde{\boldsymbol{u}}\boldsymbol{B}^*(\boldsymbol{R}^*(\boldsymbol{R}\tilde{\boldsymbol{u}}-\tilde{\boldsymbol{d}}_{\mathrm{obs}})) \tag{5-53}$$

式中，$\tilde{\boldsymbol{u}}$ 和 $\tilde{\boldsymbol{d}}_{\mathrm{obs}}$ 分别为 $\boldsymbol{u}$ 和 $\boldsymbol{d}_{\mathrm{obs}}$ 的傅里叶变换。因此，Pratt 建立的频率域反演策略与 Tarantola 建立的时间域反演策略在本质上是相同的。但在频率域，可以分析出一些明确的物理含义。正传波场对时间的二阶导数在频率域可以表现为一个频率的高通滤波。因此，FWI 对高频和高波数的速度结构更为敏感，这也导致 FWI 容易陷入局部极小值。即，如果给定的模型较为偏离真实模型的话，将很难得到一个更好的收敛效果。

式（5－53）定义的梯度规定了反演的方向。因此，只要方向大致正确（不至于出现符号反转），完全可以对梯度做相应的平滑。甚至，可以用近似的波场算子如射线追踪或基于 Beam 类的方法来快速地求取梯度值。这种近似可以将反演策略引入层析反演方法。

还可以在梯度的形成方式上做一些近似。如可以省去正传波场对时间的二阶导数。这种处理在频率域表现为对式（5－51）的低通滤波。得到一个形如逆时偏移的解。逆时偏移的解可以写为：

$$g(v) = \frac{2}{v^3} \sum_{x_s} \sum_{t} uw \tag{5-54}$$

式中，$w = B^*(R^* d_{obs})$。全波形反演中求取的梯度不同于逆时偏移的是，式（5-52）反传的是剩余波场 $Ru - d_{obs}$，而逆时偏移反传的是接收数据 d_{obs}。而按照传播剩余波场，即用逆时偏移的方法反传剩余波场本质上是低通滤波。在实际求解时，能够起到避免迭代出现局部极小值的效果。

5.2.2.3 迭代步长计算

迭代步长可采用线性搜索的方法进行求取。线性搜索方法主要有以下两种：非线性搜索方法和抛物搜索方法，其中抛物搜索又包括三点抛物搜索与两点抛物搜索，下面分别加以介绍。

1）非精确线性搜索方法

非精确线性搜索方法是运用范围非常广泛的一种最优化步长的求取方法，该方法总体希望目标泛函收敛快，在每一步不要求泛函达到精确最小，仅需要有足够的下降量即可，整体收敛速度较快。非精确线性搜索需要使目标泛函有足够的下降量，满足 Armijo 准则：

$$X(\boldsymbol{m}_n + \alpha \boldsymbol{d}_n) \leqslant X(\boldsymbol{m}_n) + \mu\alpha \boldsymbol{b}_n^{\mathrm{T}} \boldsymbol{d}_n \tag{5-55}$$

式中，$\mu \in (0, 0.5)$，在实际应用中，μ 取非常小的数，在这里可令 $\mu = 0.0001$，为了避免 α 太小的情况，Goldstein（1965）给出了另外一个条件，即：

$$X(\boldsymbol{m}_n + \alpha \boldsymbol{d}_n) \geqslant X(\boldsymbol{m}_n) + \kappa\alpha \boldsymbol{b}_n^{\mathrm{T}} \boldsymbol{d}_n \tag{5-56}$$

式中，$\kappa \in (\mu, 1)$。Goldstein 准则的缺点是步长的极小值可能被排除在可接受区域之外。为了克服这个缺点 Wolfe 从斜率的角度给出了另外一个准则，即：

$$\nabla_{\mathrm{m}} X(\boldsymbol{m}_n + \alpha \boldsymbol{d}_n) \geqslant \kappa \boldsymbol{b}_n^{\mathrm{T}} \boldsymbol{d}_n \tag{5-57}$$

2）三点抛物法

采用三点抛物法计算步长，其理论依据为二次多项式可以在最优点附近较好地逼近函数的形状。做法是在函数的最优点附近取三个构造点，然后用这三个点构造一条抛物线，把抛物线的极值点作为函数的极值点附近。每次构造一条抛物线后，抛物线的极值点可作为一个新的构造点，新的构造点与原来的三个构造点通过计算，得到下一条抛物线逼近的三个构造点。

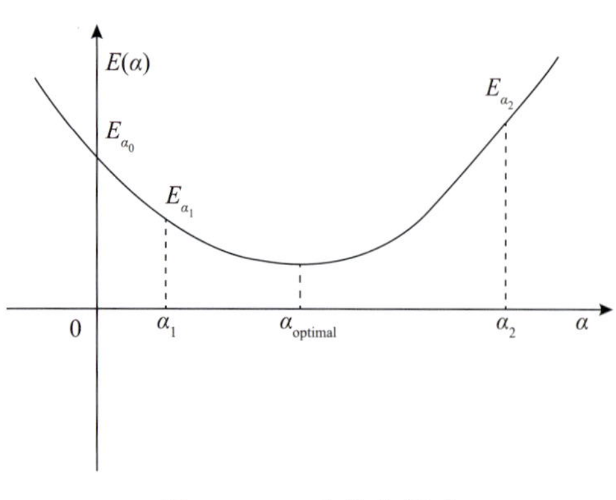

图 5-3　三点抛物搜索

抛物线法极值点计算方法如下，如图 5-3 所示。

图 5-3 中，α_0、α_1、α_2 对应的值分别为 E_{α_0}、E_{α_1}、E_{α_2}，建立如下方程组求解抛物

线系数 a、b、c。若求函数对应的极值，令函数关于 α_0、α_1、α_2 的导数为0，可得 $\alpha = -\dfrac{b}{2c}$。

$$\begin{cases} P(\alpha_0) = E_{\alpha_0} = \alpha + b\alpha_0 + c\alpha_0^2 \\ P(\alpha_1) = E_{\alpha_1} = \alpha + b\alpha_1 + c\alpha_1^2 \\ P(\alpha_2) = E_{\alpha_2} = \alpha + b\alpha_2 + c\alpha_2^2 \end{cases} \tag{5-58}$$

将求得的抛物线方程系数代入式（5-58），则有最优步长为：

$$\alpha_{\text{optimal}} = \frac{1}{2}\frac{(\alpha_1^2 - \alpha_2^2)E_{\alpha_0} + (\alpha_2^2 - \alpha_0^2)E_{\alpha_1} + (\alpha_0^2 - \alpha_1^2)E_{\alpha_2}}{(\alpha_1 - \alpha_2)E_{\alpha_0} + (\alpha_2 - \alpha_0)E_{\alpha_1} + (\alpha_0 - \alpha_1)E_{\alpha_2}} \tag{5-59}$$

3）两点抛物法

首先，给定一个全局的试探步长，以此更新速度得到一个伪更新速度模型 $\boldsymbol{m}_{\text{p}} = \boldsymbol{m} - \alpha_0\Delta\boldsymbol{m}$，基于该模型进行正演模拟并求取对应的误差泛函：

$$E(\boldsymbol{m}_{\text{p}}) = \frac{1}{2}\sum_s\sum_r\sum_t (\boldsymbol{u} - \boldsymbol{d}_{\text{obs}})^2 \tag{5-60}$$

将误差泛函在 $\boldsymbol{m}$ 附近作二阶泰勒展开：

$$\begin{aligned} E(\boldsymbol{m}_{\text{p}}) &= E(\boldsymbol{m}) - \alpha_0[\boldsymbol{g}(\boldsymbol{m}),\boldsymbol{g}(\boldsymbol{m})] + \frac{\alpha_0^2}{2}\tau \\ &= E(\boldsymbol{m}) - \alpha_0\left(\|\boldsymbol{g}(\boldsymbol{m})\|^2 + \frac{\alpha_0}{2}\tau\right) \end{aligned} \tag{5-61}$$

式中，τ 为一个跟目标泛函对模型的二阶导数有关的量；$\boldsymbol{g}(\boldsymbol{m})$ 为梯度。由式（5-61）可以求得 τ 的解：

$$\tau = \frac{2\left(E(\boldsymbol{m}_{\text{p}}) - E(\boldsymbol{m}) + \alpha_0(\|\boldsymbol{g}(\boldsymbol{m})\|^2)\right)}{\alpha_0^2} \tag{5-62}$$

如果存在最优步长，则在步长周围应该满足误差函数关于步长的导数为0，由式（5-61）可得到最优步长：

$$\alpha = \frac{\|\boldsymbol{g}(\boldsymbol{m})\|^2}{\tau} \tag{5-63}$$

5.2.2.4 震源子波估计

全波形反演主要包含两个反问题的求解，一个是模型参数反问题，另一个是地震子波估计。为了得到子波常用的估计方法有确定性和统计性两大类。确定性子波估计适用于测井信息丰富的地区，通过井资料进行子波估计。而统计性子波估计假设反射系数满足某种规律，适用于反射系数规律较为简单的地区。两种方法都能够提供较为准确的子波，但是都有各自的适用性且用于波动理论的正演时频散较为严重。本章节采用的是基于波动理论的子波估计方法，该方法基于波动方程正演，不受测井信息和反射系数规律限制，得到的子波对于同样是波动理论的全波形反演有较强的适用性。在频率域中，震源信号可以通过对单个频率求解线性问题（Pratt，1999）来估计。而得到时间域的震源也仅仅需对频率域震源做傅里叶反变换即可。

频率域中，震源信号可以通过单个频率求解线性问题获得。根据地震波场 $u(\omega)$ 与震源项 $F(\omega)$ 之间的线性关系为：

$$u(\omega,\boldsymbol{x}) = F(\omega)G(\omega,\boldsymbol{x}) \tag{5-64}$$

常用的反演 $\boldsymbol{L}_2$ 模误差泛函为，通过引入震源校正因子 $\alpha(\omega)$，使得模拟记录逼近观测记录：

$$\begin{aligned} E(\boldsymbol{m}) &= \frac{1}{2}(d_{\text{obs}} - u)^{\text{T}}(d_{\text{obs}} - u) \\ &= \frac{1}{2}(d_{\text{obs}} - \alpha(\omega)F(\omega)\boldsymbol{G}_{\text{R}})^{\text{T}}(d_{\text{obs}} - \alpha(\omega)F(\omega)\boldsymbol{G}_{\text{R}}) \end{aligned} \tag{5-65}$$

求解震源校正因子 $\alpha(\omega)$ 使得误差泛函最小，对误差泛函关于校正因子求取导数令其为零，得到校正因子的表达式：

$$\alpha(\omega) = \frac{d_{\text{obs}}^{\text{T}} u_{\text{cal}}^{*}}{u_{\text{cal}}^{\text{T}} u_{\text{cal}}^{*}} \tag{5-66}$$

震源估计需要满足地下介质已知的情况，在迭代 FWI 算法中，要求对地下介质和震源进行交替更新。通常认为，在 FWI 中更新地下介质的同时，进行震源估计被认为是更加精确的。因此，震源估计也可以被当作是 FWI 的质量监控。

通常用于全波形反演的速度模型存在精度不高等问题，基于初始速度模型的正演模拟结果与观测记录出入较大，图 5-4 是一个实际资料的测试，观测记录与模拟记录之间的反射波同相轴不能很好的匹配，如果直接用全波场信息进行子波反演，则会严重影响子波估计的精度。

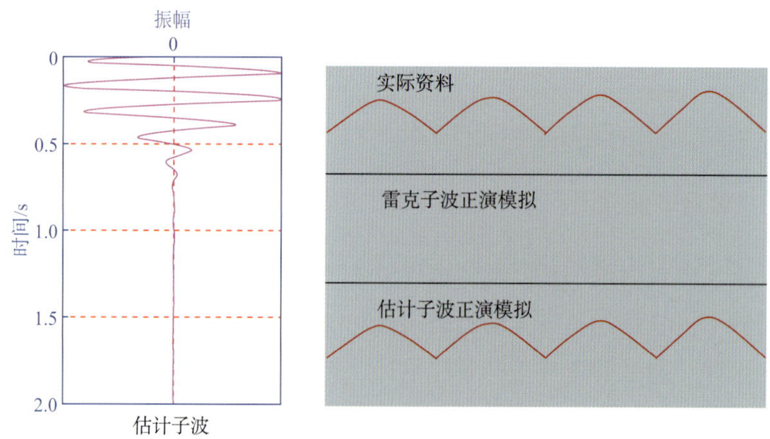

图 5-4　估计子波及效果对比

为了使子波估计有更强的适用性可采取多尺度的子波估计策略，这里的多尺度不是常规意义上的分频多尺度，而是波形从简单的直达波到复杂的全波场以及偏移距由近到远。当初始速度场精度不高模拟炮记录远偏移距的反射波无法与观测记录的反射波匹配，这时候就不适用远偏移距全波场进行子波反演。但是通常情况下表层速度更加精确，特别是海上资料，海水的速度相对固定，模拟炮记录的直达波比较准确，可以截取观测记录的近偏移距直达波进行子波估计。并基于子波估计的结果通过全波形反演迭代更新速度，随着模型精度的提高，再选取远偏移距全波场估计子波。图 5 -4 所示的中国石化东北某探区子波估计结果，估计子波与 Ricker 子波正演炮记录相比于实际资料更为匹配，证明了子波估计的准确性。

5.3 高精度速度建模实现

全波形反演强烈依赖于一个较好的宏观初始速度模型，目前主流的宏观速度模型估计方法有层析成像反演方法和基于偏移的速度反演两类，实际资料处理中一般采用基于射线层析的初始速度建立方法。对于陆地资料准确的近地表速度直接影响全波形反演的正确性与地震成像的准确性。初至波层析技术方法具有局限性，仅利用地震波运动学特征精确度不高，存在建模的盲区，再加上人工拾取初至波存在较大误差、工作量较大，已经不能满足高精度近地表建模要求。

本节针对常规初始速度建模精度低的问题提出了递进式的速度建模，并开展早至波全波形反演，为常规的全波形反演提供高精度初始速度模型。

5.3.1 递进式初始速度建模

全波形反演技术具有高度的非线性和病态性，初始模型的建立一直是全波形反演所面临的巨大挑战。初始模型需要在目标函数的收敛域内，即产生的模拟数据与观测数据的走时误差不能超过半个周期，否则会产生非常严重的周波跳跃问题，导致反演结果陷入局部极值无法收敛。对此，本章节采用的是递进式的速度建模方法来构建初始速度模型，即首先进行射线走时层析反演复杂速度场的低波数背景成分，实现从时间域建模到深度速度域模型的建立。基于射线走时层析的结果再进行高斯束层析反演复杂构造的中波数速度成分，得到更高精度的速度场，为后续 FWI 高精度反演提供更稳健的输入。同时针对陆地资料复杂近地表问题，提出了早至波近地表全波形反演方法。第 4 章已经介绍了如何通过高斯束层析反演建立速度模型的中波数成分，本节中 5.3.2 和 5.3.3 将重点介绍早至波全波形反演速度建模方法。

5.3.2 早至波识别与提取方法

早至波波形反演建模方法，是指利用早至波这一特征波波形信息，基于全波形反演理论实现对近地表、中浅层的速度建模。和初至波一样，在物理意义上早至波并不特指某一类型的波，它包含了很多波的信息，如直达波、首播、透射波、回折波、折射波等。早至波的英文表述为 early arrival waves，因此它和初至波（first arrival wave）是有很大区别的，如图 5－5 所示。初至波是指被检波器首先记录的最先到达的直达波、首波、透射波等波中的一种。而早至波则是指初至到达之后一段时间内被检波器记录下来的这些波的集合。在近偏移距主要表现为，在第一层反射界面以上传播的波的集合。这些波没有经过反射界面改造，其波形信息中含有该区域内速度异常体的丰富信息，因此我们试图利用这些特征波，通过波形反演的手段来完成对这些速度异常体的重建。在大偏移距主要有来自深层的折射波、反射波以及潜波等波形信息，这些信息在全波形反演过程中，对深部模型的估计有着重要的意义。因此，对于近地表、中浅层速度建模来说，我们将避开这些信息。早至波在炮集记录上主要表现为线性特征。在常规处理去面波等线性干扰时，往往损坏了早至波的信息，而常规建模、成像手段基本不需要早至波信息，因此很多情况下早至波被当作噪音干扰去除。早至波波形反演建模，主要使用近偏移距的早至波的走时及波形信息，因此在实际资料应用过程中需要对早至波予以保幅、保真的处理。

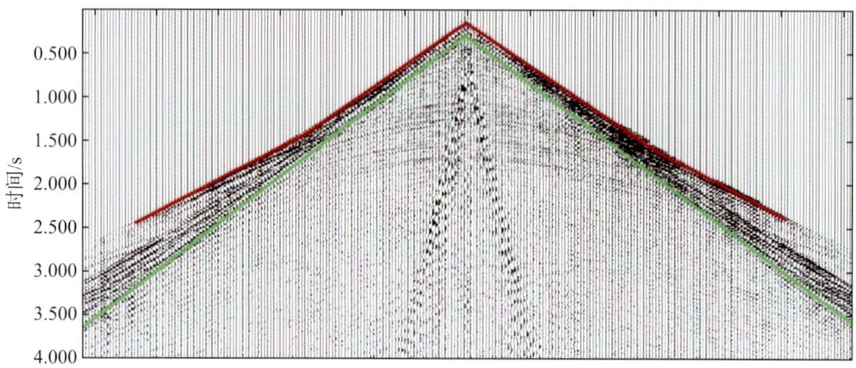

图 5－5　初至波与早至波对比

初至波为红线部分，早至波为红线以下 200ms 左右绿线以上部分

由于在反演的时候需要匹配早至波的波形、相位、振幅等信息，因而如何从原始地震资料中提取有效的早至波对反演结果的好坏起到了至关重要的作用。可采用商业地震资料处理软件 Omega 从原始地震资料中提取所需要的早至波信息。提取的早至波信息流程如图 5－7 所示。提取的早至波信息如图 5－6 所示。

5.3.3 早至波模拟与反演

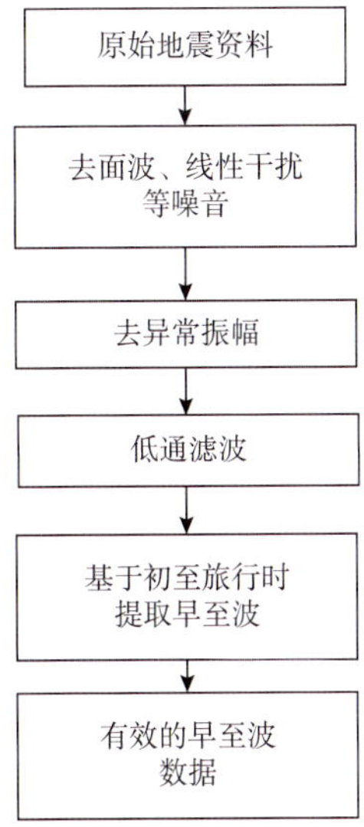

图 5－6　实际资料早至波提取流程图

在近地表及中浅层建模过程中，早至波发挥了重要作用。利用拾取初至波及初至后一段时窗内的信息，会带来浅层折射波等干扰信息而造成反演的错误收敛。因此，正演准确的模拟出与实际资料匹配的早至波是早至波的波形反演的基础。针对复杂近地表速度异常及复杂介质情况下，波形反演方法可以弥补传统射线理论建模的“盲区”。因此，我们不仅需要准确模拟早至波的运动学信息，早至波的动力学信息也十分重要。基于此，针对近地表及中浅层的速度建模，需要避开来自深层的被大偏移距检波器接收到的波形信息，所以在近偏移距的第一层反射界面反射波到达之前的早至波是我们模拟的重点。为了准确模拟其运动学和动力学特征，早至波的模拟将采用波动方程数值模拟的方法。

全波形反演的深度受偏移距和波数两个因素的影响，当不考虑波数时，全波形反演重建的深度约为波长的三分之一，在基于早至波特征波的全波形反演时，因为我们仅考虑复杂区近地表的速度建模，因而仅需要小偏移距的在近地表传播的波场信息，而且仅需要早至波那部分信息分量，基于此，我们改进波动方程：

$$
\begin{cases}
\dfrac{1}{k(x,y,z)}\dfrac{\partial p(x,y,z,t_s)}{\partial t}=\dfrac{\partial v_x(x,y,z,t_s)}{\partial x}+\dfrac{\partial v_y(x,y,z,t_s)}{\partial y}+\dfrac{\partial v_z(x,y,z,t_s)}{\partial z}\\
\dfrac{\partial v_x(x,y,z,t_s)}{\partial t}=\dfrac{1}{\rho(x,y,z)}\dfrac{\partial p(x,y,z,t_s)}{\partial x}\\
\dfrac{\partial v_y(x,y,z,t_s)}{\partial t}=\dfrac{1}{\rho(x,y,z)}\dfrac{\partial p(x,y,z,t_s)}{\partial y}\\
\dfrac{\partial v_z(x,y,z,t_s)}{\partial t}=\dfrac{1}{\rho(x,y,z)}\dfrac{\partial p(x,y,z,t_s)}{\partial z}
\end{cases}
\tag{5－67}
$$

近地表早至波波场信息分量为：

$$\tilde{v}_{x,y,z}(x,y,z,t_s)=v_{x,y,z}(x,y,z,t_s)\mathrm{e}^{\frac{1}{t_L}(-t+t_0)}\mathrm{e}^{-\alpha x} \tag{5－68}$$

式中，$\tilde{v}_{x,y,z}(x,y,z,t_s)$代表小偏移距的早至波波场信息；$\mathrm{e}^{-\alpha x}$表示波场沿着偏移距方向的衰减函数，随着偏移距的增大，波场逐渐衰减为0，仅保留小偏移距内的数据，而$\mathrm{e}^{\frac{1}{t_L}(-t+t_0)}$为波场沿时间方向的衰减函数，当时间衰减因子较大时，波场会沿着时间方向迅速衰减，从而仅保留早至波内的数据。

上述改进仍然遵循波动方程，且是有条件的。一是要使用小偏移距信息，而是要根据地质条件选择波场传播时间t_s。

为了验证早至波模拟的精度，分别对二维 Marmousi 模型和一个层状三维模型进行了模拟实验。图 5－7 为模拟的二维 Marmousi 模型的早至波记录效果对比图。Marmousi 模型的原型是西非安哥拉 Cuanza 盆地中一条纵横向剧烈变速的剖面，在其左侧模型较为简单，在其右侧包含复杂的地质构造，大套的薄层几乎被 4 条逆冲断层和一个不整合面切割，断

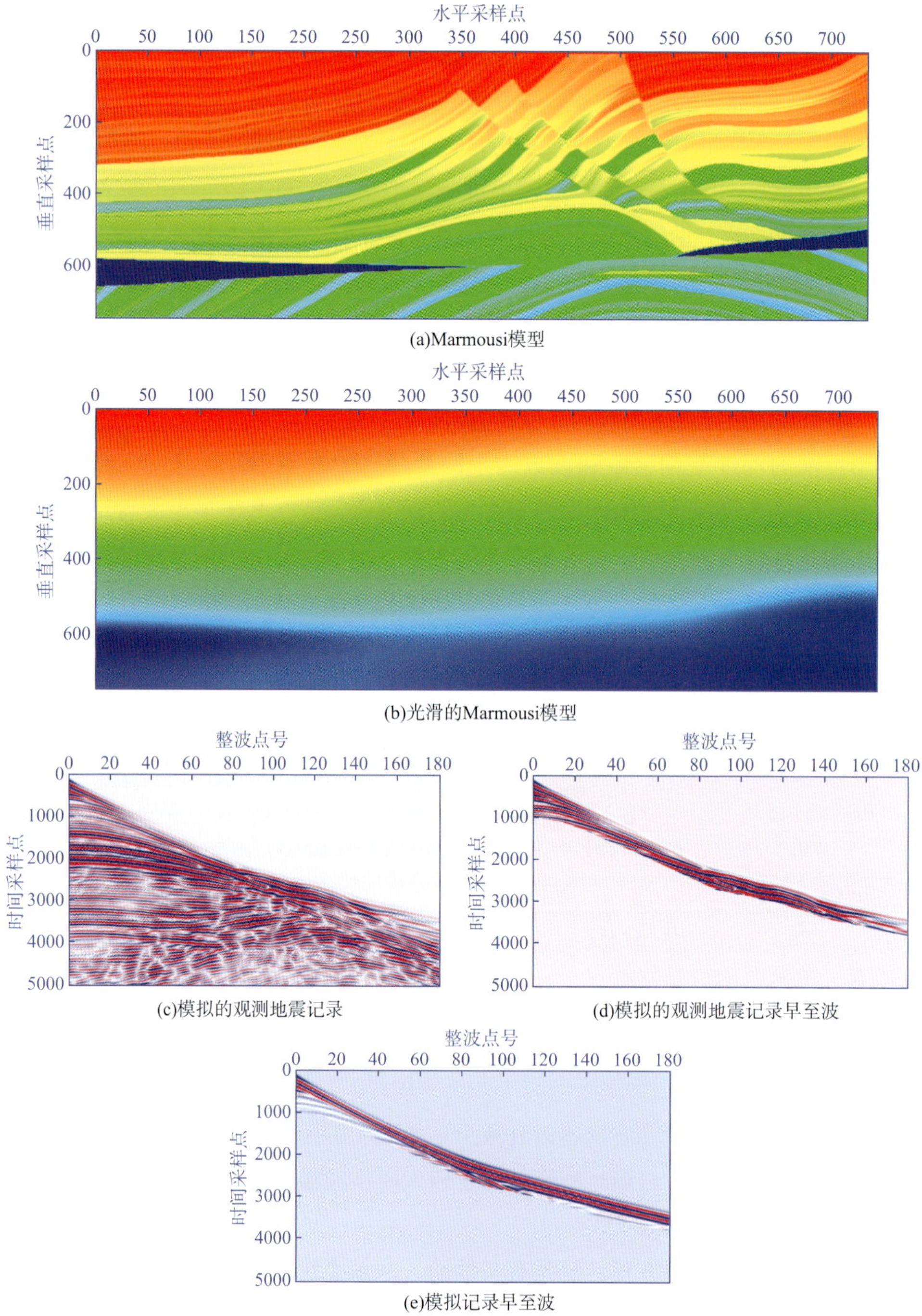

(a)Marmousi模型

(b)光滑的Marmousi模型

(c)模拟的观测地震记录

(d)模拟的观测地震记录早至波

(e)模拟记录早至波

图 5－7　二维早至波模拟效果图

层下隐伏背斜构造，深部盐丘下还有比较明显的低速体。由于逆冲断层很难被初至波层析成像识别出来因而 Marmousi 模型是测试早至波全波形反演效果的一个较为理想的模型。在该实例中，Marmousi 模型的大小为 750×737，空间采样间隔为 10m，采用的 10Hz 的雷克子波，记录的时间为 5s，时间采样间隔为 0.1s，图 5-7（c）为真实 Marmousi 模型模拟的观测地震记录，从记录中可以看出，由于模型的复杂，其观测地震记录非常复杂。图 5-7（d）为从观测数据中提取的早至波信息，相对于较为复杂的全波形信息，早至波波形相对更加简单。图 5-7（e）为图大尺度高斯平滑模型正演得到的模拟地震记录所提取的早至波信息。在早至波全波形反演时，我们需要匹配的是图 5-7（e）和图 5-7（d）的数据波形，振幅和相位差，由于波形相对更加简单，在一定程度上减少了常规全波形反演的非线性程度，因而其稳定性更高，不容易陷入局部极小值，求出的解更加可靠。

5.4 模型测试

在构建早至波波形反演算法的基础上，为了验证早至波建模对射线类建模“盲区”的突破以及早至波反演的精度，我们选用 BP AIT 模型测试，如图 5-8 所示。该模型浅层部分有明显的低速异常体，且半径形状各异，中部地层含高速异常体。

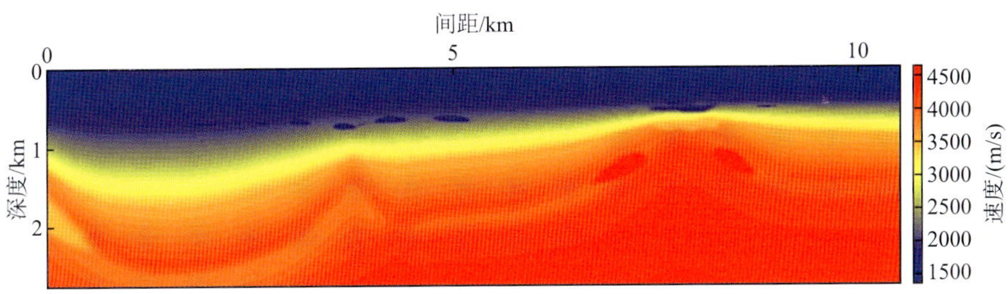

图 5-8 真实模型

浅层部分分布有形态各异的低速异常点，中层部分有高速异常点

本测试中初始模型采用准确的背景速度场，如图 5-9 所示，即中浅层高低速异常体均缺失。我们试图通过早至波波形反演对该模型的近地表速度异常体进行恢复重建。

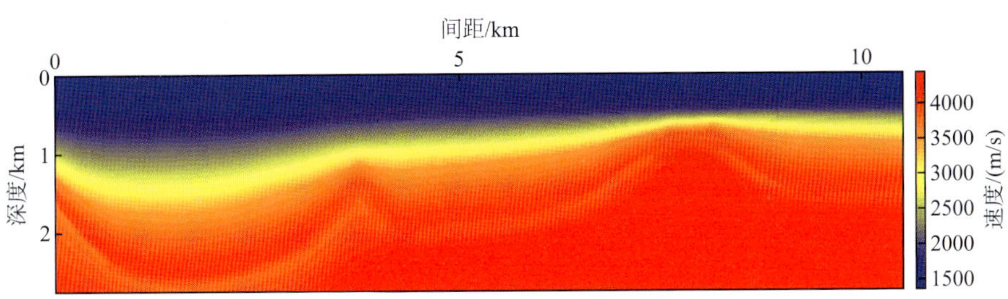

图 5-9 准确的背景速度场

中浅层速度异常均缺失

反演采用陆上滚动采集的方式，左边放炮，右边接收。炮点间隔40m，共200个炮点。检波点间隔10m，每炮200个检波点，最大偏移距2km。炮点均匀分布在1～8km处。反演结果如图5-10所示。对于浅层部分速度异常体，准确归位。右方9km处低速异常只有少许显示，并没有准确重建，这是由于该区域覆盖次数较低，没有炮点分布。如果采用双边滚动采集将会大幅提升反演精度，尤其对照明不足的区块。此外，我们看到中深层1.5km，横向8km左右高速速度异常也没有准确重建，这主要因为我们选取的偏移距2km以内的早至波没有传播到这一区域，因此，对该区块没有改善。

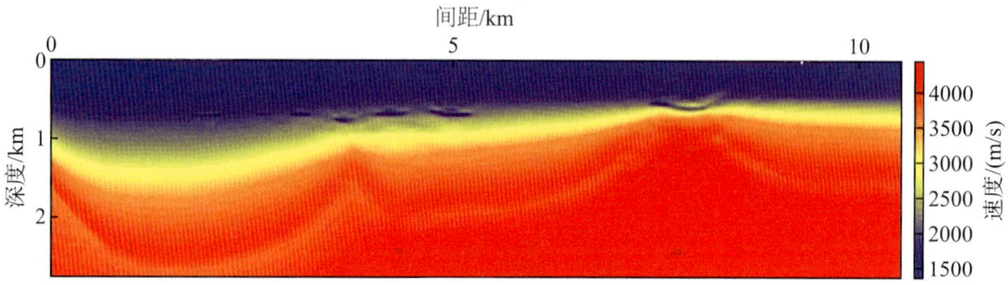

图5-10　早至波波形反演结果

浅层低速异常区域得到准确重建

早至波波形反演相对于全波形反演的优势在于他仅使用一部分波形信息，减少目标函数的极值点，降低了问题的非线性。因此，早至波波形反演较全波形反演更易于收敛到全局最优解。早至波波形反演并不像全波形反演那样严格的要求准确的背景速度场。为了证明这一点，我们从一个均匀递增的梯度速度场出发，对BP AIT模型进行反演。根据早至波波形反演的在这一模型的作用区域，我们使用和前一实验相同的观测系统，反演地下1km深度的模型。初始模型速度变化范围从1500m/s均匀递增至2600m/s，如图5-11所示，反演结果表明，对早至波影响范围内的区域，即使没有准确的背景速度场，早至波也可以对速度异常点准确的重建。1D log对比显示，背景速度场的速度值被准确归位。100m

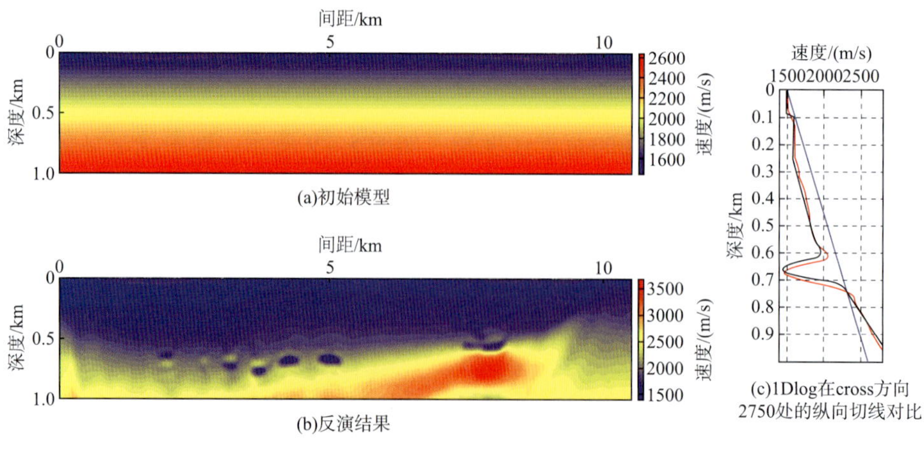

图5-11　均匀递增梯度场为初始模型反演

其中蓝线为初始模型，红线为真实模型，黑线为反演结果深处，层位的微小变化也有了明显的显示。低速异常体被高精度重建，位置信息完全准确，速度值变化趋势完全对应，但变化幅度稍有误差。如果数据中含有低频信息及使用 Bunk 时间域分频反演策略将大幅提高反演精度。

如果实际资料为早至波数据，而我们的反演采用传统的全波形反演时，由于受到模拟记录中深层的匹配误差，近地表速度反演结果会引入成像噪音，波形反演会陷入局部极小值。为了验证这种情况我们采用 Marmousi 模型进行验证。正演采用有限差分正演模拟算子，模拟采用 5Hz 的雷克子波，时间采样为 1ms，记录时间长度为 4s，在反演过程中采用预条件件的 PLBFGS 算法，并采用 s 模型空间算子对梯度进行预处理，反演共迭代 30 次，图 5－12（a）为当观测记录采用全波场，传统全波形反演的结果，从反演结果中可以看出，中深层都得以较好的重建。图 5－12（b）为观测记录采用早至波，传统全波形反演的结果，从结果中可以看出，近地表速度出现低速异常值，且中深层反演陷入局部极值，和真实模型差距较远。图 5－12（c）为观测记录采用早至波，早至波全波形反演的结果，从反演结果可以看出，近地表速度得到了明显的改善，其中深层反演效果依然不佳，这是由于我们采用了近偏移距的早至波反演所致，由于采用了近偏移距的早至波，其仅能反演近地表模型。通过以上验证可知我们在实际资料中为了得到准确的近地表速度，应采用小偏移距的早至波全波形反演速度建模。

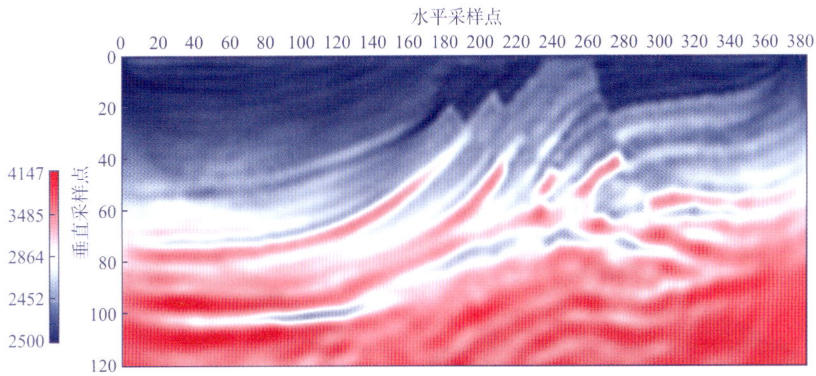

(a)传统FWI结果

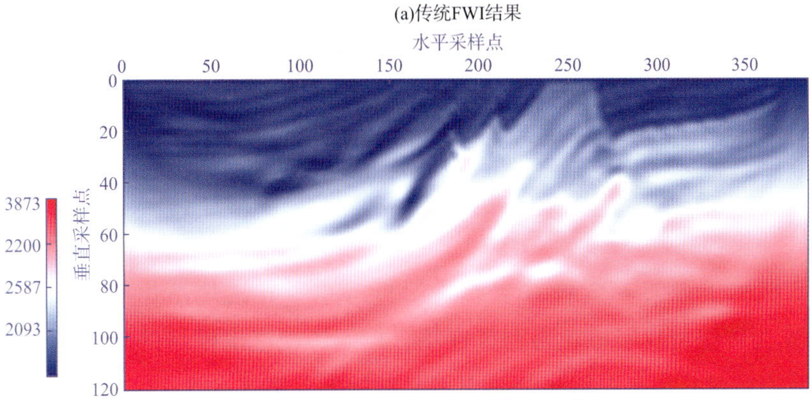

(b)观测记录为早至波，传统FWI结果

图 5－12 Marmousi 模型早至波反演结果

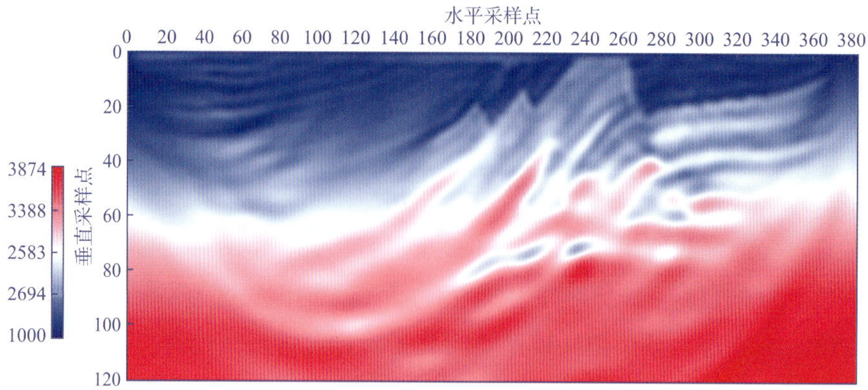

(c)观测记录为早至波，早至波反演结果

图5－12　Marmousi模型早至波反演结果（续）

5.5　实际资料测试

图5－13（a）为某陆上近地表速度模型，该模型较为简单，总体层状梯度模型，图5－13（b）为其切片显示，在该模拟中，空间网格大小为25m，时间采样间隔为2ms，共记录2.4s，偏移距范围是500 ~1000m，震源是由真实地震记录估计的地震子波，主频在5Hz。图5－14为沿时间方向衰减的地震记录，从图中可以看出，沿时间方向衰减后，模拟地震记录中只包含早至波的能量信息，而后续反射波能量被衰减掉。进而用模拟的早至波去匹配观测的早至波信息，从而使反演更加稳健。

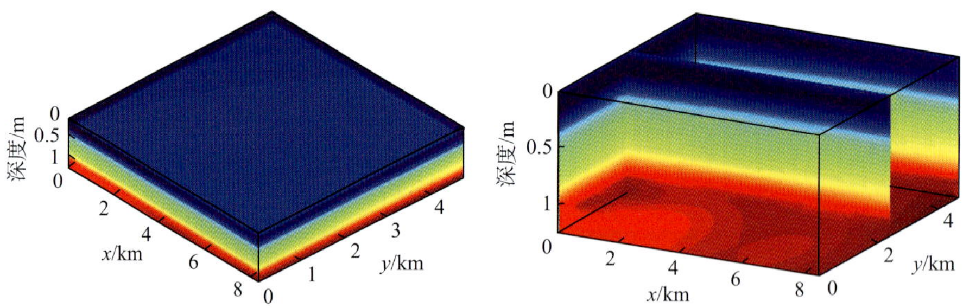

(a)三维整体显示　(b)切片显示

图5－13　近地表速度模型

图5－15展示了该实际资料常规射线层析与本书方法反演出的三维速度体对比。图5－15（a）为传统射线层析获得的速度场，较好体现速度模型的宏观变化规律，但仅恢复出低波数速度成分，存在反演分辨率不足的问题。图5－15（b）为高斯束层析反演的结果，再次基础上开展了早至波全波形反演和常规的全波形反演［图5－15（c）］，可

以看出反演结果中具有丰富的中、高波数信息，与常规射线层析［图 5－15（a)］相比，速度场的横向和纵向分辨率均明显改善，速度建模精度得到有效提升。

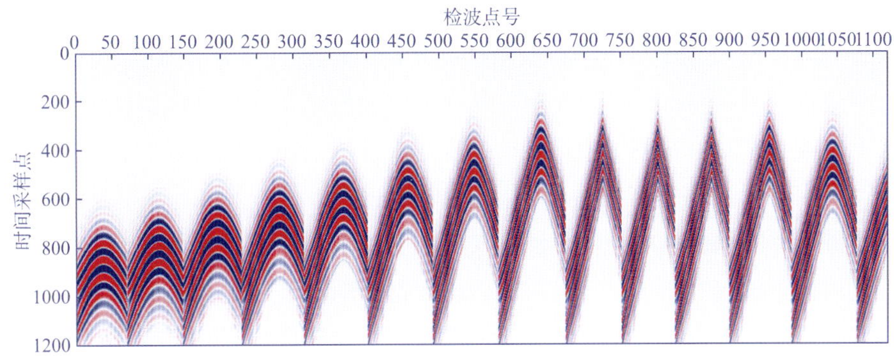

图 5－14　正演模拟的早至波

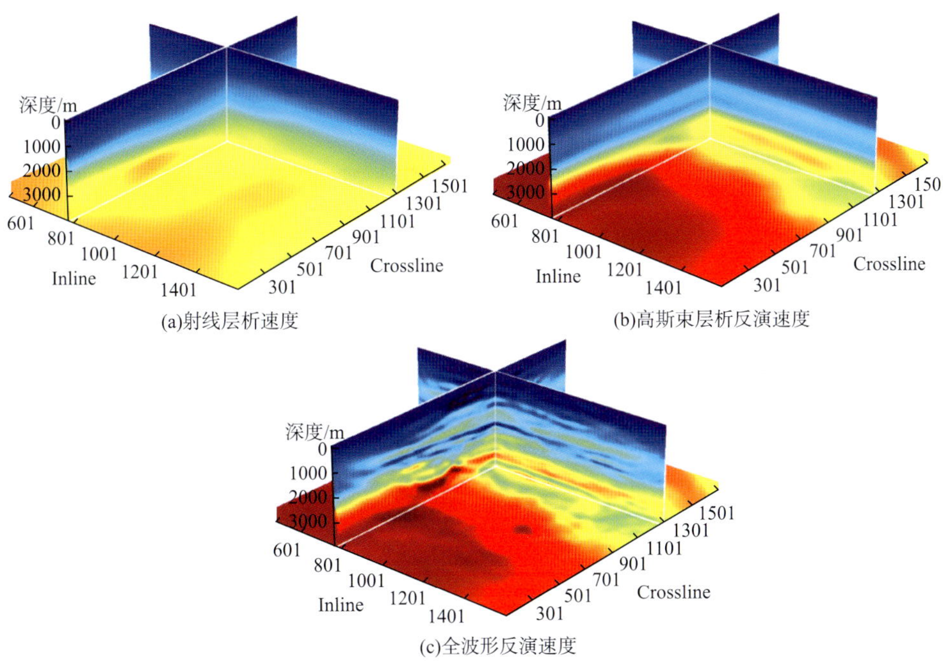

图 5－15　递进式全波形反演速度建模

5.6 小　结

准确的速度建模一直困扰着地球物理的难点和热点问题。速度建模精度的准确与否直接影响着偏移成像质量，为此许多物理学家致力于构建一套准确稳健的速度建模方案。传统的基于射线层析的速度建模方法，由于本身固有的高频近似的缺陷导致速度建模尺度较大，速度不准，往往无法满足后续地球物理需求。全波形反演技术由于建模精度高，其作为地球物理界一个新的研究热点，近年来也得到了飞速的发展。

全波形反演建模技术虽然理论建模精度非常高，然而其具有非常强烈的非线性问题，因此在反演过程中极易陷入局部极小值，从而造成建模速度和真实模型相去较远。为了提高初始模型精度，本章中采用了递进式的速度建模方法。在常规的射线层析速度建模的基础上通过高斯束层析反演速度建模得到中波数速度成分，并开展基于早至波的全波形反演，提高全波形反演精度。早至波全波形反演本身继承了全波形反演理论的优点——建模精度高，同时由于仅仅利用了早至波时窗内的数据，削弱了传统全波形反演技术的高度非线性，因而在一定程度上克服了全波形反演极易陷入局部极小值的问题。

6　各向异性速度建模技术

随着地震勘探开发程度的不断深入，地质目标的尺度越来越小、埋藏越来越深、构造越来越复杂，增加了勘探开发的难度，对资料处理（尤其是地震成像）的要求也越来越高，迫切需要理论更先进、精度更高的地震成像技术提供支撑。地下地层介质具有普遍的各向异性特性。例如，四川页岩探区普遍为周期性薄互层构造，表现出 TI 各向异性属性，其中裂缝定向发育造成速度随方位发生变化，表现为 VTI + HTI 的正交各向异性特征；西部塔里木海相碳酸盐岩属典型的岩溶 - 裂缝型储集体，这种储层同样可以看做是由薄互层构成的，其对称轴与薄互层对称轴相互垂直，地震波在其中的传播也显现出正交各向异性的特性。而地震学理论正是由简单的波动理论向真实地球介质波动理论步步逼近的过程，因此，建立的理论地球介质模型和实际地球介质越接近，以此为基础的地震学理论适应范围也越广，所描述的问题就越全面。

速度建模是偏移成像的核心环节，速度建模不准确，再先进的偏移方法都无法得到准确的结果。各向异性偏移成像方法发展迅速，包括射线类和波动类，都有针对各向异性成熟偏移理论和商业软件模块，然而各向异性建模发展相对滞后，虽然各大商业软件都有各向异性速度建模处理模块，但是每一套软件都有特定的建模思想和方法，并没有形成一套认可度较高的各向异性速度建模流程。这也不可避免的加大了各向异性速度建模的难度。

6.1　各向异性速度建模的理论基础

各向异性弹性波波动方程是研究地震各向异性的理论基础，是研究地震波传播规律的根本出发点。弹性动力学问题涉及的物体都是弹性的，即物体在外力的作用下产生的变形属于弹性变形，外力撤销后，变形消失。地震波传播所依赖的介质变形可归结为弹性变形，属于弹性动力学的范畴。弹性动力学提供的三个基本方程：本构方程（Hooke's Law）、运动微分方程（Navier 方程）、几何方程（Cauchy 方程），它们是描述弹性介质内部质点的位移、应力、和应变之间相互联系的普遍规律，是建立各向异性弹性波动方程的基础。

6.1.1 各向异性介质弹性波方程

1）本构方程

本构方程（广义虎克定律）描述的是应力与应变之间的关系，它反映了介质所固有的物理性质，是在弹性范围内基于 Green 弹性和 Cauchy 弹性确立的。本构方程的一般表达式为：

$$\boldsymbol{\sigma}_{ij} = \boldsymbol{C}_{ijkl}\boldsymbol{e}_{kl} \tag{6-1}$$

式中，$\boldsymbol{\sigma}_{ij}$ 是应力张量，$\boldsymbol{e}_{kl}$ 是应变张量，$\boldsymbol{C}_{ijkl}$ 是刚度张量，又称弹性矩阵，其元素称为弹性刚度常数，简称弹性常数，每个应力和应变张量有 9 个分量，这样组成的刚度张量有 81 个分量。根据应变张量的对称性，只有 6 个分量是独立的。应力是作用于单位截面积上平衡的面力，与平衡物体的内力有关，不包括非平衡力和扭转力。因此，应力张量也是对称的，只有 6 个独立分量。

根据应力、应变张量的对称性，可以证明刚度张量有对称性 $\boldsymbol{C}_{ijlk} = \boldsymbol{C}_{ijkl}$，$\boldsymbol{C}_{jikl} = \boldsymbol{C}_{ijkl}$。这样，弹性刚度张量由 81 个分量减为 36 个分量。另外，由弹性固体的应变能函数的存在，$\boldsymbol{C}_{ijkl}$ 的独立弹性常数由 36 个减到 21 个。当介质的对称性增加时，存在对称轴和对称面时，描述弹性介质所需的弹性常数还会进一步减少。

通常广义虎克定律可写成矩阵方程的形式，表示应力与应变的关系，弹性刚度系数矩阵是 6×6 的对称矩阵。这个系统还可以写成 Voigt 矩阵形式如下：

$$\begin{bmatrix}\sigma_{11}\\ \sigma_{22}\\ \sigma_{33}\\ \sigma_{23}\\ \sigma_{31}\\ \sigma_{12}\end{bmatrix} = \begin{bmatrix} c_{11} & c_{12} & c_{13} & c_{14} & c_{15} & c_{16}\\ c_{21} & c_{22} & c_{23} & c_{24} & c_{25} & c_{26}\\ c_{31} & c_{32} & c_{33} & c_{34} & c_{35} & c_{36}\\ c_{41} & c_{42} & c_{43} & c_{44} & c_{45} & c_{46}\\ c_{51} & c_{52} & c_{53} & c_{54} & c_{55} & c_{56}\\ c_{61} & c_{62} & c_{63} & c_{64} & c_{65} & c_{66}\end{bmatrix}\begin{bmatrix}\varepsilon_{11}\\ \varepsilon_{22}\\ \varepsilon_{33}\\ \varepsilon_{23}\\ \varepsilon_{31}\\ \varepsilon_{12}\end{bmatrix} \tag{6-2}$$

式（6－2）可写成简化为：

$$\boldsymbol{\sigma} = \boldsymbol{C}\cdot\boldsymbol{\varepsilon} \tag{6-3}$$

2）运动微分方程

当弹性物体受到非零外力时，该外力要转化为物体内的应力，并使弹性介质内部发生应变和位移，形成弹性波场。弹性介质的应力、应变和位移以及能量都是动态的运动过程。在微分体积元尺度下，弹性波场的这种动态变化可以用牛顿第二定律描述，由此可以建立运动微分方程：

$$\rho\frac{\partial^2}{\partial t^2}\boldsymbol{U} = \boldsymbol{L}\boldsymbol{\sigma} + \rho\boldsymbol{F} \tag{6-4}$$

式中，ρ 为介质密度；t 为时间变量；$\boldsymbol{U} = (u_x, u_y, u_z)^{\mathrm{T}}$ 为位移矢量；$\boldsymbol{F} = (f_x, f_y, f_z)^{\mathrm{T}}$ 为单位质

量元素上的体力向量；$\boldsymbol{\sigma}$ 为应力向量；$\boldsymbol{L}$ 为偏导数算子矩阵：

$$\boldsymbol{L}=\begin{bmatrix}\frac{\partial}{\partial x} & 0 & 0 & 0 & \frac{\partial}{\partial z} & \frac{\partial}{\partial y}\\ 0 & \frac{\partial}{\partial y} & 0 & \frac{\partial}{\partial z} & \frac{\partial}{\partial x} & 0\\ 0 & 0 & \frac{\partial}{\partial z} & \frac{\partial}{\partial y} & \frac{\partial}{\partial x} & 0\end{bmatrix} \tag{6-5}$$

3）几何方程

几何方程描述的是位移与应变之间的关系，其表达是为：

$$\boldsymbol{\varepsilon}=\boldsymbol{L}^{\mathrm{T}}\boldsymbol{U} \tag{6-6}$$

式中，$\boldsymbol{\varepsilon}$ 为应变向量；$\boldsymbol{U}$ 为位移矢量；$\boldsymbol{L}^{\mathrm{T}}$ 为偏导数算子矩阵 $\boldsymbol{L}$ 的转置，可以写成下标形式：

$$\boldsymbol{\varepsilon}_{kl}=\frac{1}{2}\left(\frac{\partial u_k}{\partial x_l}+\frac{\partial u_l}{\partial x_k}\right) \tag{6-7}$$

4）各向异性介质波动方程

根据弹性动力学原理提供的本构方程、运动微分方程和几何方程，可进一步建立一般各向异性介质弹性波的波动方程：

$$\rho\frac{\partial^2}{\partial t^2}\boldsymbol{U}=\boldsymbol{L}(\boldsymbol{C}\boldsymbol{L}^{\mathrm{T}}\boldsymbol{U})+\rho\boldsymbol{F} \tag{6-8}$$

还可写成下标形式：

$$\rho\frac{\partial u_i}{\partial t^2}-C_{ijkl}\frac{\partial u_k}{\partial x_j\partial x_l}=\rho f_i \tag{6-9}$$

式（6-8）和式（6-9）即为以位移表示的一般各向异性介质弹性波的波动方程，详尽描述了均匀各向异性完全弹性介质中各质点在不同时刻的位移情况和弹性波在该介质中的传播规律，再配以确定的初始条件和边界条件，便可构成特定的地震波动力学问题。弹性波波动方程是根据本构方程、几何方程和运动微分方程的内在联系综合导出的，本构方程、几何方程和运动微分方程都各自具有明确的物理意义。

5）各向异性介质弹性波方程

一般各向异性介质弹性波方程是很复杂的，各向异性介质地震波传播特征在很多方面不同于各向同性的地震波。Christoffel 方程是由波动方程导出的，用以研究地震波的传播特征：相速度和群速度等，在地震波理论研究与实际应用中起着非常重要的作用。弹性波场的规律特点本质体现在速度场的规律特点上（牛滨华，2002），通过速度场中时间与空间、运动学与动力学的分析研究，实现研究地震波场的分布特点和规律，进而认识地球介质构造和物性分布。所以速度是研究地震波传播规律和描述介质特性的重要参数，是弹性波传播理论中的核心内容。本节根据弹性波方程推导 Christoffel 方程及其解的一般形式。

根据弹性波方程推导 Christoffel 方程的一般形式，也适用于特定的各向异性介质。为了研究弹性波的传播特征，去掉体力项，方程变为：

$$\rho \frac{\partial^2}{\partial t^2}\boldsymbol{U} = \boldsymbol{L}(\boldsymbol{C}\boldsymbol{L}^{\mathrm{T}}\boldsymbol{U}) \tag{6-10}$$

弹性波方程式的平面波解为：

$$\boldsymbol{U} = \boldsymbol{P}\exp[ik(\boldsymbol{n}\cdot\boldsymbol{x} - vt)] \tag{6-11}$$

式中，$\boldsymbol{U} = (u_x, u_y, u_z)^{\mathrm{T}}$ 为位移矢量；$\boldsymbol{x} = (x, y, z)^{\mathrm{T}}$ 为位置矢量；$\boldsymbol{n} = (n_x, n_y, n_z)^{\mathrm{T}}$ 为波的传播方向；v 为平面波传播的速度即相速度；$k = \frac{\omega}{v}$ 为波数；t 为时间；$\boldsymbol{P} = (p_x, p_y, p_z)^{\mathrm{T}}$ 为波的偏振方向，在波前满足 $\boldsymbol{n}\cdot\boldsymbol{x} - vt = \mathrm{const}$ 。

将平面波解式（6－11）代入波动方程式（6－10）中，则有

$$\begin{bmatrix} \Gamma_{11} - \rho v^2 & \Gamma_{12} & \Gamma_{13} \\ \Gamma_{21} & \Gamma_{22} - \rho v^2 & \Gamma_{23} \\ \Gamma_{31} & \Gamma_{32} & \Gamma_{33} - \rho v^2 \end{bmatrix} \begin{bmatrix} p_x \\ p_y \\ p_z \end{bmatrix} = 0 \tag{6-12}$$

其中：$\Gamma_{11} = c_{11}n_x^2 + c_{66}n_y^2 + c_{55}n_z^2 + 2c_{56}n_yn_z + 2c_{15}n_zn_x + 2c_{16}n_xn_y$

$\Gamma_{12} = c_{16}n_x^2 + c_{26}n_y^2 + c_{45}n_z^2 + (c_{25} + c_{46})n_yn_z + (c_{14} + c_{56})n_zn_x + (c_{12} + c_{66})n_xn_y$

$\Gamma_{13} = c_{15}n_x^2 + c_{46}n_y^2 + c_{35}n_z^2 + (c_{45} + c_{36})n_yn_z + (c_{13} + c_{55})n_zn_x + (c_{14} + c_{56})n_xn_y$

$\Gamma_{21} = c_{16}n_x^2 + c_{26}n_y^2 + c_{45}n_z^2 + (c_{25} + c_{46})n_yn_z + (c_{14} + c_{56})n_zn_x + (c_{12} + c_{66})n_xn_y$

$\Gamma_{22} = c_{66}n_x^2 + c_{22}n_y^2 + c_{44}n_z^2 + 2c_{24}n_yn_z + 2c_{46}n_zn_x + 2c_{26}n_xn_y$

$\Gamma_{23} = c_{56}n_x^2 + c_{24}n_y^2 + c_{34}n_z^2 + (c_{23} + c_{44})n_yn_z + (c_{36} + c_{45})n_zn_x + (c_{25} + c_{46})n_xn_y$

$\Gamma_{31} = c_{15}n_x^2 + c_{46}n_y^2 + c_{35}n_z^2 + (c_{36} + c_{45})n_yn_z + (c_{13} + c_{55})n_zn_x + (c_{14} + c_{56})n_xn_y$

$\Gamma_{32} = c_{56}n_x^2 + c_{24}n_y^2 + c_{34}n_z^2 + (c_{23} + c_{44})n_yn_z + (c_{36} + c_{45})n_zn_x + (c_{25} + c_{46})n_xn_y$

$\Gamma_{33} = c_{55}n_x^2 + c_{44}n_y^2 + c_{33}n_z^2 + 2c_{34}n_yn_z + 3c_{35}n_zn_x + 2c_{45}n_xn_y$

式中，$\boldsymbol{\Gamma}$ 是 Christoffel 矩阵，其矩阵元素 $\boldsymbol{\Gamma}_{ij}$ 与介质的弹性参数、波的传播方向有关。根据弹性矩阵的对称性，Christoffel 矩阵也是对称的，即 $\Gamma_{12} = \Gamma_{21}$，$\Gamma_{13} = \Gamma_{31}$，$\Gamma_{23} = \Gamma_{32}$，式（6－12）就是著名的 Kelvin－Christoffel 方程。从数学角度讲，Christoffel 方程描述的是本征值问题，为使波的偏振矢量 $\boldsymbol{P}$ 有非零解，就需要使 Christoffel 矩阵行列式为零，即：

$$\det\begin{bmatrix} \Gamma_{11} - \rho v^2 & \Gamma_{12} & \Gamma_{13} \\ \Gamma_{21} & \Gamma_{22} - \rho v^2 & \Gamma_{23} \\ \Gamma_{31} & \Gamma_{32} & \Gamma_{33} - \rho v^2 \end{bmatrix} = 0 \tag{6-13}$$

式（6－13）是 Kelvin－Christoffel 方程的另一种表示形式，它是关于 ρv^2 的一元三次方程。在各向异性介质中，给定任意传播方向，Christoffel 方程会产生三个可能的相速度根，分别对应 P 波和两个 S 波。因此，S 波通过各向异性介质时会产生横波分裂现象，两

个 S 波分别以不同的相速度传播和偏振方向传播。在特定的方向上，分裂的 S 波的相速度是一致的，以相同的相速度传播，这时又会产生 S 波奇异性（shear-wave singularities；Crampin，1991；Helbig，1991；Tsvankin，2001）。在各向同性介质中，两个 S 波以相同相速度和偏振方向传播。既然，Christoffel 矩阵是实的对称矩阵，三个本征值对应的偏振矢量 $\boldsymbol{P}$ 是相互正交的。除了特定的传播方向外，偏振矢量 $\boldsymbol{P}$ 和传播方向 $\boldsymbol{n}$ 既不平行也不垂直，即在各向异性介质中没有纯 P 波和纯 S 波。由于这个原因，各向异性波动理论称弹性波为 quasi－P 波、quasi－S1 和 quasi－S2 波。

Christoffel 方程是关于波动方程相速度 ρv^2 的三次方程，一元三次方程根有显式的解析表达式，由此可得出极端各向异性介质相速度的显式表达式（Tsvankin，2001）。将 Christoffel 方程式（6－13）变换表示形式，令：

$$
\begin{aligned}
x &= \rho v^2 \\
a &= -(\Gamma_{11} + \Gamma_{22} + \Gamma_{33}) \\
b &= \Gamma_{11}\Gamma_{22} + \Gamma_{11}\Gamma_{33} + \Gamma_{22}\Gamma_{33} - \Gamma_{12}^2 - \Gamma_{13}^2 - \Gamma_{23}^2 \\
c &= \Gamma_{11}\Gamma_{23}^2 + \Gamma_{22}\Gamma_{13}^2 + \Gamma_{33}\Gamma_{12}^2 - \Gamma_{11}\Gamma_{22}\Gamma_{33} - 2\Gamma_{12}\Gamma_{13}\Gamma_{23}
\end{aligned}
\tag{6-14}
$$

可得到：

$$x^3 + ax^2 + bx + c = 0 \tag{6-15}$$

为方便求解设一个中间变量 $x = y - a/3$，以去掉式（6－15）中的二次项得到如下方程：

$$y^3 + \mathrm{d}y + q = 0 \tag{6-16}$$

其中：

$$
\begin{cases}
d = -\dfrac{a^2}{3} + b \\
q = 2\left(\dfrac{a}{3}\right)^3 - \dfrac{ab}{3} + c
\end{cases}
\tag{6-17}
$$

由于 Christoffel 矩阵是实的对称矩阵，式（6－16）的系数 $\boldsymbol{d}$ 是负数。因此当 $Q = \left(\dfrac{d}{3}\right)^3 + \left(\dfrac{q}{2}\right)^2 \leqslant 0$ 成立时，式（6－16）根是实数根。这时方程的解可以表示为：

$$y_{1,2,3} = 2\sqrt{\frac{-d}{3}}\cos\left(\frac{\beta}{3} + k\frac{2\pi}{3}\right) \tag{6-18}$$

式中，$k = 0,1,2$；$\beta = -\dfrac{q}{2\sqrt{(-d/3)^3}}$，$0 \leqslant \beta \leqslant \pi$。由式（6－18）得出一般各向异性介质的相速度的表达式：

$$\rho v^2 = y - a/3 \tag{6-19}$$

由式（6－19）可知，当 $k = 0$ 时，方程有最大根对应着 P 波的相速度；当 $k = 1,2$ 时，方程的两个根对应着分裂 S 波的相速度。

6.1.2 各向异性介质分类

根据晶体矿物学中对晶体矿物的分类体系，地震学家按地球介质中波动物理可实现的对称性，对弹性各向异性介质作了相应的描述。物理上可实现的各向异性对称系统有8个，即三斜晶系、单斜晶系、正交晶系、正方晶系、三方晶系、六方晶系、立方晶系和各向同性晶系。根据对称性的不同，这8个系统又可分为32个晶体对称类。对称性指的是一种材料进行物理上或概念上的变换后仍保留变换前的情况。这些变换主要有旋转、反射、反演、旋转反演和旋转反射，其最基本的对称性变换是旋转和反射、其他的都可由简单的组合旋转和反射而成。一个旋转对称性指的是保留晶体为对称时的最小旋转角度。

1）各向同性介质

均匀各向同性（Isotropy）岩石中，所有平面都是对称面，且弹性特性在所有方向都是相同的。目前勘探地震学理论都是基于各向同性介质模型，因为各向同性介质模型处理起来相对容易，并且是实际中也比较常见的，至少是层状介质模型的层间介质认为是各向同性的。各向同性表现为不含裂隙的固有各向同性、含随机分布裂隙的岩石、随机分布的晶体或颗粒的岩石。其弹性矩阵为：

$$\boldsymbol{C}=\begin{bmatrix} c_{11} & c_{12} & c_{12} & 0 & 0 & 0 \\ c_{12} & c_{11} & c_{12} & 0 & 0 & 0 \\ c_{12} & c_{12} & c_{11} & 0 & 0 & 0 \\ 0 & 0 & 0 & c_{44} & 0 & 0 \\ 0 & 0 & 0 & 0 & c_{44} & 0 \\ 0 & 0 & 0 & 0 & 0 & c_{44} \end{bmatrix} \tag{6-20}$$

各向同性的弹性矩阵通常表示为熟悉的Lame系数λ和μ形式。

2）横向各向同性介质

横向各向同性TI介质（Transversely Isotropy）是具有柱对称轴的介质，根据其对称轴在空间定向是垂直还是水平又分别称为VTI（Transversely Isotropy with a Vertical Axis of Symmetry）介质和HTI（Transversely Isotropy with a Horizontal Axis of Symmetry）介质。

TI介质弹性矩阵具有5个独立的弹性常数，VTI介质弹性矩阵为：

$$\boldsymbol{C}=\begin{bmatrix} c_{11} & c_{11}-2c_{66} & c_{13} & 0 & 0 & 0 \\ c_{11}-2c_{66} & c_{11} & c_{13} & 0 & 0 & 0 \\ c_{13} & c_{13} & c_{33} & 0 & 0 & 0 \\ 0 & 0 & 0 & c_{44} & 0 & 0 \\ 0 & 0 & 0 & 0 & c_{44} & 0 \\ 0 & 0 & 0 & 0 & 0 & c_{66} \end{bmatrix} \tag{6-21}$$

VTI 是非常重要的各向异性模型，因为实际中 70% 的沉积岩石展现 TI 介质的各向异性，常用来描述由周期性的薄互层、岩石内部结构和平行排列的微裂隙引起的各向异性。当 VTI 介质的对称轴在观测坐标系中具有倾角时就会形成 TTI 介质（图 6－1）。

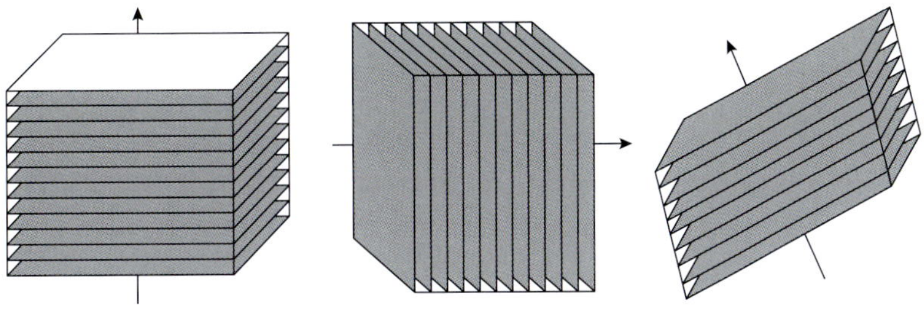

图 6－1　三种 TI 介质示意图

VTI 和 HTI 介质可以认为是 OA 介质的特例，HTI 又可以看做是 VTI 介质的垂直对称轴旋转 90°得到的。勘探地球物理学家认为：地壳中介质的各向异性主要是由定向裂隙和薄互层引起的。VTI 介质一般认为由周期性薄互层（Periodic Thin Layer，PTL）形成，是地学研究最早的一类各向异性。在地壳中，特别是在沉积盆地中，层状岩石将导致 PTL 各向异性；HTI 介质一般是由平行排列的垂直裂隙、裂缝而产生的。由于地壳中普遍存在平行排列的流体充填的垂直裂隙、微裂隙或优势定向排列的孔隙空间 Crampin（1984）将这一现象称为广泛扩容各向异性（Extensive Dilatancy Anisotropy，EDA）介质。它的弹性矩阵为：

$$\boldsymbol{C}=\begin{bmatrix} c_{11} & c_{12} & c_{12} & 0 & 0 & 0 \\ c_{12} & c_{22} & c_{22}-2c_{44} & 0 & 0 & 0 \\ c_{12} & c_{22}-2c_{44} & c_{22} & 0 & 0 & 0 \\ 0 & 0 & 0 & c_{44} & 0 & 0 \\ 0 & 0 & 0 & 0 & c_{55} & 0 \\ 0 & 0 & 0 & 0 & 0 & c_{55} \end{bmatrix} \tag{6-22}$$

3）正交各向异性介质

正交各向异性介质具有三个相互正交的对称面。固体地球物理学家认为正交对称性在上地幔中是由相对于扩张中心排列的正交晶体橄榄石引起。而在沉积盆地中，一般认为是由周期性薄互层（PTL）和具有水平对称轴的垂直裂缝（EDA）组合而导致的正交各向异性（Orthorhombic Anisotropy）介质（图 6－2）。正交各向异性介质的弹性矩阵有 9 个独立弹性常数。这是一个实际存在的地球介质模型，因为需要确定 9 个弹性参数，在实际应用中很少应用。正交各向异性的弹性矩阵为：

$$
C = \begin{bmatrix} c_{11} & c_{12} & c_{13} & 0 & 0 & 0 \\ c_{12} & c_{22} & c_{23} & 0 & 0 & 0 \\ c_{13} & c_{23} & c_{33} & 0 & 0 & 0 \\ 0 & 0 & 0 & c_{44} & 0 & 0 \\ 0 & 0 & 0 & 0 & c_{55} & 0 \\ 0 & 0 & 0 & 0 & 0 & c_{66} \end{bmatrix} \tag{6-23}
$$

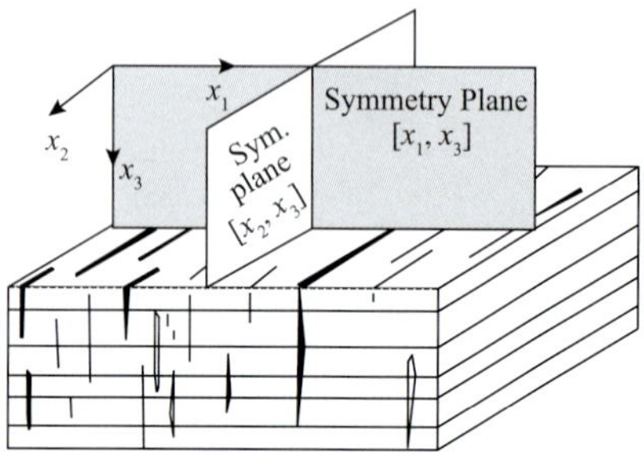

(a)由正交的周期性薄互层PTL和垂直裂隙EDA组成

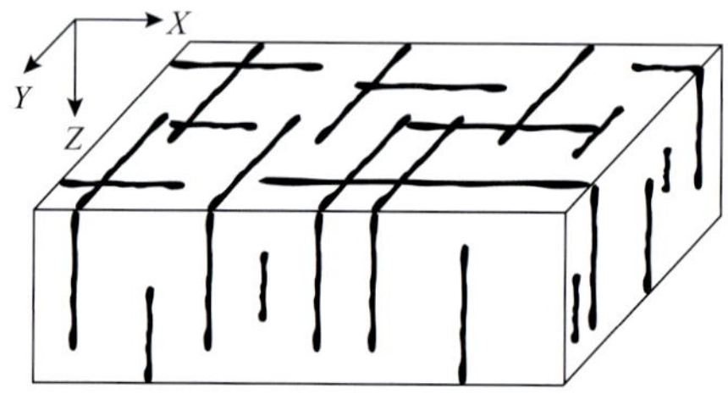

(b)由两组正交的垂直裂隙EDA介质构成

图 6－2　正交各向异性模型

4）单斜各向异性介质

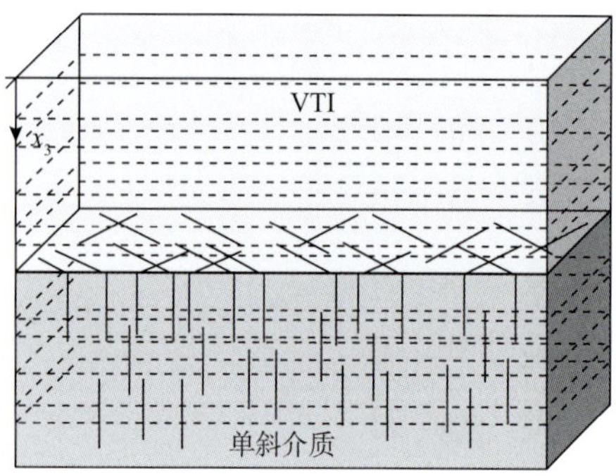

图 6－3　单斜介质模型

单斜系统（Monoclinic System）中的弹性矩阵具有13个独立弹性常数，单斜各向异性介质只有一个对称面（图6－3）。单斜对称系统有13个独立弹性参数。一般认为由不同时期两套非正交的平行裂隙而形成，其对称面垂直于两套裂隙面的交线，或由水平地层中嵌入的同一时期的倾斜地层组成，如沉积地层中前积和后积现象（Macbeth，1995；Anderson，1996）然而在实际应用中还是很复杂的。式（6－24）是以 xoy 平面为对称面单斜各向异性介质的弹性矩阵：

$$
C = \begin{bmatrix} c_{11} & c_{12} & c_{13} & 0 & 0 & c_{16} \\ c_{12} & c_{22} & c_{23} & 0 & 0 & c_{26} \\ c_{13} & c_{23} & c_{33} & 0 & 0 & c_{36} \\ 0 & 0 & 0 & c_{44} & c_{45} & 0 \\ 0 & 0 & 0 & c_{45} & c_{55} & 0 \\ c_{16} & c_{26} & c_{36} & 0 & 0 & c_{66} \end{bmatrix} \tag{6-24}
$$

5）极端各向异性介质

极端各向异性（Arbitrary Anisotropy）是非对称性系统或称为三斜系统（Triclinic System），没有对称面，弹性矩阵具有 21 个独立弹性常数。这是各向异性介质的一般形式，可用来描述具有任意方向各向异性的岩石介质，其弹性矩阵为：

$$\boldsymbol{C}=\begin{bmatrix} c_{11} & c_{12} & c_{13} & c_{14} & c_{15} & c_{16} \\ c_{12} & c_{22} & c_{23} & c_{24} & c_{25} & c_{26} \\ c_{13} & c_{23} & c_{33} & c_{34} & c_{35} & c_{36} \\ c_{14} & c_{24} & c_{34} & c_{44} & c_{45} & c_{46} \\ c_{15} & c_{25} & c_{35} & c_{45} & c_{55} & c_{56} \\ c_{16} & c_{26} & c_{36} & c_{46} & c_{56} & c_{66} \end{bmatrix} \tag{6-25}$$

6.1.3 各向异性弹性波传播特征

6.1.3.1 各向异性波动方程

从固体弹性理论的角度出发，引起地震各向异性的地球介质可归结为：周期性的薄互层介质、垂直排列的裂隙介质。在理论上可视为三种常见各向异性介质：VTI 介质、HTI 介质和 OA 介质。从一般各向异性介质的波动方程出发，根据各向异性介质弹性矩阵的具体情况，展开成 TI 介质（VTI 和 HTI 介质）和 OA 介质的波动方程。

VTI 介质：

$$\left.\begin{aligned} c_{11}\frac{\partial^2 u_x}{\partial x^2}+c_{66}\frac{\partial^2 u_x}{\partial y^2}+c_{55}\frac{\partial^2 u_x}{\partial z^2}+(c_{12}+c_{66})\frac{\partial^2 u_y}{\partial x\partial y}+(c_{11}+c_{55})\frac{\partial^2 u_x}{\partial x^2}+\rho f_x &= \frac{\partial^2 u_x}{\partial t^2} \\ c_{66}\frac{\partial^2 u_y}{\partial x^2}+c_{22}\frac{\partial^2 u_y}{\partial y^2}+c_{44}\frac{\partial^2 u_y}{\partial z^2}+(c_{12}+c_{66})\frac{\partial^2 u_x}{\partial x\partial y}+(c_{23}+c_{44})\frac{\partial^2 u_z}{\partial y\partial z}+\rho f_y &= \frac{\partial^2 u_y}{\partial t^2} \\ c_{55}\frac{\partial^2 u_z}{\partial x^2}+c_{44}\frac{\partial^2 u_z}{\partial y^2}+c_{33}\frac{\partial^2 u_z}{\partial z^2}+(c_{13}+c_{55})\frac{\partial^2 u_x}{\partial x\partial z}+(c_{23}+c_{44})\frac{\partial^2 u_y}{\partial y\partial z}+\rho f_z &= \frac{\partial^2 u_z}{\partial t^2} \end{aligned}\right\} \tag{6-26}$$

HTI 介质：

$$\left.\begin{aligned} c_{11}\frac{\partial^2 u_x}{\partial x^2}+c_{66}\frac{\partial^2 u_x}{\partial y^2}+c_{55}\frac{\partial^2 u_x}{\partial z^2}+(c_{12}+c_{66})\frac{\partial^2 u_y}{\partial x\partial y}+(c_{11}+c_{55})\frac{\partial^2 u_x}{\partial x^2}+\rho f_x &= \frac{\partial^2 u_x}{\partial t^2} \\ c_{66}\frac{\partial^2 u_y}{\partial x^2}+c_{22}\frac{\partial^2 u_y}{\partial y^2}+c_{44}\frac{\partial^2 u_y}{\partial z^2}+(c_{12}+c_{66})\frac{\partial^2 u_x}{\partial x\partial y}+(c_{23}+c_{44})\frac{\partial^2 u_z}{\partial y\partial z}+\rho f_y &= \frac{\partial^2 u_y}{\partial t^2} \\ c_{55}\frac{\partial^2 u_z}{\partial x^2}+c_{44}\frac{\partial^2 u_z}{\partial y^2}+c_{33}\frac{\partial^2 u_z}{\partial z^2}+(c_{13}+c_{55})\frac{\partial^2 u_x}{\partial x\partial z}+(c_{23}+c_{44})\frac{\partial^2 u_y}{\partial y\partial z}+\rho f_z &= \frac{\partial^2 u_z}{\partial t^2} \end{aligned}\right\} \tag{6-27}$$

OA 介质：

$$
\left.
\begin{aligned}
c_{11}\frac{\partial^2 u_x}{\partial x^2}+c_{66}\frac{\partial^2 u_x}{\partial y^2}+c_{55}\frac{\partial^2 u_x}{\partial z^2}+(c_{12}+c_{66})\frac{\partial^2 u_y}{\partial x\partial y}+(c_{11}+c_{55})\frac{\partial^2 u_x}{\partial x^2}+\rho f_x=\frac{\partial^2 u_x}{\partial t^2}\\
c_{66}\frac{\partial^2 u_y}{\partial x^2}+c_{22}\frac{\partial^2 u_y}{\partial y^2}+c_{44}\frac{\partial^2 u_y}{\partial z^2}+(c_{12}+c_{66})\frac{\partial^2 u_x}{\partial x\partial y}+(c_{23}+c_{44})\frac{\partial^2 u_z}{\partial y\partial z}+\rho f_y=\frac{\partial^2 u_y}{\partial t^2}\\
c_{55}\frac{\partial^2 u_z}{\partial x^2}+c_{44}\frac{\partial^2 u_z}{\partial y^2}+c_{33}\frac{\partial^2 u_z}{\partial z^2}+(c_{13}+c_{55})\frac{\partial^2 u_x}{\partial x\partial z}+(c_{23}+c_{44})\frac{\partial^2 u_y}{\partial y\partial z}+\rho f_z=\frac{\partial^2 u_z}{\partial t^2}
\end{aligned}
\right\}
\tag{6-28}
$$

6.1.3.2 各向异性 Thomsen 参数

1）TI 介质 Thomsen 参数

弹性介质模型的性质是由弹性矩阵 $\boldsymbol{C}$ 确定的，弹性矩阵 $\boldsymbol{C}$ 确定了应力与应变之间的关系，但由其确定弹性波动方程系数的物理意义很不直观，由此导致波传播的相速度隐含在波动方程的系数中，其物理意义不明确，也很复杂。为方便理论研究和实际应用，围绕波传播的相速度公式，展现公式的物理意义，Thomsen（1986）提出了一套表征 TI 介质弹性性质的参数，定义如下：

$$
\begin{aligned}
&V_{P0}=\sqrt{\frac{c_{33}}{\rho}},\ V_{S0}=\sqrt{\frac{c_{55}}{\rho}},\ \varepsilon=\frac{c_{11}-c_{33}}{2c_{33}},\\
&\gamma=\frac{c_{66}-c_{44}}{2c_{44}},\ \delta=\frac{(c_{13}+c_{44})^2-(c_{33}-c_{44})^2}{2c_{33}(c_{33}-c_{44})}
\end{aligned}
\tag{6-29}
$$

式中，定义 TI 介质的 Thomsen 参数为：V_{P0}、V_{S0}、ε、δ 和 γ，共 5 个参数。这里的 V_{P0}、V_{S0} 分别为 qP 波和 qS 波垂直 TI 介质各向同性面的相速度；ε、δ 和 γ 是表示 TI 介质各向异性强度的 3 个无量纲因子。其中，ε 是度量 qP 波各向异性强度参数，ε 越大，介质的纵波各向异性越大，$\varepsilon=0$，纵波无各向异性；δ 是连接 V_{P0} 和 V_{P90} 之间的一种过渡性参数；γ 可以看成是度量 qS 波各向异性强度、或横波分裂强度的参数，γ 越大，介质的横波各向异性越大，$\gamma=0$ 时，横波无各向异性。一般情况下，ε 和 γ 的单调性是一致的，即同时增减或为零。

2）VTI 介质 Thomsen 参数

根据 TI 介质的 Thomsen 参数表征，使得介质弹性参数的物理意义更加明显。Thomsen 参数是用弹性参数表示的；反之，TI 介质弹性参数也可用 Thomsen 参数表征。VTI 介质弹性矩阵元素的 Thomsen 参数表征如下：

$$
\begin{aligned}
&c_{11}=\rho(1+2\varepsilon)V_{P0}^2,\ c_{22}=\rho(1+2\varepsilon)V_{P0}^2,\ c_{33}=\rho V_{P0}^2\\
&c_{44}=c_{55}=\rho V_{S0}^2,\ c_{66}=\rho(1+2\gamma)V_{S0}^2,\ f=1-V_{S0}^2/V_{P0}^2=1-c_{55}/c_{33}\\
&c_{12}=\rho V_{P0}^2[1+2\varepsilon-2(1-f)(1+2\gamma)],\ c_{13}=\rho V_{P0}^2\sqrt{f(f+2\delta)}-\rho V_{S0}^2\\
&c_{23}=\rho V_{P0}^2\sqrt{f(f+2\delta)}-\rho V_{S0}^2
\end{aligned}
\tag{6-30}
$$

各向异性介质的特点是垂直于对称轴方向的速度一定大于或等于对称轴方向的速度，因此，ε 参数必然大于等于零，一般的，$0 \leqslant \varepsilon \leqslant 0.5$；而纵横方向的过渡速度可大可小，因此，过渡参数 δ 可正可负，一般的，$-0.2 \leqslant \delta \leqslant 0.5$。

图 6－4 是几种常见介质的实验室实测各向异性参数值：

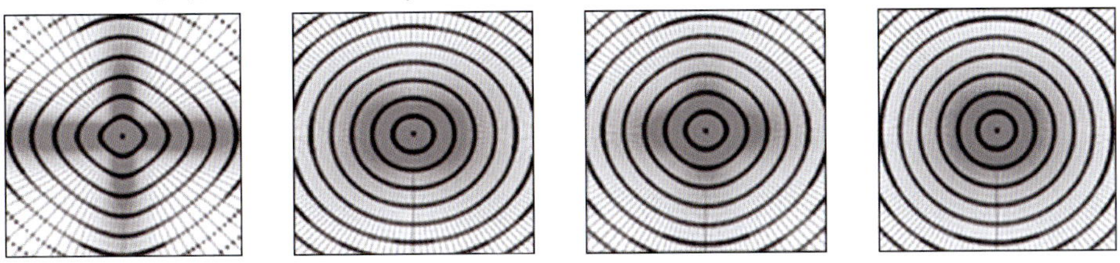

图 6－4　几种常见介质的实验室实测各向异性参数值

3）ORT 介质 Thomsen 参数

本构坐标系下的正交各向异性介质（ORT）和 VTI 介质有三个共同的对称面，即三个坐标平面，两种介质在对称面内具有相同的 Christoffel 方程形式，Ts-vankin 根据这一共性给出了与 Thomsen 参数具有同等作用的一组表征正交各向异性的参数形式，方便了地震属性反演正交各向异性地层参数的求取。

除了三个对称面，正交各向异性与 VTI 介质还有三个相同的对称轴，z 轴为垂直对称轴，x、y 轴位水平轴。9 个各向异性参数包括两个垂直速度和 7 个无量纲参数，具体表达式如下：

$$V_{P0}=\sqrt{\frac{c_{33}}{\rho}},V_{S0}=\sqrt{\frac{c_{55}}{\rho}},\varepsilon^{(1)}=\frac{c_{22}-c_{33}}{2c_{33}},\varepsilon^{(2)}=\frac{c_{11}-c_{33}}{2c_{33}},$$
$$\gamma^{(1)}=\frac{c_{66}-c_{55}}{2c_{55}},\gamma^{(2)}=\frac{c_{66}-c_{44}}{2c_{44}},\delta^{(1)}=\frac{(c_{23}+c_{44})^2-(c_{33}-c_{44})^2}{2c_{33}(c_{33}-c_{44})},\tag{6-31}$$
$$\delta^{(2)}=\frac{(c_{13}+c_{55})^2-(c_{33}-c_{55})^2}{2c_{33}(c_{33}-c_{55})},\delta^{(3)}=\frac{(c_{12}+c_{66})^2-(c_{11}-c_{66})^2}{2c_{11}(c_{11}-c_{66})}$$

式中，V_{P0} 为纵波垂直速度；V_{S0} 为纵波传播方向的横波在 x_1 方向上的速度；$\varepsilon^{(1)}$ 为 $[x_2, x_3]$ 平面内的 VTI 各向异性参数 ε；$\varepsilon^{(2)}$ 为 $[x_1, x_3]$ 平面内 VTI 各向异性参数 ε（对应于 VTI 介质各向异性参数 ε）；$\delta^{(1)}$ 为 $[x_2, x_3]$ 平面内的 VTI 各向异性参数 δ；$\delta^{(2)}$ 为 $[x_1, x_3]$ 平面内 VTI 各向异性参数 δ（对应于 VTI 介质各向异性参数 δ）；$\delta^{(3)}$ 为 $[x_1, x_2]$ 平面内 VTI 各向异性参数 δ；$\gamma^{(1)}$ 为 $[x_2, x_3]$ 平面内的 VTI 各向异性参数 γ；$\gamma^{(2)}$ 为 $[x_1, x_3]$ 平面内 VTI 各向异性参数 γ（对应于 VTI 介质各向异性参数 γ）。由于 2 个垂直速度和 6 个各向异性参数可以表征为 $c_{11}, c_{22}, c_{33}, c_{44}, c_{55}, c_{66}, c_{13}$ 和 c_{23}，剩余的 c_{12} 可以由 $\delta^{(3)}$ 得到，因此无需引入 $\varepsilon^{(3)}$ 和 $\gamma^{(3)}$。特别的，当 $\varepsilon^{(1)}=\varepsilon^{(2)}=\varepsilon, \delta^{(1)}=\delta^{(2)}=\delta, \gamma^{(1)}=\gamma^{(2)}=\gamma, \delta^{(3)}=0$

时，ORT介质退化成VTI介质；当$\varepsilon^{(1)}=0, \delta^{(1)}=0, \gamma^{(1)}=0$时，为水平对称轴与$x$轴方向平行的HTI介质。

6.1.3.3 各向异性介质弹性波相速度与群速度

地震波速度有两种：相速度和群速度，各向同性介质的两种速度重叠，而各向异性介质的相速度与群速度是分离的。从源点出发到波前面某一点的速度称为群速度，是射线或能量传播的速度；垂直于波前面的射线速度称为相速度，是波前面或平面波传播的速度。两种速度对于各向异性介质都非常重要，是各向异性介质射线追踪、速度建模和偏移成像不可缺少的重要参数。本节主要讨论相速度与群速度公式推导和理论曲线形态等。

1）一般各向异性介质弹性波群速度公式

各向异性介质弹性波的群速度是相速度的函数，计算群速度可用Berryman（1979）公式：

$$\boldsymbol{V}_{\mathrm{G}}=\frac{\partial kV}{\partial k_x}\boldsymbol{i}+\frac{\partial kV}{\partial k_y}\boldsymbol{j}+\frac{\partial kV}{\partial k_z}\boldsymbol{k} \tag{6-32}$$

式中，$\boldsymbol{V}$是相速度；$\boldsymbol{k}$是波矢量模；$k_x=k\sin\theta\cos\varphi, k_y=k\sin\theta\sin\varphi, k_z=k\cos\theta$。为了公式的适用性，利用Crampin（1981）推导各向异性介质群速度的思想，在这里推导TTI介质三维群速度公式。先讨论$\boldsymbol{V}_{\mathrm{G}}$的$x$分量$\boldsymbol{V}_{\mathrm{G}x}$，给出如下形式：

$$\boldsymbol{V}_{\mathrm{G}x}=\frac{\partial kV}{\partial k_x}=\frac{\partial kV}{\partial k}\frac{\partial k}{\partial k_x}\bigg|_{k_y,k_z=\mathrm{const}}+\frac{\partial kV}{\partial \theta}\frac{\partial \theta}{\partial k_x}\bigg|_{k_y,k_z=\mathrm{const}}+\frac{\partial kV}{\partial \varphi}\frac{\partial \varphi}{\partial k_x}\bigg|_{k_y,k_z=\mathrm{const}} \tag{6-33}$$

一般各向异性介质群速度的矢量公式：

$$\begin{aligned}
V_{\mathrm{G}x}&=\left(V\sin\theta+\cos\theta\frac{\partial V}{\partial\theta}\right)\cos\varphi-\frac{\sin\varphi}{\sin\theta}\frac{\partial V}{\partial\varphi}\\
V_{\mathrm{G}y}&=\left(V\sin\theta+\cos\theta\frac{\partial V}{\partial\theta}\right)\sin\varphi+\frac{\cos\varphi}{\sin\theta}\frac{\partial V}{\partial\varphi}\\
V_{\mathrm{G}z}&=V\cos\theta-\sin\theta\frac{\partial V}{\partial\theta}
\end{aligned} \tag{6-34}$$

2）TTI介质弹性波速度公式

在倾斜地层中，TI介质的对称轴具倾角，实质上是VTI介质的对称轴在观测坐标系下偏转形成TTI介质。TTI介质弹性矩阵结构和单斜各向异性介质的弹性矩阵相似，但其独立的弹性参数和VTI介质一样是五个独立的弹性参数，结果使得描述TTI介质的弹性波方程和单斜各向异性介质具有同样的形式。设VTI介质的弹性矩阵为$\boldsymbol{C}_{\mathrm{V}}^{0}$，$c_{66}^{0}=0.5(c_{11}^{0}-c_{12}^{0})$，写成如下形式：

$$C_V^0 = \begin{bmatrix} c_{11}^0 & c_{12}^0 & c_{13}^0 & 0 & 0 & 0 \\ c_{12}^0 & c_{11}^0 & c_{13}^0 & 0 & 0 & 0 \\ c_{13}^0 & c_{13}^0 & c_{33}^0 & 0 & 0 & 0 \\ 0 & 0 & 0 & c_{44}^0 & 0 & 0 \\ 0 & 0 & 0 & 0 & c_{44}^0 & 0 \\ 0 & 0 & 0 & 0 & 0 & c_{66}^0 \end{bmatrix} \tag{6-35}$$

设 TTI 介质弹性矩阵为 $\boldsymbol{C}_T$，根据 Bond 变换，可得：

$$\boldsymbol{C}_T = \boldsymbol{M}_{\theta^0} \cdot \boldsymbol{C}_V^0 \cdot M_{\theta^0}^T \tag{6-36}$$

也可简写为：

$$\boldsymbol{C}_T = \begin{bmatrix} c_{11} & c_{12} & c_{13} & 0 & c_{15} & 0 \\ c_{12} & c_{22} & c_{23} & 0 & c_{25} & 0 \\ c_{13} & c_{23} & c_{33} & 0 & c_{35} & 0 \\ 0 & 0 & 0 & c_{44} & 0 & c_{46} \\ c_{15} & c_{25} & c_{35} & 0 & c_{55} & 0 \\ 0 & 0 & 0 & c_{46} & 0 & c_{66} \end{bmatrix} \tag{6-37}$$

TTI 介质是 VTI 介质在空间旋转了一个角度形成的，对称轴不再是垂直方向，而与 z 轴形成了一个夹角，相速度也相应的旋转了一个角度（图 6－5）。设 TTI 介质中出射角（射线方向与 z 轴的夹角）为 θ，对称轴倾角（对称轴与 z 轴的夹角）为 θ'，射线方位角（射线方向水平投影的方位角）为 φ，对称轴方位角（对称轴水平投影的方位角）为 φ'，则 TTI 介质中相角 γ 可表示为：

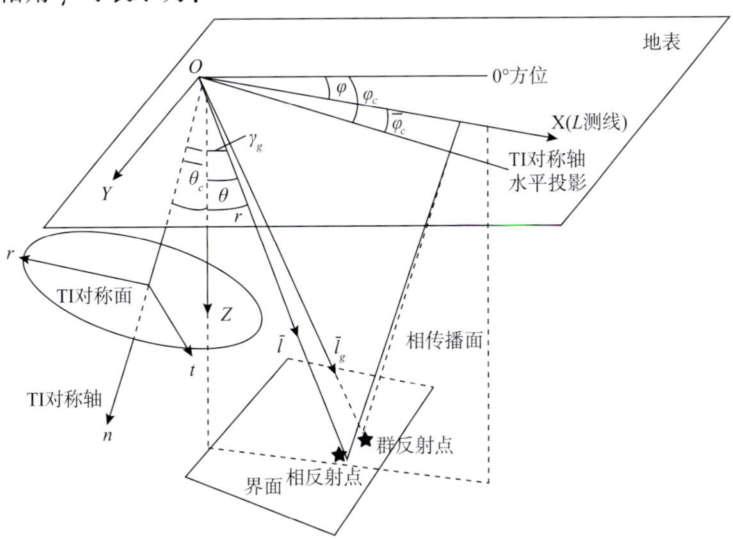

图 6－5　角度示意图

$$\begin{cases}\cos\gamma = \sin\theta\sin\theta'\cos(\varphi-\varphi') + \cos\theta\cos\theta' \\ \sin\gamma = \sqrt{(\sin\theta\cos\theta'\cos(\varphi-\varphi') - \cos\theta\sin\theta')^2 + \sin^2\theta\sin^2(\varphi-\varphi')}\end{cases} \tag{6-38}$$

式（6－38）中，令方位角 $\varphi' - \varphi = 0$ 可退化为二维情况，令对称轴倾角 $\theta' = 0$ 可退化为各向同性情况。

TTI 介质弹性波的相速度公式变为：

$$\begin{aligned} V_{\mathrm{P}} &= \sqrt{\frac{1}{2\rho}(c_{44}^0 + c_{11}^0F + c_{33}^0E^2 + \sqrt{D})} \\ V_{\mathrm{SV}} &= \sqrt{\frac{1}{2\rho}(c_{44}^0 + c_{11}^0F + c_{33}^0E^2 - \sqrt{D})} \\ V_{\mathrm{SH}} &= \sqrt{\frac{1}{\rho}(c_{66}^0F + c_{44}^0E^2)} \end{aligned} \tag{6-39}$$

因为，波传播方向为 $\boldsymbol{n} = (n_x, n_y, n_z)^{\mathrm{T}} = (\sin\theta\cos\varphi, \sin\theta\sin\varphi, \cos\theta)^{\mathrm{T}}$，又令如下符号：

$$\begin{aligned} D = &\{(c_{11}^0 - c_{44}^0)[(\sin\theta\cos\varphi\cos\theta^0 + \cos\theta\sin\theta^0)^2 + \sin^2\theta\sin^2\varphi] - \\ &(c_{33}^0 - c_{44}^0)\cdot(-\sin\theta\cos\varphi\sin\theta^0 + \cos\theta\cos\theta^0)^2\}^2 + 4(c_{13}^0 + c_{44}^0)^2\cdot \\ &[(\sin\theta\cos\varphi\cos\theta^0 + \cos\theta\sin\theta^0)^2] + \sin^2\theta\sin^2\varphi\times \\ &(-\sin\theta\cos\varphi\sin\theta^0 + \cos\theta\cos\theta^0)^2 \end{aligned} \tag{6-40}$$

$$E = (-\sin\theta\cos\varphi\sin\theta^0 + \cos\theta\cos\theta^0)$$

$$F = (\sin\theta\cos\varphi\cos\theta^0 + \cos\theta\sin\theta^0)^2 + \sin^2\theta\sin^2\varphi$$

$$G = (\sin\theta\cos\varphi\cos\theta^0 + \cos\theta\sin\theta^0)$$

根据 TTI 介质的相速度表示，则可得 TTI 介质三维空间 qP 波、qSV 和 qSH 的群速度表示式（图 6－6）。

qP 波的群速度：

$$\begin{aligned} V_{Gx}^{\mathrm{P}} = &\{((c_{11}^0 + c_{44}^0)\cos\theta^0G - (c_{33}^0 + c_{44}^0)\sin\theta^0E)\sqrt{D} + 2(c_{13}^0 + c_{44}^0)^2 \\ &E(\cos\theta^0EG - \sin\theta^0F) + ((c_{11}^0 - c_{44}^0)F - (c_{33}^0 - c_{44}^0)E^2) \\ &((c_{11}^0 - c_{44}^0)\cos\theta^0G + (c_{33}^0 - c_{44}^0)\sin\theta^0E)\}\frac{1}{2\rho V_{\mathrm{P}}\sqrt{D}} \\ V_{Gy}^{\mathrm{P}} = &\frac{\sin\theta\cos\varphi}{2\rho V_{\mathrm{P}}\sqrt{D}}\{(c_{11}^0 + c_{44}^0)\sqrt{D} + 2(c_{13}^0 + c_{44}^0)^2E^2 + \\ &(c_{11}^0 - c_{44}^0)((c_{11}^0 - c_{44}^0)F - (c_{33}^0 - c_{44}^0)E^2)\} \\ V_{Gz}^{\mathrm{P}} = &\{((c_{11}^0 + c_{44}^0)\sin\theta^0G + (c_{33}^0 + c_{44}^0)\cos\theta^0E)\sqrt{D} + 2(c_{13}^0 + c_{44}^0)^2 \\ &E(\sin\theta^0EG + \cos\theta^0F) + ((c_{11}^0 - c_{44}^0)F - (c_{33}^0 - c_{44}^0)E^2) \\ &((c_{11}^0 - c_{44}^0)\sin\theta^0G - (c_{33}^0 - c_{44}^0)\cos\theta^0E)\}\frac{1}{2\rho V_{\mathrm{P}}\sqrt{D}} \end{aligned} \tag{6-41}$$

qSV 波群速度：

$$
\begin{aligned}
V_{Gx}^{SV} &= \{((c_{11}^0+c_{44}^0)\cos\theta^0 G-(c_{33}^0+c_{44}^0)\sin\theta^0 E)\sqrt{D}- \\
&\quad [2(c_{13}^0+c_{44}^0)^2 E(\cos\theta^0 EG-\sin\theta^0 F)+((c_{11}^0-c_{44}^0)F- \\
&\quad (c_{33}^0-c_{44}^0)E^2)((c_{11}^0-c_{44}^0)\cos\theta^0 G+(c_{33}^0-c_{44}^0)\sin\theta^0 E)]\}\frac{1}{2\rho V_{SV}\sqrt{D}} \\
V_{Gy}^{SV} &= \frac{\sin\theta\cos\varphi}{2\rho V_{SV}\sqrt{D}}\{(c_{11}^0+c_{44}^0)\sqrt{D}-[2(c_{13}^0+c_{44}^0)^2E^2+ \\
&\quad (c_{11}^0-c_{44}^0)((c_{11}^0-c_{44}^0)F-(c_{33}^0-c_{44}^0)E^2)]\} \\
V_{Gz}^{SV} &= \{((c_{11}^0+c_{44}^0)\sin\theta^0 G+(c_{33}^0+c_{44}^0)\cos\theta^0 E)\sqrt{D}- \\
&\quad [2(c_{13}^0+c_{44}^0)^2 E(\sin\theta^0 EG+\cos\theta^0 F)+((c_{11}^0-c_{44}^0)F- \\
&\quad (c_{33}^0-c_{44}^0)E^2)((c_{11}^0-c_{44}^0)\sin\theta^0 G-(c_{33}^0-c_{44}^0)\cos\theta^0 E)]\}\frac{1}{2\rho V_{SV}\sqrt{D}}
\end{aligned}
\tag{6-42}
$$

qSH 波群速度：

$$
\begin{aligned}
V_{Gx}^{SH} &= \frac{1}{\rho V_{SH}}(c_{66}^0 G\cos\theta^0-c_{44}^0 E\sin\theta^0) \\
V_{Gy}^{SH} &= \frac{c_{66}^0\sin\theta\sin\varphi}{\rho V_{SH}} \\
V_{Gz}^{SH} &= \frac{1}{\rho V_{SH}}(c_{66}^0 G\sin\theta^0+c_{44}^0 E\cos\theta^0)
\end{aligned}
\tag{6-43}
$$

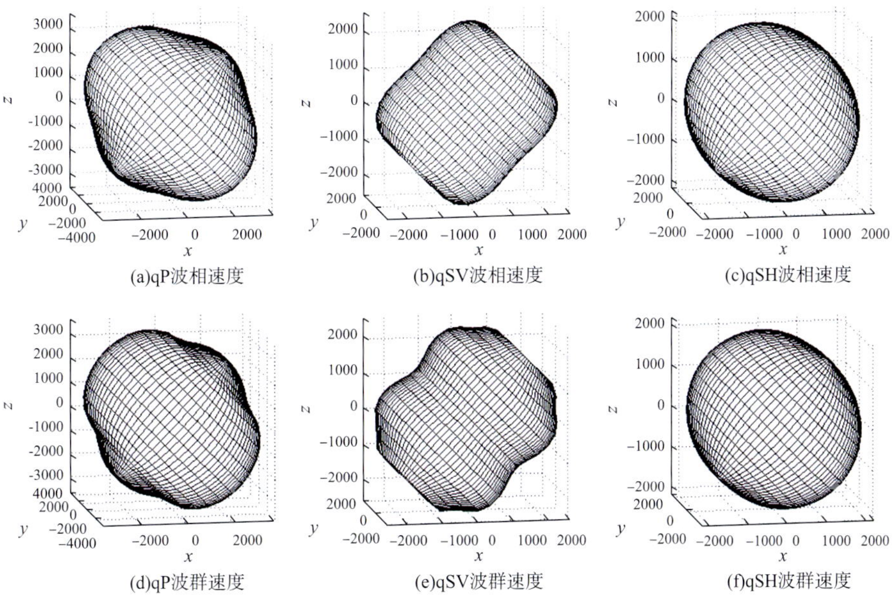

(a)qP波相速度　(b)qSV波相速度　(c)qSH波相速度

(d)qP波群速度　(e)qSV波群速度　(f)qSH波群速度

图 6－6　Green River Shale 地震波速度理论曲线

（倾角 45°，方位角 0°，V_{P0} = 3460m/s，V_{S0} = 2000m/s）

3）VTI 介质弹性波速度公式

VTI 介质作为 TTI 介质的特例，当 TTI 介质极角 $\theta^0=0$ 时，则为 VTI 介质，因此 VTI 介质弹性波的相速度、群速度可由 TTI 介质 $\theta^0=0$ 时的相速度、群速度得到（图 6－7）。在 TTI 介质中，当 $\theta^0=0$ 时：

$$\begin{aligned}&D=\{(c_{11}^0-c_{44}^0)\sin^2\theta-(c_{33}^0-c_{44}^0)\cos^2\theta\}^2+4(c_{13}^0-c_{44}^0)^2\sin^2\theta\cos^2\theta\\&E=\cos\theta,F=\sin^2\theta,G=\sin\theta\cos\varphi\end{aligned}\tag{6-44}$$

VTI 介质弹性波相速度为：

$$\begin{aligned}&V_{\mathrm{P}}=\sqrt{\frac{1}{2\rho}(c_{44}^0+c_{11}^0\sin^2\theta+c_{33}^0\cos^2\theta+\sqrt{D})}\\&V_{\mathrm{SV}}=\sqrt{\frac{1}{2\rho}(c_{44}^0+c_{11}^0\sin^2\theta+c_{33}^0\cos^2\theta-\sqrt{D})}\\&V_{\mathrm{SH}}=\sqrt{\frac{1}{\rho}(c_{66}^0\sin^2\theta+c_{44}^0\cos^2\theta)}\end{aligned}\tag{6-45}$$

qP 波群速度为：

$$\begin{aligned}V_{Gx}^{\mathrm{P}}=&\frac{\left[(c_{11}^0+c_{44}^0)\sqrt{D}+2(c_{13}^0+c_{44}^0)^2\cos^2\theta\right]\sin\theta\cos\varphi}{2\rho V_{\mathrm{P}}\sqrt{D}}+\\&\frac{\left[(c_{11}^0\sin^2\theta-c_{33}^0\cos^2\theta+c_{44}^0\cos2\theta)(c_{11}^0-c_{44}^0)\right]\sin\theta\cos\varphi}{2\rho V_{\mathrm{P}}\sqrt{D}}\\V_{Gy}^{\mathrm{P}}=&\frac{\left[(c_{11}^0+c_{44}^0)\sqrt{D}+2(c_{13}^0+c_{44}^0)^2\cos^2\theta\right]}{2\rho V_{\mathrm{P}}\sqrt{D}}\sin\theta\sin\varphi+\\&\frac{\left[(c_{11}^0\sin^2\theta-c_{33}^0\cos^2\theta+c_{44}^0\cos2\theta)(c_{11}^0-c_{44}^0)\right]}{2\rho V_{\mathrm{P}}\sqrt{D}}\sin\theta\sin\varphi\\V_{Gz}^{\mathrm{P}}=&\frac{\left[(c_{33}^0+c_{44}^0)\sqrt{D}+2(c_{13}^0+c_{44}^0)^2\sin^2\theta\right]}{2\rho V_{\mathrm{P}}\sqrt{D}}\cos\theta-\\&\frac{\left[(c_{11}^0\sin^2\theta-c_{33}^0\cos^2\theta+c_{44}^0\cos2\theta)(c_{33}^0-c_{44}^0)\right]}{2\rho V_{\mathrm{P}}\sqrt{D}}\cos\theta\end{aligned}\tag{6-46}$$

qSV 波群速度为：

$$V_{Gx}^{\mathrm{SV}}=\frac{\left\{(c_{11}^0+c_{44}^0)\sqrt{D}-\left[2(c_{13}^0+c_{44}^0)^2\cos^2\theta+(c_{11}^0\sin^2\theta-c_{33}^0\cos^2\theta+c_{44}^0\cos2\theta)(c_{11}^0-c_{44}^0)\right]\right\}}{2\rho V_{\mathrm{SV}}\sqrt{D}}\sin\theta\cos\varphi$$

$$V_{Gy}^{SV}=\frac{\left\{(c_{11}^0+c_{44}^0)\sqrt{D}-[2(c_{13}^0+c_{44}^0)^2\cos^2\theta+(c_{11}^0\sin^2\theta-c_{33}^0\cos^2\theta+c_{44}^0\cos2\theta)(c_{11}^0-c_{44}^0)]\right\}}{2\rho V_{SV}\sqrt{D}}\sin\theta\sin\varphi$$

$$V_{Gz}^{SV}=\frac{\left\{(c_{33}^0+c_{44}^0)\sqrt{D}-[2(c_{13}^0+c_{44}^0)^2\sin^2\theta-(c_{11}^0\sin^2\theta-c_{33}^0\cos^2\theta+c_{44}^0\cos2\theta)(c_{33}^0-c_{44}^0)]\right\}}{2\rho V_{SV}\sqrt{D}}\cos\theta \tag{6-47}$$

qSH 波群速度为：

$$\begin{aligned}V_{Gx}^{SH}&=\frac{c_{66}^0}{\rho V_{SH}}\sin\theta\cos\varphi\\V_{Gy}^{SH}&=\frac{c_{66}^0}{\rho V_{SH}}\sin\theta\sin\varphi\\V_{Gz}^{SH}&=\frac{c_{44}^0}{\rho V_{SH}}\cos\theta\end{aligned} \tag{6-48}$$

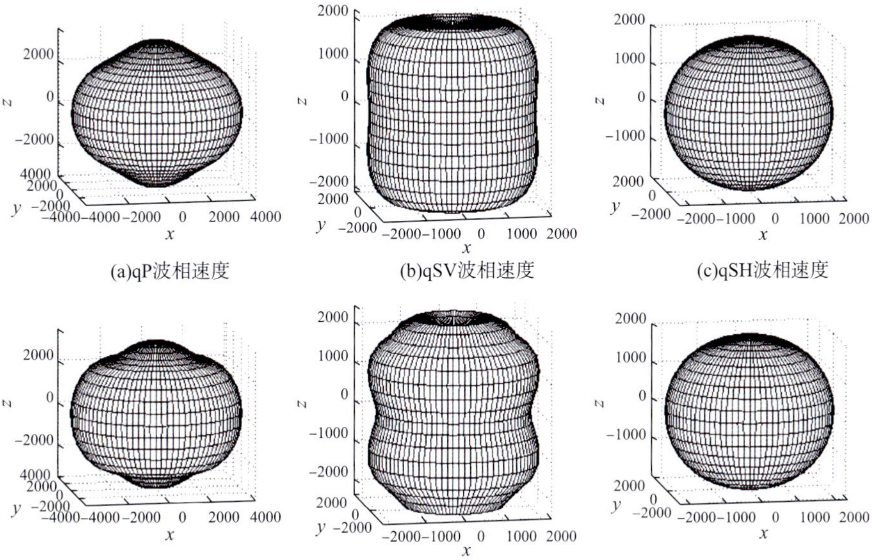

(a)qP波相速度　(b)qSV波相速度　(c)qSH波相速度

(d)qP波群速度　(e)qSV波群速度　(f)qSH波群速度

图 6-7　Green River Shale 地震波速度理论曲线

（$V_{P0}=3460$m/s，$V_{S0}=2000$m/s）

4）正交介质弹性波速度公式

（1）本构坐标系下对称轴方向的相速度。

当正交各向异性介质的对称轴与坐标轴重合时，地震波沿坐标轴传播时的偏振方向与传播方向平行或垂直，为纯 P 波、SV 波和 SH 波。正交各向异性介质的 9 个独立的弹性参数中，对角线上的 6 个元素规定了沿坐标轴传播时的三种体波的相速度（图 6-8）。沿 x、y、z 三个坐标轴传播的纵波速度分别为 $\sqrt{c_{11}/\rho}$、$\sqrt{c_{22}/\rho}$、$\sqrt{c_{33}/\rho}$；沿 z 方向传播，y 方向

偏振以及沿 y 方向传播，z 方向偏振的横波速度为 $\sqrt{c_{44}/\rho}$；相似的，沿 z 方向传播，x 方向偏振以及沿 x 方向传播，z 方向偏振的横波波速为 $\sqrt{c_{55}/\rho}$，$\sqrt{c_{66}/\rho}$ 为沿 x 方向传播，y 方向偏振以及沿 y 方向传播，x 方向偏振的横波速度（表 6－1）。

表 6－1　正交介质坐标轴方向的相速度

		传播方向		
		x	y	z
偏振方向	x	$v_{P1}=\sqrt{c_{11}/\rho}$	$v_{S21}=\sqrt{c_{66}/\rho}$	$v_{S31}=\sqrt{c_{55}/\rho}$
	y	$v_{S12}=\sqrt{c_{66}/\rho}$	$v_{P2}=\sqrt{c_{22}/\rho}$	$v_{S32}=\sqrt{c_{44}/\rho}$
	z	$v_{S13}=\sqrt{c_{55}/\rho}$	$v_{S23}=\sqrt{c_{44}/\rho}$	$v_{P3}=\sqrt{c_{33}/\rho}$

表 6－1 中，v_{Pij} 下标 P 代表纵波，S 为横波，i 为传播方向，j 为偏振方向，1、2、3 分别代表 x、y、z 方向。当地震波沿对称轴（z 轴）传播时，会产生两个偏振互相垂直（分别平行于 x、y 方向）的横波，且传播速度不同（$c_{44}\neq c_{55}$），即发生横波分裂现象；但是特殊的，VTI 介质中，当地震波沿主对称轴 z 方向传播时，两个横波速度相同，观测不到分裂现象。

（2）本构坐标系下对称面内的相速度

当波在非对称轴方向的对称面中（xoz 面、yoz 面和 xoy 面）传播时，纵波的偏振方向与传播方向出现偏角，传播平面内的剪切波偏振与传播方向同样不再是 90°，记三种波的相速度分别为 v_{qP}、v_{qSV}、v_{qSH}。

①地震波在 xoz 面内传播时，传播方向 $n=(\sin\theta,0,\cos\theta)^{T}$。

$$\begin{aligned} v_{qSH}(\theta) &= \sqrt{(c_{66}\sin^2\theta + c_{44}\cos^2\theta)/\rho} \\ v_{qP}(\theta) &= \frac{1}{\sqrt{2\rho}}\sqrt{c_{11}\sin^2\theta + c_{33}\cos^2\theta + c_{55} + D(\theta)} \\ v_{qSV}(\theta) &= \frac{1}{\sqrt{2\rho}}\sqrt{c_{11}\sin^2\theta + c_{33}\cos^2\theta + c_{55} - D(\theta)} \end{aligned} \tag{6-49}$$

其中：$D(\theta)=\sqrt{[(c_{11}-c_{55})\sin^2\theta-(c_{33}-c_{55})\cos^2\theta]^2+4(c_{13}+c_{55})\sin^2\theta\cos^2\theta}$

SH 波的偏振方向为（0，1，0），垂直于传播平面 xoz，为纯 SH 波。

②地震波在 yoz 面内传播时，传播方向 $n=(0,\sin\theta,\cos\theta)^{T}$。

$$\begin{aligned} v_{qSH}(\theta) &= \sqrt{(c_{66}\sin^2\theta + c_{55}\cos^2\theta)/\rho} \\ v_{qP}(\theta) &= \frac{1}{\sqrt{2\rho}}\sqrt{c_{22}\sin^2\theta + c_{33}\cos^2\theta + c_{44} + D(\theta)} \\ v_{qSV}(\theta) &= \frac{1}{\sqrt{2\rho}}\sqrt{c_{22}\sin^2\theta + c_{33}\cos^2\theta + c_{44} - D(\theta)} \end{aligned} \tag{6-50}$$

其中：$D(\theta)=\sqrt{[(c_{22}-c_{44})\sin^2\theta-(c_{33}-c_{44})\cos^2\theta]^2+4(c_{23}+c_{44})\sin^2\theta\cos^2\theta}$

同样的第三类波的偏振方向仍然与传播平面垂直，为纯 SH 波。

③地震波在 xoy 面内传播时，传播方向 $n=(\cos\varphi,\sin\varphi,0)^{\mathrm{T}}$。

$$
\begin{aligned}
v_{\mathrm{qSH}}(\varphi) &= \sqrt{(c_{55}\cos^2\varphi + c_{44}\sin^2\varphi)/\rho} \\
v_{\mathrm{qP}}(\varphi) &= \frac{1}{\sqrt{2\rho}}\sqrt{c_{11}\cos^2\varphi + c_{22}\sin^2\varphi + c_{66} + D(\varphi)} \\
v_{\mathrm{qSV}}(\varphi) &= \frac{1}{\sqrt{2\rho}}\sqrt{c_{11}\cos^2\varphi + c_{22}\sin^2\varphi + c_{66} - D(\varphi)}
\end{aligned}
\tag{6-51}
$$

其中：$D(\varphi)=\sqrt{[(c_{11}-c_{66})\cos^2\varphi-(c_{22}-c_{66})\sin^2\varphi]^2+4(c_{12}+c_{66})\sin^2\varphi\cos^2\varphi}$

不难发现，在本构坐标系下，xoz、yoz 和 xoy 三个坐标平面即为正交各向异性系统的对称面，波在对称面中传播时，qSH 波的偏振方向都与传播平面垂直，为纯 SH 波。

（3）倾斜观测坐标系下的相速度。

由于对称性质，地震波在介质对称面内传播时的 SH 波是解耦的，Christoffel 方程解的表达式较容易推导，但是在非对称面内时，三种相速度解相互耦合，增加了求解的难度。当观测坐标与本构坐标存在夹角时，观测面与介质的对称面可能不重合，而且为了更真实地了解地下介质构造需要接收多方位的地震数据，有必要从整体上研究地震波在各向异性介质一般方向上的波速。本节以观测系统与本构系统存在极化角 θ^0 为例讨论倾斜坐标系下正交各向异性介质的理论相速度值。

当观测坐标系下介质的对称轴与坐标轴 z 轴呈 0°时，坐标面 xoz 面仍是介质对称面，给出地震波在 xoz 面内传播时的相速度，传播方向 $n=(\cos\varphi,\sin\varphi,0)^{\mathrm{T}}$：

$$
v_{\mathrm{qSH}}(\theta,\theta^0)=\sqrt{\frac{1}{\rho}[c_{66}^0(n_x\cos\theta^0+n_z\sin\theta^0)^2+c_{44}^0(-n_x\sin\theta^0+n_z\cos\theta^0)^2]} \tag{6-52a}
$$

$$
v_{\mathrm{qP}}(\theta,\theta^0)=\frac{1}{\sqrt{2\rho}}\sqrt{c_{55}^0+c_{11}^0(n_x\cos\theta^0+n_z\sin\theta^0)^2+c_{33}^0(-n_x\sin\theta^0+n_z\cos\theta^0)^2+\sqrt{D}} \tag{6-52b}
$$

$$
v_{\mathrm{qSV}}(\theta,\theta^0)=\frac{1}{\sqrt{2\rho}}\sqrt{c_{55}^0+c_{11}^0(n_x\cos\theta^0+n_z\sin\theta^0)^2+c_{33}^0(-n_x\sin\theta^0+n_z\cos\theta^0)^2-\sqrt{D}} \tag{6-52c}
$$

其中，

$$
\begin{aligned}
D = {}& [(c_{11}^0-c_{55}^0)(n_x\cos\theta^0+n_z\sin\theta^0)^2-(c_{33}^0-c_{55}^0)(-n_x\sin\theta^0+n_z\cos\theta^0)^2]^2+ \\
& 4(c_{13}^0+c_{55}^0)(n_x\cos\theta^0+n_z\sin\theta^0)^2(-n_x\sin\theta^0+n_z\cos\theta^0)^2
\end{aligned}
$$

式中，qSH 波的偏振方向为（0，1，0），与传播平面垂直，仍是纯 SH 波。

此时 yoz 面和 xoy 面不再是对称面，含有符号变量的三次方程的求解更为复杂，很难得到显示的表达式，但是当介质的弹性参数已知时，解可以通过盛金公式得到。

（4）群速度。

在极化角 θ^0 下介质的三维群速度关于相速度和传播方向的表达式：

$$\boldsymbol{V}_g = (V_{gi}) = \{[(\rho v_i^2)^2\bar{A}_i - \rho v_i^2\bar{B}_i + \bar{C}_i][\rho v(3(\rho v_i^2)^2 - 2A\rho v_i^2 + B)]^{-1}\} \quad (6-53)$$

式中，i 代表 x、y、z，A、B、$\bar{A}$，$\bar{B}$，$\bar{C}$ 表达式为：

$$\begin{cases} A = \Gamma_{11} + \Gamma_{22} + \Gamma_{33} \\ B = \Gamma_{11}\Gamma_{22} + \Gamma_{11}\Gamma_{33} + \Gamma_{22}\Gamma_{33} - \Gamma_{12}^2 - \Gamma_{13}^2 - \Gamma_{23}^2 \end{cases}$$

$$\begin{cases} \bar{A}_x = (c_{11} + c_{66} + c_{55})n_x + (c_{15} + c_{46} + c_{35})n_z \\ \bar{B}_x = [(c_{66} + c_{55})n_x + (c_{46} + c_{35})n_z]\Gamma_{11} + [(c_{11} + c_{55})n_x + (c_{15} + c_{35})n_z]\Gamma_{22} + \\ \qquad [(c_{66} + c_{11})n_x + (c_{46} + c_{15})n_z]\Gamma_{33} - (c_{12} + c_{66})n_y\Gamma_{12} - (c_{25} + c_{46})n_y\Gamma_{23} - \\ \qquad [2c_{15}n_x + (c_{13} + c_{55})n_z]\Gamma_{13} \\ \bar{C}_x = (c_{11}n_x + c_{15}n_z)\Gamma_{22}\Gamma_{33} + [(c_{66}n_x + c_{46}n_z)\Gamma_{33} + (c_{55}n_x + c_{35}n_z)\Gamma_{22}]\Gamma_{11} + \\ \qquad (c_{12} + c_{66})n_y\Gamma_{13}\Gamma_{23} + (c_{25} + c_{46})n_y\Gamma_{13}\Gamma_{12} + [2c_{15}n_x + (c_{13} + c_{55})n_z]\Gamma_{12}\Gamma_{23} - \\ \qquad (c_{11}n_x + c_{15}n_z)\Gamma_{23}^2 - (c_{25} + c_{46})n_y\Gamma_{23}\Gamma_{11} - (c_{66}n_x + c_{46}n_z)\Gamma_{13}^2 - \\ \qquad [2c_{15}n_x + (c_{13} + c_{55})n_z]\Gamma_{22}\Gamma_{13} - (c_{55}n_x + c_{35}n_z)\Gamma_{12}^2 - (c_{12} + c_{66})n_y\Gamma_{12}\Gamma_{33} \end{cases}$$

$$\begin{cases} \bar{A}_y = (c_{66} + c_{22} + c_{44})n_y \\ \bar{B}_y = [(c_{44} + c_{66})\Gamma_{22} + (c_{22} + c_{44})\Gamma_{11} + (c_{66} + c_{22})\Gamma_{33}]n_y - 2c_{46}n_y\Gamma_{13} - \\ \qquad [(c_{25} + c_{46})n_z + (c_{12} + c_{66})n_x]\Gamma_{12} - [(c_{23} + c_{44})n_z + (c_{25} + c_{46})n_x]\Gamma_{23} \\ \bar{C}_y = [c_{66}\Gamma_{22}\Gamma_{33} + (c_{22}\Gamma_{33} + c_{44}\Gamma_{22})\Gamma_{11}]n_y + [(c_{25} + c_{46})n_z + (c_{12} + c_{66})n_x]\Gamma_{13}\Gamma_{23} + \\ \qquad [(c_{23} + c_{44})n_z + (c_{25} + c_{46})n_x]\Gamma_{13}\Gamma_{12} + 2c_{46}n_y\Gamma_{12}\Gamma_{23} - c_{66}n_y\Gamma_{23}^2 - \\ \qquad c_{22}n_y\Gamma_{13}^2 - c_{44}n_y\Gamma_{12}^2 - [(c_{23} + c_{44})n_z + (c_{25} + c_{46})n_x]\Gamma_{23}\Gamma_{11} - \\ \qquad 2c_{46}n_y\Gamma_{22}\Gamma_{13} - [(c_{25} + c_{46})n_z + (c_{12} + c_{66})n_x]\Gamma_{12}\Gamma_{33} \end{cases}$$

$$\begin{cases} \bar{A}_z = (c_{55} + c_{44} + c_{33})n_z + (c_{15} + c_{46} + c_{35})n_x \\ \bar{B}_z = [(c_{44} + c_{33})n_z + (c_{46} + c_{35})n_x]\Gamma_{11} + [(c_{33} + c_{55})n_z + (c_{15} + c_{35})n_x]\Gamma_{22} + \\ \qquad [(c_{55} + c_{44})n_z + (c_{46} + c_{15})n_x]\Gamma_{33} - (c_{25} + c_{46})n_y\Gamma_{12} - (c_{23} + c_{44})n_y\Gamma_{23} - \\ \qquad [2c_{35}n_z + (c_{13} + c_{55})n_x]\Gamma_{13} \\ \bar{C}_z = (c_{55}n_z + c_{15}n_x)\Gamma_{22}\Gamma_{33} + [(c_{44}n_z + c_{46}n_x)\Gamma_{33} + (c_{33}n_z + c_{35}n_x)\Gamma_{22}]\Gamma_{11} + \\ \qquad (c_{25} + c_{46})n_y\Gamma_{13}\Gamma_{23} + (c_{23} + c_{44})n_y\Gamma_{13}\Gamma_{12} + [2c_{35}n_z + (c_{13} + c_{55})n_x]\Gamma_{12}\Gamma_{23} - \\ \qquad (c_{55}n_z + c_{15}n_x)\Gamma_{23}^2 - (c_{23} + c_{44})n_y\Gamma_{23}\Gamma_{11} - (c_{44}n_z + c_{46}n_x)\Gamma_{13}^2 - \\ \qquad [2c_{35}n_z + (c_{13} + c_{55})n_x]\Gamma_{22}\Gamma_{13} - (c_{33}n_z + c_{35}n_x)\Gamma_{12}^2 - (c_{25} + c_{46})n_y\Gamma_{12}\Gamma_{33} \end{cases}$$

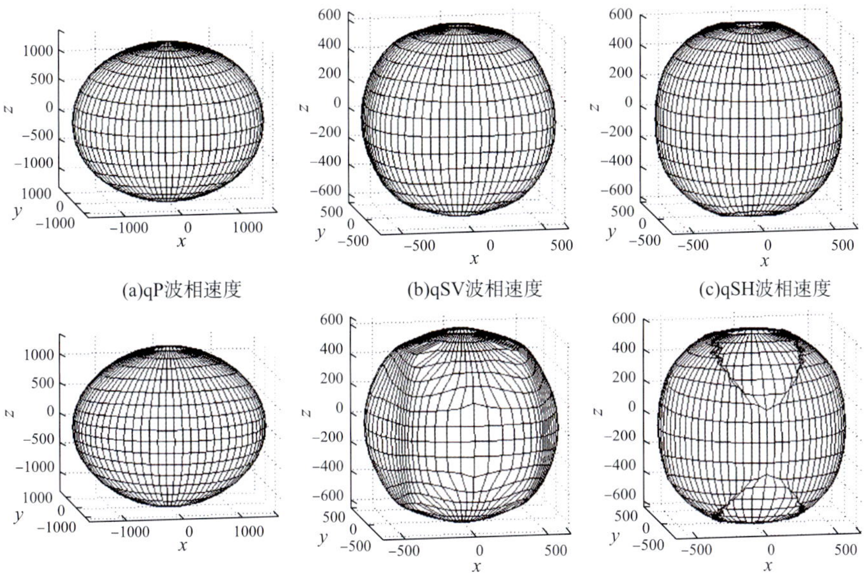

(a)qP波相速度 (b)qSV波相速度 (c)qSH波相速度

(d)qP波群速度 (e)qSV波群速度 (f)qSH波群速度

图 6－8 ORT 介质地震波速度理论曲线

（$V_{P0}=1339\text{m/s}$，$V_{S0}=630\text{m/s}$，$\varepsilon^{(1)}=0.146$，$\varepsilon^{(2)}=0.262$，$\delta^{(1)}=0.114$，$\delta^{(2)}=0.157$，$\delta^{(3)}=-0.126$，$\gamma^{(1)}=0.052$，$\gamma^{(2)}=0.015$）

6.2 各向异性射线层析速度建模技术

偏移速度建模是地震成像的核心，而叠前深度偏移只是检验速度场是否正确的一种工具。速度问题是勘探地震学的核心问题，许多地震工作者致力于地震速度的研究，因为地震勘探等价于速度勘探，对地下介质地震波速度的描述能力的发展过程代表了勘探地震学的发展历程。地震勘探几十年的发展历程从本质上讲是围绕着对地下介质速度场的认识展开的。对速度场的认识程度基本上代表了对一个探区的地下地质情况的认识程度。一个原因是地下介质的地震波速度与岩石的物理性质有密切的关系，反映岩石类别和其中含流体（石油或天然气）的状况；另一个原因是地下介质的地震波速度决定了地震波偏移成像的结果，间接地决定了地质学家对整个探区地质构造的把握。对于任何偏移方法，速度模型的正确性都是决定构造成像质量的关键，尤其是叠前深度偏移对速度模型的依赖性更强、反应更敏感、要求更高。

射线追踪在地震处理中使用广泛，它能够获取地震波的传播路径和传播时间，在射线类处理（如射线偏移和射线层析）中非常重要，射线追踪的精度直接决定了地震处理的精度，因此，射线追踪的目的是获取准确的地震波走时和传播路径。各向异性处理相比于各向同性处理更加复杂、运算更加耗时，各向异性介质射线追踪需要解决的首要问题就是效率问题，在提高效率的前提下保证精度。

各向异性速度建模中基于成像道集来更新或判别速度的标准有两个，道集拉平和道集聚焦。前者认为，对于地下某一成像点，如果用于偏移的速度模型正确，则由不同的叠前道集数据得到的偏移成像结果是一致的，即成像道集中的同相轴应该是水平的，否则成像道集中的同相轴不水平而出现剩余时差，同相轴向上弯曲则认为偏移速度过小，成像道集同相轴向下弯曲则认为偏移速度过大，使用该判定准则的成像速度分析方法称为剩余曲率分析法（RCA）。深度聚焦分析法主要是基于零时间成像和零偏移距成像深度一致准则，该准则认为，在叠前深度偏移时，以错误的速度模型偏移到正确的深度与以正确的速度模型偏移到错误的深度是等价的。这两种速度分析方法都是一个共成像点道集进行的，实际上影响剩余时差或者聚焦好坏的是整个波传播路径相关的速度场。因此，基于成像道集剩余时差的层析反演速度方法以及基于模拟炮道集残差的波形反演方法能够更好的估计速度模型。叠前深度偏移与偏移速度分析相结合的处理方法则是对复杂构造成像的有力工具，它能很好地适应于速度横向变化剧烈或地质构造相当复杂的探区。

当前各向异性走时反演和速度分析方法已经广泛应用于各向异性参数的估算，这些方法大多数是通过分析非双曲时差公式中的高阶项来获得时间域的 NMO 速度和非椭圆参数 η，从而建立用于时间偏移的初始速度模型和各向异性模型，通过 Dix 公式计算每一层的速度和非椭圆参数 η，然而基于这种层剥离的实现方式会导致在反演过程中每一层的速度和非椭圆参数 η 的误差随深度累积。为了获取更高质量的各向异性参数，很多学者将目光聚焦在基于共成像点道集建立各向异性模型的方法。当用于偏移的速度和各向异性参数准确时，相应的 CIG 道集呈现拉平形态，当速度和/或各向异性参数不准确时，CIG 道集出现非零剩余深度差。利用各向异性层析估算速度和各向异性参数，从而使道集拉平，实现了各向异性层析作为深度偏移输入工具的功能。

各向异性层析最大的挑战之一是速度与各向异性参数之间的耦合，传统的层析反演不足以解决该问题，需要利用不同形式的正则化约束各向异性层析反演，为此，很多学者就更好的估算各向异性参数进行了深入研究。地震反射层析是一个欠定反问题，需要正则化来约束层析反问题的求解。各向异性层析更为欠定，V_{P0}、ε 和 δ 三个参数对走时的影响不同，且数量级不同，因此，需要给出适应三个参数不同特性的正则化方式。其中一些常用的手段包括：利用井数据通过局部各向异性层析估算 VTI 介质参数；对层析方程进行倾角滤波正则化来约束层析更新的形态，从而使更新模型与地下构造更吻合；联合多个单井局部层析得到的各向异性剖面建立全局的各向异性剖面；结合 check shot 约束和适用各向异性层析的正则化分离速度与 Thomsen 参数之间的权衡；将地质和井信息的约束加入到各向异性层析之中，在降低解的不确定度的同时，获得与地质连续的各向异性模型等。

6.2.1 各向异性介质射线追踪技术

各向异性特征会改变地震波在介质中的传播规律，如地震波速度、偏振方向、振幅和衰减等，并且地震波在介质中随着传播方向的不同，传播速度也不同。射线追踪是进行几何地震学研究的基础，其主要任务是通过求解程函方程计算地震波走时，通过求解输运方程得到地震波振幅。

6.2.1.1 声学近似下的 TI 介质射线追踪技术

地下介质中的波传播可以通过求解弹性波方程来描述，此时的波场是一个三分量的位移矢量，其包含两种波的类型：压缩波和剪切波。弹性假设主要有两个缺点，一是忽略了地下介质是非弹性的特性，二是在利用有限差分来求解弹性波方程时三分量波场计算量大。因此，为了降低计算成本，采用声介质近似来描述 P 波的传播，在声介质中，波场是一个标量并非一个矢量。弹性介质中，P 波传播时遇到一个界面时，一部分的 P 波能量会转化为 S 波能量；而在声介质中，P 波的所有能量没有转化，完全被保留。qP 波方程不产生剪切波，可用于零偏移距和非零偏移距 P 波的正演。

1）声学近似下的频散关系及 qP 波方程的表达

由声学近似下的频散关系可以得到相应的 qP 波方程，为此很多学者对频散关系进行了深入研究，同时导出了不同的频散关系和相应的 qP 波方程。

Alkhalifah（2000）认为，即使是在很强的各向异性介质中，P 波速度和走时也是独立于 V_{S0} 的，因此认为 P 波走时仅是 V_{P0}、ε、δ 的函数。从弹性波方程的准确频散关系出发，将 $V_{sz}=0$ 代入其中，得到 VTI 介质的频散关系：

$$p_z^2 = \frac{v^2}{v_v^2}\left[\frac{1}{v^2} - \frac{p_x^2 + p_y^2}{1 - 2v^2\eta(p_x^2 + p_y^2)}\right] \tag{6-54}$$

式中，v 是 NMO 速度 V_{NMO}；V_v 为垂直速度 V_{P0}，它们满足如下关系：

$$V_{P0} = \sqrt{\frac{c_{33}}{\rho}}, V_{NMO}(0) = V_{P0}\sqrt{1 + 2\delta}, \eta = \frac{\varepsilon - \delta}{1 + 2\delta} \tag{6-55}$$

得到 VTI 介质的 qP 波方程：

$$\frac{\partial^4\varphi}{\partial t^4} - (1 + 2\eta)v^2\left(\frac{\partial^4\varphi}{\partial x^2\partial t^2} + \frac{\partial^4\varphi}{\partial y^2\partial t^2}\right) = v_v^2\frac{\partial^4\varphi}{\partial z^2\partial t^2} - 2\eta v^2 v_v^2\left(\frac{\partial^4\varphi}{\partial x^2\partial z^2} + \frac{\partial^4\varphi}{\partial y^2\partial z^2}\right) \tag{6-56}$$

$\eta=0$ 时对应椭圆各向异性介质的 qP 波方程：

$$\frac{\partial^2}{\partial t^2}\left[\frac{\partial^2 F}{\partial t^2} - v^2\left(\frac{\partial^2 F}{\partial x^2} + \frac{\partial^2 F}{\partial y^2}\right) - v_v^2\frac{\partial^2 F}{\partial z^2}\right] = 0 \tag{6-57}$$

然而，通过求解利用该频散关系得到的 qP 波方程存在一定的问题，从波场快照中出现钻石型的波场，Alkhalifah 认为这是钻石型的假象，然而 Grechka 等（2004）证实这种钻石型的假象是 SV 波，可见简单的令剪切波速度为零是不能把介质中的剪切波完全去除掉的，并且仅当 $\varepsilon-\delta\geqslant 0$ 时，qP 波方程才稳定可解，$\varepsilon-\delta<0$ 时，方程则变得不稳定。

Zhou（2006）从 Alkhalifah（2000）的频散关系假设出发，并且考虑地下介质的复杂构造特性，得到 VTI 介质和 TTI 介质的声波方程。以二维情况为例，从 Tsvankin（2001）给出的相速度公式出发，相应相速度表示为：

$$\frac{v^2}{v_0^2}=1+\varepsilon\sin^2\bar{\theta}-\frac{f}{2}+\frac{f}{2}\sqrt{\left(1+\frac{2\varepsilon\sin^2\bar{\theta}}{f}\right)^2-\frac{8(\varepsilon-\delta)\sin^2\bar{\theta}\cos^2\bar{\theta}}{f}} \tag{6-58}$$

式中，V 是相速度；v_0 是沿对称轴方向的速度；$\bar{\theta}$ 表示相角与对称轴方向的夹角；$f=1-\left(\frac{V_{S0}}{V_{P0}}\right)^2$。

按照 Alkhalifah（2000）的 qP 波假设，假设沿对称轴的 S 波速度为零，即 $f=1$，经过一系列数学运算得到简化的相速度关系式：

$$\frac{\cos^2\bar{\theta}}{v^2}=\frac{1}{v_0^2}-(1+2\delta)\frac{\frac{\sin^2\bar{\theta}}{v^2}\cdot\frac{1}{v_0^2}}{\frac{1}{v_0^2}-2(\varepsilon-\delta)\frac{\sin^2\bar{\theta}}{v^2}} \tag{6-59}$$

满足：

$$\sin\theta=\frac{vk_x}{\omega},\cos\theta=\frac{vk_z}{\omega} \tag{6-60}$$

式中，k_x 和 k_z 是沿 x 和 z 方向的波数；ω 是角频率；θ 是相角与 z 轴之间的夹角；θ_0 是对称轴与 z 轴之间的夹角，$\bar{\theta}$ 是相速度与对称轴之间的夹角，满足 $\bar{\theta}=\theta-\theta_0$，$\cos\bar{\theta}=\cos(\theta-\theta_0)=\cos\theta\cos\theta_0+\sin\theta\sin\theta_0,\sin\bar{\theta}=\sin(\theta-\theta_0)=\sin\theta\cos\theta_0-\cos\theta\sin\theta_0$。

将上式代入式（6-60），再代入式（6-59）得到 TTI 介质的频散关系

$$f_1=\frac{\omega^2}{v_0^2}-(1+2\delta)f_2-(1+2\delta)\cdot 2(\varepsilon-\delta)\frac{f_2\cdot f_2}{\frac{\omega^2}{v_0^2}-2(\varepsilon-\delta)f_2} \tag{6-61}$$

其中：

$$\begin{aligned}f_1(k_x,k_z,\theta)&=k_z^2\cos^2\theta-k_xk_z\sin 2\theta_0+k_x^2\sin^2\theta\\ f_2(k_x,k_z,\theta)&=k_x^2\cos^2\theta+k_xk_z\sin 2\theta_0+k_z^2\sin^2\theta\end{aligned} \tag{6-62}$$

式（6-61）是傅里叶域中的四阶多项式，相应的在 $t-x$ 域是四阶微分方程将该式两边同时乘以傅里叶域的波场 $p(\omega,k_x,k_z)$，并引入一个辅助函数：

$$q(\omega,k_x,k_z)=\frac{2v_0^2(\varepsilon-\delta)f_2}{\omega^2-2v_0^2(\varepsilon-\delta)f_2}p(\omega,k_x,k_z) \tag{6-63}$$

则式（6－62）变为：

$$f_1p(\omega,k_x,k_z) = \left[\frac{\omega^2}{v_0^2} - (1+2\delta)f_2\right]p(\omega,k_x,k_z) - (1+2\delta)f_2q(\omega,k_x,k_z) \tag{6-64}$$

对式（6－63）和式（6－64）做傅里叶反变换，得到最终的 TTI 介质的 qP 波方程：

$$\begin{aligned} &\frac{1}{v_0^2}\frac{\partial^2 p}{\partial t^2} - (1+2\delta)Hp - H_0p = (1+2\delta)Hq \\ &\frac{1}{v_0^2}\frac{\partial^2 q}{\partial t^2}\frac{\partial^2 p}{\partial t^2} - 2(\varepsilon-\delta)Hq = 2(\varepsilon-\delta)Hp \end{aligned} \tag{6-65}$$

其中：

$$\begin{aligned} &H = \cos^2\theta_0\frac{\partial^2}{\partial x^2} + \sin^2\theta_0\frac{\partial^2}{\partial z^2} - \sin2\theta_0\frac{\partial^2}{\partial x\partial z} \\ &H_0 = \sin^2\theta_0\frac{\partial^2}{\partial x^2} + \cos^2\theta_0\frac{\partial^2}{\partial z^2} + \sin2\theta_0\frac{\partial^2}{\partial x\partial z} \end{aligned} \tag{6-66}$$

通过引入辅助函数 $q(t,x,z)$，可以将初始的四阶微分方程转化为更便于理解和实现的两个二阶微分方程。一个方程是控制波前的传播，另一个方程是补偿 TTI 介质横向和深度方向上的各向异性损失，该 qP 波方程有明显的物理意义。在两个微分算子 H 和 H_0 表达式中的 $\frac{\partial^2}{\partial x\partial z}$ 表示 TTI 介质中绕对称轴的角度旋转。$\theta_0=0^0$ 对应 VTI 介质的声波方程，$\theta_0=90^0$ 对应 HTI 介质的 qP 波方程。只有当 $\varepsilon-\delta\geqslant0$ 时，式（6－75）才是适定的初值问题。

这种方法得到的 qP 波方程仅在水平和垂直方向上没有 SV 波的影响，其他方向仍然存在 SV 的影响，对 Alkhalifah（2000）的 qP 波方程稍作改进，运动学上与弹性波方程很好的近似，主要缺点是产生了假的 SV 波。

Liu（2009）从 Alkhalifah（2000）导出的 VTI 介质的四阶 qP 波方程出发，相应 3D VTI 介质的频散关系为：

$$k_z^2 = \frac{V_{\text{NMO}}^2}{V_{\text{P}}^2}\left[\frac{\omega^2}{V_{\text{NMO}}^2} - \frac{\omega^2(k_x^2+k_y^2)}{\omega^2 - 2V_{\text{NMO}}^2\eta(k_x^2+k_y^2)}\right] \tag{6-67}$$

式中，$V_{\text{NMO}} = V_{\text{P}}\sqrt{1+2\delta}$，$\eta = \frac{\varepsilon-\delta}{1+2\delta}$。

将上述频散关系分离得到 P 波和 SV 波对应的 qP 波方程：

$$\begin{aligned} \frac{1}{V_{\text{P}}^2}\frac{\partial^2}{\partial t^2}P = \frac{1}{2}\Bigg\{&\left[m\left(\frac{\partial^2}{\partial x^2}+\frac{\partial^2}{\partial y^2}\right)+\frac{\partial^2}{\partial z^2}\right]+ \\ &\sqrt{\left[m\left(\frac{\partial^2}{\partial x^2}+\frac{\partial^2}{\partial y^2}\right)+\frac{\partial^2}{\partial z^2}\right] - 8\gamma\left(\frac{\partial^2}{\partial x^2}+\frac{\partial^2}{\partial y^2}\right)\frac{\partial^2}{\partial z^2}}\Bigg\}P \end{aligned} \tag{6-68}$$

$$\frac{1}{V_{\mathrm{P}}^2}\frac{\partial^2}{\partial t^2}P_{\mathrm{SV}} = \frac{1}{2}\left\{\left[m\left(\frac{\partial^2}{\partial x^2}+\frac{\partial^2}{\partial y^2}\right)+\frac{\partial^2}{\partial z^2}\right]- \sqrt{\left[m\left(\frac{\partial^2}{\partial x^2}+\frac{\partial^2}{\partial y^2}\right)+\frac{\partial^2}{\partial z^2}\right]-8\gamma\left(\frac{\partial^2}{\partial x^2}+\frac{\partial^2}{\partial y^2}\right)\frac{\partial^2}{\partial z^2}}\right\}P_{\mathrm{SV}} \tag{6-69}$$

其中：

$$m(\vec{x}) = 1+2\varepsilon(\vec{x}),\gamma(\vec{x}) = \varepsilon(\vec{x})-\delta(\vec{x}),\vec{x} = (x,y,z) \tag{6-70}$$

将 VTI 介质的频散关系分离，得到分离后的 qP 波和 qSV 波方程，得到的 qP 波方程在 $\varepsilon<\delta$ 时同样也是稳定可解的，qSV 波方程仅对 $\varepsilon\geqslant\delta$ 满足适定性。

Zhan（2011）从 Tsvankin（2001）准确相速度出发：

$$\frac{V^2(\theta)}{V_{\mathrm{P0}}^2} = 1+\varepsilon\sin^2\theta-\frac{f}{2}+\frac{f}{2}\left(1+\frac{2\varepsilon\sin^2\theta}{f}\right)\sqrt{1-\frac{2(\varepsilon-\delta)\sin^2 2\theta}{f\left(1+\frac{2\varepsilon\sin^2\theta}{f}\right)^2}} \tag{6-71}$$

将根号一阶展开（$\sqrt{1+X}=1+X/2$），得到近似的 P 波相速度：

$$\frac{V^2(\theta)}{V_{\mathrm{P0}}^2}\approx 1+2\varepsilon\sin^2\theta-\frac{(\varepsilon-\delta)\sin^2 2\theta}{2\left(1+\frac{2\varepsilon\sin^2\theta}{f}\right)} \tag{6-72}$$

当 $\left|\frac{2(\varepsilon-\delta)\sin^2 2\theta}{f\left(1+\frac{2\varepsilon\sin^2\theta}{f}\right)^2}\right|\ll 1$ 时，上式是较为准确的 P 波频散关系。将 $\sin\theta = V(\theta)k_x/\omega$，$\cos\theta = V(\theta)k_z/\omega,V^2(\theta) = \omega^2/(k_x^2+k_z^2)$ 带入上式，得到相应频散关系：

$$\omega^2 = V_{\mathrm{P0}}^2\left[(1+2\varepsilon)k_x^2+k_z^2-\frac{2(\varepsilon-\delta)k_x^2k_z^2}{Fk_x^2+k_z^2}\right] \tag{6-73}$$

令式（6-73）中 $\varepsilon=0$，得到 Etgen 和 Brandsberg-Dahl（2009）、Crawley 等（2010）提出的 VTI 介质的频散关系：

$$\omega^2 = V_{\mathrm{P0}}^2[(1+2\varepsilon)k_x^2+k_z^2-\frac{2(\varepsilon-\delta)k_x^2k_z^2}{k_x^2+k_z^2}] \tag{6-74}$$

坐标旋转可表示为：

$$\begin{pmatrix}\hat{k}_x\\ \hat{k}_z\end{pmatrix} = \begin{pmatrix}\cos\varphi & \sin\varphi\\ -\sin\varphi & \cos\varphi\end{pmatrix}\begin{pmatrix}k_x\\ k_z\end{pmatrix} \tag{6-75}$$

通过式（6-75）坐标旋转得到 TTI 介质的频散关系：

$$\begin{aligned}\omega^2 = V_{P0}^2[&k_x^2 + k_z^2 + (2\delta\sin^2\varphi\cos^2\varphi + 2\varepsilon\cos^4\varphi)\frac{k_x^4}{k_x^2+k_z^2} + \\ &(2\delta\sin^2\varphi\cos^2\varphi + 2\varepsilon\sin^4\varphi)\frac{k_z^4}{k_x^2+k_z^2} + (\delta\sin4\varphi - 4\varepsilon\sin2\varphi\cos^2\varphi)\frac{k_x^3k_z}{k_x^2+k_z^2} + \\ &(-\delta\sin4\varphi - 4\varepsilon\sin2\varphi\cos^2\varphi)\frac{k_xk_z^3}{k_x^2+k_z^2} + \\ &(-\delta\sin^2 2\varphi + 3\varepsilon\sin^2 2\varphi + 2\delta\cos^2 2\varphi)\frac{k_x^2k_z^2}{k_x^2+k_z^2}]\end{aligned} \quad (6-76)$$

式（6-76）两边乘以傅里叶域的波场 $p(\omega,k_x,k_z)$，两边对 k_x、k_z、ω 做反傅里叶变换，得到时间-波数域 TTI 介质的 qP 波方程：

$$\begin{aligned}\frac{\partial^2 p}{\partial t^2} = V_{P0}^2[&k_x^2 + k_z^2 + (2\delta\sin^2\varphi\cos^2\varphi + 2\varepsilon\cos^4\varphi)\frac{k_x^4}{k_x^2+k_z^2} + \\ &(2\delta\sin^2\varphi\cos^2\varphi + 2\varepsilon\sin^4\varphi)\frac{k_z^4}{k_x^2+k_z^2} + (\delta\sin4\varphi - 4\varepsilon\sin2\varphi\cos^2\varphi)\frac{k_x^3k_z}{k_x^2+k_z^2} + \\ &(-\delta\sin4\varphi - 4\varepsilon\sin2\varphi\cos^2\varphi)\frac{k_xk_z^3}{k_x^2+k_z^2} + \\ &(-\delta\sin^2 2\varphi + 3\varepsilon\sin^2 2\varphi + 2\delta\cos^2 2\varphi)\frac{k_x^2k_z^2}{k_x^2+k_z^2}]p\end{aligned} \quad (6-77)$$

求解传统的 TTI 耦合的声波方程会出现数值计算的不稳定性，而求解耦的 qP 波方程不仅稳定，且可以很好的去除 SV 波的假象。

2）声学近似下的程函方程和射线方程

声学近似下的声波方程虽然是物理上不可实现的，但是在运动学上声波方程是弹性波方程很好的近似。由声波方程可推导出能够描述波传播射线理论的程函方程和射线方程。不仅可以直接求解声波方程来求取走时，还可以通过求解射线方程进行正演走时的计算。本节主要介绍 Alkhalifah（2000）声学近似下的程函方程和射线方程，由准确频散关系出发，令剪切波速度为零得到近似频散关系，进而得到相应的 qP 波方程、程函方程和射线方程。

平面波解为：

$$\varphi(x,y,z,t) = A(x,y,z)f[t - \tau(x,y,z)] \quad (6-78)$$

Alkhalifah（2000）将平面波解带入 qP 波方程，取 $f[t-\tau(x,y,z)]$ 四阶导数项是系数，得到相应的程函方程：

$$v^2(1+2\eta)\left[\left(\frac{\partial\tau}{\partial x}\right)^2 + \left(\frac{\partial\tau}{\partial y}\right)^2\right] + v_v^2\left(\frac{\partial\tau}{\partial z}\right)^2 \times \left\{1 - 2v^2\eta\left[\left(\frac{\partial\tau}{\partial x}\right)^2 + \left(\frac{\partial\tau}{\partial y}\right)^2\right]\right\} = 1 \quad (6-79)$$

式中，$v_v = V_{P0}$，$v = V_{P0}\sqrt{1+2\delta}$，$\eta = \dfrac{\varepsilon - \delta}{1+2\delta}$。

取 $\eta=0, v_v=v$ 变为各向同性介质的程函方程：

$$v^2\left[\left(\frac{\partial\tau}{\partial x}\right)^2+\left(\frac{\partial\tau}{\partial y}\right)^2+\left(\frac{\partial\tau}{\partial z}\right)^2\right]=1 \tag{6-80}$$

通过特征值的方法，可以推导出一个描述射线轨迹的常微分方程组。为此，需要将式（6－79）改写为如下形式：

$$\varphi\left(x,y,z,\frac{\partial t}{\partial x},\frac{\partial t}{\partial y},\frac{\partial t}{\partial z}\right)=0 \tag{6-81}$$

式中，$p_x=\frac{\partial t}{\partial x}, p_y=\frac{\partial t}{\partial y}, p_z=\frac{\partial t}{\partial z}$。根据 Aki 和 Richards（1980），这个运动学方程的解满足如下关系：

$$\begin{aligned}
&\frac{\mathrm{d}x}{\mathrm{d}s}=\frac{1}{2}\frac{\partial\varphi}{\partial p_x},\frac{\mathrm{d}y}{\mathrm{d}s}=\frac{1}{2}\frac{\partial\varphi}{\partial p_y},\frac{\mathrm{d}z}{\mathrm{d}s}=\frac{1}{2}\frac{\partial\varphi}{\partial p_z}\\
&\frac{\mathrm{d}p_x}{\mathrm{d}s}=-\frac{1}{2}\frac{\partial\varphi}{\partial x},\frac{\mathrm{d}p_y}{\mathrm{d}s}=-\frac{1}{2}\frac{\partial\varphi}{\partial y},\frac{\mathrm{d}p_z}{\mathrm{d}s}=-\frac{1}{2}\frac{\partial\varphi}{\partial z}\\
&\frac{\mathrm{d}t}{\mathrm{d}s}=\frac{1}{2}\left(p_x\frac{\partial\varphi}{\partial p_x}+p_y\frac{\partial\varphi}{\partial p_y}+p_z\frac{\partial\varphi}{\partial p_z}\right)
\end{aligned} \tag{6-82}$$

式（6－82）分别对变量 x，y，z，p_x，p_y，p_z 求导，可以得出一个常微分方程组，即射线方程：

$$\begin{cases}
\frac{\mathrm{d}x}{\mathrm{d}s}=v^2p_x[1+2\eta(1-p_z^2v_v^2)]\\
\frac{\mathrm{d}y}{\mathrm{d}s}=v^2p_y[1+2\eta(1-p_z^2v_v^2)]\\
\frac{\mathrm{d}z}{\mathrm{d}s}=(1-2v^2\eta p_r^2)p_zv_v^2
\end{cases}$$

$$\begin{cases}
\frac{\mathrm{d}p_x}{\mathrm{d}s}=-v(1+2\eta)p_r^2v_x-v^2p_r^2\eta_x+vp_r^2p_z^2v_v^2(2\eta v_x+v\eta_x)-\\
\qquad (1-2v^2\eta p_r^2)p_z^2v_v\ (v_v)_x\\
\frac{\mathrm{d}p_y}{\mathrm{d}s}=-v(1+2\eta)p_r^2v_y-v^2p_r^2\eta_y+vp_r^2p_z^2v_v^2(2\eta v_y+v\eta_y)-\\
\qquad (1-2v^2\eta p_r^2)p_z^2v_v\ (v_v)_y\\
\frac{\mathrm{d}p_z}{\mathrm{d}s}=-v(1+2\eta)p_r^2v_z-v^2p_r^2\eta_z+vp_r^2p_z^2v_v^2(2\eta v_z+v\eta_z)-\\
\qquad (1-2v^2\eta p_r^2)p_z^2v_v\ (v_v)_z
\end{cases} \tag{6-83}$$

$$\frac{\mathrm{d}T}{\mathrm{d}s}=v^2(1+2\eta)(p_x^2+p_y^2)+(1-4v^2\eta p_x^2-4v^2\eta p_y^2)p_z^2v_v^2$$

式中，$v_x=\partial v/\partial x$，$v_y=\partial v/\partial y$，$v_z=\partial v/\partial z$，$p_r^2=p_x^2+p_y^2$。式（6－83）三个等式分别描述了

TI 介质声学近似意义下射线坐标、射线方向和走时信息。

射线追踪需要确定射起始点位置坐标 (x,y,z) 、射线初始点方向 (p_x,p_y,p_z) 和入射时刻 t，通过使用龙格库塔积分法便可以求解上述常微分方程组。给点积分步长 s，通过多次迭代求解得到射线路径上各点的坐标 (x,y,z) 以及每个坐标点对应的走时 t。我们可以根据计算走时的精度需要以及计算效率调整积分步长 s。

具体实现步骤如图 6－9 所示。

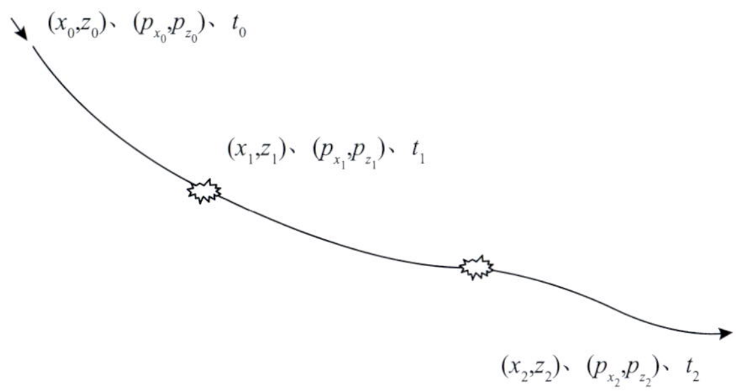

图 6－9　实现步骤示意图

（1）已知入射点坐标 (x_0,z_0) 、入射方向 (p_{x0},p_{z0}) 以及入射时刻 t_0，给定积分步长 s，带入常微分方程组求解射线下一点坐标 (x_1,z_1) 、出射方向 (p_{x1},p_{z1}) 和走时 t_1 。

（2）将上一点的坐标 (x_1,z_1) 、出射方向 (p_{x1},p_{z1}) 和走时 t_1 代入常微分方程组求解射线第三点的坐标 (x_2,z_2) 、出射方向 (p_{x2},p_{z2}) 和走时 t_2 。

（3）重复上述两步计算出整条射线路径上每点的坐标、方向和走时。

上面描述的是 TI 介质射线追踪的基本算法实现过程，该射线追踪得到的是等时间间隔的射线路径，因此无法直接用于获取网格内的射线长度，而层析反演需要计算射线在网格内的射线长度，即层析反演中的核函数 L，下面主要介绍核函数 L 的计算方法。

6.2.1.2　相速度法 TI 介质射线追踪技术

1）相速度法射线追踪基本原理

传统的射线追踪系统通常采用弹性刚度来表示（Cerveny，1972），在计算每条射线的相关属性过程中，其不仅需要求解一个繁杂的特征值问题，而且弹性刚度与各向异性模型所惯用的 Thomsen 参数没有直观的对应关系，需要事先进行转化统一处理。基于声学的假设，通过简单地令 $V_{S0}=0$，并采用 Thomsen 参数表征的 VTI 介质射线追踪系统（Alkhalifah，2000），虽然具有相当高的精度，但其受到数值稳定性条件（$\eta \geqslant 0$）的约束。基于相速度表征的各向异性射线追踪系统（Tianfei Zhu 等，2005），其不仅形式简洁，计算简单，并且便于从 VTI 介质扩展到 TTI 介质、甚至是 ORT 介质的射线追踪，但仍有进一步简化的空间。

基于相速度的射线追踪方法是从 Hamilton 相速度公式出发推导运动学射线追踪系统，然后将 TTI 介质相速度和群速度代入该系统，得到 TTI 介质射线追踪方程，此时的方程是坐标、射线参数和走时的微分方程，解此方程就会得到当前点的坐标、射线参数及传播时间，可以用作计算下一个传播点的初始值。但是射线参数只是中间变量，与速度和时间并无联系，无法直接作为初始值使用，因此通过射线参数与角度的关系进一步将 TTI 介质射线追踪方程变为坐标、出射角和走时的微分方程，解方程得到的坐标、出射角及传播时间可以直接作为初始值进行计算。通过该微分方程就可以从出射点一直追踪到检波点，计算出一条射线曲线及走时信息。基于相速度的射线追踪方法具体推导过程如下。

首先从 Hamilton 相速度公式出发：

$$K(x_i,p_i)=\frac{v^2(x_i,n_i)p_kp_k-1}{2} \tag{6-84}$$

得到相应的运动学射线追踪系统：

$$\begin{cases}\dfrac{\mathrm{d}x_i}{\mathrm{d}\tau}=\dfrac{\partial K}{\partial p_i}=v^2p_i+\dfrac{1}{v}\dfrac{\partial v}{\partial p_i}=V_{Gi}\\[2ex]\dfrac{\mathrm{d}p_i}{\mathrm{d}\tau}=-\dfrac{\partial K}{\partial x_i}=-\dfrac{1}{v}\dfrac{\partial v}{\partial x_i}\\[2ex]\dfrac{\mathrm{d}T}{\mathrm{d}\tau}=p_i\dfrac{\partial x_i}{\partial\tau}=\vec{p}\vec{V}=1\end{cases} \tag{6-85}$$

式中：x_i 是坐标；T 是走时；τ 是时间步长；d 是微分符号；K 是 Hamilton 相速度；p 是射线参数；n 是射线方向；v 是 TTI 介质相速度；V_G 是 TTI 介质群速度。

将 TTI 介质相速度和群速度代入射线追踪系统，可以得到基于相速度的三维 TTI 介质射线追踪方程：

$$\begin{cases}\dfrac{\mathrm{d}x}{\mathrm{d}\tau}=\left(v\sin\theta+\dfrac{\partial v}{\partial\theta}\cos\theta\right)\cos\varphi-\dfrac{\sin\varphi}{\sin\theta}\dfrac{\partial v}{\partial\varphi}\\[2ex]\dfrac{\mathrm{d}y}{\mathrm{d}\tau}=\left(v\sin\theta+\dfrac{\partial v}{\partial\theta}\cos\theta\right)\sin\varphi+\dfrac{\cos\varphi}{\sin\theta}\dfrac{\partial v}{\partial\varphi}\\[2ex]\dfrac{\mathrm{d}z}{\mathrm{d}\tau}=v\cos\theta-\dfrac{\partial v}{\partial\theta}\sin\theta\\[2ex]\dfrac{\mathrm{d}p_x}{\mathrm{d}\tau}=-\dfrac{1}{v}\dfrac{\partial v}{\partial x}\\[2ex]\dfrac{\mathrm{d}p_y}{\mathrm{d}\tau}=-\dfrac{1}{v}\dfrac{\partial v}{\partial y}\\[2ex]\dfrac{\mathrm{d}p_z}{\mathrm{d}\tau}=-\dfrac{1}{v}\dfrac{\partial v}{\partial z}\\[2ex]\dfrac{\mathrm{d}t}{\mathrm{d}\tau}=1\end{cases} \tag{6-86}$$

在式（6-86）的基础上，代入射线参数与出射角的关系式 $p_x = \sin\theta\cos\varphi/v$、$p_y = \sin\theta\sin\varphi/v$、$p_z = \cos\theta/v$，并将其转化为出射角形式：

$$\begin{cases}\dfrac{\mathrm{d}x}{\mathrm{d}\tau} = \left(v\sin\theta + \dfrac{\partial v}{\partial\theta}\cos\theta\right)\cos\varphi - \dfrac{\sin\varphi}{\sin\theta}\dfrac{\partial v}{\partial\varphi} \\ \dfrac{\mathrm{d}y}{\mathrm{d}\tau} = \left(v\sin\theta + \dfrac{\partial v}{\partial\theta}\cos\theta\right)\sin\varphi + \dfrac{\cos\varphi}{\sin\theta}\dfrac{\partial v}{\partial\varphi} \\ \dfrac{\mathrm{d}z}{\mathrm{d}\tau} = v\cos\theta - \dfrac{\partial v}{\partial\theta}\sin\theta \\ \dfrac{\mathrm{d}\theta}{\mathrm{d}\tau} = -\cos\theta\cos\varphi\dfrac{\partial v}{\partial x} - \cos\theta\sin\varphi\dfrac{\partial v}{\partial y} + \sin\theta\dfrac{\partial v}{\partial z} \\ \dfrac{\partial\varphi}{\partial\tau} = \left(\sin\varphi\dfrac{\partial v}{\partial x} - \cos\varphi\dfrac{\partial v}{\partial y}\right)\Big/\sin\theta \\ \dfrac{\mathrm{d}t}{\mathrm{d}\tau} = 1\end{cases} \tag{6-87}$$

式（6-87）即为基于相速度的 TTI 介质三维射线追踪方程，它是以等时间为步长进行延拓的，即每一点走时一样，计算每一步延拓点的坐标，然后采用相速度对坐标的偏导数计算出射角。基于相速度的 TTI 介质三维射线追踪方程形式简单，方程中的变量物理意义明确，并且只计算 5 个参数，运算稳定、计算效率高。

最后用龙哥库塔法求解微分方程组，可以得到射线追踪每一步延拓的坐标、出射角和时间。龙哥库塔公式为：

$$\begin{cases}Y_{n+1} = Y_n + \dfrac{h}{6}(K_1 + 2K_2 + 2K_3 + K_4) \\ K_1 = F(t_n, Y_n) \\ K_2 = F\left(t_n + \dfrac{1}{2}h,\ Y_n + \dfrac{h}{2}K_1\right) \\ K_3 = F\left(t_n + \dfrac{1}{2}h,\ Y_n + \dfrac{h}{2}K_2\right) \\ K_4 = F(t_n + h,\ Y_n + hK_3)\end{cases} \tag{6-88}$$

式中，Y_n 和 Y_{n+1} 分别是 n 次延拓和 $n+1$ 次延拓的值；h 是延拓步长；K 是龙哥库塔四阶计算值；F 是函数公式；t_n 是 n 次延拓的时间。

2）模型数值试验

（1）正演模拟验证。

在验证方法的精度和效率之前，首先验证方法的正确性。将 TTI 声波正演模拟产生的单炮记录与 TTI 射线追踪得到的走时曲线进行叠合，如果完全重合，说明方法所得到的走时信息正确；如果不完全重合，说明方法存在问题，需要修改。

设计一个双层模型，模型大小为横向 4000m，纵向 4000m，网格大小为横向 10m，纵向 10m，网格数量为横向 401 个，纵向 401 个。模型第一层速度 $V_{P0}=3000\text{m/s}$，各向异性参数 $\varepsilon=0.1$，$\delta=0.1$，对称轴倾角 $\theta=45°$；第二层速度 $V_{P0}=3250\ \text{m/s}$，各向异性参数 $\varepsilon=0.12$，$\delta=0.12$，对称轴倾角 $\theta=25°$，反射界面深度为2000m，炮点位于地表（2000m，10m）处，检波器分别放在 1990m 和 3990m 处，检波点间隔为 10m。将 TTI 声波正演所得单炮记录（黑白同相轴）与相速度法得到的走时曲线（绿色曲线）进行叠合，如图 6－10 所示，其中图 6－10（a）是 1990m 处的叠合图，图 6－10（b）是 3990m 处的叠合图。

图 6－10（a）可以看出，在第一层均匀模型中，通过相速度法射线追踪得到的走时曲线与声波正演模拟产生的单炮记录吻合程度非常高，说明相速度法射线追踪在均匀模型中的运算是正确的。通过图 6－10（b）可以看出，射线从地表炮点出发，在两种介质分界面发生了一次透射，最终到达 3990m 处的检波点，通过相速度法射线追踪得到的走时曲线与声波正演模拟产生的单炮记录吻合程度同样非常高，说明相速度法射线追踪在复杂介质中依然准确。

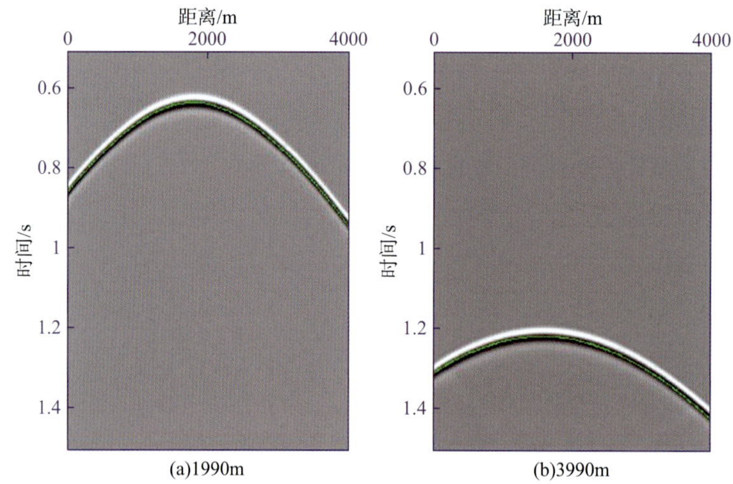

图 6－10　走时与正演记录叠合显示

（2）二维模型试算

程函方程法的精度很高，但是运算速度较慢，这里分别采用恒速度模型和变速度模型绘制射线路径和等时线（波前面）图，并通过等时线与程函方程法进行精度对比，如果两者等时线重合率高，说明相速度法射线追踪的精度同样很高；如果两者等时线出现了较大的偏差，则需要进一步验证哪种方法精度更高。再采用一个较为复杂的二维模型通过密集射线追踪验证相速度法的运算效率，如果相速度法的效率明显高于程函方程法，说明相速度法更具有实用性；如果相速度法的效率与程函方程法相当，则说明相速度法与程函方程法具有相同的实用性。

采用复杂的二维 TTI 模型进一步验证该方法的有效性和运算效率。图 6－11（a）为速度场，图 6－11（b）为 ε 场，图 6－11（c）为 δ 场，图 6－11（d）为倾角场，图 6－11（e）

为射线路径图，图6－11（f）为等时线图。该模型包含高速盐丘和高陡构造等复杂介质，射线在浅层出现了回转现象，在盐丘顶部出现了透射和全反射，等时线也体现了射线的传播方向和传播速度。

表6－2为该TTI模型采用两种方法的运算时间，射线密度X°/180°表示的是射线出射角范围是0～180°，方向向下，每隔X°出射一条射线，走时单位为秒。我们采用3组射线密度，10°、2°和0.5°分别测试程函方程法和相速度法射线追踪的用时。随着射线密度的增大，两种方法的用时都是成倍数增长，射线密度越大，两者用时差距也越大，在0.5°时，相速度射线追踪法用时比程函方程法快了12.62s，因此，相速度法的运算效率明显优于程函方程法，这种优势在三维模型等大规模数据中更为明显。

通过模型试算发现，虽然相速度法射线追踪与程函方程法射线追踪具有相同的精度和效果，都能够为建模和成像提供准确的射线路径和走时信息，但是相速度法的运算效率远超程函方程法，能够在很大程度上缩短TTI建模和成像的时间，比程函方程法更适用于大规模实际数据生产。

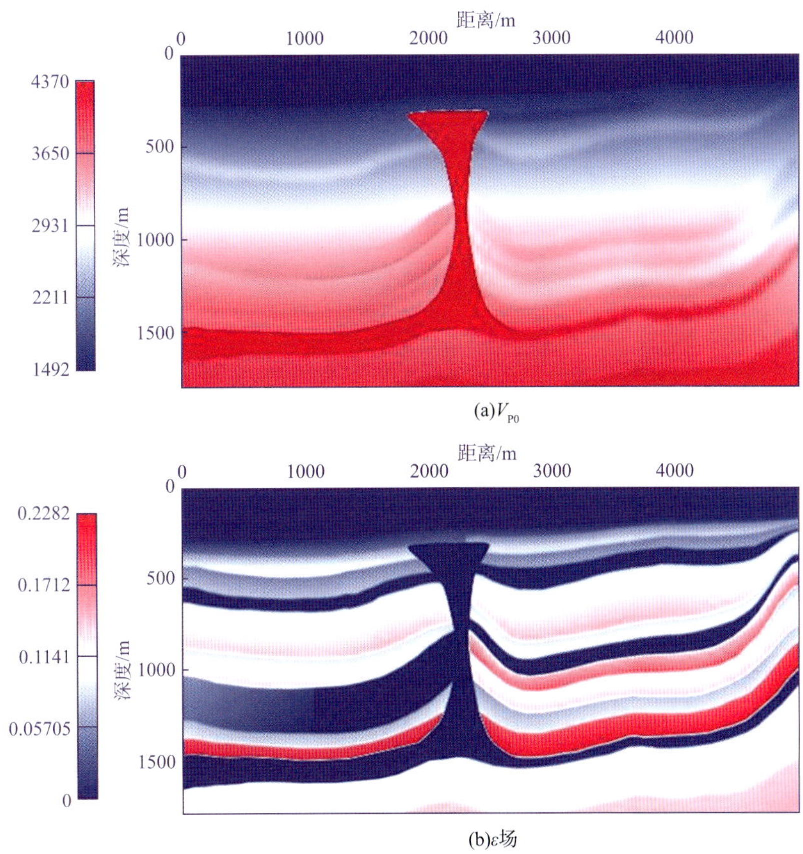

图6－11 复杂二维TTI介质的参数场、射线路径和等时线

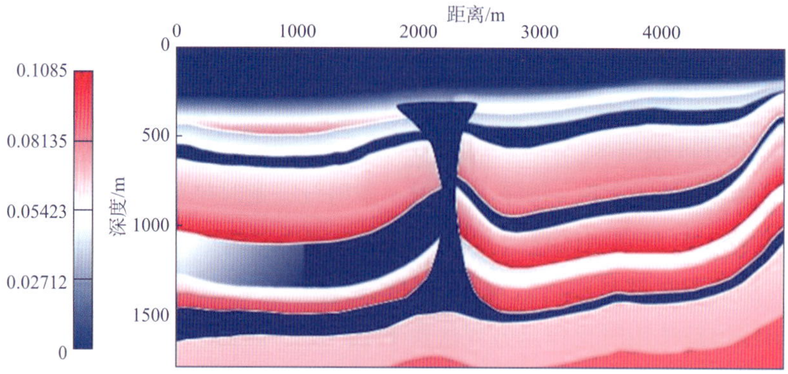

(c)δ场

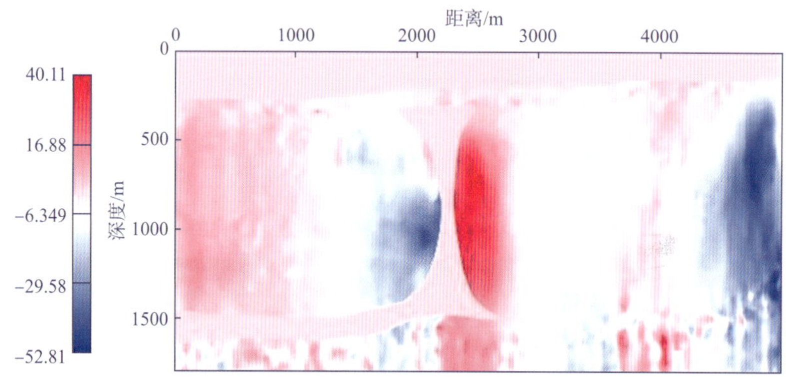

(d)θ场

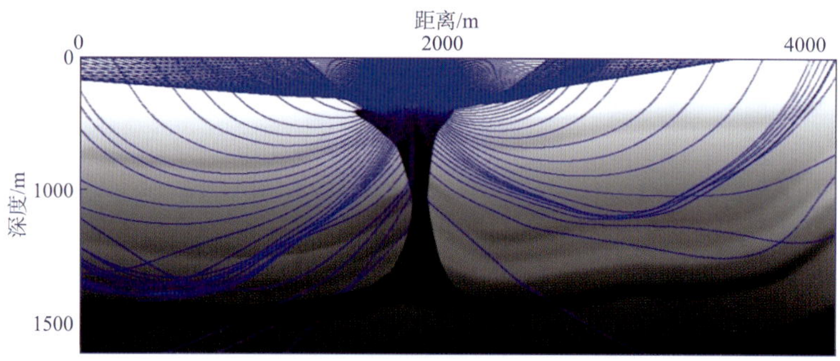

(e)射线路径

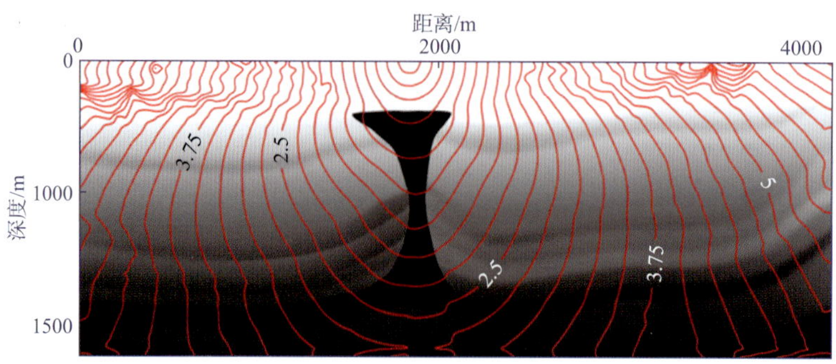

(f)等时线

图 6－11　复杂二维 TTI 介质的参数场、射线路径和等时线（续）

表 6－2 三种射线密度下两种方法运算时间对比

射线密度	10°/180°	2°/180°	0.5°/180°
程函方程法用时/s	1.45	9.27	36.01
相速度法用时/s	0.92	5.76	23.39

3）三维模型试算

通过三维模型试算验证方法在三维空间中的射线追踪路径和走时信息，以及等时线在空间中的旋转情况。设计一个三维模型，模型大小为横 1000m、宽 1000m，深度 1000m、x、y、z 方向网格大小均为 10m，x、y、z 方向网格数量均为 101 个，炮点在模型正中间，坐标为（500m，500m，500m）。

图 6－12 中，模型速度 $V_{P0}=2000\mathrm{m/s}$，各向异性参数 $\varepsilon=0.3$，$\delta=-0.1$，对称轴倾角 $\theta=45°$，方位角 $\varphi=45°$；图 6－13 中，模型速度 $V_{P0}=(2000+0.5z)\ \mathrm{m/s}$，各向异性参数 $\varepsilon=0.3$，$\delta=-0.1$，对称轴倾角 $\theta=45°$，方位角 $\varphi=45°$。图 6－12（a）和图 6－13（a）分别为模型的速度场；图 6－11（b）和图 6－12（b）为射线路径图；图 6－12（c）和图 6－13（c）为等时线图。由图 6－12（b）和图 6－13（b）可以看出，恒速度场中的射线呈直线传播，变速度场中的射线呈弯曲状，出现了回转现象；由图 6－12（c）和图 6－13（c）可以看出，波前面不但垂向上旋转了 45°（倾角），水平方向也选旋转了 45°（方位角）。三维模型测试结果说明相速度射线追踪方法在三维空间中也能取得正确有效的射线路径和走时信息。

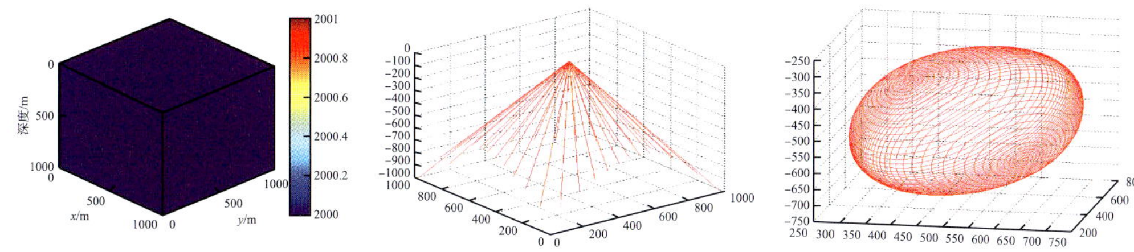

(a)速度场　(b)射线路径　(c)等时线

图 6－12　三维模型恒速度试算结果

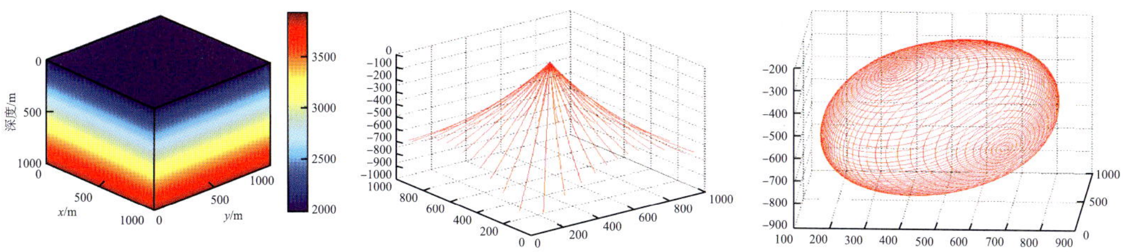

(a)速度场　(b)射线路径　(c)等时线

图 6－13　三维模型变速度试算结果

6.2.1.3 TTI 介质动力学射线追踪方程近似

各向异性介质中的射线方程最早由 Cervený（1972）给出，简单回顾其推导过程。Christoffel 方程：

$$|\boldsymbol{G}_{ik}-\rho V^2\boldsymbol{\delta}_{ik}|\boldsymbol{U}_k=0 \tag{6-89}$$

对称矩阵的 $\boldsymbol{G}_{ik}$ 的特征值（ρV^2）与特征向量（$\boldsymbol{U}_k$）对应一个标准的特征值，且特征值满足 $\boldsymbol{G}(\boldsymbol{p}_i,\boldsymbol{x}_i)=1$。可改写为：

$$(\boldsymbol{G}_{jk}-\boldsymbol{G}\boldsymbol{\delta}_{jk})\boldsymbol{g}_k=0 \tag{6-90}$$

其中 $\boldsymbol{g}_k$ 是单位特征向量（即极化矢量），结合 $\boldsymbol{g}_k\boldsymbol{g}_k$，可得到：

$$\boldsymbol{G}=\boldsymbol{\Gamma}_{jk}\boldsymbol{g}_j\boldsymbol{g}_k=\boldsymbol{a}_{ijkl}\boldsymbol{p}_i\boldsymbol{p}_l\boldsymbol{g}_j\boldsymbol{g}_k \tag{6-91}$$

非线性一阶偏微分方程，可通过汉密尔顿方程：

$$\boldsymbol{H}(\boldsymbol{x}_i,\boldsymbol{p}_i)=[\boldsymbol{G}(\boldsymbol{x}_i,\boldsymbol{p}_i)-1]/2 \tag{6-92}$$

求解表示成一般各向异性介质的运动学射线追踪方程组：

$$\frac{\mathrm{d}\boldsymbol{x}_i}{\mathrm{d}\tau}=\frac{\partial\boldsymbol{H}}{\partial\boldsymbol{p}_i}=\frac{1}{2}\frac{\partial\boldsymbol{G}}{\partial\boldsymbol{p}_i}=\boldsymbol{a}_{ijkl}\boldsymbol{p}_i\boldsymbol{p}_l\boldsymbol{g}_j\boldsymbol{g}_k \tag{6-93a}$$

$$\frac{\mathrm{d}\boldsymbol{p}_i}{\mathrm{d}\tau}=\frac{\partial\boldsymbol{H}}{\partial\boldsymbol{x}_i}=\frac{1}{2}\frac{\partial\boldsymbol{G}}{\partial\boldsymbol{x}_i}=-\frac{1}{2}\frac{\partial\boldsymbol{a}_{ijkl}}{\partial\boldsymbol{x}_i}=\boldsymbol{p}_m\boldsymbol{p}_l\boldsymbol{g}_j\boldsymbol{g}_k \tag{6-93b}$$

引入射线坐标系（γ_1，γ_2，τ）来辅助描述动力学射线方程。其中 γ_1 和 γ_2 为射线参数，τ 为射线上的走时。那么在笛卡尔坐标系中基于弹性参数表征的动力学射线追踪可以通过对偏微分方程组式（6－93）求导得到：

$$\begin{aligned}\frac{d\boldsymbol{Q}_i^x}{\mathrm{d}\tau}&=\frac{\partial^2\boldsymbol{H}}{\partial\boldsymbol{p}_i^x\partial\boldsymbol{x}_j}\boldsymbol{Q}_j^x+\frac{\partial^2\boldsymbol{H}}{\partial\boldsymbol{p}_i^x\partial\boldsymbol{p}_j^x}\boldsymbol{P}_j^x\\ \frac{\mathrm{d}\boldsymbol{P}_i^x}{\mathrm{d}\tau}&=\frac{\partial^2\boldsymbol{H}}{\partial\boldsymbol{x}_i\partial\boldsymbol{x}_j}\boldsymbol{Q}_j^x+\frac{\partial^2\boldsymbol{H}}{\partial\boldsymbol{x}_i\partial\boldsymbol{p}_j^x}\boldsymbol{P}_j^x\end{aligned} \tag{6-94}$$

式中，$\boldsymbol{Q}_i^x=\partial\boldsymbol{x}_i/\partial\gamma$，$\boldsymbol{P}_i^x=\partial\boldsymbol{p}_i/\partial\gamma$，$\gamma$ 表示 γ_1 或者 γ_2。上述方程组中汉密尔顿算子 H 的二阶偏导数可以通过求解方程组式（6－94）得到。

上述运动学及动力学射线方程组等式右侧的函数非常复杂，计算起来不但费时，且需要在射线追踪每一步求解特征值问题。此外，方程组式（6－93）与式（6－94）用刚度系数来描述介质的弹性性质，与实际地震资料处理中通常用 Thomsen 参数的情况不一致。为此，下面讨论由相速度表征的各向异性射线方程。

为了克服刚度系数表示的射线方程的复杂性及其计算上的麻烦，Zhu（2006、2010）等重新推导了各向异性介质中的动力学射线方程与运动学射线追踪方程。根据文献（Cervený，1972），沿 $\boldsymbol{x}_i$ 方向的群速度可表示为 $\boldsymbol{V}_i=\boldsymbol{a}_{ijkl}\boldsymbol{p}_l\boldsymbol{g}_j\boldsymbol{g}_k$。于是，式（6－94）改写为：

$$\mathrm{d}\boldsymbol{x}_i/\mathrm{d}\tau=\boldsymbol{V}_{\mathrm{G}i} \tag{6-95}$$

式中，$\boldsymbol{V}_{Gi}$ 为群速度对空间坐标 $\boldsymbol{x}_i$ 的导数。设 $\boldsymbol{n}_i$ 为单位慢度矢量，$\boldsymbol{v}=\boldsymbol{v}(\boldsymbol{x}_i,\boldsymbol{n}_i)$ 为相速度。考虑到式（6－90）中特征值 $\boldsymbol{G}$ 及其偏导数 $\partial\boldsymbol{G}/\partial\boldsymbol{x}_i$ 都是 $\boldsymbol{p}_i$ 的齐次方程，容易得到 $\boldsymbol{v}^2=\boldsymbol{G}(\boldsymbol{x}_i,\boldsymbol{n}_i)$，故而有：

$$\frac{\partial\boldsymbol{G}(\boldsymbol{x}_i,\boldsymbol{p}_i)}{\partial\boldsymbol{x}_i}=\frac{1}{\boldsymbol{v}^2}\frac{\partial\boldsymbol{G}(\boldsymbol{x}_i,\boldsymbol{n}_i)}{\partial\boldsymbol{x}_i}=\frac{2}{\boldsymbol{v}}\frac{\partial\boldsymbol{v}}{\partial\boldsymbol{x}_i} \tag{6-96}$$

式中，$\boldsymbol{n}_i$ 为单位慢度矢量；$\boldsymbol{v}=\boldsymbol{v}(\boldsymbol{x}_i,\boldsymbol{n}_i)$ 为相速度。将式（6－96）代入式（6－93b）并联立式（6－95），就得到：

$$\frac{\mathrm{d}\boldsymbol{x}_i}{\mathrm{d}\tau}=\boldsymbol{V}_{Gi} \tag{6-97a}$$

$$\frac{\mathrm{d}\boldsymbol{p}_i}{\mathrm{d}\tau}=-\frac{\partial\ln\boldsymbol{v}}{\partial\boldsymbol{x}_i} \tag{6-97b}$$

各向异性介质中，群速度可以表达为 $\boldsymbol{V}_{Gi}=v^2\boldsymbol{p}_i+\frac{1}{\boldsymbol{v}}\frac{\partial\boldsymbol{v}}{\partial\boldsymbol{p}_i}$，为了方便动力学射线追踪的推导，方程式（6－97a）再次改写为：

$$\boldsymbol{V}_{Gi}=v^2\boldsymbol{p}_i+\frac{1}{\boldsymbol{v}}\frac{\partial\boldsymbol{v}}{\partial\boldsymbol{p}_i} \tag{6-98}$$

设相速度法向矢量为 $\boldsymbol{n}=-(\cos\varphi\sin\theta,\sin\varphi\sin\theta,\cos\theta)$，其中，$\theta$ 和 φ 分别为相角及其方位角。于是可将式（6－93）偏微分项改为如下形式：

$$\begin{pmatrix}\mathrm{d}x_1/\mathrm{d}\tau\\ \mathrm{d}x_2/\mathrm{d}\tau\\ \mathrm{d}x_3/\mathrm{d}\tau\end{pmatrix}=\begin{pmatrix}\cos\varphi\sin\theta & \cos\varphi\sin\theta & -\sin\varphi\sin\theta\\ \sin\varphi\sin\theta & \sin\varphi\cos\theta & \cos\varphi\sin\theta\\ \cos\theta & -\sin\theta & 0\end{pmatrix}\begin{pmatrix}v\\ \partial v/\partial\theta\\ \partial v/\partial\varphi\end{pmatrix} \tag{6-99}$$

对方程组式（6－97）求偏导数可推导出笛卡尔坐标系中 6 个偏微分方程组成的由相速度表征的动力学射线追踪方程组：

$$\begin{aligned}\frac{\mathrm{d}\boldsymbol{Q}_i^x}{\mathrm{d}\tau}&=\boldsymbol{A}_{ij}^x\boldsymbol{Q}_j^x+\boldsymbol{B}_{ij}^x\boldsymbol{P}_j^x\\ \frac{\mathrm{d}\boldsymbol{P}_i^x}{\mathrm{d}\tau}&=-\boldsymbol{C}_{ij}^x\boldsymbol{Q}_j^x-\boldsymbol{D}_{ij}^x\boldsymbol{P}_j^x(i,j=1,2,3)\end{aligned} \tag{6-100}$$

其中几个系数为：

$$\begin{aligned}\boldsymbol{A}_{ij}^x&=2\boldsymbol{v}\frac{\partial\boldsymbol{v}}{\partial\boldsymbol{x}_j}\boldsymbol{p}_i^x+\frac{1}{\boldsymbol{v}^2}\frac{\partial\boldsymbol{v}}{\partial\boldsymbol{x}_j}\frac{\partial\boldsymbol{v}}{\partial\boldsymbol{p}_j^x}+\frac{1}{\boldsymbol{v}}\frac{\partial^2\boldsymbol{v}}{\partial\boldsymbol{x}_j\partial\boldsymbol{x}_j}\\ \boldsymbol{B}_{ij}^x&=2\boldsymbol{v}\left(\frac{\partial\boldsymbol{v}}{\partial\boldsymbol{p}_j^x}\boldsymbol{p}_i^x+\frac{\partial\boldsymbol{v}}{\partial\boldsymbol{p}_i^x}\boldsymbol{p}_j^x\right)+\boldsymbol{v}^2\boldsymbol{\delta}_{ij}+\frac{1}{\boldsymbol{v}^2}\frac{\partial\boldsymbol{v}}{\partial\boldsymbol{p}_j^x}\frac{\partial\boldsymbol{v}}{\partial\boldsymbol{p}_i^x}+\frac{1}{\boldsymbol{v}}\frac{\partial^2\boldsymbol{v}}{\partial\boldsymbol{p}_i^x\partial\boldsymbol{p}_j^x}\\ \boldsymbol{C}_{ij}^x&=\frac{1}{\boldsymbol{v}^2}\frac{\partial\boldsymbol{v}}{\partial\boldsymbol{x}_i}\frac{\partial\boldsymbol{v}}{\partial\boldsymbol{x}_j}+\frac{1}{\boldsymbol{v}}\frac{\partial^2\boldsymbol{v}}{\partial\boldsymbol{x}_j\partial\boldsymbol{x}_j}\\ \boldsymbol{D}_{ij}^x&=\frac{1}{\boldsymbol{v}^2}\frac{\partial\boldsymbol{v}}{\partial\boldsymbol{p}_j^x}\frac{\partial\boldsymbol{v}}{\partial\boldsymbol{x}_i}+\frac{1}{\boldsymbol{v}}\frac{\partial^2\boldsymbol{v}}{\partial\boldsymbol{x}_j\partial\boldsymbol{p}_j^x}-2\frac{\partial\boldsymbol{v}}{\partial\boldsymbol{x}_i}\boldsymbol{p}_j^x\end{aligned} \tag{6-101}$$

对于许多动力学射线追踪的应用，如高斯束，傍轴射线计算，人们通常用以射线为中心的局部坐标来描述动力学射线方程。这种局部坐标可使得方程组式（6－100）由6个一阶偏微分方程减少到4个。为此，前人讨论了两种局部坐标系：射线中心坐标系和波前正交坐标系。各向异性介质中，射线中心坐标系不再是一个正交坐标系，因此，相比各向同性情况（射线中心坐标系为正交坐标系），将动力学射线方程从笛卡尔坐标系转换到射线中心坐标系变得更加复杂。而各向异性介质中，波前正交坐标系仍然是一个正交坐标系。仅讨论波前正交坐标系下的动力学射线追踪方程。

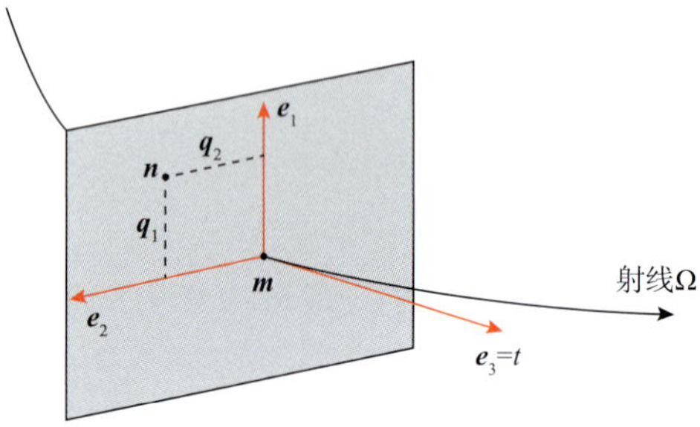

图6－14　波前正交坐标系示意图

用 $\boldsymbol{y}=(y_1,y_2,y_3)$ 表示波前正交坐标系，该坐标系对应的慢度矢量可表示为 $\boldsymbol{p}_i^y=\partial\tau/\partial\boldsymbol{y}_i$。如图6－14所示，波前正交坐标系的一组基向量为 $(\boldsymbol{e}_1,\boldsymbol{e}_2,\boldsymbol{e}_3)$，其中 $\boldsymbol{e}_3=\boldsymbol{n}$ 与波前垂直。单位向量 $\boldsymbol{e}_1$ 和 $\boldsymbol{e}_2$ 与波前相切，并且满足：

$$\mathrm{d}\boldsymbol{e}_I/\mathrm{d}\tau = v(\boldsymbol{e}_I\cdot\nabla\boldsymbol{v})\boldsymbol{p}^x(I=1,2) \tag{6-102}$$

由上述基向量为元素所组成的转换矩阵可将方程组式（6－100）由笛卡尔坐标系转化到波前正交坐标系，最终得到由四个一阶偏微分方程组成的方程组：

$$\begin{aligned}\frac{\mathrm{d}\boldsymbol{Q}_M^y}{\mathrm{d}\tau}&=\boldsymbol{A}_{MN}^y\boldsymbol{Q}_N^y+\boldsymbol{B}_{MN}^y\boldsymbol{P}_N^y\\ \frac{\mathrm{d}\boldsymbol{P}_M^y}{\mathrm{d}\tau}&=-\boldsymbol{C}_{MN}^y\boldsymbol{Q}_N^y-\boldsymbol{D}_{MN}^y\boldsymbol{P}_N^y\end{aligned} \tag{6-103}$$

式中，$M=N=1,2$，且系数满足：

$$\begin{aligned}\boldsymbol{A}_{MN}^y&=\frac{1}{\boldsymbol{v}^2}\frac{\partial\boldsymbol{v}}{\partial\boldsymbol{p}_M^y}\frac{\partial\boldsymbol{v}}{\partial\boldsymbol{y}_N}+\frac{1}{\boldsymbol{v}}\frac{\partial^2\boldsymbol{v}}{\partial\boldsymbol{p}_M^y\partial\boldsymbol{y}_N}-\frac{1}{\boldsymbol{v}}\frac{\partial\boldsymbol{v}}{\partial\boldsymbol{y}_N}\boldsymbol{V}_M^y\\ \boldsymbol{B}_{MN}^y&=\boldsymbol{v}^2\delta_{MN}\frac{1}{\boldsymbol{v}^2}\frac{\partial\boldsymbol{v}}{\partial\boldsymbol{p}_M^y}\frac{\partial\boldsymbol{v}}{\partial\boldsymbol{p}_N^y}+\frac{1}{\boldsymbol{v}}\frac{\partial^2\boldsymbol{v}}{\partial\boldsymbol{p}_M^y\partial\boldsymbol{p}_N^y}-\boldsymbol{V}_M^y\boldsymbol{V}_N^y\\ \boldsymbol{C}_{MN}^y&=\frac{1}{\boldsymbol{v}}\frac{\partial^2\boldsymbol{v}}{\partial\boldsymbol{y}_M\partial\boldsymbol{y}_N}\\ \boldsymbol{D}_{MN}^y&=\frac{1}{\boldsymbol{v}^2}\frac{\partial\boldsymbol{v}}{\partial\boldsymbol{p}_N^y}\frac{\partial\boldsymbol{v}}{\partial\boldsymbol{y}_M}+\frac{1}{\boldsymbol{v}}\frac{\partial^2\boldsymbol{v}}{\partial\boldsymbol{y}_M\partial\boldsymbol{p}_N^y}-\frac{1}{\boldsymbol{v}}\frac{\partial\boldsymbol{v}}{\partial\boldsymbol{y}_M}\boldsymbol{V}_N^y\end{aligned} \tag{6-104}$$

式中，$\boldsymbol{V}_M^y$ 和 $\boldsymbol{V}_N^y$ 分别代表群速度在波前正交坐标系中沿 $\boldsymbol{y}_1$ 和 $\boldsymbol{y}_2$ 方向上的分量。与各向同性介质中运动学及动力学射线追踪方程相似，射线方程组式（6－97）和式（6－103）右侧不再是复杂的弹性参数表达形式，而是由相速度及群速度表达的形式。由于群速度可通过相速度计算得出，因此它们就组成了相速度表示、适应一般各向异性介质的运动学及动力学射线方程组。这样就回避了传统各向异性射线追踪过程中每一步都要计算特征值的问题。注意，由于空间矢量 $\boldsymbol{x}$ 与单位慢度矢量 $\boldsymbol{n}$ 都是相速度方程 $\boldsymbol{v} = \boldsymbol{v}(\boldsymbol{x}_i, \boldsymbol{n}_i)$ 的独立变量，因此上述方程对相速度求偏导数时，其隐函数的链式求导不依赖 $\boldsymbol{n}_i$。

在进行各向异性高斯束合成时，需用到方程组式（6－97）与方程组式（6－103）来计算中心射线路径上的走时、动力学参量 $\boldsymbol{P}$、$\boldsymbol{Q}$ 等信息。观察方程组式（6－103）不难发现，其系数的表达式依然很复杂，由多个相速度的一阶及二阶偏导数组成。这些偏导数在计算过程中，不仅编程复杂，而且计算成本很高。特别是当考虑 TTI 等更复杂各向异性介质时，对称轴角度参数也是空间坐标的函数，相速度关于空间坐标的偏导数变得更加复杂。为此，本节引入一些近似来提高计算效率，基本想法就是射线路径计算（运动学射线追踪部分）时考虑各向异性，且不做其他近似，但在高斯束合成（动力学射线追踪部分）时，借用各向同性介质算法，只不过其传播方向要考虑各向异性影响。由于地震波在各向异性介质中传播时相速度与群速度的传播方向不一致，在合成高斯束时需要沿着相速度矢量的方向计算该高斯束上的振幅及走时。这样，方程组式（6－103）的系数可简化成：

$$\boldsymbol{A}_{MN}^{y} = \boldsymbol{D}_{MN}^{y} = 0, \boldsymbol{B}_{MN}^{y} = \boldsymbol{v}^2, \boldsymbol{C}_{MN}^{y} = \frac{1}{\boldsymbol{v}} \frac{\partial \boldsymbol{v}}{\partial \boldsymbol{y}_M \partial \boldsymbol{y}_N} \tag{6-105}$$

在许多地质条件下，受构造运动或其他因素影响，一些横向各向同性地层大多数情况下都不是水平层状的，其对称轴通常与垂向存在一定的夹角。这时，采用 TTI 模型来描述速度各向异性就更合理。

6.2.2 TTI 介质速度建模技术

TTI 介质各向异性参数初始建模是在预处理后的道集数据上，结合测井数据，提取 TTI 介质各向异性参数，建立 TTI 介质各向异性参数初始深度域模型的技术。形成的初始模型可为后续层析反演提供原始数据，其准确的空间信息和数值信息能够有效提高层析反演的收敛速度和反演精度，因此，利用测井数据和构造解释信息联合实际地震资料建立相对精确的 TTI 介质各向异性参数初始模型是非常必要的。

本章主要介绍 TTI 介质各向异性参数初始建模的几种常规方法和项目创新方法，包括：全自动快速 TTI 介质对称轴扫描方法，测井和实际数据厚度比法 δ 参数提取方法，CMP 道集全偏移距时差相似性分析提取 V_{P0} 和 ε 参数方法，局部层析法 ε 参数精细初始建模方法等。

6.2.2.1 TTI 介质对称轴扫描技术

TTI 介质的对称轴与地层成正交关系，相当于地层的法线方向，通过扫描地层的倾角和走向可以计算得到对称轴的倾角和方位角，同时，扫描得到的地层倾角和走向也可以为射线追踪提供初始数据。

1）地层倾角扫描方法

在三维深度域成像剖面任意点处，分别沿 InLine 方向和 CrossLine 方向截取二维深度域成像剖面，确定界面在两个二维成像剖面中的切向方向向量，则三维法向方向向量可以计算得到。把两个二维切向方向向量写成（l_x,l_y,l_z）和（c_x,c_y,c_z），三维法向方向向量写成（t_x,t_y,t_z），则有：

$$\begin{cases} t_x \cdot l_x + t_y \cdot l_y + t_z \cdot l_z = 0 \\ t_x \cdot c_x + t_y \cdot c_y + t_z \cdot c_z = 0 \\ t_x^2 + t_y^2 + t_z^2 = 1 \\ t_z < 0 \end{cases} \tag{6-106}$$

这样就把求三维法向量的问题变成了求解 InLine 和 CrossLine 方向的两个二维切向方向向量的问题，使得问题的难度大大降低。下面是我们确定二维同相轴方向的方法。

首先定义互相关函数，用 $s(\vec{x},t)$ 表示地震数据体，$\vec{x}$ 为空间坐标，t 为时间坐标。对于给定的数据点（$\vec{x}_i,t$），该点所对应的互相关函数 CCF 定义如下：

$$CCF(\vec{g},\vec{x}_i,t) = \sum_{0<\|\vec{x}_i-\vec{x}_k\|_2<D} \int_{t-\Delta}^{t+\Delta} s(\vec{x}_i,t')s[\vec{x}_k,t'+(\vec{x}_k-\vec{x}_i)\cdot\vec{g}]\mathrm{d}t' \tag{6-107}$$

式中，D 为空间窗的半径，2Δ 为时窗的长度，$\vec{g}$ 为同相轴的法线方向，同 $\vec{g}$ 垂直的超平面方向即为同相轴的方向。可以看出，当（$\vec{x}_i,t$）是常数时，式（6－107）的互相关函数是一个关于 $\vec{g}$ 的函数。

沿着以向量 $\vec{g}$ 为法线方向的超平面对数据过行重采样，求出重采样信号的方差 COV：

$$\begin{gathered} COV(\vec{g},\vec{x}_i,t) = \sum_{\|\vec{x}_i-\vec{x}_k\|_2<D} \| s[\vec{x}_k,t'+(\vec{x}_k-\vec{x}_i)\cdot\vec{g}] - E \|_2 \\ E = \frac{1}{n}\sum_{\|\vec{x}_i-\vec{x}_k\|_2<D} s[\vec{x}_k,t'+(\vec{x}_k-\vec{x}_i)\cdot\vec{g}] \end{gathered} \tag{6-108}$$

式中，E 为重采样信号的期望；n 为空间窗内地震道的数量。利用上面求得的互相关函数和方差，我们可以将原始数据每一个采样点处的 $\vec{g}$ 值由下面的公式确定下来：

$$g\_get(\vec{x}_i,t) = \operatorname{argmax}\frac{CCF(\vec{g},\vec{x}_i,t)}{COV(\vec{g},\vec{x}_i,t)+1} \tag{6-109}$$

式中，$g\_get(\vec{x}_i,t)$ 表示在点（$\vec{x}_i,t$）处求得的最终的 $\vec{g}$ 值，其值为一个向量。有了 $g\_get(\vec{x}_i,t)$，我们就可以得到空间任意点处最佳的同相轴法向向量：

$$grad(\vec{x},t) = \arg\min_{g}\sum_{\|\vec{x}_i-\vec{x}_k\|_2<D} \| \vec{g} - g\_get[\vec{x}_i,t+(\vec{x}_i-\vec{x})\cdot\vec{g}] \|_2 \tag{6-110}$$

在二维情况下，$grad(\vec{x},t)$ 的值为同相轴的斜率，在高维线性空间中，其值为超平面的法向向量。有了 InLine 和 CrossLine 的两个方向的二维切向量，成像点处的三维法向量就确定了，这样就计算得到了介质每一点的对称轴倾角和方位角。

2）自动倾角扫描的实现

首先给定需要自动扫描倾角信息的成像点位置，再在一个给定的有效成像点（nLine，nCdp）周围内，分别沿 InLine 和 CrossLine 方向读取二维成像剖面，大小为 nWL × Nz 和 nWC × Nz。nWL 和 nWC 是 InLine 和 CrossLine 方向搜索角度用到的窗长度，Nz 是深度方向采样点数；然后分别在 InLine 和 CrossLine 方向的局部二维成像剖面中搜索出成像点 In-Line 方向和 CrossLine 方向的切向向量；最后得到成像点处的法向向量。具体程序流程如图 6－15 所示。

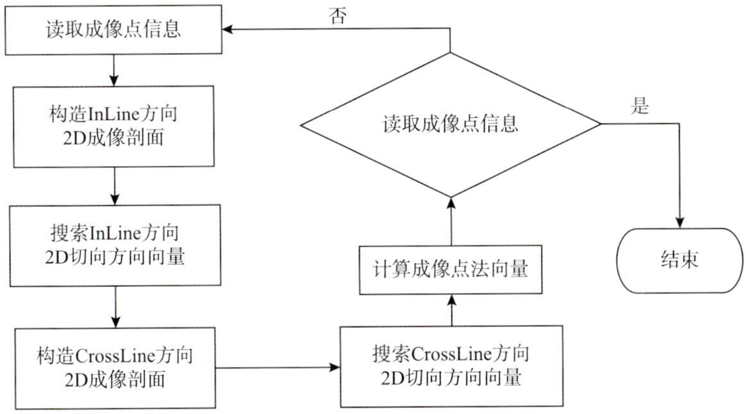

图 6－15　自动倾角扫描流程图

6.2.2.2 TTI 介质各向异性参数提取技术

δ 参数是 TTI 介质中非常重要的参数，因为它影响的是成像深度位置（图 6－16），虽然影响程度不及 V_{P0} 参数，但是如果 δ 参数不准确，将会改变构造边界形态和深度位置，导致解释出现误差，最终造成钻井误差。因此，建立准确的 δ 参数模型是非常重要的。

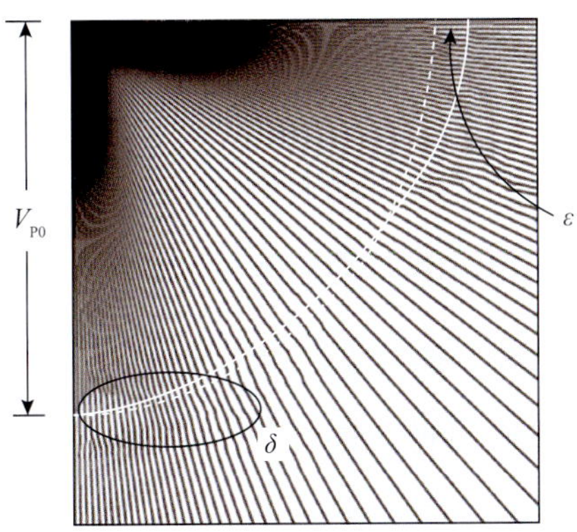

图 6－16　TTI 三参数对波前的影响范围示意图

在 TTI 三参数中，δ 参数对于射线角度的敏感性最低，也就是对射线追踪走时的贡献最小，存在于地震数据中的信息非常少，采用射线层析反演很难将 δ 参数反演准确，因此，在实际处理中，很少将 δ 参数作为待反演参数，而是在初始建模时就把 δ 参数建立准确，所以说 δ 参数的初始建模是非常关键的，后续层析反演无法进一步提高其精度。

本项目采用厚度比例法提取 δ 参数，再用测井数据进行进一步约束，最终得到准确的 δ 参数模型。具体流程如图 6－17 所示。

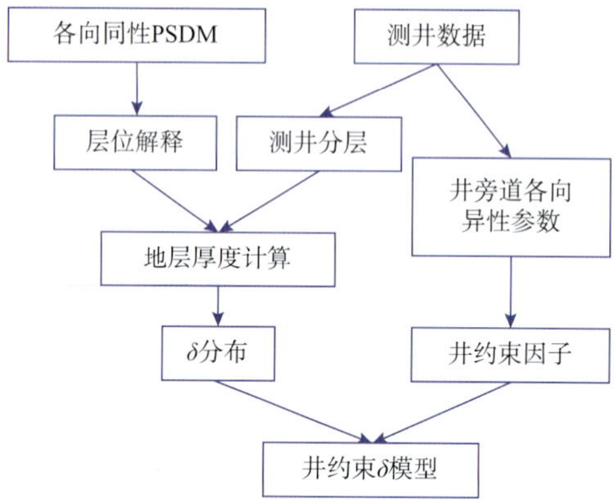

图 6－17　厚度比例法提取 δ 参数流程图

首先，在预处理过的道集上做各向同性叠前深度偏移，在深度偏移剖面上进行层位解释，得到每一套地层的深度位置、厚度、形态等信息。再通过测井数据提取测井分层信息，将深度偏移剖面上得到的地层厚度和测井数据提取的地层厚度代入下式即可得到 δ 参数全局分布：

$$\delta = \frac{1}{2}\left(\frac{Z_{\mathrm{mig}}^2}{Z_{\mathrm{well}}^2} - 1\right) \tag{6-111}$$

式中，Z_{mig} 是地震剖面地层厚度；Z_{well} 是测井数据地层厚度。

此时的 δ 参数较为符合地质规律，数值也较为准确。为进一步提高 δ 参数初始模型的精度，从测井数据中提取 P 波和 S 波速度及密度 ρ，转换为拉梅常数 λ 和切变模量 μ，通过下式就可以提取出 TTI 介质三参数：

$$V_{\mathrm{P0}} = \sqrt{c/\langle\rho\rangle},\ \varepsilon = \frac{a-c}{2c},\ \delta = \frac{(f+l)^2-(c-l)^2}{2c(c-l)} \tag{6-112}$$

6.2.2.3　TTI 介质层析矩阵方程的建立

TTI 中模型为竖直方向上的慢度和两个 Thomsen 参数，慢度参数是这三个模型参数的函数，写成：

$$\boldsymbol{P} = \boldsymbol{P}(\boldsymbol{P}_0, \boldsymbol{\varepsilon}, \boldsymbol{\delta}) \tag{6-113}$$

相应目标函数的梯度为：

$$\Delta J = \left(\left(\frac{\partial J}{\partial \boldsymbol{P}_0}\right)^{\mathrm{T}} \quad \left(\frac{\partial J}{\partial \boldsymbol{\varepsilon}}\right)^{\mathrm{T}} \quad \left(\frac{\partial J}{\partial \boldsymbol{\delta}}\right)^{\mathrm{T}}\right)^{\mathrm{T}} \tag{6-114}$$

下面计算 $\frac{\partial J}{\partial \boldsymbol{P}_0}$、$\frac{\partial J}{\partial \boldsymbol{\varepsilon}}$ 和 $\frac{\partial J}{\partial \boldsymbol{\delta}}$。

目标函数对 $\boldsymbol{P}_0$ 的导数为：

$$\begin{aligned}\frac{\partial J}{\partial \boldsymbol{P}_0} &= \frac{\partial}{\partial \boldsymbol{P}_0}\left(\frac{1}{2}\left\|\boldsymbol{t}^{\mathrm{obs}} - \int_{\mathrm{Ray}} \boldsymbol{P}\mathrm{d}s\right\|^2\right) \\ &= -\frac{\partial}{\partial \boldsymbol{P}_0}\left(\int_{\mathrm{Ray}} \boldsymbol{P}(\boldsymbol{P}_0, \boldsymbol{\varepsilon}, \boldsymbol{\delta})\,\mathrm{d}s\right)\Delta \boldsymbol{t} \\ &= -\frac{\partial}{\partial \boldsymbol{P}}\left(\int_{\mathrm{Ray}} \boldsymbol{P}(\boldsymbol{P}_0, \boldsymbol{\varepsilon}, \boldsymbol{\delta})\,\mathrm{d}s\right)\frac{\partial \boldsymbol{P}}{\partial \boldsymbol{P}_0}\Delta \boldsymbol{t} \\ &= -\boldsymbol{P}^{1\mathrm{T}}\boldsymbol{L}^{\mathrm{T}}\Delta \boldsymbol{t} \\ &= -(\boldsymbol{L}\boldsymbol{P}^1)^{\mathrm{T}}\Delta \boldsymbol{t}\end{aligned} \tag{6-115}$$

其中：

$$\boldsymbol{P}^1 = \frac{\partial \boldsymbol{P}}{\partial \boldsymbol{P}_0}$$

矩阵元素为：

$$\boldsymbol{P}^1_{ij} = \frac{\partial \boldsymbol{P}_i}{\partial \boldsymbol{P}_{0j}} \tag{6-116}$$

即 $\boldsymbol{P}$ 向量第 i 个元素对 $\boldsymbol{P}_0$ 向量第 j 个元素的导数。

同样可以得到目标函数对 Thomsen 参数的导数为：

$$\frac{\partial J}{\partial \boldsymbol{\varepsilon}} = -(\boldsymbol{L}\boldsymbol{P}^2)^{\mathrm{T}}\Delta \boldsymbol{t} \tag{6-117a}$$

$$\frac{\partial J}{\partial \boldsymbol{\delta}} = -(\boldsymbol{L}\boldsymbol{P}^3)^{\mathrm{T}}\Delta \boldsymbol{t} \tag{6-117b}$$

其中：

$$\boldsymbol{P}^2 = \frac{\partial \boldsymbol{P}}{\partial \boldsymbol{\varepsilon}}$$

$$\boldsymbol{P}^2_{ij} = \frac{\partial \boldsymbol{P}_i}{\partial \boldsymbol{\varepsilon}_j}$$

$$\boldsymbol{P}^3 = \frac{\partial \boldsymbol{P}}{\partial \boldsymbol{\delta}}$$

$$\boldsymbol{P}^3_{ij} = \frac{\partial \boldsymbol{P}_i}{\partial \boldsymbol{\delta}_j}$$

至此，TTI 层析目标函数梯度具体为：

$$\Delta J = ((-(\boldsymbol{LP}^1)^{\mathrm{T}}\Delta\boldsymbol{t})^{\mathrm{T}} \quad (-(\boldsymbol{LP}^2)^{\mathrm{T}}\Delta\boldsymbol{t})^{\mathrm{T}} \quad (-(\boldsymbol{LP}^3)^{\mathrm{T}}\Delta\boldsymbol{t})^{\mathrm{T}})^{\mathrm{T}}$$

$$= \begin{pmatrix} -(\boldsymbol{LP}^1)^{\mathrm{T}}\Delta\boldsymbol{t} \\ -(\boldsymbol{LP}^2)^{\mathrm{T}}\Delta\boldsymbol{t} \\ -(\boldsymbol{LP}^3)^{\mathrm{T}}\Delta\boldsymbol{t} \end{pmatrix} = -\begin{pmatrix} (\boldsymbol{LP}^1)^{\mathrm{T}} \\ (\boldsymbol{LP}^2)^{\mathrm{T}} \\ (\boldsymbol{LP}^3)^{\mathrm{T}} \end{pmatrix}\Delta\boldsymbol{t} \tag{6-118}$$

TTI 层析方程为：

$$\Delta\boldsymbol{t} = \boldsymbol{K}\Delta\boldsymbol{m} \tag{6-119}$$

其中：

$$\Delta\boldsymbol{m} = (\Delta\boldsymbol{P}_0^{\mathrm{T}} \quad \Delta\boldsymbol{\varepsilon}^{\mathrm{T}} \quad \Delta\boldsymbol{\delta}^{\mathrm{T}})^{\mathrm{T}}$$

$$\boldsymbol{K} = (\boldsymbol{LP}^1 \quad \boldsymbol{LP}^2 \quad \boldsymbol{LP}^3)$$

目前用 TTI 各向异性参数表达群慢度的公式中，精度较高的是如下用 v_{P0}、$V_{\mathrm{P}n}$ 和 η 的慢度表达方式：

$$p^2(\varphi) = \frac{1}{4(1+\eta)}\left[\frac{3+4\eta}{E^2(\varphi)} + \sqrt{\frac{1}{E^4(\varphi)} + \frac{16\eta(1+\eta)\sin^2(\varphi)\cos^2(\varphi)}{(1+2\eta)v_{\mathrm{P}n}^2 v_{\mathrm{P0}}^2}}\right] \tag{6-120}$$

令：

$$A = \frac{1}{E^2(\varphi)} = p_0^2\cos^2(\varphi) + \frac{p_{\mathrm{P}n}^2\sin^2(\varphi)}{1+2\eta} \tag{6-121}$$

$$B = \sqrt{\frac{1}{E^4(\varphi)} + \frac{16\eta(1+\eta)\sin^2(\varphi)\cos^2(\varphi)}{(1+2\eta)v_{\mathrm{P}n}^2 v_{\mathrm{P0}}^2}}$$

$$= \sqrt{p_0^4\cos^4(\varphi) + \frac{p_{\mathrm{P}n}^2 p_{\mathrm{P0}}^2\sin^2(2\varphi)}{2(1+2\eta)} + \frac{p_{\mathrm{P}n}^4\sin^4\varphi}{(1+2\eta)^2} + \frac{16\eta p_{\mathrm{P}n}^2 p_{\mathrm{P0}}^2(1+\eta)\sin^2(\varphi)\cos^2(\varphi)}{1+2\eta}} \tag{6-122}$$

可以写成：

$$p^2(\varphi) = \frac{1}{4(1+\eta)}[(3+4\eta)A + B] \tag{6-123}$$

两端分别对 p_0、$p_{\mathrm{P}n}$ 和 η 微分，得到：

$$2p(\varphi)\frac{\partial p(\varphi)}{\partial p_0} = \frac{1}{4(1+\eta)}\left[2(3+4\eta)p_0\cos^2(\varphi) + \frac{4p_0^3\cos^4\varphi + \dfrac{(1+8\eta+8\eta^2)}{1+2\eta}}{2B}\right] \tag{6-124}$$

$$2p(\varphi)\frac{\partial p(\varphi)}{\partial p_{\mathrm{P}n}} = \frac{1}{4(1+\eta)}\left[\frac{2(3+4\eta)p_{\mathrm{P}n}\sin^2(\varphi)}{1+2\eta} + \frac{\dfrac{4p_{\mathrm{P}n}^3\sin^4(\varphi)}{(1+2\eta)^2} + \dfrac{(1+8\eta+8\eta^2)p_0^2 p_{\mathrm{P}n}\sin^2(2\varphi)}{1+2\eta}}{2B}\right] \tag{6-125}$$

$$2p(\varphi)\frac{\partial p(\varphi)}{\partial \eta}=-\frac{1}{4(1+\eta)^2}[(3+4\eta)B+A]+\frac{1}{4(1+\eta)}\left[4B-\frac{2(3+4\eta)p_{Pn}^2\sin^2(\varphi)}{(1+2\eta)^2}-\frac{\frac{4p_{Pn}^4\sin^4(\varphi)}{(1+\eta)^3}-\frac{(3+8\eta+8\eta^2)p_0^2p_{Pn}^2\sin^2(2\varphi)}{(1+2\eta)^2}}{2B}\right] \tag{6-126}$$

在此参数系统下，层析方程中的模型差变成：

$$\Delta\boldsymbol{m}=(\Delta\boldsymbol{P}_0^{\mathrm{T}}\quad \Delta\boldsymbol{P}_{Pn}^{\mathrm{T}}\quad \Delta\boldsymbol{\eta}^{\mathrm{T}})^{\mathrm{T}} \tag{6-127}$$

核函数 $\boldsymbol{P}^2$ 和 $\boldsymbol{P}^3$ 为：

$$\boldsymbol{P}^2=\frac{\partial \boldsymbol{P}}{\partial \boldsymbol{P}_{Pn}},\ \boldsymbol{P}_{ij}^2=\frac{\partial \boldsymbol{P}_i}{\partial \boldsymbol{P}_{Pn\,j}} \tag{6-128}$$

$$\boldsymbol{P}^3=\frac{\partial \boldsymbol{P}}{\partial \boldsymbol{\eta}},\boldsymbol{P}_{ij}^3=\frac{\partial \boldsymbol{P}_i}{\partial \boldsymbol{\eta}_j} \tag{6-129}$$

事实上，我们表达 TTI 模型的习惯参数是 Thomsen 参数，Thomsen 参数与 v_{P0}、v_{Pn}和 η 之间有如下关系：

$$v_{Pn}=v_{P0}\sqrt{1+2\delta} \tag{6-130}$$

$$\eta=\frac{\varepsilon-\delta}{1+2\delta} \tag{6-131}$$

把式（6－130）和式（6－131）带入群慢度表达式，得到 Thomsen 参数系统下的群慢度公式：

$$p^2(\varphi)=p_0^2\frac{1+2\delta}{4(1+\varepsilon+\delta)}\left\{\frac{3+2\delta+4\varepsilon}{1+2\delta}\left[\cos^2(\varphi)+\frac{\sin^2(\varphi)}{1+2\varepsilon}\right]+\sqrt{\cos^4(\varphi)+\frac{\sin^2(2\varphi)}{2(1+2\varepsilon)}+\frac{\sin^4(\varphi)}{(1+2\varepsilon)^2}+\frac{4(\varepsilon-\delta)(1+\varepsilon+\delta)\sin^2(2\varphi)}{(1+2\delta)^2(1+2\varepsilon)}}\right] \tag{6-132}$$

令：

$$C=\cos^2(\varphi)+\frac{\sin^2(\varphi)}{1+2\varepsilon} \tag{6-133}$$

$$D=\sqrt{\cos^4(\varphi)+\frac{\sin^2(2\varphi)}{2(1+2\varepsilon)}+\frac{\sin^4(\varphi)}{(1+2\varepsilon)^2}+\frac{4(\varepsilon-\delta)(1+\varepsilon+\delta)\sin^2(2\varphi)}{(1+2\delta)^2(1+2\varepsilon)}} \tag{6-134}$$

则式（6－132）可写成：

$$p^2(\varphi)=p_0^2\frac{1+2\delta}{4(1+\varepsilon+\delta)}\left(\frac{3+2\delta+4\varepsilon}{1+2\delta}C+D\right) \tag{6-135}$$

令式（6－135）两端同时对 p_0、ε 和 δ 微分，得到：

$$2p(\varphi)\frac{\partial p(\varphi)}{\partial p_0}=2p_0\frac{1+2\delta}{4(1+\varepsilon+\delta)}\left(\frac{3+2\delta+4\varepsilon}{1+2\delta}C+D\right) \tag{6-136}$$

$$2p(\varphi)\frac{\partial p(\varphi)}{\partial \varepsilon}=p_0^2\left\{\begin{array}{l}-\dfrac{1+2\delta}{4(1+\varepsilon+\delta)^2}\left[\dfrac{3+2\delta+4\varepsilon}{1+2\delta}C+D\right]+\dfrac{1+2\delta}{4(1+\varepsilon+\delta)}\\ \left[\begin{array}{l}\dfrac{4}{1+2\delta}C-\dfrac{2(3+2\delta+4\varepsilon)\sin^2(\varphi)}{(1+2\delta)(1+2\varepsilon)^2}\\ -\dfrac{\dfrac{\sin^2(2\varphi)}{(1+2\varepsilon)^2}+\dfrac{4\sin^4(\varphi)}{(1+2\varepsilon)^3}-\dfrac{4(2\varepsilon^2+2\delta^2+2\varepsilon+2\delta+1)\sin^2(2\varphi)}{(1+2\delta)^2(1+2\varepsilon)^2}}{2D}\end{array}\right]\end{array}\right\}$$

(6-137)

$$2p(\varphi)\frac{\partial p(\varphi)}{\partial \delta}=p_0^2\left\{\begin{array}{l}\dfrac{1+2\varepsilon}{4(1+\varepsilon+\delta)^2}\left[\dfrac{3+2\delta+4\varepsilon}{1+2\delta}C+D\right]-\dfrac{1+2\delta}{4(1+\varepsilon+\delta)}\\ \left[\dfrac{4(1+2\varepsilon)}{(1+2\delta)^2}C+\dfrac{4(1+2\varepsilon)\sin^2(2\varphi)}{2D(1+2\delta)^3}\right]\end{array}\right\} \quad (6-138)$$

式中，$p(\varphi)$ 利用式（6-132）计算得到。

至此，TTI 介质层析矩阵核函数具体形式推导完毕，TTI 介质层析矩阵如下：

$$\boldsymbol{K}\Delta \boldsymbol{s}_{\text{group}}=\Delta \boldsymbol{\tau} \quad (6-139)$$

式中，$\Delta\boldsymbol{\tau}$ 为剩余时差矩阵，$\Delta \boldsymbol{s}_{\text{group}}$ 为各向异性参数更新量矩阵：

$$\Delta \boldsymbol{s}_{\text{group}}=[\Delta \boldsymbol{s}_{\text{P0}} \quad \Delta \boldsymbol{\varepsilon} \quad \Delta \boldsymbol{\delta}]^{\text{T}} \quad (6-140)$$

与各向同性方程组不同的是，各向异性方程组中，$\boldsymbol{K}$ 不再单是射线长度的矩阵，而是射线长度和各向异性参数导数的函数矩阵，形式如下：

$$\boldsymbol{K}=\left[\boldsymbol{L}\frac{\partial s_{\text{group}}}{\partial s_{\text{P0}}} \quad \boldsymbol{L}\frac{\partial s_{\text{group}}}{\partial \varepsilon} \quad \boldsymbol{L}\frac{\partial s_{\text{group}}}{\partial \delta}\right] \quad (6-141)$$

式中，$\boldsymbol{L}$ 是射线长度的矩阵。

求解层析方程组可以得到各向异性参数更新量 Δs_{group}，进而更新各向异性参数模型 s_{group}。由于上述推导中存在近似，一次层析反演得到的更新模型并不精确，因此需要通过多次迭代得到准确的各向异性参数模型。

6.2.2.4 TTI 介质多参数反演策略

单参数顺序反演为 TTI 介质三参数 V_{P0}、ε、δ 按照对角度敏感性从大到小依次进行反演，该策略的优点是每次只反演一个参数，反演过程较为稳定，并且由于每个参数单独反演，剩余时差全部作用于单个参数进行反演，不受角度敏感性的约束，不会出现某些角度反演不出来的现象。但是该策略同时存在一些缺点，首先，由于每次只反演一个参数，三个参数全部反演需要迭代三次，计算量增加了三倍，加大了机器成本和人工成本，延长了项目周期。其次，由于是顺序反演，如果第一个参数反演不准确，误差会被累积到下一个参数反演中，导致了反演过程的误差累积，例如，当 V_{P0} 欠反演，也就是 V_{P0} 的反演量不足时，V_{P0} 的剩余时差会被延续到 ε 反演中，导致 ε 过反演，也就是 ε 反演量增加；反之，当

V_{P0}过反演时，会导致 ε 欠反演。最后，顺序反演毕竟是一种近似手段，只是为了提高反演稳定性，理论上还有进步空间。

多参数联合反演为一次迭代即反演 V_{P0}、ε、δ 三个参数，该策略的优点是计算量小，用时短，能够大大加快反演迭代效率，有效缩短项目周期，另外，联合反演更符合反演理论，在保证稳定性的前提下，反演结果更加合理精确。它的缺点也很明显，由于三参数数量级相差极大，反演稳定性很差，即便通过各种手段提高了稳定性，但是对角度的依赖性很大，即某些角度反演不出各向异性参数数值。

TTI 介质的三个各向异性参数 V_{P0}、ε、δ，数量级不一致，V_{P0}的数量级为 10^3，而 ε 和 δ 的数量级只有 $10^{-1} \sim 10^{-2}$，三参数直接同时反演会产生不稳定现象，

SIRT 和 LSQR 方法一般只用于单参数反演，其中，LSQR 可实现多参数输入的矩阵求解，输入参数之前需要把三参数做归一化处理。SIRT 则无法直接实现，现推导 SIRT 方法的归一化联合反演公式。

SIRT 方法的矩阵形式如下：

$$\begin{aligned} &\boldsymbol{K}\Delta\boldsymbol{m} = \Delta\boldsymbol{\tau} \\ &\boldsymbol{K} = \left[\boldsymbol{L}\frac{\partial s}{\partial s_{P0}} \quad \boldsymbol{L}\frac{\partial s}{\partial \varepsilon} \quad \boldsymbol{L}\frac{\partial s}{\partial \delta}\right] \\ &\Delta\boldsymbol{m} = [\Delta \boldsymbol{s}_{P0} \quad \Delta\boldsymbol{\varepsilon} \quad \Delta\boldsymbol{\delta}]^{T} \end{aligned} \tag{6-142}$$

相比于单一参数反演，矩阵 $\boldsymbol{K}$ 的大小变为之前的三倍，矩阵 $\boldsymbol{m}$ 的大小也变为之前的三倍，而 $\boldsymbol{t}$ 不变。这样一次反演的时差认为是三个参数共同影响造成的，反演公式变为：

$$[\Delta s_j^l \quad \Delta\varepsilon_j^l \quad \Delta\delta_j^l] = \frac{1}{N_j^l}\sum_i [K_{s\,j}^{\,i} \quad K_{\varepsilon\,j}^{\,i} \quad K_{\delta\,j}^{\,i}] \frac{b^i - \sum_k [K_{s\,k}^{\,i} \quad K_{\varepsilon\,k}^{\,i} \quad K_{\delta\,k}^{\,i}][s_k^l \quad \varepsilon_k^l \quad \delta_k^l]^{T}}{\sum_j [(K_{s\,j}^{\,i})^2 + (K_{\varepsilon\,j}^{\,i})^2 + (K_{\delta\,j}^{\,i})^2]} \tag{6-143}$$

式（6-143）可以同时反演慢度 Δs、Thomsen 参数 $\Delta\varepsilon$ 和 $\Delta\delta$。在更新相应模型时加入先验信息进行约束，表达式如下：

$$\begin{cases} s = s_0 + \lambda_s \Delta s \\ \varepsilon = \varepsilon_0 + \lambda_\varepsilon \Delta\varepsilon \\ \delta = \delta_0 + \lambda_\delta \Delta\delta \end{cases} \tag{6-144}$$

式中，λ 为先验约束因子，用来约束一次迭代更新量和总更新量的值，以免出现更新异常值。

多参数反演实质是把时差按比例分配给各个参数进行反演，但是实际中不可能做到如此的分配。仔细观察上述反演公式可以发现，该方法实际上是把射线长度按照比例分配给了各个参数，比例因子是相速度相对于各个参数的偏导数。反观 VTI 的这三个参数，V_{P0}

的数量级有 10^3，而 ε 和 δ 的数量级只有 $10^{-2} \sim 10^{-1}$，数量级差别较大，最大能达到 10^5。这样会导致反演非常不稳定，多次迭代之后会造成反演异常。

针对上述问题，本文加入约束矩阵解决数量级不一致问题，更新后的方程如下：

$$\boldsymbol{K}\boldsymbol{w}\boldsymbol{w}^{-1}\Delta\boldsymbol{m} = \Delta\boldsymbol{\tau} \tag{6-145}$$

式中，$\boldsymbol{w} = \begin{bmatrix} \boldsymbol{w}_s & & \\ & \boldsymbol{w}_\varepsilon & \\ & & \boldsymbol{w}_\delta \end{bmatrix}$，$\boldsymbol{w}^{-1} = \begin{bmatrix} \boldsymbol{w}_s^{-1} & & \\ & \boldsymbol{w}_\varepsilon^{-1} & \\ & & \boldsymbol{w}_\delta^{-1} \end{bmatrix}$，为约束矩阵。加入了约束矩阵后，没有改变原有矩阵的本质形态，但是能够使三参数调整为统一数量级，从本质改善了数量级造成的不稳定情况。

改变之后同等数量级的参数表示如下：

$$\Delta\tilde{m}_{nj}^l = \frac{1}{N_j^l}\sum_i \frac{\tilde{K}_{nj}^i \Delta b^i}{\sum_j [(\tilde{K}_{sj}^i)^2 + (\tilde{K}_{\varepsilon j}^i)^2 + (\tilde{K}_{\delta j}^i)^2]} = \frac{1}{N_j^l}\sum_i \frac{w_n K_{nj}^i \Delta b^i}{\sum_j [(w_s K_{sj}^i)^2 + (w_\varepsilon K_{\varepsilon j}^i)^2 + (w_\delta K_{\delta j}^i)^2]} \tag{6-146}$$

式中，$n = (s, \varepsilon, \delta)$，代表三个参数。由于经约束矩阵校正后，三参数的数量级达到一致，因此，$w_s K_s$、$w_\varepsilon K_\varepsilon$ 和 $w_\delta K_\delta$ 的数量级也一致，式（6-146）可表示成如下形式：

$$\begin{aligned}\Delta\tilde{m}_{nj}^l &= \frac{1}{N_j^l}\sum_i \frac{w_n K_{nj}^i \Delta b^i}{\sum_j \lambda_n (w_n K_{nj}^i)^2} = \frac{1}{N_j^l}\sum_i \frac{w_n K_{nj}^i \Delta b^i}{\lambda_n w_n^2 \sum_j (K_{nj}^i)^2} = \frac{1}{N_j^l}\sum_i \frac{K_{nj}^i \Delta b^i}{\lambda_n w_n \sum_j (K_{nj}^i)^2} \\ &= \frac{1}{\lambda_n w_n}\frac{1}{N_j^l}\sum_i \frac{K_{nj}^i \Delta b^i}{\sum_j (K_{nj}^i)^2} = \frac{1}{\lambda_n w_n}\Delta m_{nj}^l\end{aligned} \tag{6-147}$$

式中，λ_n 为三个参数的各占比重的倒数，一般取 2 ~ 4 之间。

因此，真实校正量可表示成如下形式：

$$\Delta m_{nj}^l = \lambda_n w_n \Delta\tilde{m}_{nj}^l \tag{6-148}$$

至此，稳定的联合反演公式推导完毕。

6.3 井约束各向异性层析速度建模技术

测井数据是一种准确可靠的先验信息，尤其是与地层慢度对应的声波时差测井曲线，可以用来作为先验约束信息加入到速度建模过程中。在层析反演方程组中加入井数据信息一定程度上提高了反演精度和效率，但仍无法精确描述微幅构造地质体。目前常规的井约束层析速度反演在层析反演方程组求解的过程中利用井数据信息，更新得到的速度场虽然能很好地刻画出速度场的大幅构造，但对小尺度地质体的描述还未达到高精度的要求。

充分收集钻井、测井资料，有效利用井资料等先验信息。可以参考声波测井或 VSP 的速度来确定速度界面。在多井资料区块，可以有静的声波曲线求取层速度场，了解并认识工区速度的特征及空间变化规律，在求取偏移速度时作为约束。但不能讲静的速度作为偏移速度，因为测井速度是纵向测量的速度，而地震速度有水平分量，还有各向异性等因素影响，偏移速度不等价于井速度。但可以利用井速度来约束井点附近的偏移速度的大小范围，以避免引起比较大的速度误差，并可减少偏移速度迭代扫描次数。

6.3.1 井震结合各向异性参数初始建模方法

TI 介质弹性矩阵具有 5 个独立的弹性常数，VTI 介质是新研究的重点对象，其弹性矩阵为：

$$\boldsymbol{C}=\begin{bmatrix} c_{11} & c_{11}-2c_{66} & c_{13} & 0 & 0 & 0 \\ c_{11}-2c_{66} & c_{11} & c_{13} & 0 & 0 & 0 \\ c_{13} & c_{13} & c_{33} & 0 & 0 & 0 \\ 0 & 0 & 0 & c_{44} & 0 & 0 \\ 0 & 0 & 0 & 0 & c_{44} & 0 \\ 0 & 0 & 0 & 0 & 0 & c_{66} \end{bmatrix} \tag{6-149}$$

根据 Stonely（1949）的思想，引入另外 5 个参数，分别与弹性参数建立如下的关系：

$$\begin{aligned} a &= C_{11} = C_{22} \\ c &= C_{33} \\ f &= C_{13} = C_{23} \\ l &= C_{44} = C_{55} \\ m &= C_{66} \end{aligned} \tag{6-150}$$

根据 Backus（1962）各向同性弹性层的加权平均属性与各向异性刚度张量之间建立如下关系：

$$\begin{aligned} a &= \left\langle \frac{\lambda}{\lambda+2\mu} \right\rangle^{2} \left\langle \frac{1}{\lambda+2\mu} \right\rangle^{-1} + 4\left\langle \frac{\mu(\lambda+\mu)}{\lambda+2\mu} \right\rangle \\ c &= \left\langle \frac{1}{\lambda+2\mu} \right\rangle^{-1} \\ f &= \left\langle \frac{\lambda}{\lambda+2\mu} \right\rangle \left\langle \frac{1}{\lambda+2\mu} \right\rangle^{-1} \\ l &= \left\langle \frac{1}{\mu} \right\rangle^{-1} \\ m &= \langle \mu \rangle \end{aligned} \tag{6-151}$$

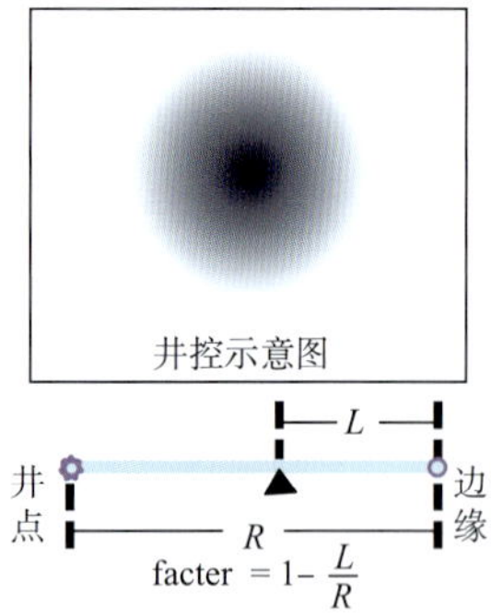

图6-18　井控示意图

井数据提取的TTI各向异性参数认为是最准确的数据，但是仅限于井周围，离井越远越不准确，因此，设计一个井控因子，$facter = 1 - \frac{L}{R}$，离井越近控制力度越大，离井越远控制力度越小，图6-18为井控示意图，从图中可以看出，井周边控制力度非常大，颜色最深，离井越远控制力度越小，颜色越浅，当离开一定范围后，不再受井控制。其中，控制范围参数R需要根据地下情况而定，如果地下地质构造非常复杂，地层陡构造发育且横向变速非常剧烈，则该参数需要给一个较小的值，来降低井对远井地区的控制力度，如果地下地质构造较为简单，地层水平且横向变速不剧烈，则该参数可以给一个较大的值，提高井对远井地区的控制力度。

各向异性的程度取决于层与层之间流体参数以及加权平均窗函数的长度。层与层之间流体参数与地质、岩石参数及构造有着密切联系，窗函数的长度与地震波的传播长度密切相关，一般取地震波的传播长度为宜。

引入Thomsen参数与上述五个参数之间的关系：

$$
\begin{aligned}
v_{P0} &= \sqrt{c/\langle\rho\rangle} \\
v_{S0} &= \sqrt{l/\langle\rho\rangle} \\
\varepsilon &= \frac{a-c}{2c} \\
\delta &= \frac{(f+l)^2-(c-l)^2}{2c(c-l)} \\
\gamma &= \frac{m-l}{2l}
\end{aligned}
\tag{6-152}
$$

那么，Thomsen参数可以看做是薄各向异性层间的加权平均。对于窗函数的设置，以采样间隔为0.5ft为例，要求层的厚度小于地震传播长度（约400ft）为宜。

6.3.2　TTI介质局部层析精细建模技术

局部层析的目的是提高各向异性参数初始模型的精度，数据基础是测井分层数据和各向异性参数初始模型数据，理论基础是各向异性层析反演相关技术，特点是利用精度最高的测井数据，快速实现井周各向异性参数的更新。由于各向异性参数初始模型是基于测井数据建立的，本质是构造约束建模，是沿地质构造沿层插值得到的，因此初始模型具有很明显的构造特征，局部层析基于初始模型的构造信息，沿层进行更新，使每一层内的各向异性参数更精确。

局部层析的输入数据包括：各向异性参数的背景场和共成像点道集，各向异性参数的背景场是由以上步骤得到的各向异性参数初始模型，共成像点道集是由各向异性射线偏移产生的。局部层析是剩余各向异性参数扫描方法，直接在共成像点道集上完成，目的是通过优化各向异性参数提高成像剖面同相轴的相关性。具体实现方法有两种：①逐层模式或层剥离模式，这种模式是对横向位置逐层进行分析和更新的；②垂直模式，这种模式是对局部反射层从顶端向下逐点进行分析和更新。具体实现过程如下：

（1）局部射线追踪（此处只介绍实施方案，具体技术原理将在后续章节介绍）。利用测井分层数据，根据地质需要提取具有明显波阻抗地层和目标层的倾角、方位角信息，在背景模型中从反射点向上根据斯奈尔定律追踪到地表，模拟不同方位所有偏移距的炮检点射线对。在射线追踪的基础上建立层析系数矩阵，结合走时残差更新各向异性参数，走时残差包含两部分：上覆地层剩余校正量造成的走时残差和反射地层造成的走时残差。

（2）建立局部层析方程。层析方程包含着层析系数和时差两个未知量，层析系数是由射线追踪信息构成的，V_{P0}、ε 和 δ 三参数各对应一个层析系数，每个层析系数由三部分构成：入射射线、反射射线和零偏移距射线。时差信息是由成像道集离开水平位置的深度差得到的，由此建立局部层析方程，方程有两部分构成：上覆地层时差层析方程和反射层时差层析方程。

（3）单参数扫描。通过射线追踪提取层析系数，利用成像道集计算时间残差，通过扫描参数剩余校正量消除道间时差，从而更新各向异性参数。采用近偏移距道集（出射角小于30°的射线）时差更新 V_{P0} 和 δ 参数，采用中远偏移距道集（出射角大于30°的射线）时差更新 ε 参数。

局部层析采用层剥离方法更新参数，即从地表开始往深层逐层更新，因此需要逐层进行扫描，浅层更新完成后则深层再更新不影响浅层更新量，深层扫描只更新当前反射层的各向异性参数，由此将每一层的成像道集都拉平，从而消除道间时差。

局部层析方法能够很好的保持初始建模环节中测井数据的约束作用，保留准确的层位信息，更新量只存在于当前反射层，更加符合地质构造情况，同时能够拉平成像道集，增加同相轴的聚焦性，提高远偏移距道集的使用率。另外，由于局部层析是在准确的测井分层数据中进行的，也就是说井周成像深度与测井数据吻合，而 V_{P0} 和 δ 参数影响成像深度，因此，在更新过程中应严格控制 V_{P0} 和 δ 参数的更新范围，保证更新后的成像深度依然准确。鉴于局部层析的此特点，实际应用中通常只用局部层析更新 ε 参数。

6.3.3 实际数据试处理

该工区位于我国西部，测线651条，线号范围为450～1100，cdp方向为1051个点，范围为450～1500，线间隔15m，cdp间隔15m，炮集数据时间采样点数3001，采样间隔

2ms，最大偏移距 7048m，深度采样点数 1001，深度采样间隔为 10m。共收集 17 口测井数据，其中 12 口井可用于各向异性参数提取。

图 6－19 中的蓝色区域为深度域层位解释区域，五角星为工区的测井位置。

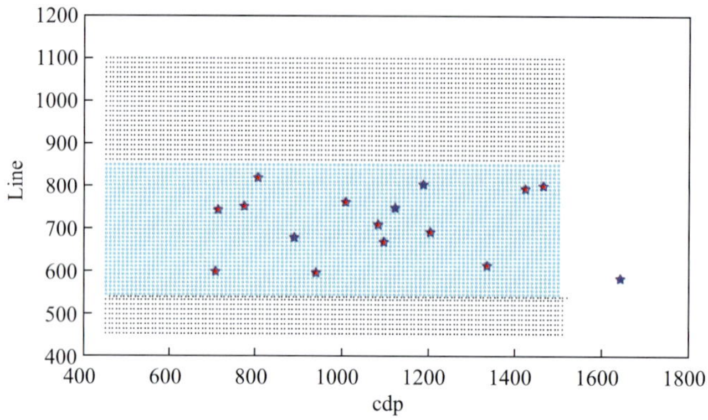

图 6－19　工区测井分布图

首先对每一口可利用的测井数据制作合成记录，并进行井位标定。图 6－20、图 6－21 是某一口井的井震标定结果。

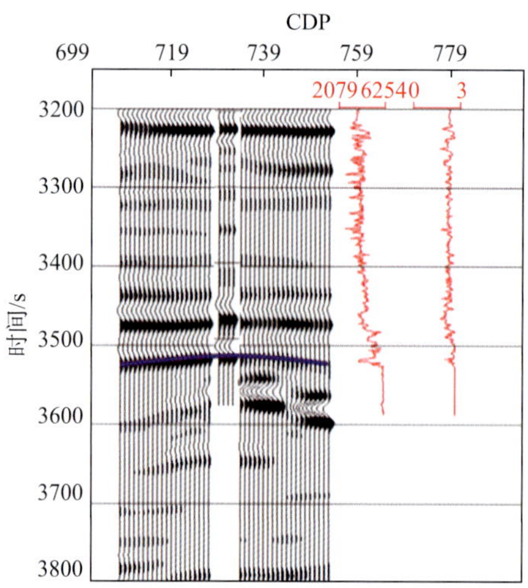

图 6－20　某一口井的井震标定结果
（图中的蓝色线为层位解释位置）

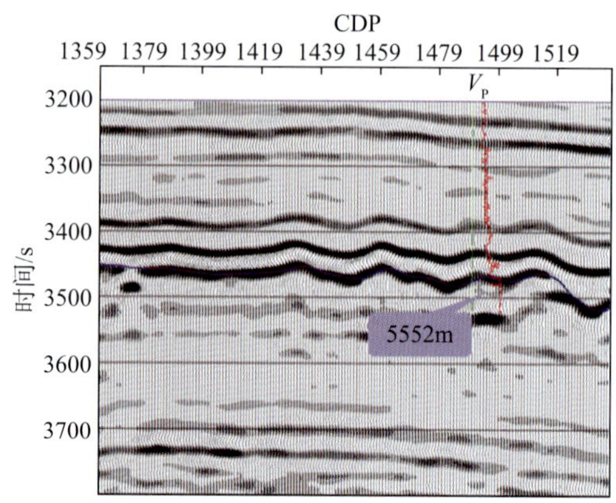

图 6－21　井震标定结果在时间域层位解释剖面上的投影

图 6－22 为对某口井进行各向异性参数提取的结果。

利用井震标定的层位对工区范围内的整体层位数据进行解释，并利用时深关系约束将层位数据作时深转换，最后对地震数据的各向异性参数模型进行约束校正。图 6－23 是对 V_{P0} 校正前后的结果。

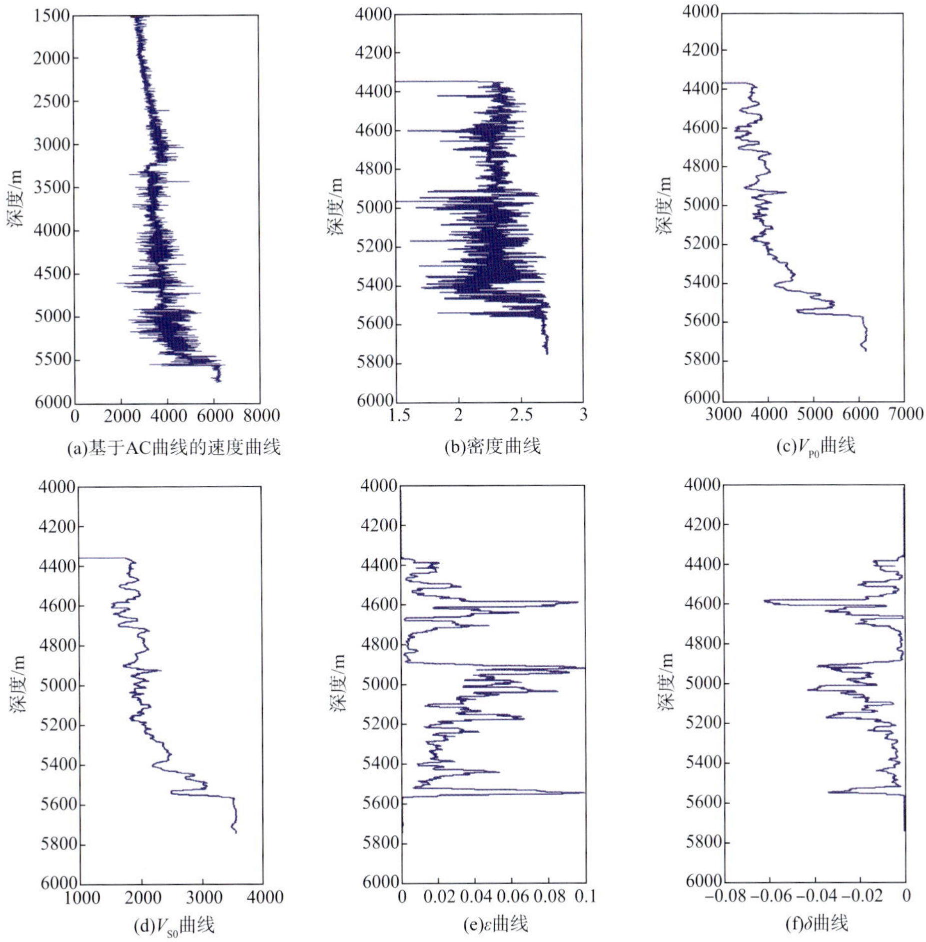

图 6－22　基于实际测井数据的各向异性参数

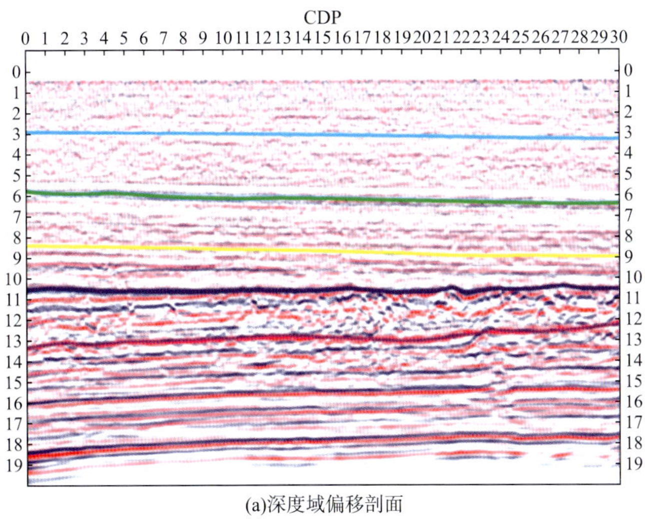

图 6－23　校正前后的 V_{P0} 结果

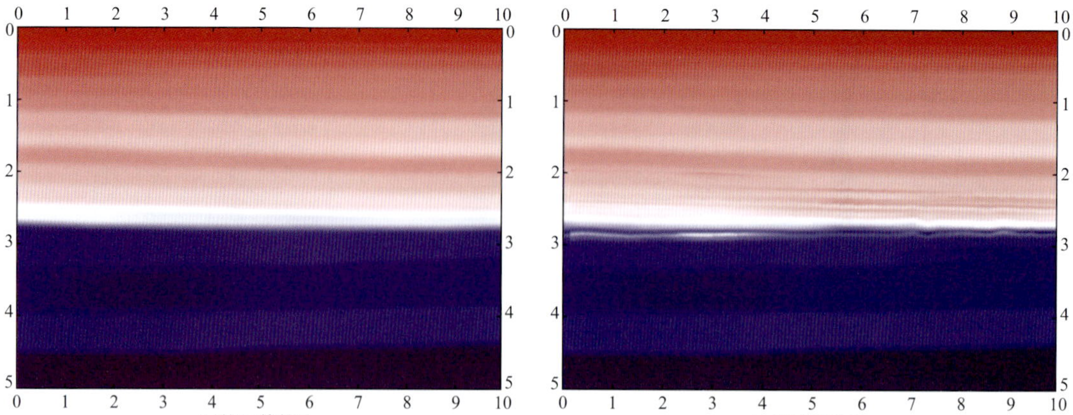

(b)校正前的V_{P0}　　(c)校正后的V_{P0}

图 6-23　校正前后的 V_{P0} 结果（续）

根据地震数据时深转换及测井数据得到的 Thomsen 参数、时深关系及深度域层位数据，对整个探区的参数模型进行约束校正，其结果如图 6-24 所示。

校正前后 Thomsen 参数对比，说明了井约束后的各向异性参数场更规范合理。利用校正后的参数，采用各向异性 Kirchhoff 叠前深度偏移对该工区实际资料进行了试处理，对其中一条测线数据做各向同性和各向异性 Kirchhoff 叠前深度偏移剖面对比分析（图 6-25）。

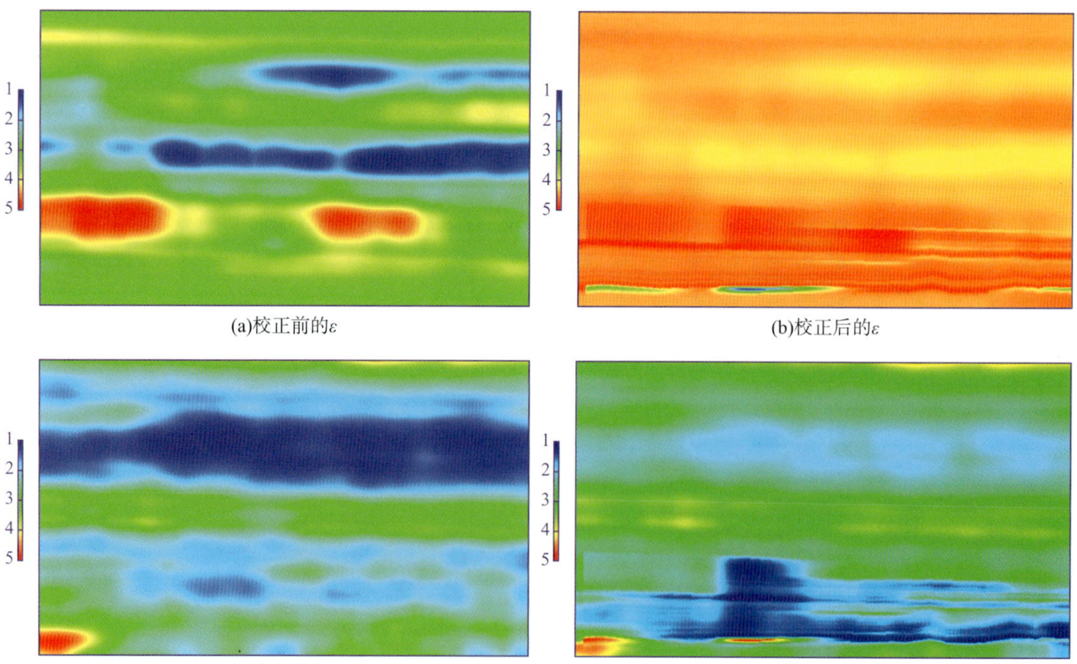

(a)校正前的ε　　(b)校正后的ε

(c)校正前的δ　　(d)校正后的δ

图 6-24　约束校正前后的 Thomsen 参数剖面

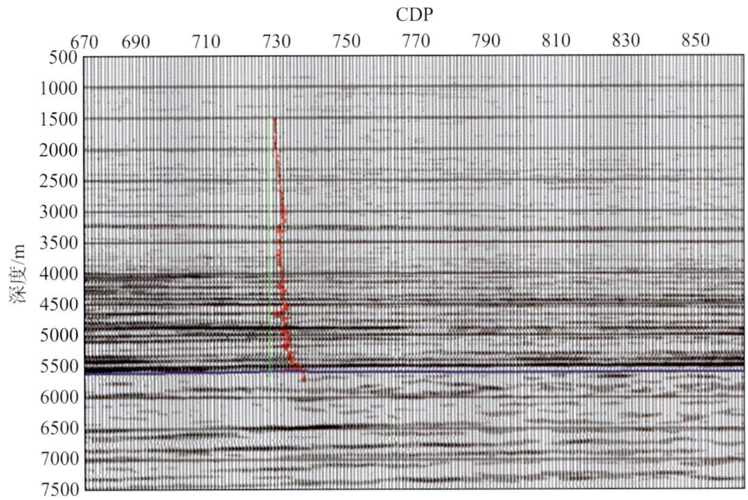

(a)各向同性Kirchhoff叠前深度偏移剖面

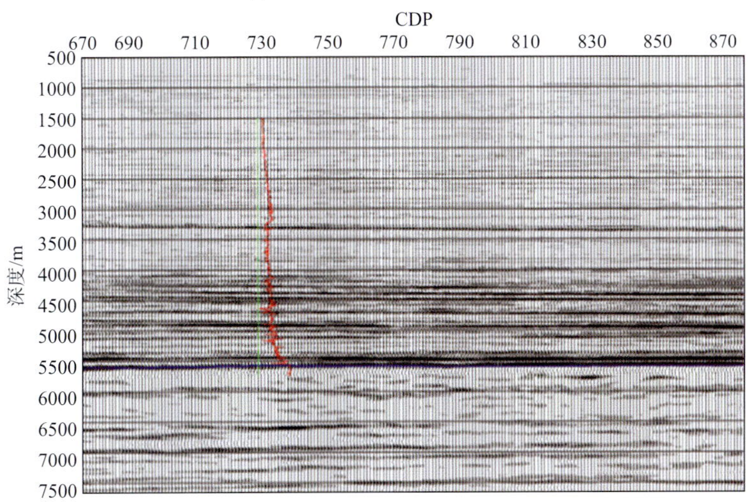

(b)各向异性Kirchhoff叠前深度偏移剖面

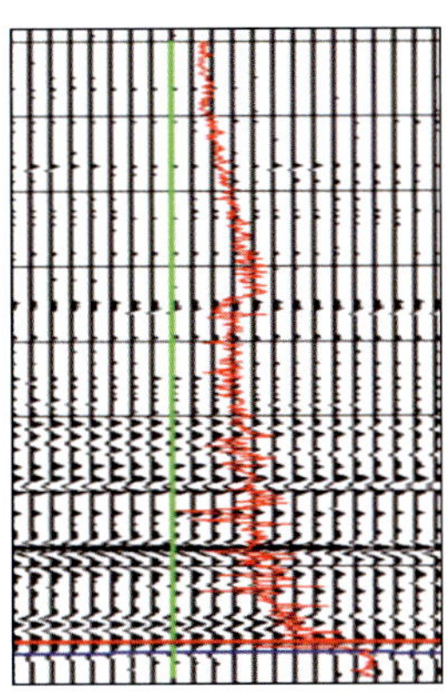

(c)各向同性Kirchhoff叠前深度偏移剖面局部放大剖面

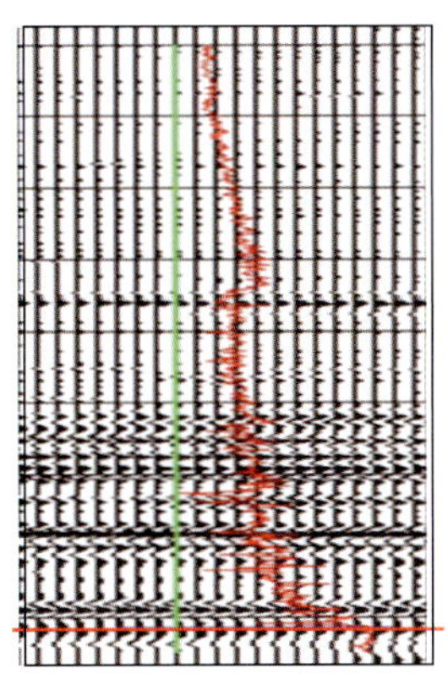

(d)各向异性Kirchhoff叠前深度偏移剖面局部放大剖面

图 6-25　各向同性与各向异性 Kirchhoff 叠前深度偏移剖面及局部放大剖面对比

从图 6 – 25 中可看出，各向异性 Kirchhoff 叠前深度偏移剖面相比各向同性 Kirchhoff 叠前深度偏移剖面整体的同相轴连续性有所增强，并且从局部放大对比结果可看出，忽略各向异性进行各向同性叠前深度偏移在井位置同相轴与测井数据有深度误差，而各向同性 Kirchhoff 叠前深度偏移由于考虑了各向异性的影响，使得井位置同相轴与测井数据的井位分层吻合度较好。

6.4 模型数据测试与实际数据应用

6.4.1 三维 TTI 盐丘模型试算

三维 TTI 盐丘模型较为复杂，本项目采用 90% 和 110% 的模型作为层析反演初始模型，采用顺序 + 联合反演策略进行反演（图 6 – 26、图 6 – 27）。

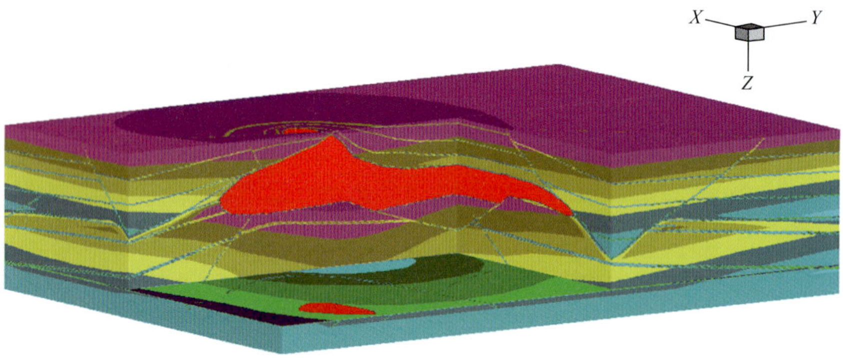

图 6 – 26　三维 TTI 盐丘模型示意图

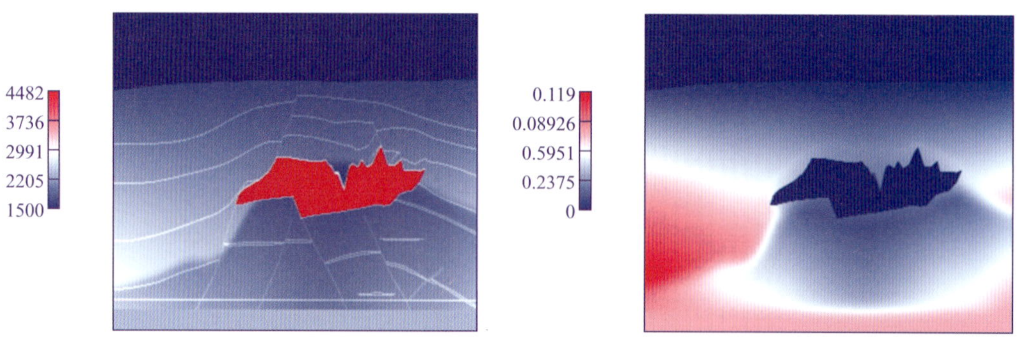

(a)V_{P0}　　(b)ε

图 6 – 27　三维 TTI 盐丘各向异性参数模型

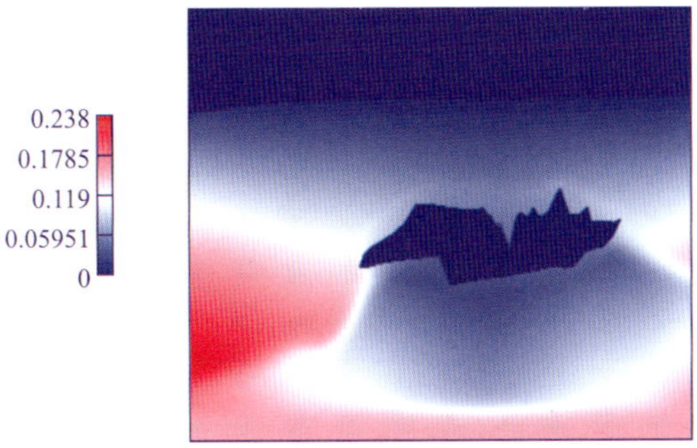

(c)δ

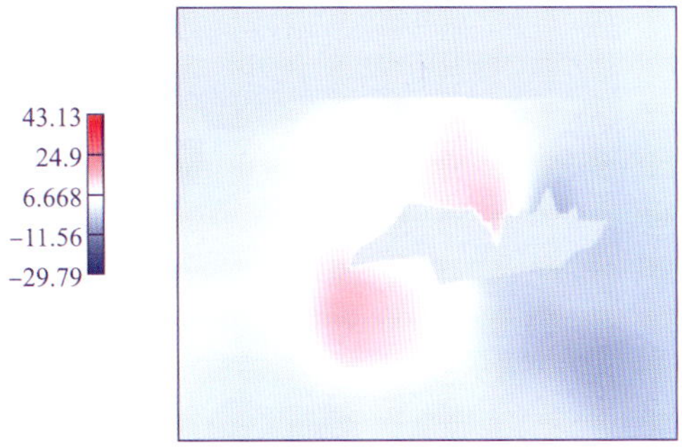

(d)θ

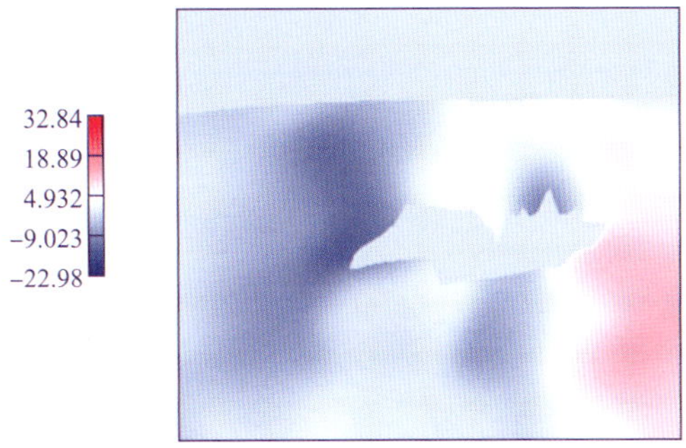

(e) ψ

图 6－27　三维 TTI 盐丘各向异性参数模型（续）

从层析反演结果可以看出，V_{P0} 和 ε 参数的第一轮顺序反演结果和第二轮联合反演结果取得了较好的效果，盐丘边界清晰，收敛方向正确（图 6－28、图 6－29）。从偏移成像结果可以看出，通过第一轮顺序反演后，成像结果有了明显改善，同相轴清晰、聚焦性提高，盐丘形态正确，但是成像道集在远偏移距依然存在上翘现象，通过第二轮联合反演后，成像道集完全被拉平，成像结果的质量进一步提升（图 6－30）。从误差曲线图可以看出，通过第一轮顺序反演后，V_{P0} 参数朝真实值方向收敛，ε 参数在盐丘内部反演效果很好，但是在盐丘外部有过反演现象，这是因为 V_{P0} 欠反演造成的，通过第二轮联合反演后，V_{P0} 更加接近真实值，误差达到了允许的范围内，而 ε 参数则往真实值收敛，与真实值的误差进一步缩小（图 6－31）。

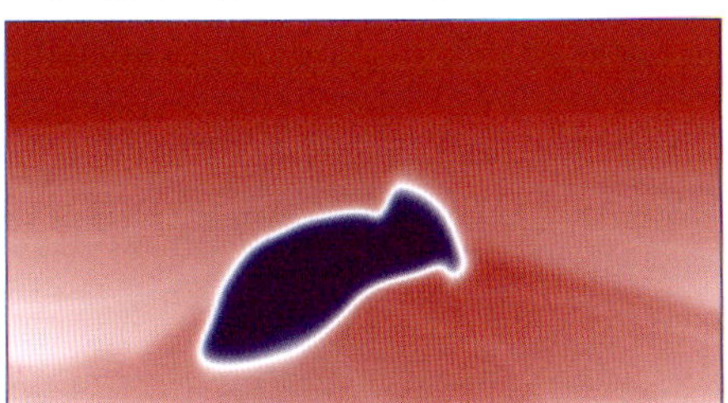

(a)V_{P0}真实模型

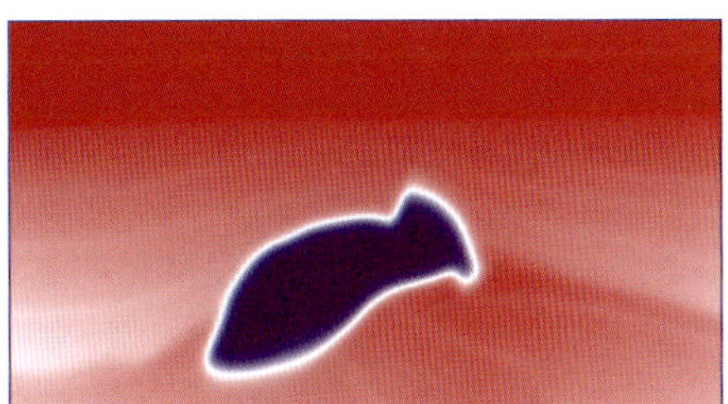

(b)V_{P0}90%初始模型

图 6－28　真实模型、90% 初始模型和偏移成像结果

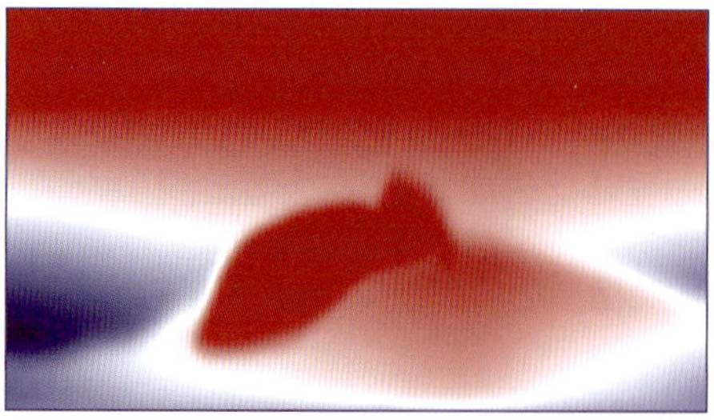

(c)ε真实模型

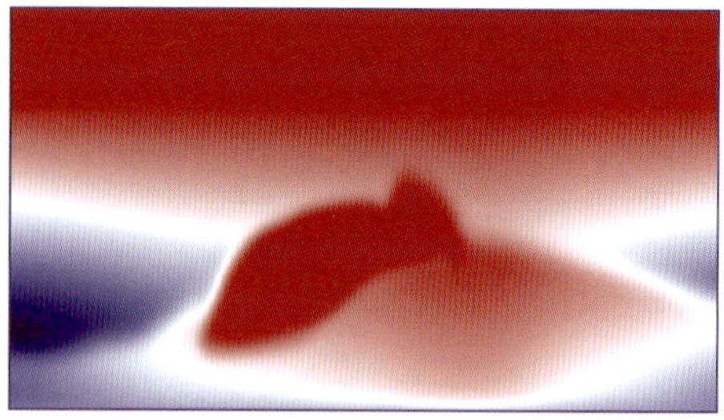

(d)ε 90%初始模型

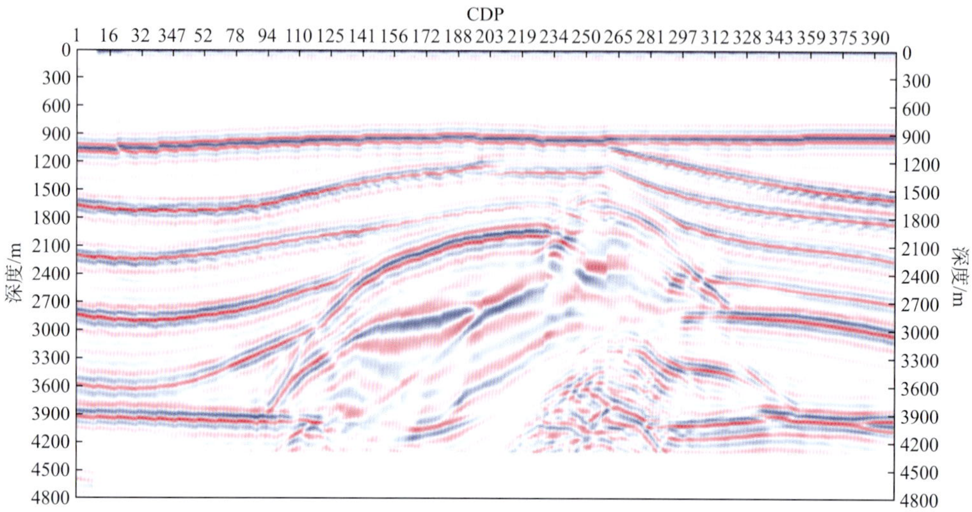

(e)初始模型偏移成像结果

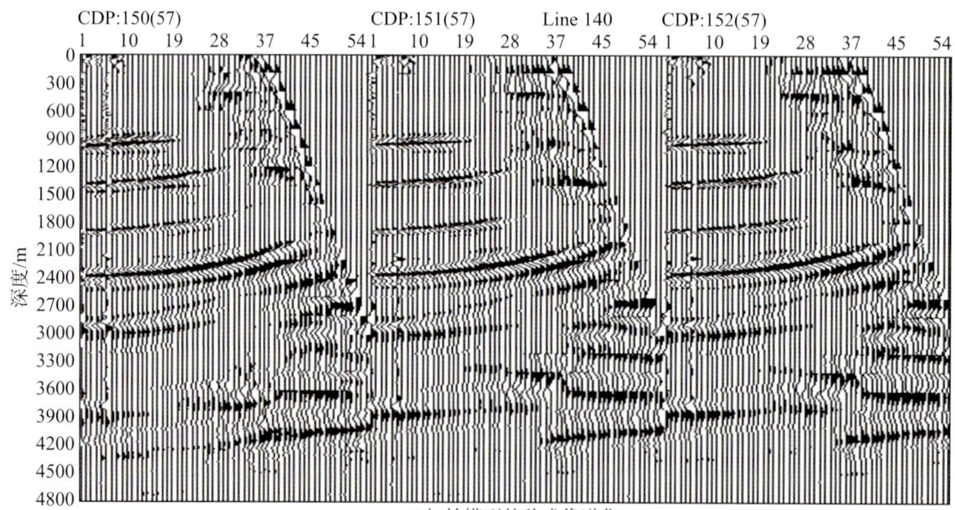

(f)初始模型偏移成像道集

图 6－28　真实模型、90% 初始模型和偏移成像结果（续）

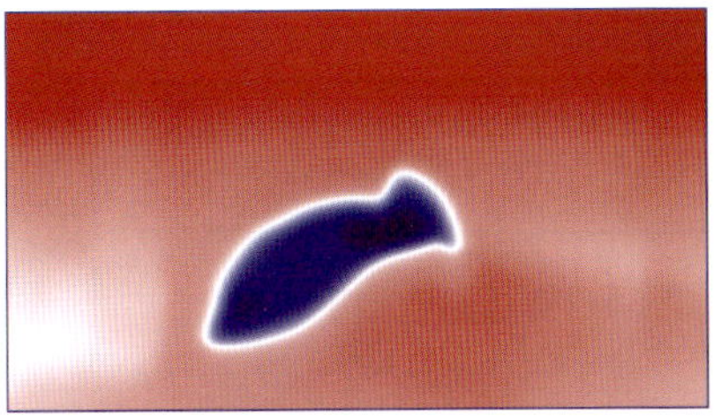

(a)V_{P0}第一轮顺序反演结果

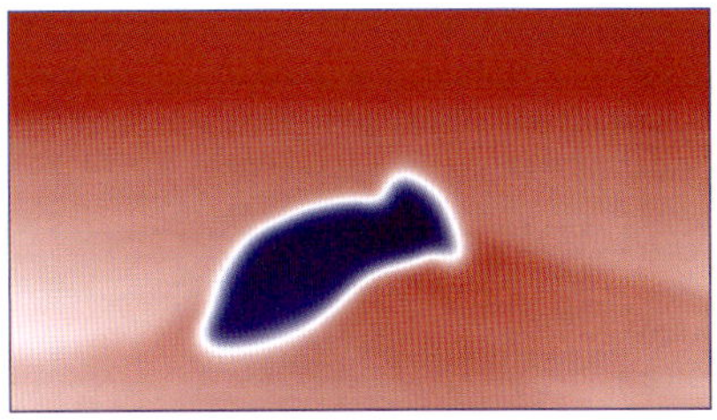

(b)V_{P0}第二轮联合反演结果

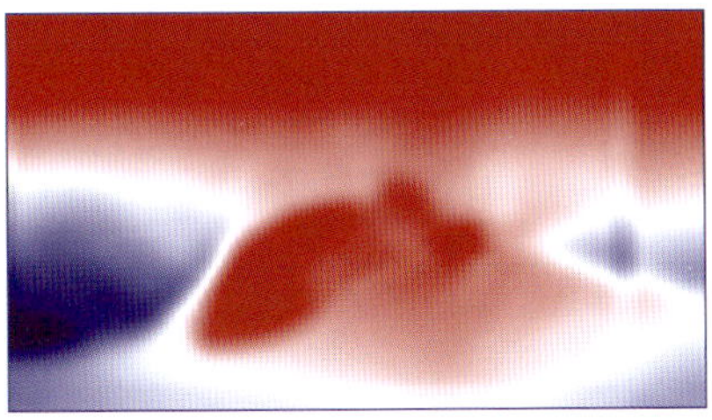

(c)ε第一轮顺序反演结果

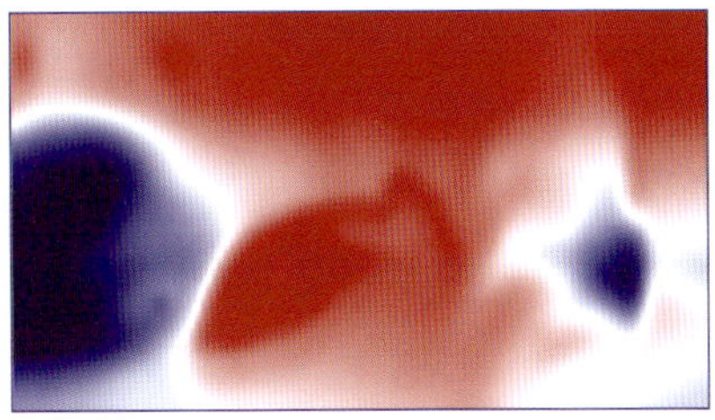

(d)ε第二轮联合反演结果

图 6－29　顺序＋联合反演结果

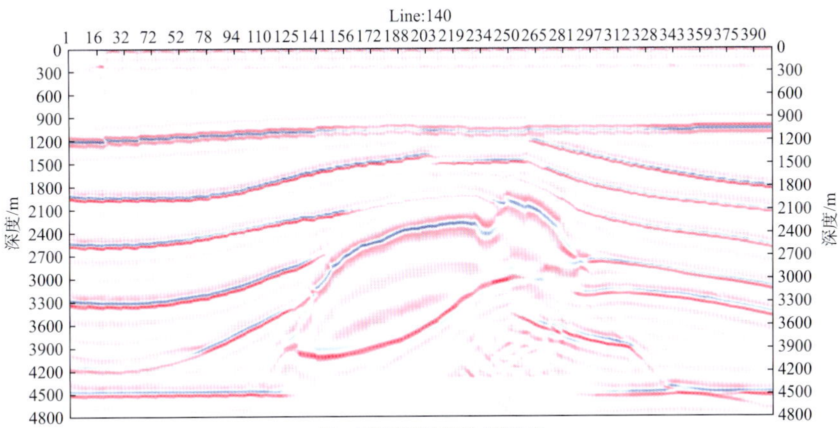

(a)第一轮顺序反演偏移成像结果

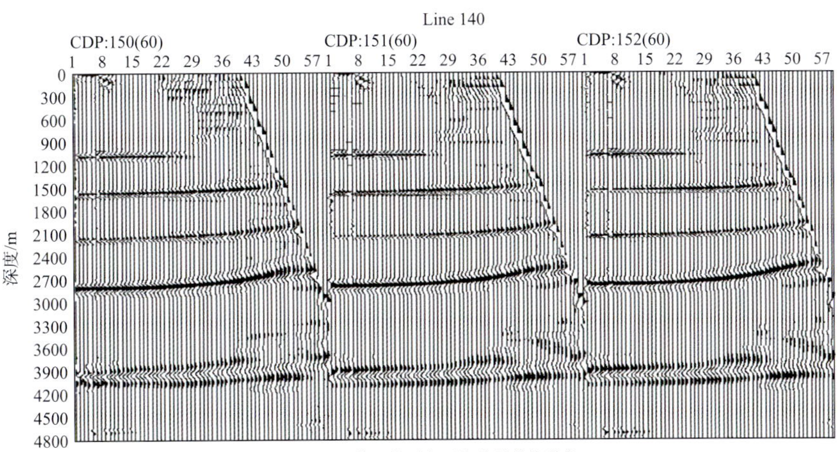

(b)第一轮顺序反演偏移成像道集

图 6－30　顺序＋联合反演偏移成像结果

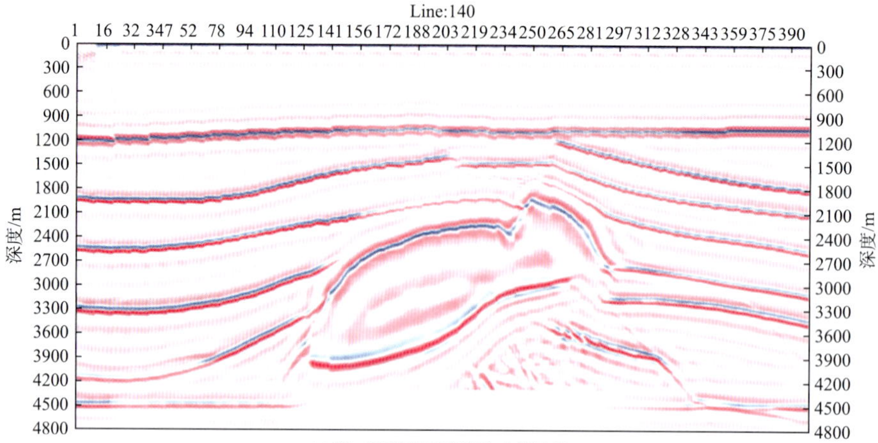

(c)第二轮顺序反演偏移成像结果

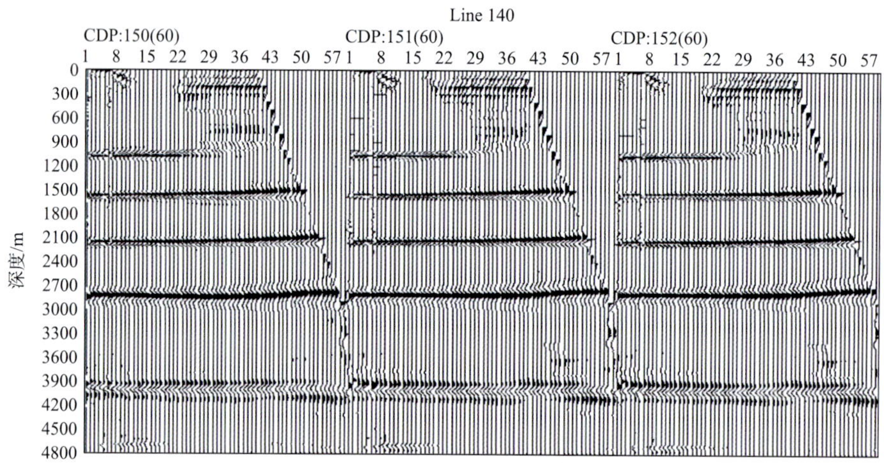

(d)第二轮顺序反演偏移成像道集

图 6－30　顺序＋联合反演偏移成像结果（续）

从结果可以看出，110% 的初始模型的反演结果与 90% 的初始模型反演结果基本一致。从层析反演结果可以看出，V_{P0} 和 ε 参数的第一轮顺序反演结果和第二轮联合反演结果取得了较好的效果，盐丘边界清晰，收敛方向正确（图 6－32、图 6－33）。从偏移成像结果可以看出，通过第一轮顺序反演后，成像结果有了明显改善，同相轴清晰、聚焦性提高，盐丘形态正确，但是成像道集在远偏移距依然存在下拉现象，通过第二轮联合反演后，成像道集基本被拉平，成像结果的质量进一步提升（图 6－34）。从误差曲线图可以看出，通过第一轮顺序反演后，V_{P0} 参数朝真实值方向收敛，ε 参数在盐丘内部反演效果很好，但是在盐丘外部有过反演现象，这是因为 V_{P0} 欠反演造成的，通过第二轮联合反演后，V_{P0} 更加接近真实值，误差达到了允许的范围内，而 ε 参数则往真实值收敛，与真实值的误差进一步缩小（图 6－35）。

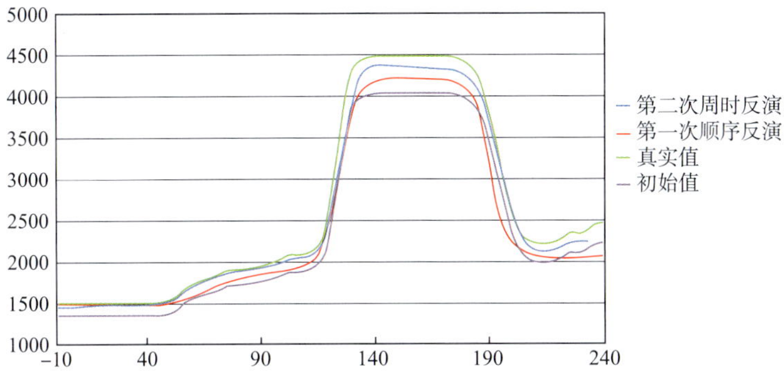

(a)V_{P0}误差曲线

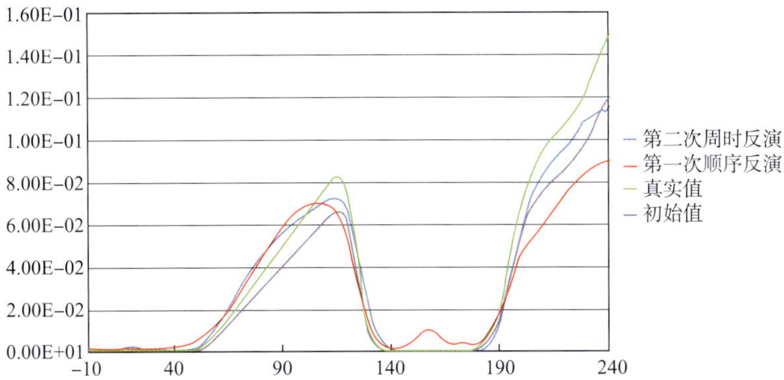

(b)ε误差曲线

图 6－31　误差曲线图

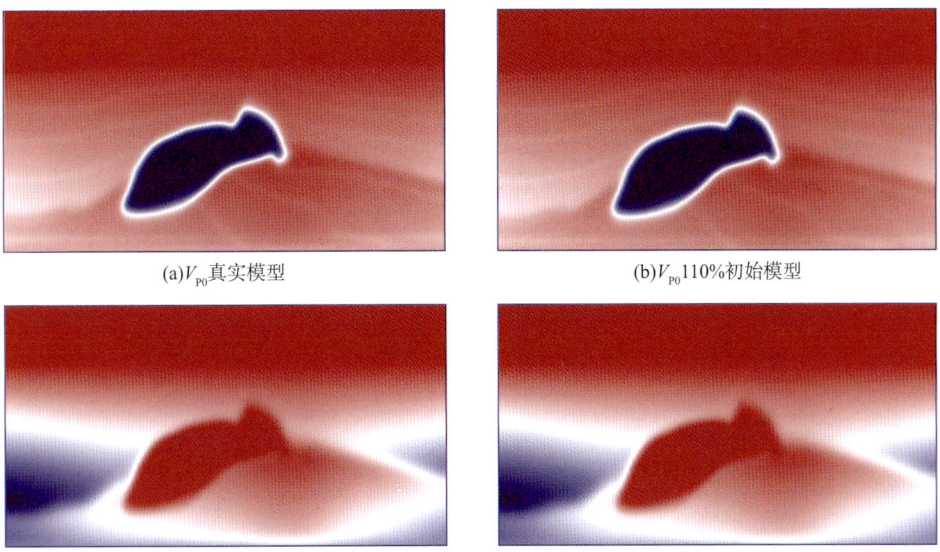

(a)V_{P0}真实模型　　(b)V_{P0}110%初始模型

(c)ε真实模型　　(d)ε110%初始模型

图 6－32　真实模型、110% 初始模型和偏移成像结果

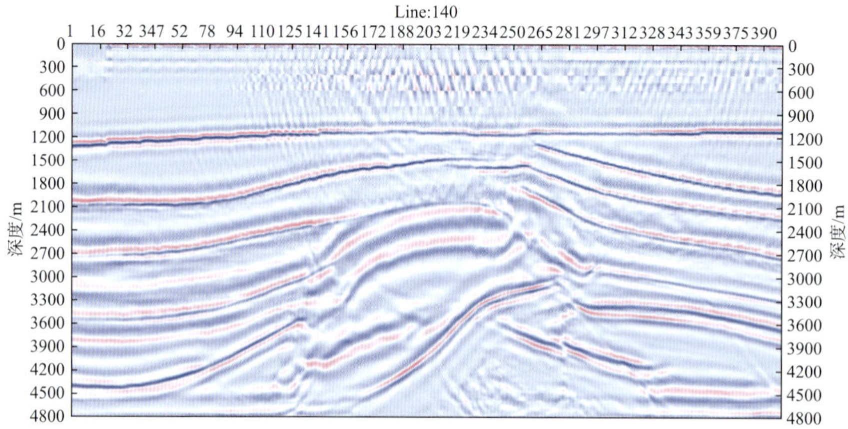

(e)初始模型偏移成像结果

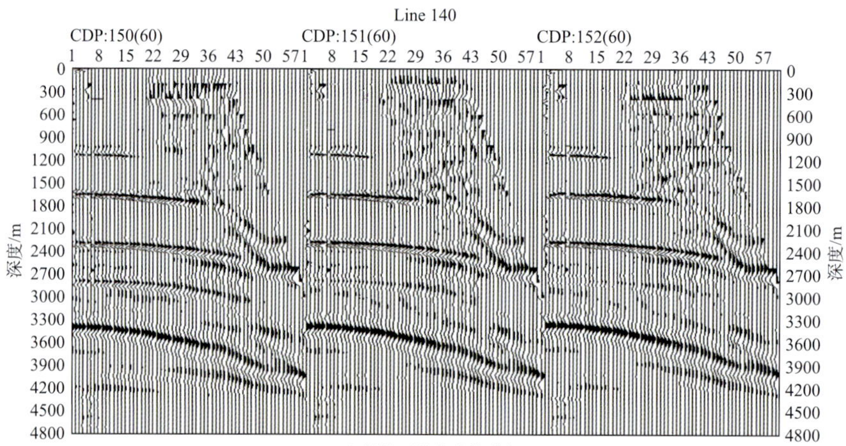

(f)初始模型偏移成像道集

图 6－32　真实模型、110% 初始模型和偏移成像结果（续）

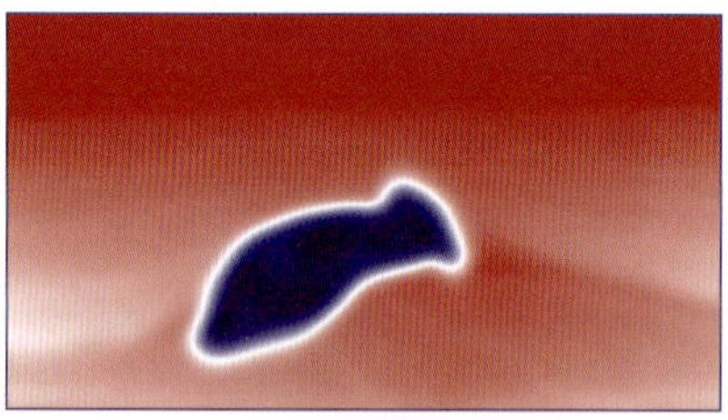

(a)V_{P0}第一轮顺序反演结果

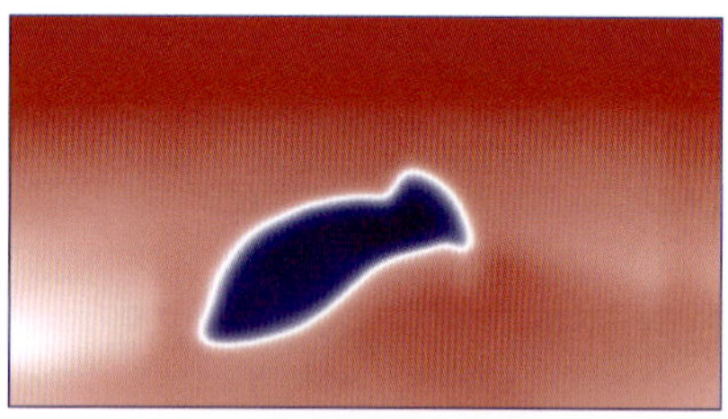

(b)V_{P0}第二轮联合反演结果

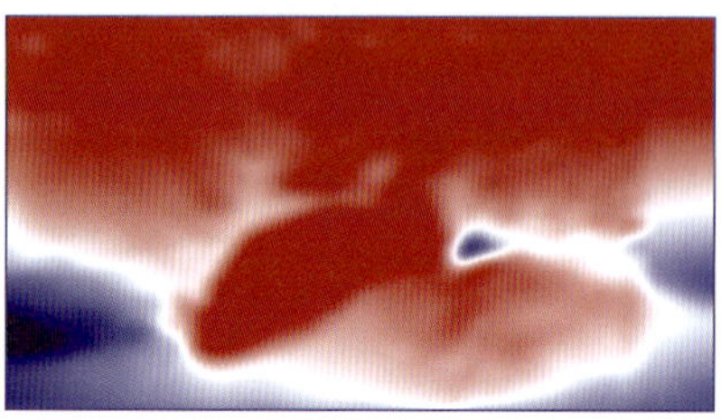

(c)ε第一轮顺序反演结果

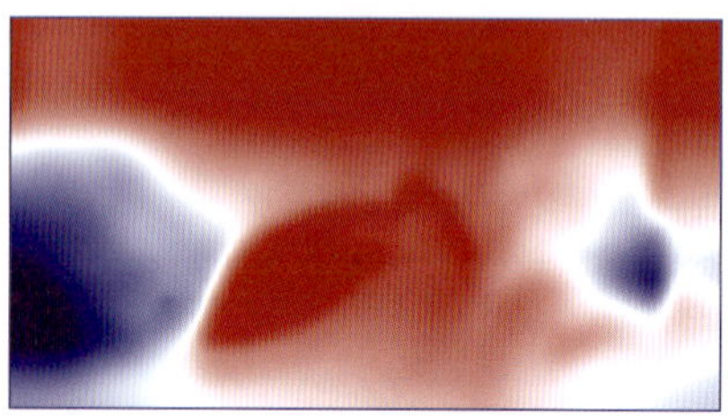

(d)ε第二轮联合反演结果

图 6－33　顺序＋联合反演结果

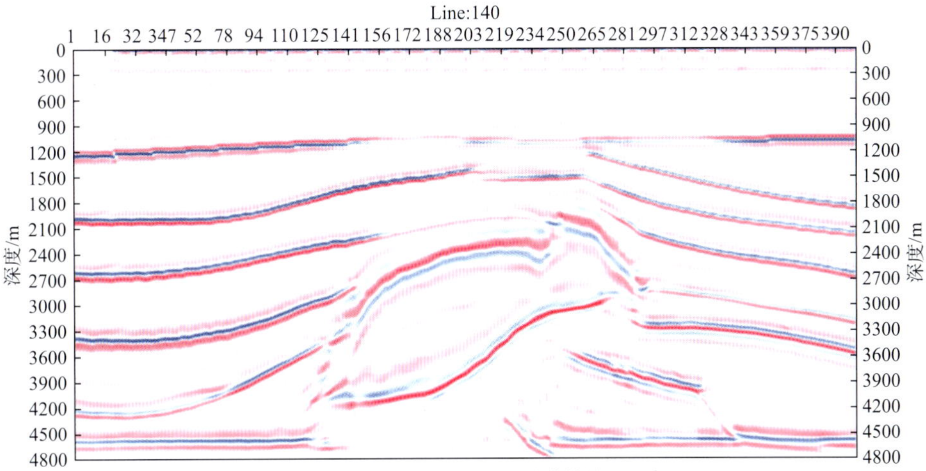

(a)第一轮顺序反演偏移成像结果

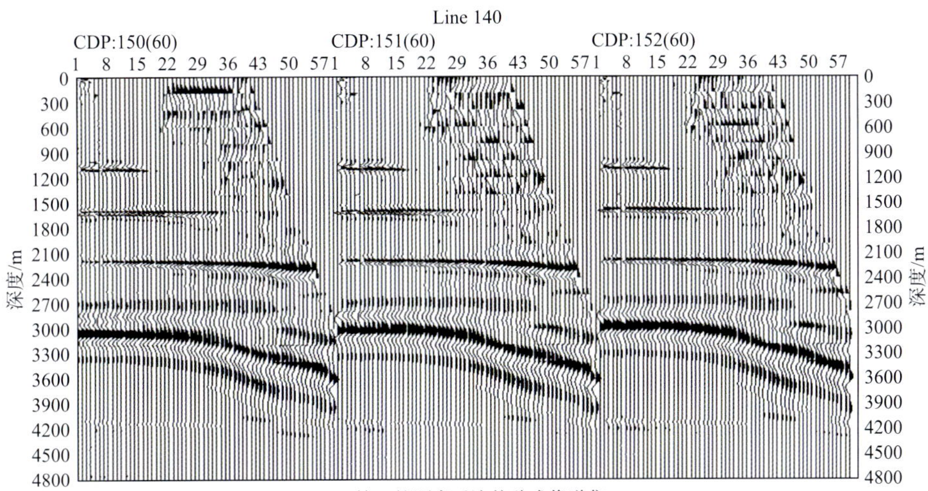

(b)第一轮顺序反演偏移成像道集

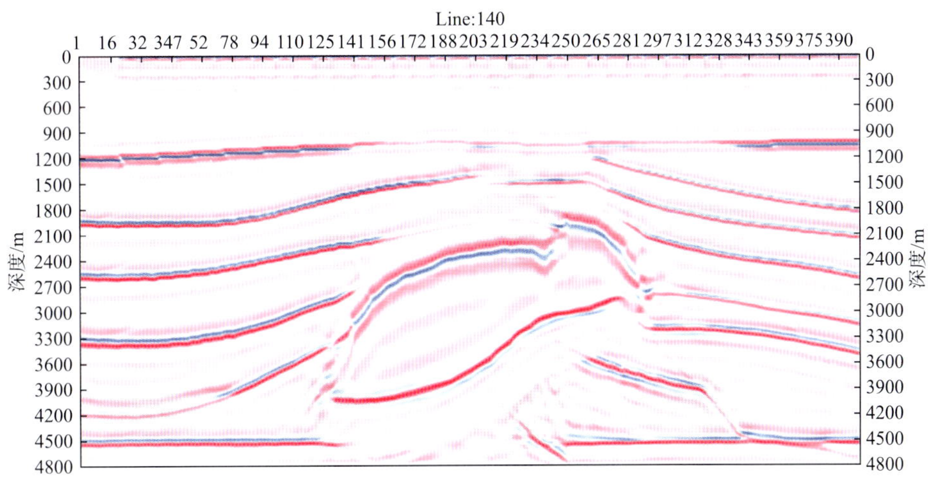

(c)第二轮顺序反演偏移成像结果

图 6－34　顺序＋联合反演偏移成像结果

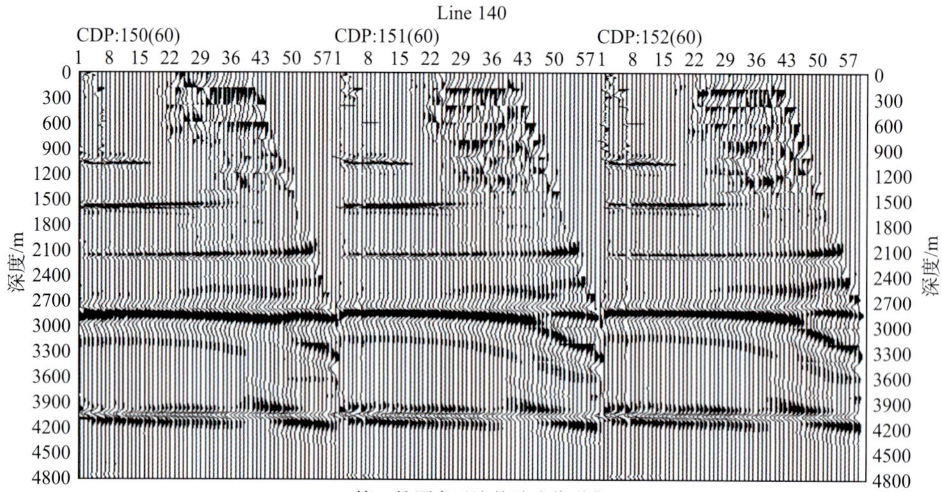

(d)第二轮顺序反演偏移成像道集

图 6－34　顺序＋联合反演偏移成像结果

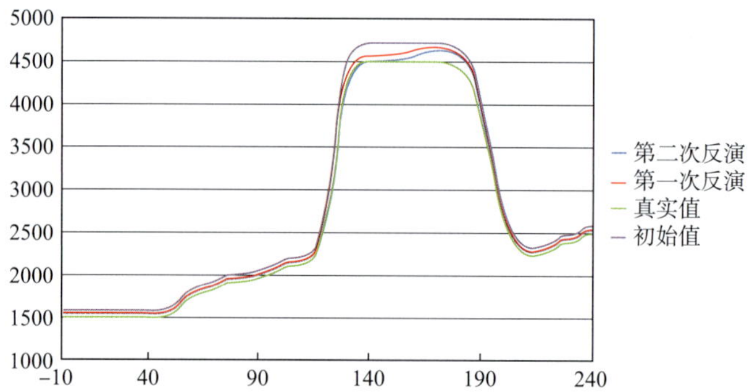

(a)V_{P0}误差曲线

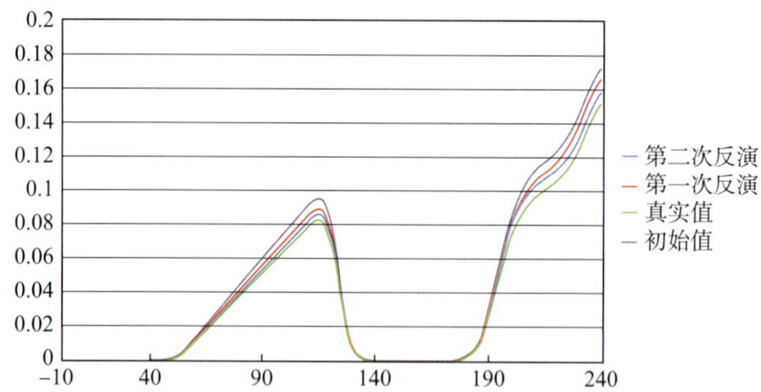

(b)ε误差曲线

图 6－35　误差曲线图

6.4.2　南川平桥探区试处理

南川平桥各向异性偏移成像处理属于山地区复杂地表和地下、成像难度非常大的综合性勘探、开发研究项目。项目研究的目标是：准确落实南川—平桥区块龙马溪—五峰组页岩气层断裂位置、地层产状及深度，为南川—平桥区块三维地震解释、构造特征研究提供高品质的地震资料，为水平井轨迹设计提供依据。

工区位于川东南边缘与云贵高原过渡地带。目标储层主体位于武陵褶皱带，工区主要构造为平桥背斜、东胜背斜、白马向斜、南川鼻状构造带、大石坝背斜、石桥断洼。表层结构：工区为山区、大山区地形，表层地震地质条件复杂，海拔 158 ~ 1862m，激发、接收条件变化快，陡崖、半边山、山前破碎带、岩石裸露及破碎、薄表土植被及表土相对较厚的农作物地区在全区均有分布。出露地层多，地层、岩性变化快，灰岩比例大，垮塌堆积区多，喀斯特岩溶地貌发育。深层地质结构：从奥陶系到三叠系都存在良好的波阻抗界面，可获得连续性较好的反射波组；陆相地层须家河组及沙溪庙组反射条件也较好。构造特征：平面上具有隆凹相间，东西分带的特征。从西向东，可分为 7 个 3 级构造单元：南川断鼻构造带、东胜背斜构造带、平桥背斜构造带、双河口向斜构造带、石桥段洼构造带、石门—金坪断背斜构造带，以及白马向斜构造带。

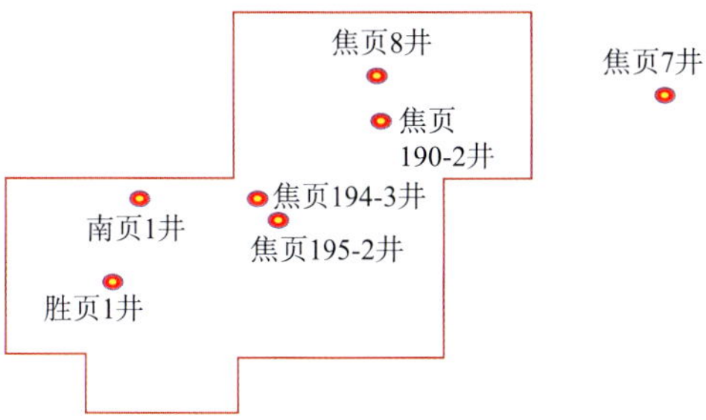

图 6－36　工区井位信息

2013 年上半年完成了焦石坝三维地震采集项目，2013 年 12 月 20 日南页 1HF 井志留系龙马溪组发现气测异常层段，2015 年在南川地区白马向斜钻探的焦页 7 井、大石坝构造北翼钻探的焦页 8 井均在志留系龙马溪组获得比较好的显示。2016 年 1 月底完成南川三维采集。南川三维、焦石坝南三维Ⅰ标段一部分，满覆盖面积 412.1km^2（图 6－36、表 6－3）。

表 6－3　工区采集参数

基本参数	焦石坝南三维	南川三维
观测系统	26 线 6 炮 234 道	30 线 6 炮 234 道
炮点距/m	40	40
炮线距/m	360	360
检波点距/m	40	40
检波线距/m	240	240
纵向排列	4660－20－40－20－4660	4660－20－40－20－4660
最大炮检距/m	5596.9	5876.4
纵横比	0.67	0.77
接收道数	234×26＝6084	234×30＝7020
面元大小/m	20×20	20×20
叠加次数	13×13＝169	13×15＝195

图 6－37 和图 6－38 分别为更新前后 TTI 各向异性参数模型，可以看出，更新前的初始模型较为粗糙，细节不够丰富，高频信息较少，但符合地质规律，更新后的精细模型则增加了高频成分，细节更为合理，保持了地质构造的原有形态，没有破坏地层信息和断层信息，数值更加精确。

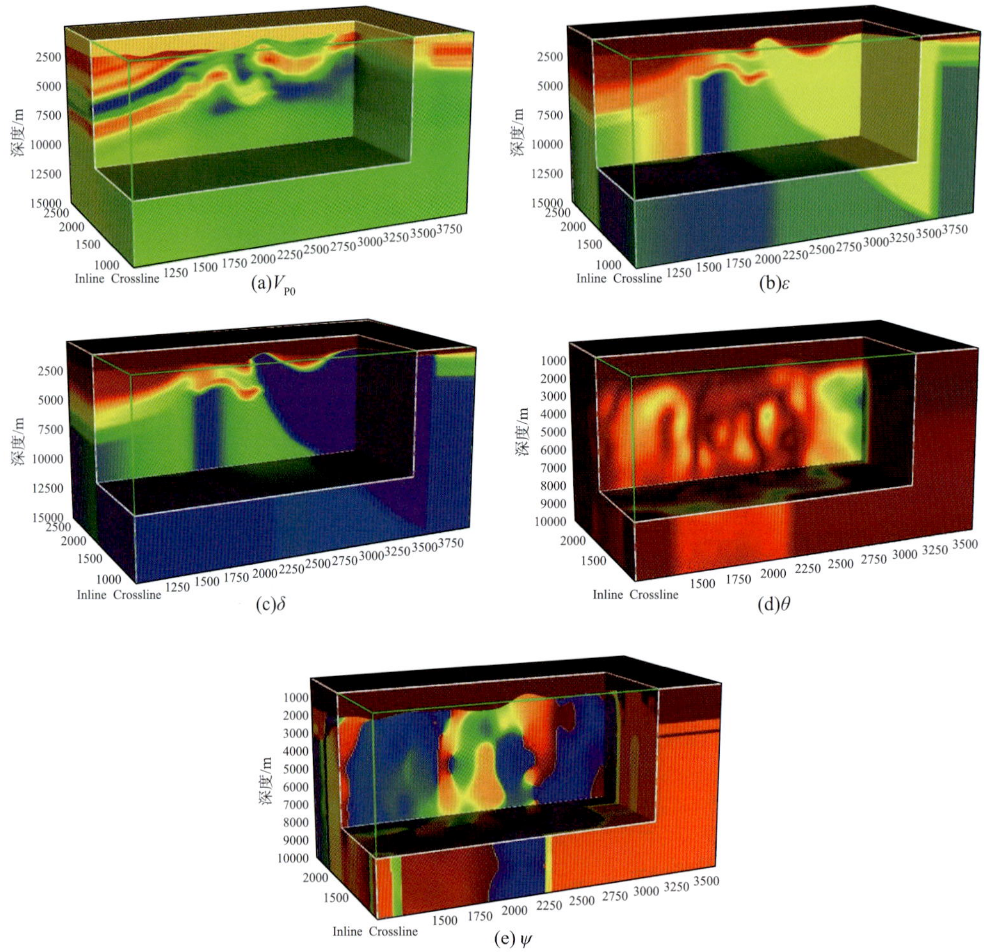

图 6－37　初始各向异性参数模型

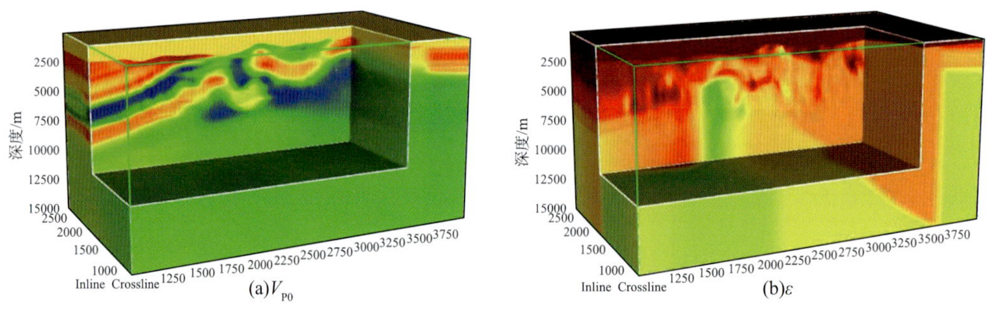

图 6－38　更新后各向异性参数模型

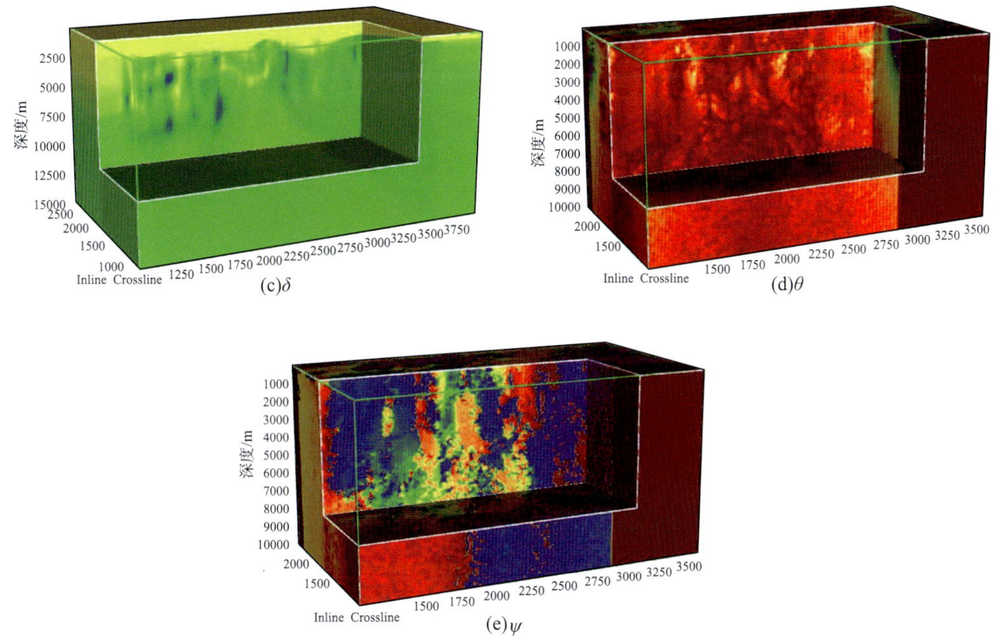

图 6－38　更新后各向异性参数模型（续）

该区属于典型的页岩气探区，存在多个优质油气藏，页岩气储层薄互层和陡倾角地层发育，存在较强的 TTI 各向异性特征。前期采用各向同性处理方法得到的成像剖面质量较差，存在严重的井震深度矛盾，不利于储层精细描述和水平井的勘探开发。图 6－39 为建立的 TTI 各向异性参数模型。该模型细节丰富，富含高波数成分，构造分布合理，符合实际地质情况。图 6－40 和图 6－41 给出了采用各向同性方法和本文方法得到的 Inline 方向和 Crossline 方向的偏移结果，可见采用各向同性处理方法得到的成像剖面整体质量较差，分辨率和信噪比低，存在假断层、假构造现象，而采用 TTI 各向异性方法处理的成像剖面质量得到明显提升，同相轴的连续性和聚焦性增强，构造信息丰富、真实，分辨率和信噪比提高，波组信息合理，保真性增强。图 6－42（a）和图 6－42（b）分别是采用各向同性方法和本文方法得到的偏移结果与井轨迹叠合图。图中井 1 的底部为实际钻到的目的层，各向同性偏移结果［图 6－42（a）］显示的目的层深度位置上移了 97m，与井 1 的深度误差较大，且断裂不清晰，构造不能落实，存在假断裂和串层现象。采用本文方法偏移后，大幅提高了断裂成像精度，消除了假断裂与串层现象，提升了目的层与井 1 的深度吻合度［图 6－42（b）］。各向同性偏移结果［图 6－43（a）］的地层倾角与水平井实钻地层倾角出现了较大偏差：各向同性偏移结果显示地层上倾 3.6°，而实钻显示地层下倾 5°，倾向倒转，俗称“跷跷板”现象，这种结果非常不利于水平井的部署和开采。TTI-RTM 方法得到的结果［图 6－43（b）］显示地层下倾 4°，与水平井吻合度非常高，这种结果为水平井的勘探开发提供了可靠的依据，从而提升钻井成功率，缩短开采周期。图 6－44 为

TTI-RTM 方法偏移成像结果的地震垂深与钻井垂深对比图，充分验证了方法的有效性与实用性。

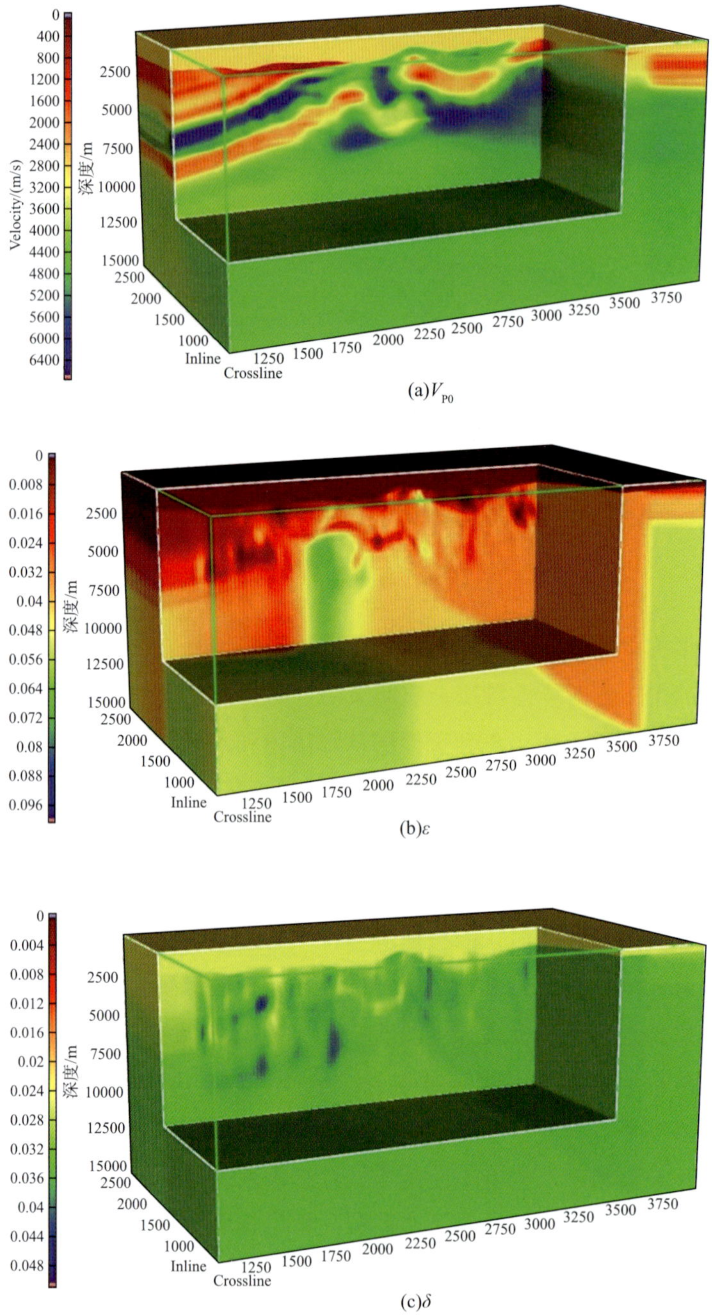

图 6-39　采用本文方法建立的 TTI 各向异性参数模型

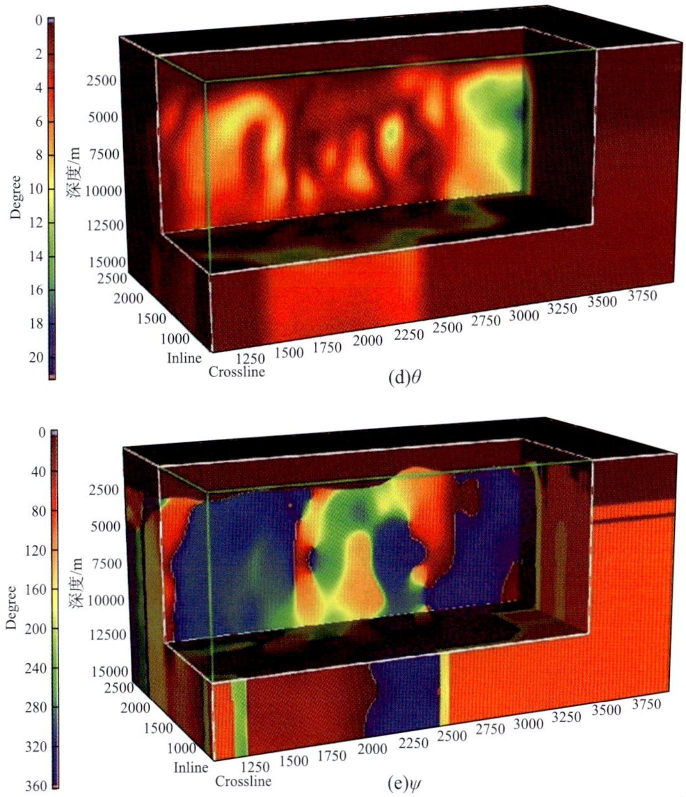

图 6-39 采用本文方法建立的 TTI 各向异性参数模型（续）

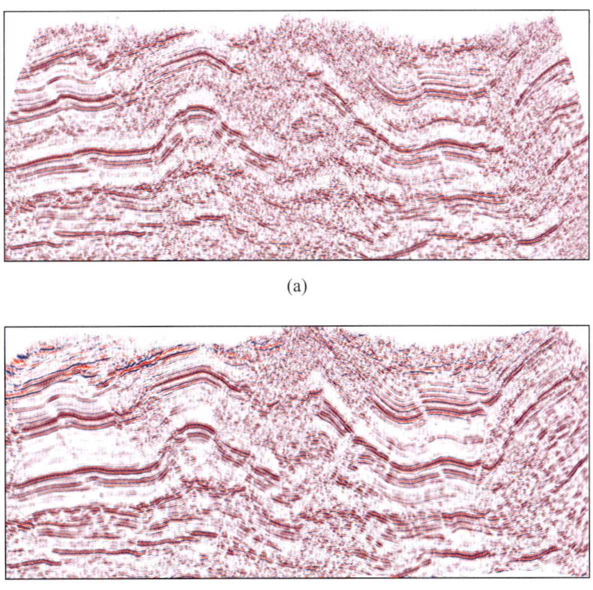

图 6-40 采用各向同性方法（a）和本文方法（b）得到的偏移成像结果（Inline）

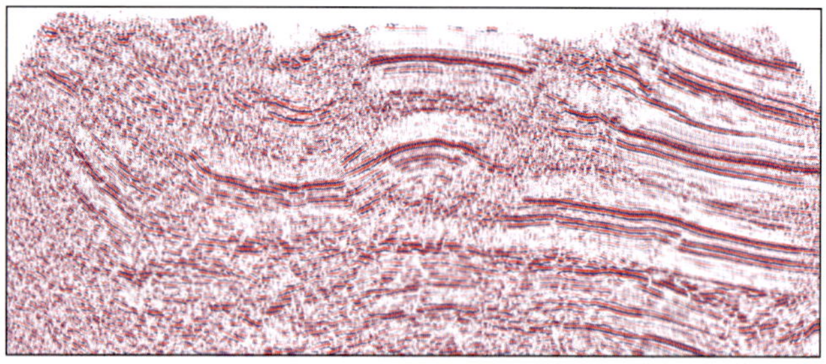

(a)

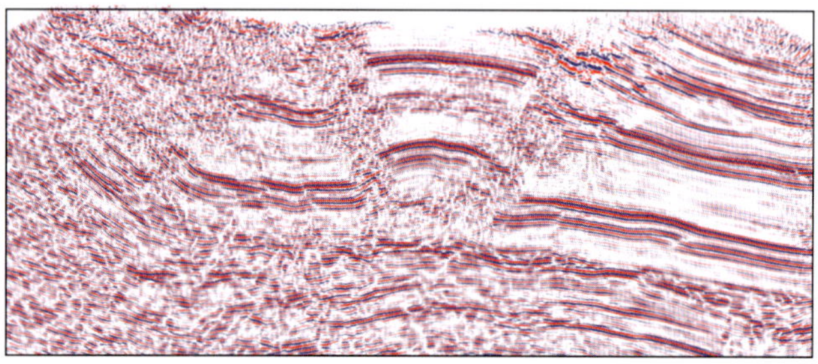

(b)

图 6－41　采用各向同性方法（a）和本文方法（b）得到的偏移成像结果（Crossline）

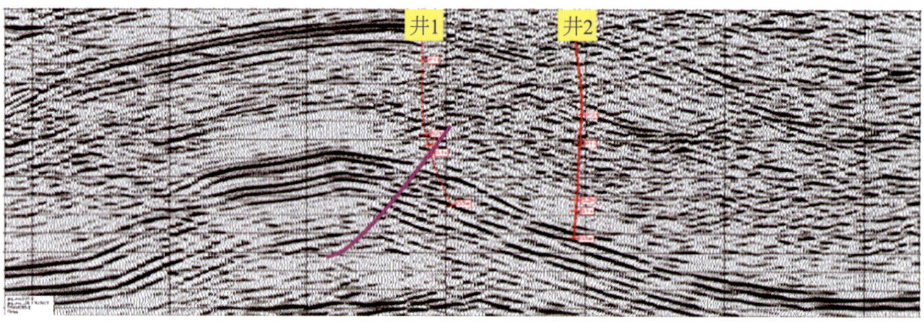

(a)

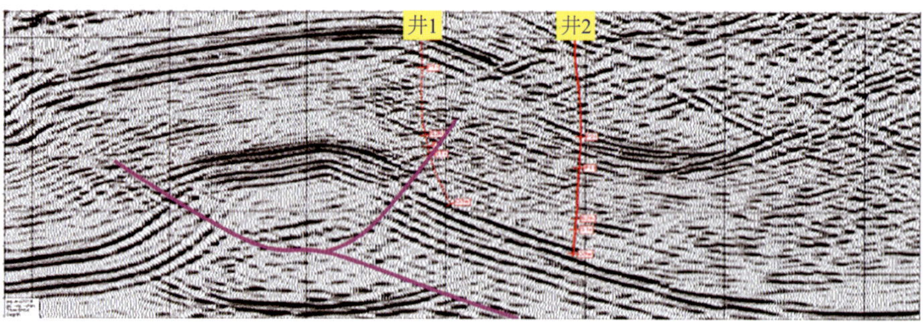

(b)

图 6－42　采用各向同性方法（a）和本文方法（b）得到的偏移成像结果与井轨迹

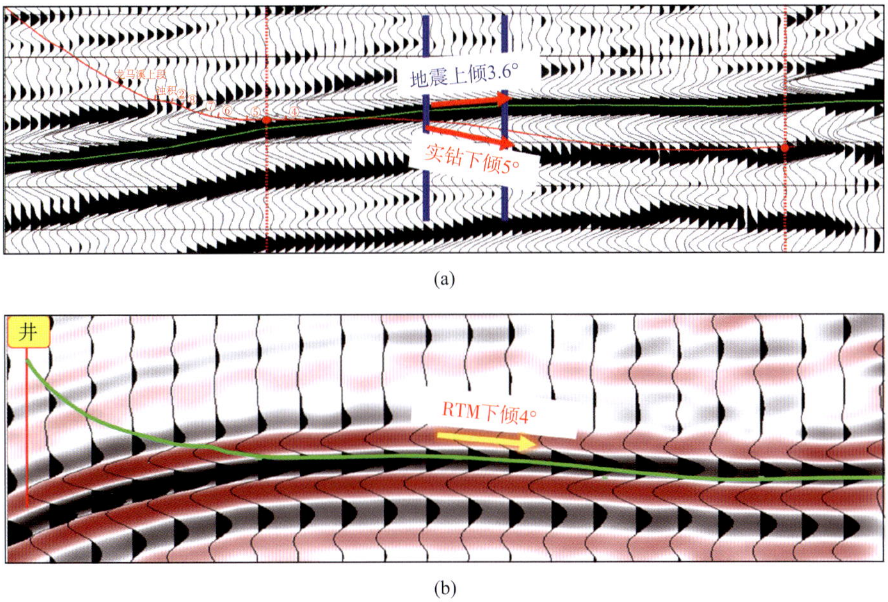

图 6－43　采用各向同性方法（a）和本文方法（b）得到的偏移成像结果与井轨迹（水平井）

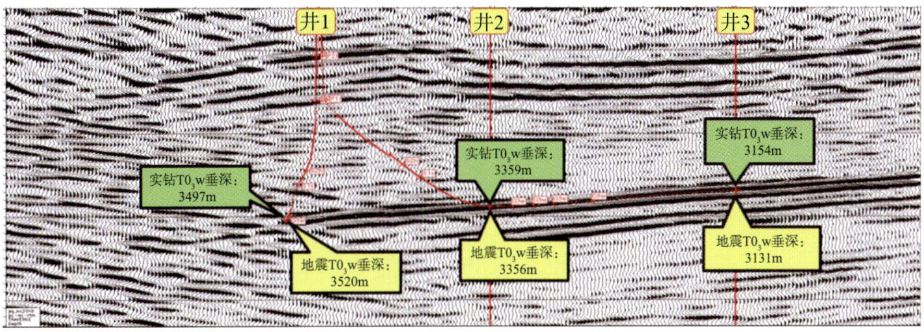

图 6－44　本文方法得到的偏移成像结果与深度标定

6.5　小　结

本章首先介绍了各向异性相关的基本理论，对波在各向异性中的传播特性进行了分析，接下来在针对各向异性速度建模技术的研究中先后讲解了各向异性射线层析建模方法和各向异性高斯束层析速度建模方法。并对井约束建模方法进行了相关介绍和模型实例说明。

地震速度建模技术是地震成像技术的前提和核心，高质量的模型才能保证高精度的成像效果。本章以研究 TTI 各向异性参数建模技术为核心以及井震结合 TTI 各向异性参数初始建模，建立面向实际资料的 TTI 各向异性参数精细建模技术流程。通过三维 TTI 各向异性盐丘模型数值试验与靶区探区三维实际资料处理检验该技术的有效性与适应性。

初始建模是在预处理后的数据上，结合测井资料，建立速度模型并且提取各向异性参数的过程。该步骤得到的模型符合地质构造，属于大套地层模型，细节上不够精细，主要为层析反演提供空间一致性高的初始各向异性参数模型。全自动 TTI 介质对称轴扫描技术，能够快速、准确的从三维偏移剖面中获得对称轴倾角和方位角，为后续层析反演的射线追踪提供可靠数据。厚度比法提取 δ 参数技术，利用地震数据和测井数据的分层信息计算得到全局 δ 参数值，再通过测井数据提取的井旁 δ 值进行约束，得到较为准确的 δ 初始模型，弥补层析反演不能很好对其更新的缺陷。通过时差相似性分析提取 V_{P0} 和 ε 参数，这种方法相比于常规直接将 δ 值赋给 ε 方法更加精确，可以有效消除近偏移距和远偏移距道集的弯曲现象。采用局部层析法 ε 参数精细初始建模技术进一步提高 ε 参数的初始模型精度，局部层析法是在测井分层数据上进行井周局部射线追踪，得到合成道集记录，与实际地震道集记录相比较，通过消除道间时差更新 ε 参数模型，为层析反演提供更为准确的各向异性参数初始模型。

精细建模是在初始模型的基础上，采用道集层析反演方法进一步更新各向异性参数的过程。该步骤可以得到细节丰富、高频成分多、数值准确的精细模型。相速度的 TTI 介质射线追踪技术从 Hamilton 相速度的基本形式出发，推导了射线追踪的一般形式，再通过代入 TTI 群速度、射线参数转射线角度等手段，推导得到 TTI 介质相速度法射线追踪公式，最后通过龙哥库塔求解可得到射线追踪每一步延拓点的坐标、出射角和走时。此方法只能模拟直达波、透射波、回转波和折射波，不能模拟反射波，因此，层析反演中需先确定反射点和地层倾角，通过斯奈尔定律分别向炮点和检波点进行射线追踪，从而形成一个完整的炮检对射线。针对 TTI 介质的正则化技术，分别从模型和数据两个方面对层析反演进行正则化约束，对于模型正则化，通过改善阻尼项和构建基于局部地质构造的光滑矩阵进行精细处理，消除由于射线不均匀和零空间分量导致的反演不稳定现象，对于数据正则化，通过加入加权矩阵和数据光滑矩阵消除数据误差和人为因素造成的反演异常问题。通过归一化方法和等效参数方法实现多参数同时反演，归一化即为将所有参数转换为同一数量级，等效参数即为将三参数转换为等效的三速度参数，从另一方面实现数量级的统一。结合顺序反演和同时反演的优点，弥补其缺点，创立了顺序反演 + 联合反演的反演策略，有效地解决了两者存在的问题，使反演更加稳定、精确，为后续偏移成像提供可靠的模型数据。

7 层析反演速度建模配套技术

实用化的深度域层析反演是一套完整的技术流程，除了射线追踪、矩阵求解等核心算法之外，往往还需要层位拾取、道集输出、正则化约束等相应的配套技术才能应用于实际资料中，进行大规模的生产应用。

对于层位拾取而言，常规反射走时层析成像需要拾取剖面和 CIG 道集同相轴的走时，并建立剖面与 CIG 道集中反射界面之间的对应关系，即对反射同相轴进行解释。对于复杂构造地区，地震资料的信噪比往往较低，加上静校正和其他波场的干扰等问题，使得确定连续反射同相轴和正确拾取走时成为极其艰难的工作。另一方面，识别同相轴需要人工解释，往往会给层析成像带来人为影响。反射同相轴的识别与拾取这个难点，极大地阻碍了反射走时层析成像技术的实际应用。再加上精细化的层析反演往往需要数以百万条射线，无法完全靠人工拾取，需要开展自动化的层析属性拾取技术研究。

层析反演速度建模的另一个重要配套技术是正则化约束，即在反演过程中加入包括层位、构造产状、井速度等多种已知信息约束以实现正则化，提高反演稳定性及分辨率。目前，层析反演中的构造约束方式主要有两类，一类是在速度层析过程中引入地质层位信息，通过层约束提高反演精度，但这类方法需要解释人员进行地质构造的精细化解释，对解释结果有较高的精度要求，若解释结果出现错误，会使得层析结果误差较大。该类方法大都基于主观认知强行加入反演过程中，比如层位约束层析反演就是在本轮的反演中不修改层位而仅更新层位内速度值，待完成本轮反演后重新偏移成像，在新剖面上重新进行层位拾取，之后再加入到新一轮的层析速度更新中，通常我们称这种约束为“强”约束。强约束的反演具有双刃性，它一方面可能快速促进收敛，但另一方面可能引入解释人员的主观错误信息，导致反演结果出现误差；另一类方法通过引入含有构造信息的正则化算子，用于导引速度更新方向，避免了解释人员的主观错误信息，但构造约束精度取决于正则化算子的精度。我们称这种约束为“软”约束。目前有多种预条件正则化算子，包括 Sobel 算子、Reborts 算子、基于斜率的平滑滤波算子、基于扩散方程解析解的构造导向滤波算子等。这些方法通过提取地震偏移图像的构造特征，从而构建预条件算子，实现构造约束层析反演。本章将重点从自动化层位拾取、图像导引正则化约束等两个方面介绍实用化深度域层析反演技术中常用的配套技术。

7.1 层析属性参数自动拾取技术

为了实现高斯束层析反演的高效运行及提高实用化程度，本节提出了一种基于结构张量的反射点自动拾取技术与 CIG 自动拾取技术，从而形成了完整的层析数据全自动拾取流程。

结构张量（Structure Tensor）作为图像分析的有力工具，常用来估计图像结构方向场和分析图像局部几何结构。该理论在过去近 20 年里已成功地应用到图像结构方向场计算、特征检测、图像去噪等领域。

将地震剖面看做一个图像，其具有层状纹线的特征，这种带有纹理的图像的特点是方向场成为图像的一个重要信息，方向场实际上描述了该图像中每一像素点所在脊或谷在该点的切线方向。因此不仅可以利用方向信息将不清晰的图像进行图像还原，可以最大限度地保持图像的纹理边界去除噪声，而且可以利用方向信息进行层位追踪。

7.1.1 基于结构张量的剖面反射点自动拾取技术

利用结构张量分析提供的高质量同相轴线性性指标，同时考虑地震同相轴的子波几何特征、同相轴的空间延续性研发适应低信噪比数据的反射点自动拾取技术。

对于图像 $f(x,y)$，在 (x,y) 处的梯度定义为：

$$grad(x,y) = \begin{bmatrix} f'_x \\ f'_y \end{bmatrix} = \begin{bmatrix} \dfrac{\partial f(x,y)}{\partial x} \\ \dfrac{\partial f(x,y)}{\partial y} \end{bmatrix} \tag{7-1}$$

梯度是一个矢量，其大小和方向为：

$$|grad(x,y)| = \sqrt{{f'_x}^2 + {f'_y}^2} = \sqrt{\left(\frac{\partial f(x,y)}{\partial x}\right)^2 + \left(\frac{\partial f(x,y)}{\partial y}\right)^2} \tag{7-2}$$

$$\theta = \tan^{-1}(f'_x/f'_y) = \tan^{-1}\left(\frac{\partial f(x,y)}{\partial y} / \frac{\partial f(x,y)}{\partial x}\right) \tag{7-3}$$

对于离散图像处理而言，常用到梯度的大小，并且一阶偏导数采用一阶差分近似表示：

$$\begin{aligned} \frac{\partial f}{\partial x} &= f(i,j) - f(i+1,j) \\ \frac{\partial f}{\partial y} &= f(i,j+1) - f(i,j) \end{aligned} \tag{7-4}$$

为简化梯度的计算，经常使用：

$$G(i,j) \approx \left\{ \left(\frac{\partial f}{\partial x}\right)^2 + \left(\frac{\partial f}{\partial y}\right)^2 \right\}^{\frac{1}{2}} \approx \left|\frac{\partial f}{\partial x}\right| + \left|\frac{\partial f}{\partial y}\right| \tag{7-5}$$

具体可以通过将图像与高斯函数的一阶导数求卷积来实现图像的梯度信息求取，对于N维图像表示如下：

$$g_i = I(x) \otimes \frac{\partial}{\partial x_i} G(x, \sigma_g), i \in \{1, 2, \ldots, N\} \tag{7-6}$$

式中，$I(x)$ 表示图像；$G(x, \sigma_g)$ 表示方差为 σ_g 的高斯函数。

表示梯度结构张量（Gradient Structure Tensor，GST）定义为：

$$\boldsymbol{T} = \overline{\boldsymbol{g} \cdot \boldsymbol{g}^{\mathrm{T}}} \tag{7-7}$$

通过将梯度结构张量与一个方差为 σ_{T} 的高斯核函数卷积进一步计算局部平均或是空间求积，如下式所示：

$$\overline{T_{ij}} = T_{ij} \otimes G(x, \sigma_T) \tag{7-8}$$

式中，T_{ij} 为式（7-7）计算的 GST；$G(x, \sigma_T)$ 表示方差为 σ_T 的高斯函数。

三维图像的梯度结构张量如下式所示：

$$\boldsymbol{T} = \begin{vmatrix} \overline{f_x^2} & \overline{f_x f_y} & \overline{f_x f_z} \\ \overline{f_x f_y} & \overline{f_y^2} & \overline{f_y f_z} \\ \overline{f_x f_z} & \overline{f_y f_z} & \overline{f_z^2} \end{vmatrix} \tag{7-9}$$

地震图像的方向信息包含在与 GST 最大特征值对应的特征向量里。由于要计算梯度，方向图提取的速度相对来说较慢，梯度的连续性保证了方向的连续性，理论上方向可以取任意多个，精度和方向准确性较高。

反射点处的基本特征是：落在波峰（或波谷）上、具有局部的线性性。对于波峰（波谷）的识别可以由如下判别准则决定：

$$\begin{cases} f'_{i-1} \times f'_{i+1} < 0 \\ abs(f'_{i-1}) > abs(f'_i) \\ abs(f'_{i+1}) > abs(f'_i) \\ f_{\min} < f_i < f_{\max} \end{cases} \tag{7-10}$$

如图 7-1 所示，f_i 为一波峰处的点，f_{i-1}、f_{i+1} 分别为紧邻波峰两侧的点。f'_i、f'_{i-1}、f'_{i+1} 分别为 f_i、f_{i-1}、f_{i+1} 处的一阶导数。式（7-10）的几何意义为：波峰的振幅值处于一合理区间（$f_{\min}, f_{\max}$）内，波峰处的导数小于其两侧的导数，且波峰处两侧点的导数是异号的。根据该准则可以初步筛选出可能的反射点，同时，反射点的另一特征是处于同相轴之上，即反射点处的图像在局部的横向邻域范围内具有局部线性性，这一重要指标也可以用来进一步的筛选潜在反射点。

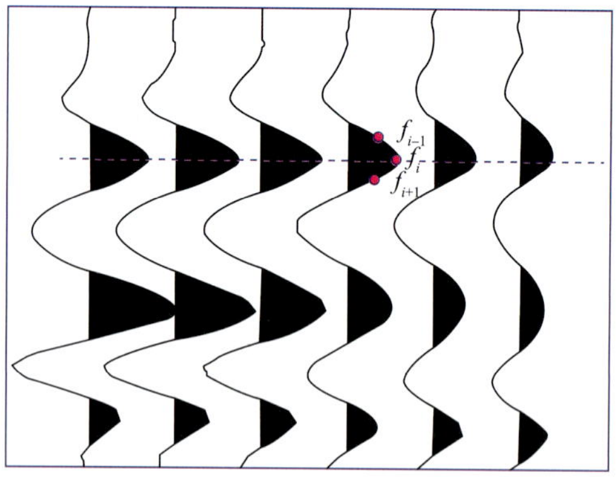

图 7-1　局部同相轴几何特征

7.1.2　基于结构张量的 CIG 道集自动拾取技术

以结构张量分析提供的高精度倾角场作为拾取数据，研发一种基于线性反演方法的地震层位自动拾取技术，并应用于共成像点道集（CIG）的自动拾取。

这里采用了一种线性反演的方法来进行 CIG 道集的拾取。该方法与传统的 CIG 曲线拟合在原理上有较大区别，不依赖于叠加窗长、子波主频等参数的影响，同时该方法考虑的主要是图像的几何特征，不易受异常振幅值的影响。

CIG 道集的拾取可以视作图像的层位（同相轴）拾取，图像的层位可以定义为：

$$\tau(x,y,z) = z + s(x,y,z) \tag{7-11}$$

即落在同一层位上的所有点沿深度方向平移 $s(x,y,z)$ 后等于一常数值 $\tau(x,y,z)$。

设利用结构张量算法计算得到的图像上任一点的法向量为 (n_x, n_z)，则层位应满足如下几何关系：

$$\begin{bmatrix} n_z \dfrac{\partial \tau}{\partial x} - n_x \dfrac{\partial \tau}{\partial z} \\ n_z \dfrac{\partial \tau}{\partial y} - n_y \dfrac{\partial \tau}{\partial z} \end{bmatrix} \approx \begin{bmatrix} 0 \\ 0 \end{bmatrix} \tag{7-12}$$

即层位曲线的切向量与法向量垂直，将式（7-11）代入式（7-12），得到关于移动量 $s(x,y,z)$ 的方程组：

$$\begin{bmatrix} n_z \dfrac{\partial s}{\partial x} - n_x \dfrac{\partial s}{\partial z} \\ n_z \dfrac{\partial s}{\partial y} - n_y \dfrac{\partial s}{\partial z} \end{bmatrix} \approx \begin{bmatrix} n_x \\ n_z \end{bmatrix} \tag{7-13}$$

求解方程组式（7-13），再结合式（7-11）即可计算得到 CIG 道集的所有层位。式（7-13）可以写作如下形式：

$$\boldsymbol{G}\boldsymbol{s} = \boldsymbol{v} \tag{7-14}$$

对于给定的 CIG 道集，矩阵 $\boldsymbol{G}$ 为常数，这说明方程式（7－14）描述的反问题为线性的，这使得其不依赖于初始解。

但是，偏移剖面中往往存在大量噪音，所以需要对剖面进行滤波，提取其中成像质量好的层位（图 7－2）。采用结构张量场进行保结构滤波，可以有效去除剖面中的噪音，但是不影响主要结构。综上所述，层析反演自动拾取技术流程图如图 7－3 所示。

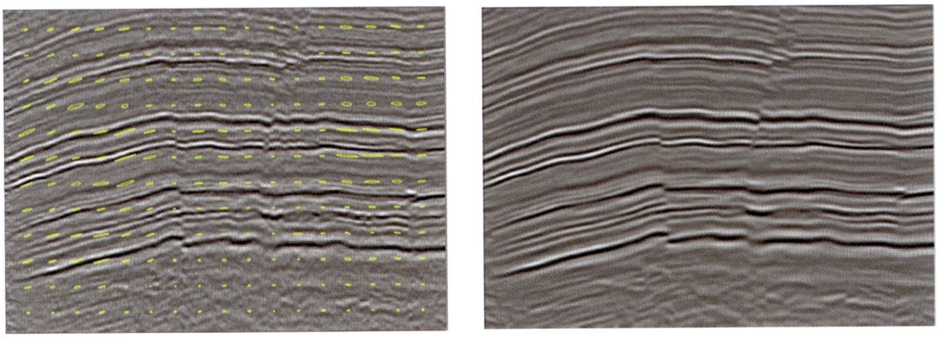

(a) (b)

图 7－2　利用结构张量场进行保结构滤波

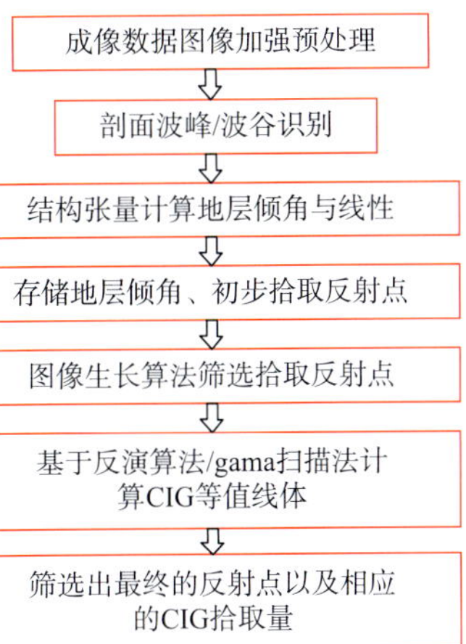

图 7－3　层析反演自动拾取技术流程图

本节介绍了层析反演自动拾取技术，该技术避免了人为干预，有效提高了拾取速度与质量。实际数据试算表明角度域高斯束层析反演效率相对于常规射线层析或共偏移距域层析效率都有明显的提升，且反演精度更高，成像质量更好。

7.1.3　模型数据测试

这里采用 EAGE 标准模型对自动拾取技术进行测试。首先进行剖面自动拾取的测试，图 7－4 为 EAGE 标准模型正演得到的剖面，图 7－5 是自动拾取结果，图中绿点为拾取的反射点。可以看出，该自动拾取技术精度较高，拾取位置与剖面完全吻合。接着，抽取剖面对应的部分 CIG 道集如图 7 – 6 所示。然后利用面向 CIG 道集的自动拾取技术，最终获得反射点与对应的 CIG 拾取量如图 7 – 7 所示。

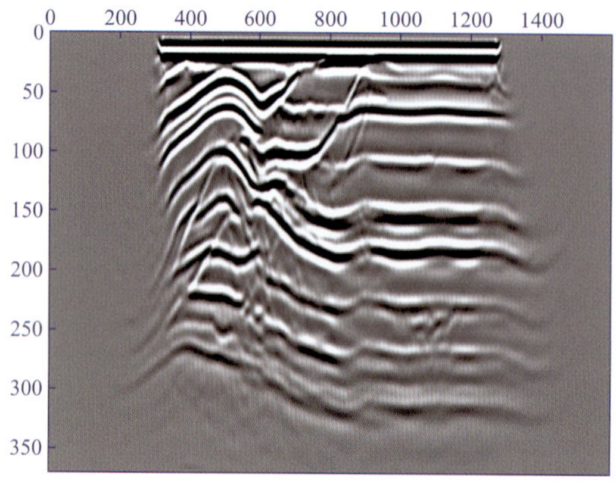

图 7 – 4　EAGE 模型叠前深度偏移剖面

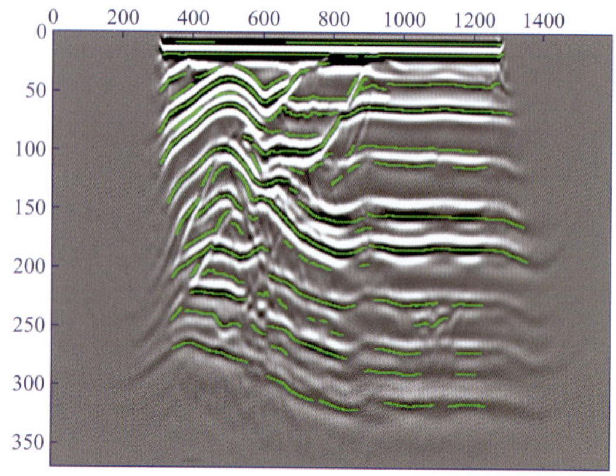

图 7 – 5　拾取的反射点（绿点）

图 7 – 6　部分 CIG 道集

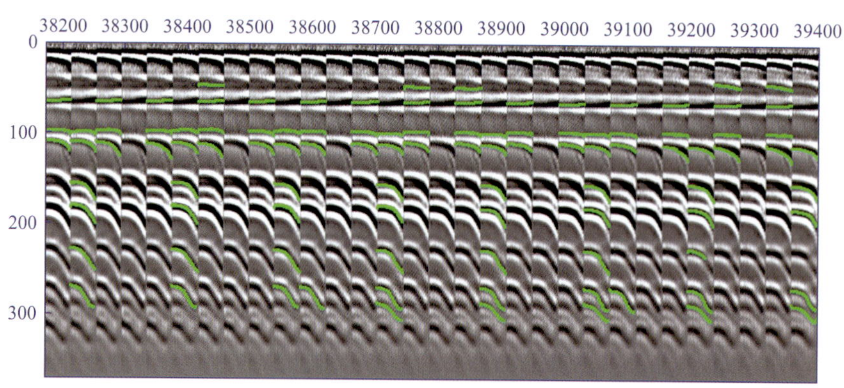

图 7 – 7　根据反射点提取出的 CIG 道集

7.1.4 实际数据测试

首先抽取剖面及对应的 CIG 道集，如图 7-8 所示。然后进行数据图像加强预处理，效果如图 7-9 所示。在加强后的数据上识别波峰/波谷，并拾取地层倾角与反射点。结合其他信息对拾取信息进行筛选，最终获得反射点与对应的 CIG 拾取量，如图 7-10 所示。

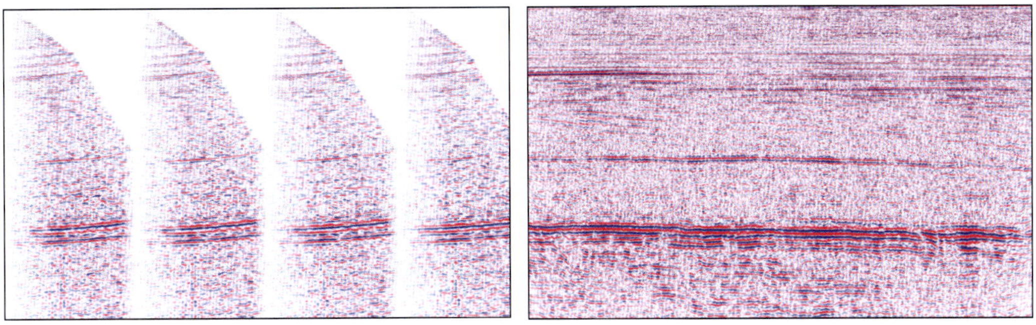

(a) (b)

图 7-8 原始 CIG 道集（a）与原始剖面（b）

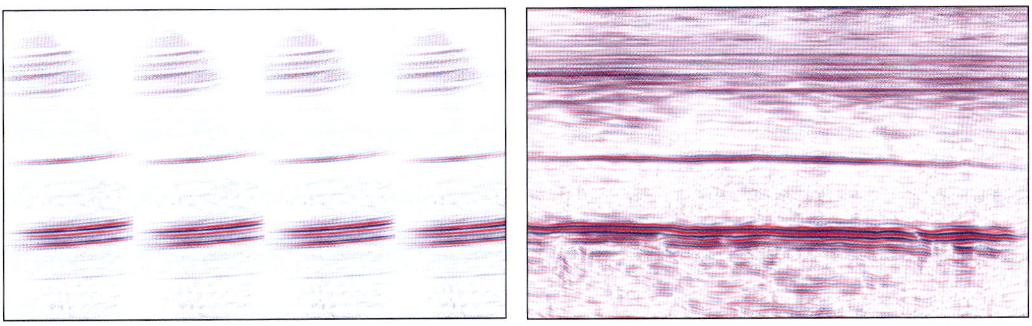

(a) (b)

图 7-9 预处理后的 CIG 道集（a）和剖面（b）

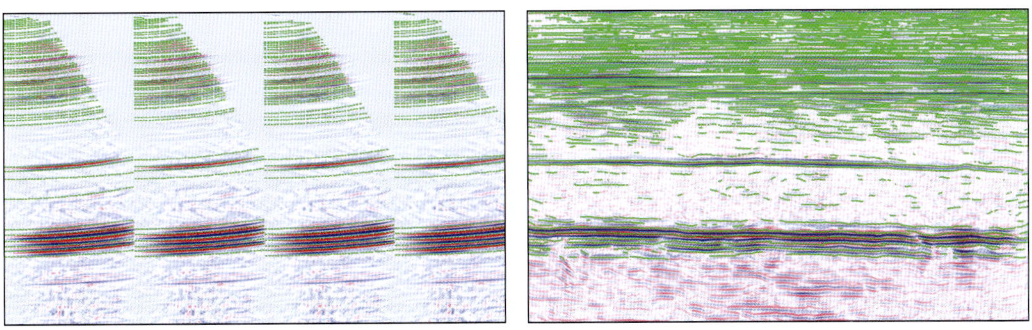

(a) (b)

图 7-10 剩余时差量拾取（a）与反射点拾取（b）

7.2 图像导引层析正则化技术

正则化是地球物理反问题中非常关键的环节，直接决定了反演结果的优劣。地震层析反演中的模型是地下参数（通常是地震波速度），数据是观测到的波场信息（通常是走时）。地下不同空间区域的介质参数不是相互孤立的，不同介质参数之间有一定关联性；同样，不同观测点的数据也是相互关联的。此外，测量的地震波数据良莠不齐。如何把这些信息加入层析过程中以提高反演质量是一个值得研究的课题。地震层析反演中利用地下构造信息约束模型参数的空间分布特征，把模型参数在空间中的相关特征通过构造信息提取出来，利用直接正则化或预条件思想把此信息加入层析反演中，可显著改善估计的模型参数，这里称之为模型正则化。Zhou（2009、2013）和 Zdraveva（2013）等把光滑算子加入灵敏度核函数中对反演的模型进行直接正则化约束；Clapp（2001、2004）利用预条件思想实现对反演模型的预条件约束。事实上正则化约束和预条件约束是等价的，虽然两者有不同的表达形式及理论基础。下面将对此做具体论证。类似于模型参数，利用协方差矩阵可提取出观测数据之间的相关性，作为数据先验信息加入反演过程是 Bayesian 反演思想（Tarantola，2005）的一个关键环节，这里对如何把数据的关联性表达为矩阵形式做了具体探讨。此外，测量的数据有优劣之分，反演中如何通过正则化突出质量较高的数据也是本章的研究内容。层析中加入数据关联性和突出高质量的数据称为数据正则化。下面对上述地震层析反演中的正则化问题做了详细的探讨。从理论方面分析了不同模型正则化方式的异同点，以基于角度域成像道集的层析偏移速度分析为例研究了如何提取数据之间的关联特征及优劣特征。数值实验分析了不同模型正则化策略对层析结果的影响，对比了数据正则化前后的反演结果。

然而实际求解时，矩阵 $\boldsymbol{L}$ 一般是病态的，这是因为数据往往是有限的，并不足以约束所有的模型分量，破坏了反演的稳定性。因此，必须引入额外的信息对反问题进行正则化，即加入一些先验约束，使得解向所约束的方向发展。

从反演的角度，像域层析归结为如下泛函的求极值问题：

$$S(m) = \|\Delta t_{\mathrm{RMO}}\|_2^2 \tag{7-15}$$

改造上式的泛函，得到如下新的误差泛函：

$$\begin{aligned} S(m) = & \|\Delta t_{\mathrm{RMO}}\|_2^2 + \varepsilon_{\mathrm{d}}^2 \|m - m_{\mathrm{r}}\|_2^2 + \\ & \varepsilon_{\mathrm{C}_1}^2 \|D_1(m - m_{\mathrm{r}})\|_2^2 + \varepsilon_{\mathrm{C}_2}^2 \|D_2(m - m_{\mathrm{r}})\|_2^2 \end{aligned} \tag{7-16}$$

式中，$\varepsilon_{\mathrm{d}}^2,\varepsilon_{\mathrm{C}_1}^2,\varepsilon_{\mathrm{C}_2}^2$ 为较小的正实数，用于加权数据拟合项与正则化项之间的权重；m_{r} 为某给定的先验模型，一般取 $m_{\mathrm{r}} = 0$ 或 $m_{\mathrm{r}} = m_{\mathrm{n}}$，$\varepsilon_{\mathrm{d}}^2 \|m - m_{\mathrm{r}}\|_2^2$ 为阻尼项，这项的引入使得每次迭代的模型更新量较小。$\varepsilon_{\mathrm{C}_1}^2 \|D_1(m - m_{\mathrm{r}})\|_2^2$ 和 $\varepsilon_{\mathrm{C}_2}^2 \|D_2(m - m_{\mathrm{r}})\|_2^2$ 分别约束速度模型在横向和纵向上的光滑程度，D_1、D_2 分别是对 B 样条基函数系数更新量在横向和纵向上的一

阶差分算子。

对于更改后的误差泛函式（7－16），每次迭代需要求解的层析方程变为：

$$\begin{bmatrix} L \\ \varepsilon_{d} I \\ \varepsilon_{C_1} D_1 \\ \varepsilon_{C_2} D_2 \end{bmatrix} \cdot m = \begin{bmatrix} \Delta t_{RMO} \\ -\varepsilon_{d}(m-m_r) \\ -\varepsilon_{C_1} D_1 (m-m_r) \\ -\varepsilon_{C_2} D_2 (m-m_r) \end{bmatrix} \tag{7-17}$$

为方便起见，通常算法取 $m_r = m_n$。

至此，建立了带有正则化项的像域高斯束层析成像反问题。

从该反问题的建立可以看出，求解式（7－17）至少涉及到两个核心方法技术，即①Fréchet 导数 $\boldsymbol{A}$ 矩阵，即波路径走时层析核函数的计算；②剩余时间差（RMO）Δt_{RMO}，即式（7－15）的全自动拾取。

除了以上的数据正则化外，为了引入构造等先验信息，通常需要引入模型正则化项进一步提高反演精度，本书采用基于结构张量算法的图像导引技术为基础，引入构造约束正则化项，实现图像导引层析正则化技术。

7.2.1 图像导引的结构张量算法

结构张量算法在地震资料解释中应用较为广泛，如图 7－11 所示，是利用结构张量算法进行的层位自动解释结果，该算法通过计算空间每点的结构张量实现构造的识别，下面将以该技术为基础进行构造信息正则化约束。

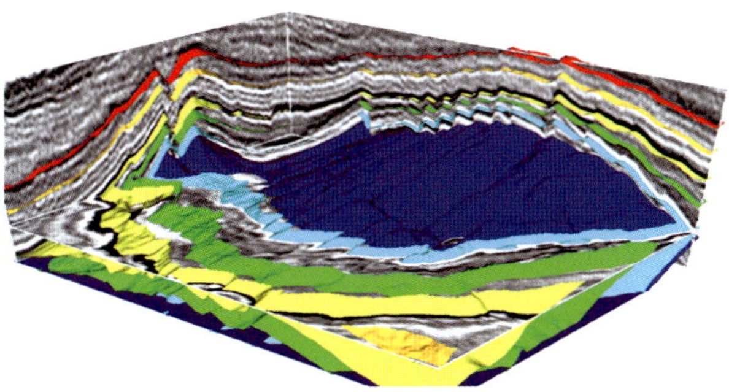

图 7－11 基于结构张量的层位自动解释

这里采用各向异性扩散方程解析解（Hale，2009）求取结构张量，其隐式表达式为如下的偏微分方程：

$$g(\boldsymbol{x}) - \alpha \nabla \cdot T(\boldsymbol{x}) \nabla g(\boldsymbol{x}) = f(\boldsymbol{x}) \tag{7-18}$$

式中，$f(\boldsymbol{x})$ 是待滤波的地震数据；$g(\boldsymbol{x})$ 是滤波后的地震数据；α 是表示平滑力度强弱的常数；$T(\boldsymbol{x})$ 是从地震剖面中计算得到的结构张量。结构张量实际上相当于沿构造梯度的一个平滑解，它可以用于构造的倾角扫描，且平滑过程沿构造进行，达到保边界的效果。对于一个三维数据体而言，其某点的结构张量 $T(\boldsymbol{x})$ 可以通过一个 3×3 的对称正定矩阵表示：

$$T(\boldsymbol{x}) = \begin{bmatrix} \mathrm{d}x^2 & \mathrm{d}x\mathrm{d}y & \mathrm{d}x\mathrm{d}z \\ \mathrm{d}x\mathrm{d}y & \mathrm{d}y^2 & \mathrm{d}y\mathrm{d}z \\ \mathrm{d}x\mathrm{d}z & \mathrm{d}y\mathrm{d}z & \mathrm{d}z^2 \end{bmatrix} \tag{7-19}$$

式中，$\mathrm{d}x$ 、$\mathrm{d}y$ 、$\mathrm{d}z$ 分别为数据沿 x、y、z 三个方向的梯度。通过矩阵的特征值分解，式（7－19）可以表示为：

$$T(\boldsymbol{x}) = \lambda_u uu^{\mathrm{T}} + \lambda_v vv^{\mathrm{T}} + \lambda_w ww^{\mathrm{T}} \tag{7-20}$$

式中，λ_u 、λ_v 和 λ_w 为分布在 0 到 1 的正实数，表示矩阵 $T(\boldsymbol{x})$ 的特征值，$\boldsymbol{u}$ 、$\boldsymbol{v}$ 和 $\boldsymbol{w}$ 是对应的特征向量。通常定义 $\lambda_u \geqslant \lambda_v \geqslant \lambda_w \geqslant 0$，这种情况下，特征向量 $\boldsymbol{u}$ 表示梯度最大的方向，即表示垂直于构造倾角的方向。特征向量 $\boldsymbol{v}$ 和 $\boldsymbol{w}$ 分别表示 Inline 和 Crossline 平行于构造的方向，λ 越大意味沿对应特征方向的平滑尺度越大。这里以二维数据为例，对特征向量进行说明。二维情况下，式（7－20）只有前两项，图 7－12（a）、（b）中黄色的椭圆分别是地震切片与剖面上结构张量计算结果。

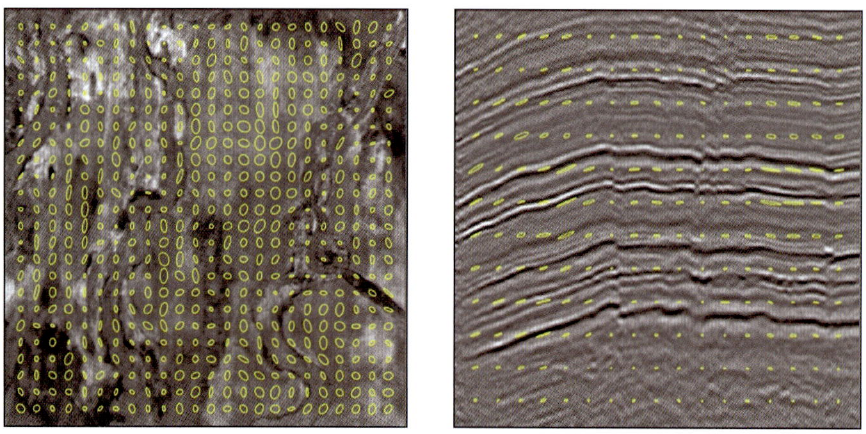

(a)地震切片结构张量　　(b)地震剖面结构张量

图 7－12　地震切片（a）及剖面（b）计算得到的结构张量

得到每点的结构张量后，通过合理调整 λ_u 、λ_v 、λ_w，实现沿层位和断层的构造导向滤波处理，平滑效果如图 7－13 所示。

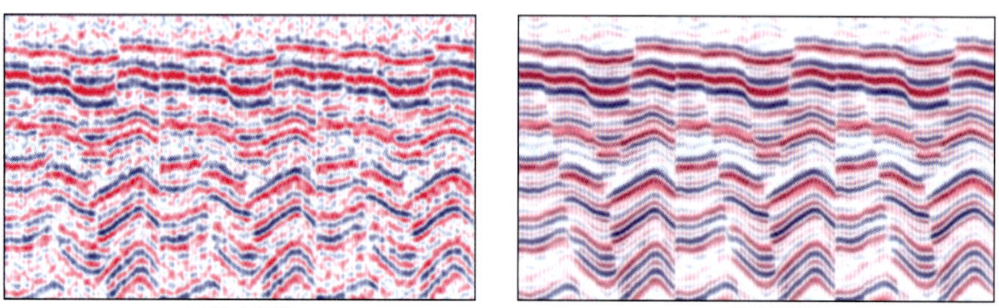

(a)输入图像　　(b)输出图像

图 7－13　构造导向滤波前后对比，可同时加强层位与断层特征

引入有限差分近似，正则化算子 $\boldsymbol{D}$ 可写作：

$$\boldsymbol{D} = (\boldsymbol{I} + \nabla^{\mathrm{T}}\boldsymbol{T}\nabla)^{-1} \tag{7-21}$$

式中，$\boldsymbol{T}$ 即为式（7－20）所求的结构张量，单位矩阵 $\boldsymbol{I}$ 的作用是在 λ_u、λ_v、λ_w 均为零时保持图像不改变，将式（7－21）所得结果代入式（7－17）中即可实现基于构造导向滤波的高斯束层析反演。此外，相比于其他的构造约束算法，该方法无需指定平滑角度，完全自动提取，计算灵活，且方法的抗噪性较好，即便是在信噪比极低的情况下，构造导向滤波算法也可以得到相对精确的结果。

7.2.2 图像导引高斯束层析反演

层析矩阵式（7－17）可抽象成求解如下线性方程组：

$$\boldsymbol{Ax} = \boldsymbol{b} \tag{7-22}$$

最小二乘意义下上式等价于：

$$\boldsymbol{A}^{\mathrm{T}}\boldsymbol{Ax} = \boldsymbol{A}^{\mathrm{T}}\boldsymbol{b} \tag{7-23}$$

下文中的讨论均基于最小二乘问题，不再对此赘述。层析方程标准 *Tikhonov* 正则化的形式为：

$$\boldsymbol{A}^{\mathrm{T}}\boldsymbol{Ax} + \varepsilon\boldsymbol{x} = \boldsymbol{A}^{\mathrm{T}}\boldsymbol{b} \tag{7-24}$$

式（7－24）的物理意义可解释为，层析方程的病态性使得方程式（7－22）难以求解甚至解不存在或不唯一，式（7－23）试图寻找一个 $\boldsymbol{x}$，此 $\boldsymbol{x}$ 不一定严格满足（7－24），但 $\boldsymbol{x}$ 的二范数比较小，同时 $\boldsymbol{x}$ 比较容易求解。$\boldsymbol{x}$ 是所谓的“最短最小二乘解”（Backus 和 Gilbert，1968；杨文采，1997）。标准 Tikhonov 正则化的解也称作式（7－22）的阻尼最小二乘解。广义 Tikhonov 正则化可写成如下形式：

$$\boldsymbol{A}^{\mathrm{T}}\boldsymbol{Ax} + \varepsilon(\boldsymbol{x} - \boldsymbol{x}_0) = \boldsymbol{A}^{\mathrm{T}}\boldsymbol{b} \tag{7-25}$$

式中，$\boldsymbol{x}_0$ 已知。广义 Tikhonov 正则化的物理解释类似于标准 Tikhonov 正则化，要求此时的解在模型空间中距离已知点 $\boldsymbol{x}_0$ 较近。

层析速度反演在数值上要求求解一个非齐次的线性方程组，一般表示为 $\boldsymbol{Ax} = \boldsymbol{b}$，系数矩阵 $\boldsymbol{A}$ 很接近于一个恒等矩阵 $\boldsymbol{I}$ 时，迭代法的收敛速度将相当快。但不幸的是，大多数实际应用问题获得的离散化矩阵 $\boldsymbol{A}$ 并不趋于 $\boldsymbol{I}$。预条件的目的就是为了作用一个非奇异的矩阵 $\boldsymbol{M}$，称之为预条件矩阵，于 $\boldsymbol{A}$ 上，使得 $\boldsymbol{M}^{-1}\boldsymbol{A}$ 或 $\boldsymbol{AM}^{-1}$ 逼近于 $\boldsymbol{I}$。具体说来就是把线性系统 $\boldsymbol{Ax} = \boldsymbol{b}$ 修改成为下面的线性系统：

$$\boldsymbol{M}^{-1}\boldsymbol{Ax} = \boldsymbol{M}^{-1}\boldsymbol{b} \tag{7-26}$$

或：

$$\boldsymbol{AM}^{-1}\tilde{\boldsymbol{x}} = \boldsymbol{b},\ \boldsymbol{x} = \boldsymbol{M}^{-1}\tilde{\boldsymbol{x}} \tag{7-27}$$

式（7－26）、式（7－27）分别被称之为左预条件和右预条件。

下面给出层析反演预条件矩阵的地球物理解释。在射线层析反演中，矩阵 $\boldsymbol{A}$ 代表了射线路径，$\boldsymbol{x}$ 代表慢度更新量，$\boldsymbol{b}$ 代表残差。对于射线层析来说，从左预条件的作用过程来看，是对已有的射线路径进行了线性组合，因此可以理解为层析反演的核函数由单条射线变为了射线束，进而可以与束偏移中束的构建、传播联系起来，从而更好的设计左预条件算子。从右预条件的作用过程来看，右预条件算子可以首先与慢度更新量 $\boldsymbol{x}$ 相结合，因此可以看做是对慢度更新量的线性组合，这种处理建立了慢度更新量之间的联系，进而减少了更新量的自由度，抽象来说就是对 $\boldsymbol{x}$ 的某种特征化处理，从而在方程数目不变的情况下减少了待求量的个数，增加了反演求解的稳定性。更特殊的，如果取 $\boldsymbol{M}^{-1}$ 为高斯平滑算子，那么就是通过高斯加权的方式建立了慢度更新量之间的联系，进而反演出具有高斯平滑的背景慢度更新量，这是符合我们的期望的，因为通过射线（束）层析求解高波数的慢度更新量是不现实的。因此，在角道集层析反演中用到的右预条件矩阵一般为高斯平滑矩阵（图 7－14）。

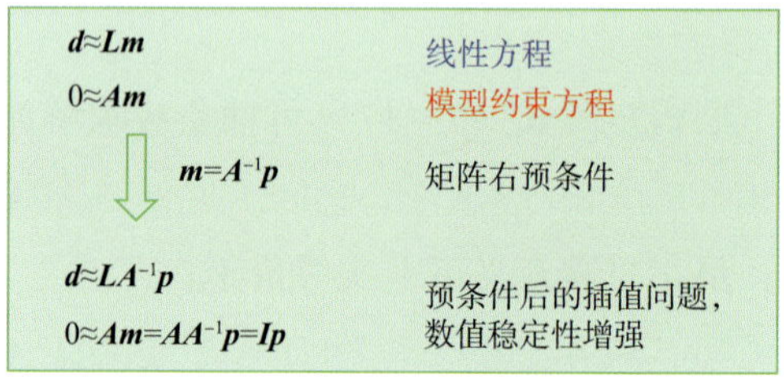

图 7－14　预条件层析矩阵的生成

如何构建图像导引的高斯预条件算子是图像导引高斯束层析反演的关键。一维情况下的高斯预条件算子如式（7－28）所示：

$$s(l,\sigma) = \frac{1}{\sqrt{2\pi\sigma}} e^{-\frac{l^2}{2\sigma^2}} \tag{7-28}$$

式中，l 是距离参数，σ 控制了算子的尺度。

二维情况下沿构造方向的高斯预条件算子如图 7－15 所示。三维情况下的高斯预条件算子如式（7－29）所示：

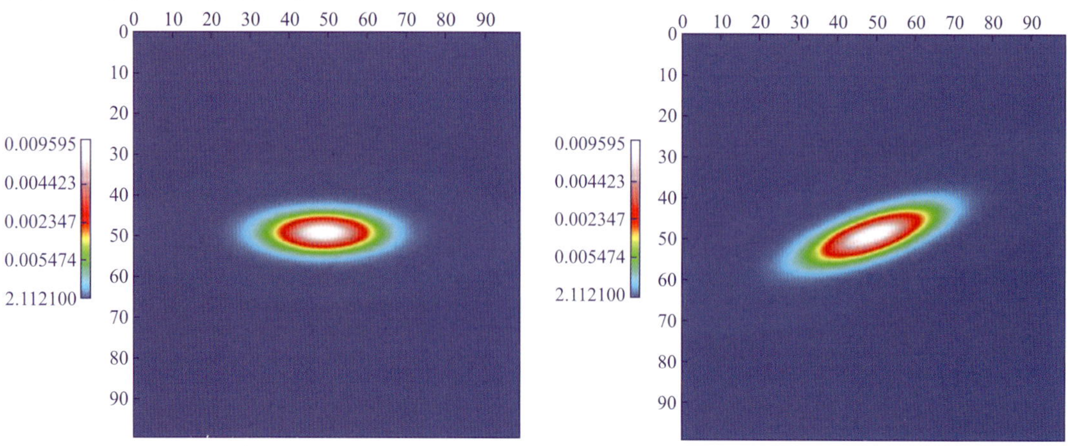

(a)倾角为零的预条件算子　(b)倾角为30°的预条件算子

图 7－15　不同倾角的二维高斯预条件算子

$$S = s(l_x, \sigma_x) \cdot s(l_y, \sigma_y) \cdot s(l_z, \sigma_z) \tag{7-29}$$

值得注意的是，该高斯预条件算子的构建完全依赖于地震偏移图像，不需要额外地人工拾取反射层位，是一种全自动的算法。

为了对比预条件技术的效果，将其在某实际数据上进行了应用测试。图 7－16（a）是 SIRT 直接求解层析方程 $\boldsymbol{Ax} = \boldsymbol{b}$ 的结果，图 7－16（b）是通过高斯预条件后利用 LSCG 法进行求解的结果。SIRT 的求解过程没有加入预条件算子，而是在层析反演的更新量上进行了高斯平滑，通过对比可以看出，两者更新的大趋势是一致的，具体的差别表现在更新量的中深部，通过作用预条件算子避免了中深层速度更新量的横向巨变，而这种剧烈的横向变化是由于 SIRT 求解方法本身导致的。

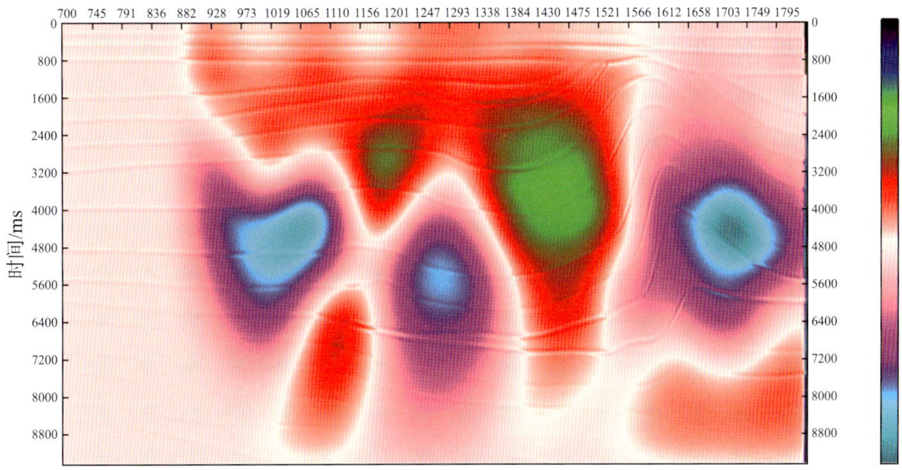

(a)SIRT直接求解结果

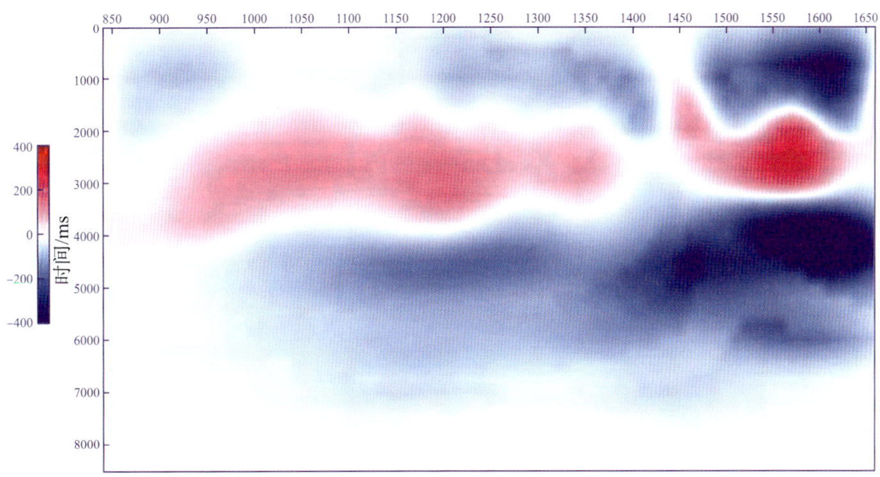

(b)预条件LSCG求解结果

图 7－16　SIRT（a）与预条件 LSCG（b）求解结果对比

对层析矩阵的预条件处理，本质上没有改变层析方程，只是更有利于求取我们所期望的背景速度更新量。由于层析方程本身的不适定性，不同的求解方案必然带来不同的结果，而各种正则化、预条件的约束是必要的，同时也是需要进一步深入研究的内容（图7-17）。地质构造导向的角度域正则化网格层析技术，提高了反演的稳定性问题，使得速度模型更新量的具有地质构造意义。

(a)真实模型

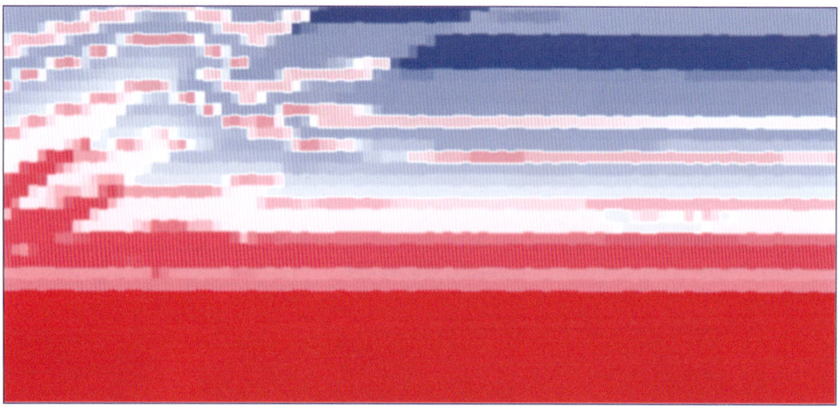

(b)各向同性约束速度模型

(c)45°方向导引速度模型

图7-17　不同结构张量导引的速度模型

(d)0°方向导引速度模型

(e)90°方向导引速度模型

(f)空变结构张量导引速度模型

图 7－17　不同结构张量导引的速度模型（续）

速度建模的成功实施依赖于层析反演算法和地质经验认识的有机结合，这归因于采集数据不理想（照明有限、含噪声）、反演非线性强等因素。常规商业化软件往往通过人工解释层位来控制层析反演结果的趋势，而人工解释是一项繁琐、耗时的工作，极大地降低了该项技术的用户易用性。为了解决这一问题，本研究利用矩阵方程预条件开发了一种图像导引的正则化算子，实现了保地质边界的构造约束高斯层析反演技术，该技术的输入为地震偏移图像，不需要任何手动拾取步骤，在提高层析反演结果可靠性的同时很好地提高了算法的用户友好度。

7.2.3 模型数据试验

设计二维层状模型验证方法的精度。该模型为速度沿纵向递增的层状模型，其中模型中部有一高速隆起构造［图7－18（a）］，纵向采样点为601，采样间隔为10m，横向共有1201道，道间距为10m。利用声波波动方程正演得到单炮记录（图7－19），观测系统采用中心放炮，两边接收，每炮801道。初始模型采用常梯度模型，见图7－18，其中第一层速度给成准确值。图7－18（c）、（d）展示了常规高斯束层析与构造约束预条件高斯束层析的反演结果，显然，常规的高斯束层析对于浅层的水平层状构造反演结果尚可，但对于中部隆起构造反演结果较差，分辨率明显不足，且中深部反演结果误差较大；相比较而言，基于构造导向滤波的高斯束层析算法所得结果精度较高，与真实模型基本吻合，更有利于精确成像。

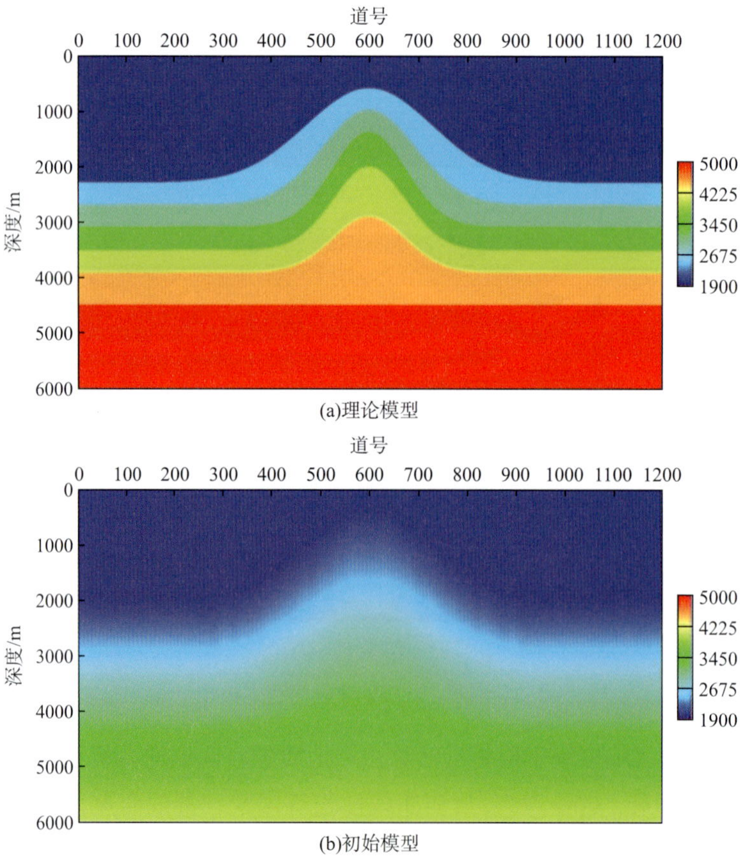

图7－18　理论模型及反演结果

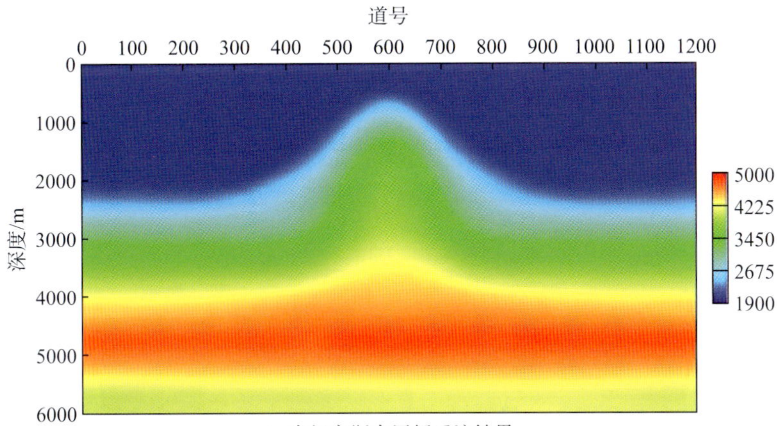

(c)常规高斯束层析反演结果

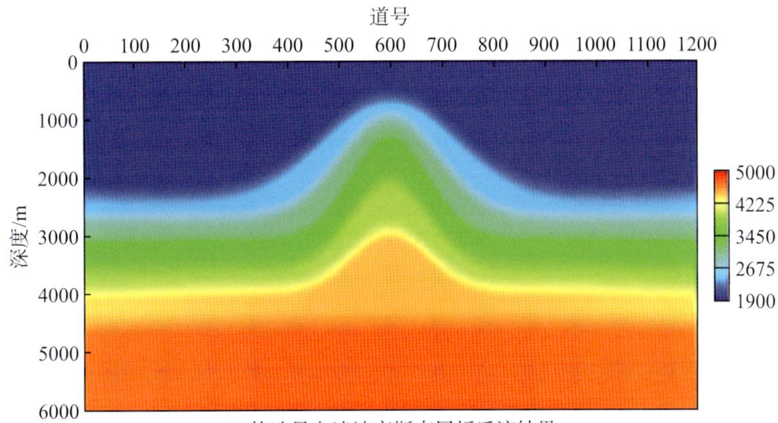

(d)构造导向滤波高斯束层析反演结果

图 7 – 18　理论模型及反演结果（续）

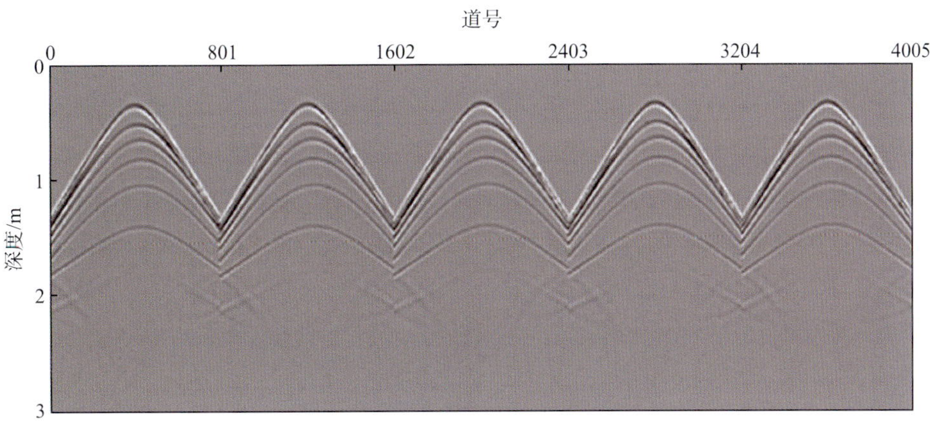

图 7 – 19　模型正演的单炮记录

为了更加直观地看出构造导向滤波高斯束层析的优势，在层析结果竖直抽取某一道进行对比，抽线位置如图7－20（a）所示。抽线结果如图7－20（b）所示，显然，基于构造导向滤波的高斯束层析反演方法不仅可以反演得到中波数分量的结果，提供更加丰富的速度信息，且能够达到保边界的效果，构造边界刻画更为清晰，这说明基于构造导向滤波的高斯束层析对于构造的刻画明显优于常规高斯束层析方法，且反演精度更高，减少了由于人为干预带来的误差，结果更加合理。

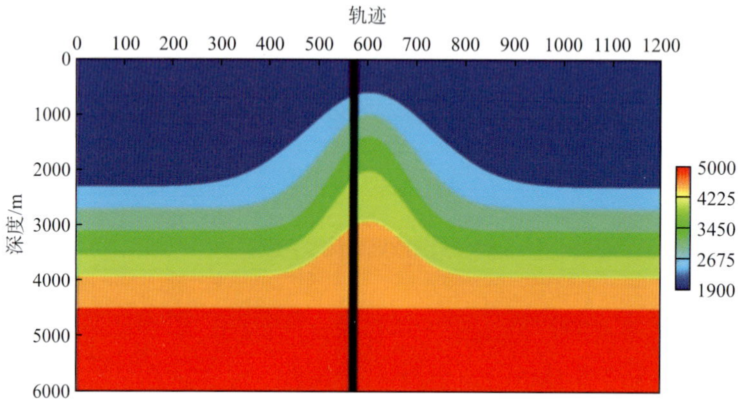

(a)抽取模型中心道

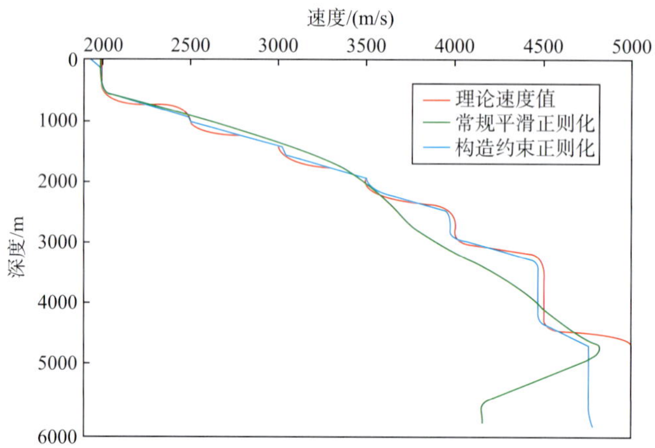

(b)真实值、常规平滑正则化约束层析反演结果及构造约束正则化层析反演结果单道对比

图7－20　反演结果单道对比分析

成像域高斯束层析反演技术本身可以缓解层析矩阵的病态问题，反演得到速度模型的中低波数分量。进一步地，通过引入基于结构张量的构造导向滤波算法用于约束速度更新量的计算，能反演出更高分辨率的地下速度模型，增强断层突变位置的反演效果，弥补地震速度建模的中高波数段缺失，提高地震成像精度。

7.2.4 实际数据测试

实际资料选自中国西南部复杂山地页岩气某工区，该地区地表起伏大，悬崖峭壁密布，山高谷深，数据信噪比非常低，且地下结构复杂，速度横向变化剧烈，速度建模难度大，成像困难，具有典型的复杂地表和复杂构造的“双复杂”特性，其对地震资料成像精度要求远高于常规勘探。

首先对该区域的资料进行预处理、叠前时间偏移、深度域初始建模及偏移成像等基础工作，得到高品质的 CIG 道集，在此基础上，通过基于构造导向滤波的高斯束层析反演得到深度域速度模型，结合克希霍夫叠前深度偏移得到最终的成像剖面。图 7 - 21 是常规高斯束层析与构造导向滤波高斯束层析反演结果对比。从图 7 - 21（b）中可以看出，相对于图 7 - 21（a），构造导向滤波高斯束层析速度建模后，速度模型的精细空间变化与分辨率得到提升，其结果体现了速度模型更多细节信息，进一步提高了速度建模精度。

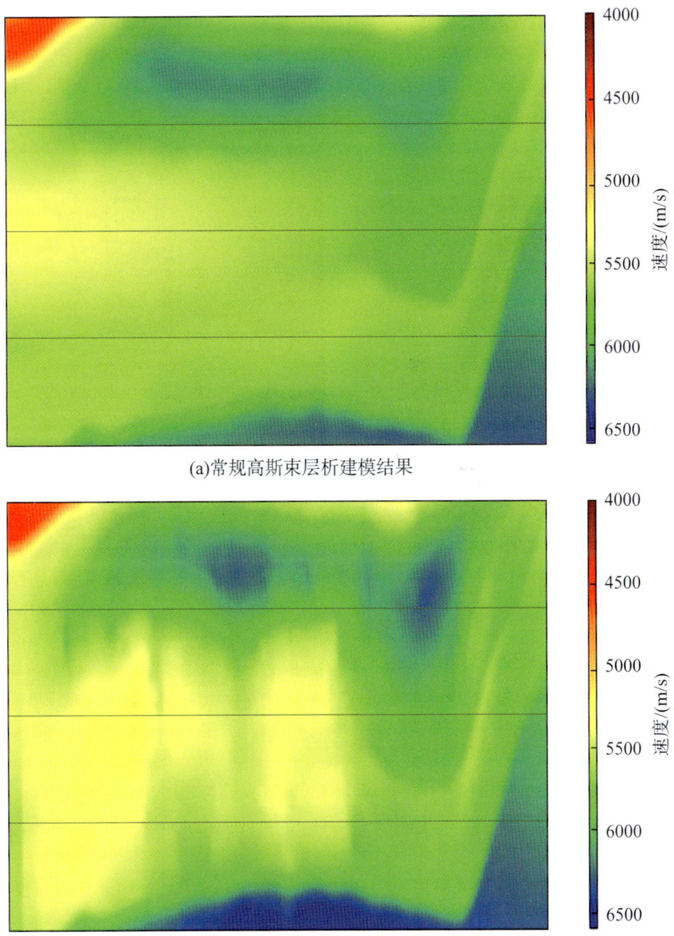

图 7 - 21　某实际数据不同深度域建模方法结果对比

为了更好地进行层析质控工作，这里采用速度更新量与剩余谱联合质控方法，如图 7－22 所示，在剩余谱上可以看出道集的倾斜情况，与之对应的速度更新量应向道集拉平的方向更新。通过这种方法，可以更明确地看出反演是否正确。除此之外，还通过更新前后的道集对比来对层析过程进行质控。如图 7－23 所示，更新后的 CIP 道集明显拉平，剩余的部分是由各向异性导致。

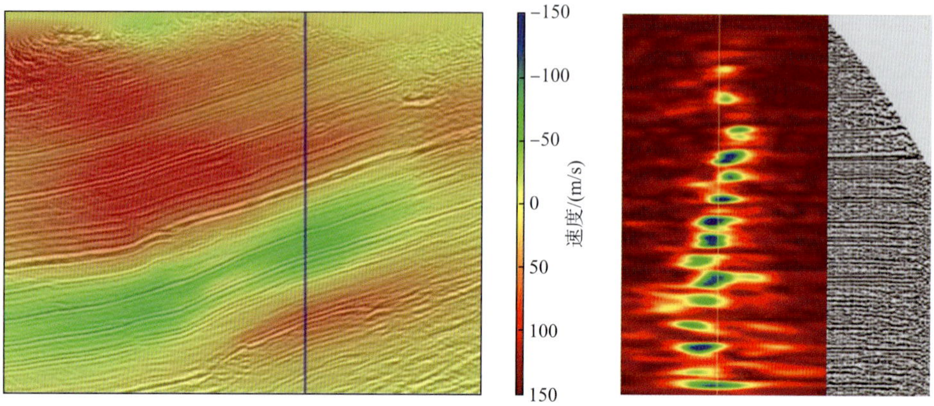

(a)速度更新量　　(b)剩余速度谱

图 7－22　速度更新量与剩余速度谱联合控制

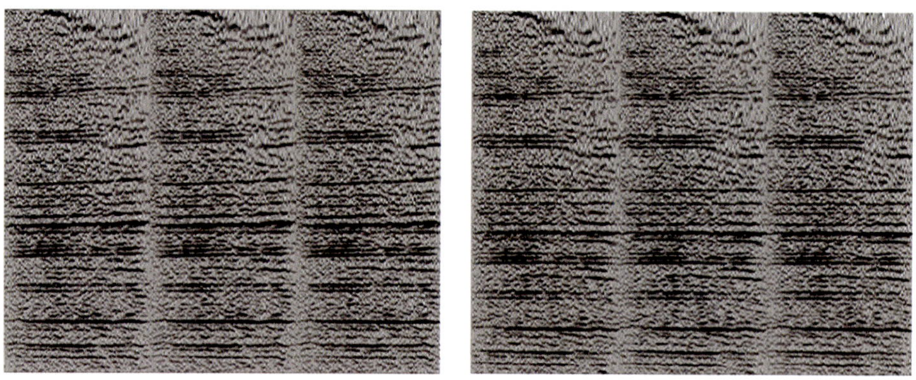

(a)更新前　　(b)更新后

图 7－23　速度更新前后 CIG 道集

图 7－24 是对应于图 7－23 速度模型范围的偏移结果，显然，采用相同的成像方法，构造导向滤波下的高斯束层析反演对应的偏移结果中断点更加连续，复杂构造区信噪比更高，整体成像质量明显优于常规方法所得结果，这对后续的构造落实有较好的指导意义。从该实际资料处理可以认识到，基于构造导向滤波的高斯束层析反演速度建模能够反演得到速度的中高波数分量，所得成像结果细节更加丰富，信噪比高，成像质量好。

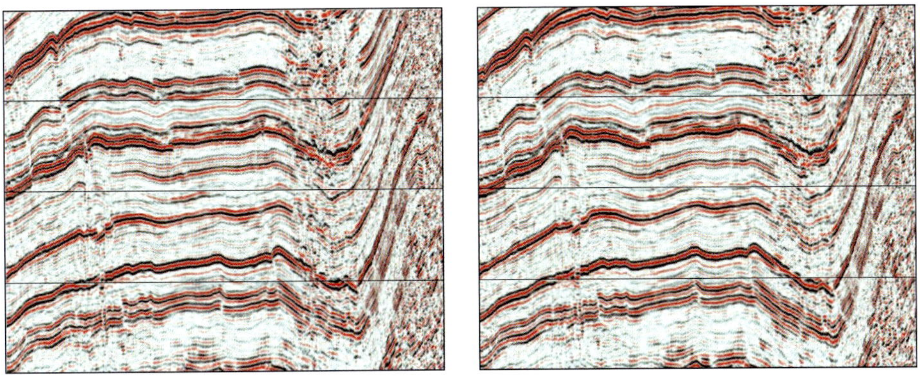

(a)常规高斯束层析反演对应的偏移结果　　(b)构造导向滤波高斯束层析反演对应的偏移结果

图 7－24　某实际数据 PSDM 成像结果

7.3 小　结

实用化的深度域层析反演包含一套完整的技术流程，除了射线追踪、矩阵求解等核心算法之外，往往还需要层位拾取、道集修饰、正则化约束等相应的配套技术才能稳健地应用于实际资料中，进行大规模的生产应用。本章从自动化层位拾取及图像导引正则化两个方面介绍了层析反演配套关键技术。通过开发剖面层析控制点及道集剩余时差自动拾取技术，提高了拾取精度与效率，极大地减少了人工拾取的成本，实现了全自动化的拾取技术流程；通过引入偏移图像的结构张量算法，形成了基于结构张量的构造导向滤波算法。该方法完全基于数据驱动，实现了对层析反演的“软约束”，既缓解了层析反演求解的多解性，同时提高了反演分辨率与稳定性，得到更加符合地质认识的高精度速度模型，有效改善成像质量与精度。

8 结束语

8.1 层析反演速度建模方法的应用条件

深度域层析速度建模是一个地质与地球物理信息综合分析的过程，其求取方法有很多种，每种方法在应用中除了受本身算法局限外，还应考虑其他多重因素的影响，比如初始模型、静校正、地震资料信噪比、观测系统的规则性以及一些人为质控手段的影响等。

8.1.1 初始速度模型精度

层析速度建模的过程是从初始速度模型出发，根据某种判断手段，对初始速度模型进行迭代修正的过程，也就是说，速度模型的建立通过逐步逼近和反复迭代来实现。要求取准确的速度模型，首先需要建立一个相对准确的初始速度模型。深度域初始速度建模的方法主要包括叠加速度反演、均方根速度场 Dix 转换法、初至反演、相干反演法等。初始速度模型的精度决定了迭代收敛速度的快慢甚至是收敛与否。初始速度模型与实际模型的误差越大，迭代次数就越多，模型收敛的速度就越慢，甚至会背道而驰，产生错误的成像结果。

8.1.2 静校正对速度建模的影响

在我国东部的大部分地区，地势比较平坦，速度以及低降速带的厚度在纵横向上变化不大。采用常规的静校正方法就能实现数据从起伏地表向水平基准面的校正，对速度模型及偏移影响不大。而在我国的西部及南方地区，如塔里木盆地、吐哈盆地火焰山、柴达木盆地西部及四川大巴山等地区，地形起伏较大，沟壑纵横，近地表结构复杂，低降速带厚度、速度变化大，局部地区有高速老地层出露于地表，静校正问题较严重。首先，不同的静校正方法，由于对近地表速度结构反演的精度不同，会造成静校正量的差异。其次，起伏地表情况下的地震资料处理往往是先将地震数据校正到一个相对平滑的浮动基准面上进行，最后实现浮动基准面到固定基准面的校正。因而浮动面平滑的程度、与真地表的距离程度都会影响到叠前道集的静校正量。较大的静校正量破坏了原始数据的真实时距关系，从而影响了深度域基于走时信息的层析速度建模精度。

8.1.3 叠前数据不规则性

由于陆上地震数据采集的不规则性，地震资料往往存在覆盖次数不均匀、偏移距分布不均匀、面元大小不均匀等问题。这些问题会导致叠前偏移成像道集或偏移剖面上出现“划弧”现象。偏移处理中出现的这种“划弧”现象并不是由于偏移速度不准确而引起的。但在利用成像道集剩余时差进行层析速度反演时必然造成错误的速度更新量，从而影响到最终的成像结果。因此，当叠前数据存在不规则情况时需要对叠前数据进行规则化处理，使得覆盖次数更均匀，偏移距分布更合理，尽量使道集能量分布更一致，避免偏移过程中的“划弧”现象。

8.1.4 信噪比对速度建模的影响

从理论上讲，叠前深度偏移是复杂构造成像最理想的手段，但是当地震资料的信噪比较低时，叠前深度偏移成像效果往往不理想，难以实现复杂构造准确成像。其主要原因在于：①偏移中选择的成像方法本身要求地震资料具有一定的信噪比；②速度建模方法克服噪声干扰能力有限。勾丽敏（2007）等研究了噪声对叠前深度偏移层速度精度的影响，总结了噪声影响规律：信噪比的影响存在一个界限，当高于这个界限值时，噪声对层速度估算影响较小；当低于界限值时，噪声严重影响层速度的估算精度，而且信噪比越低，层速度误差随信噪比下降迅速增大，下降的数值与信噪比为近似线性关系。因此，提高复杂区地震资料的信噪比是建立准确的速度模型、保证叠前深度偏移成功的一个关键因素。

8.1.5 偏移成像道集质量

目前主流应用的层析速度建模方法是结合偏移成像道集在成像域实现对速度的更新，从而拉平成像道集，提高成像质量与精度。其输入的就是在偏移成像道集上拾取的剩余曲率。因此，偏移成像道集的质量直接影响到自动拾取的精度，从而极大地影响了层析反演的精度与稳定性。另外，角度域层析反演已成为一种重要的反演方式，具有更稳健和更高效率的优点。因此，偏移成像方法能否高效高精度地输出方位－反射角度道集也是层析速度建模的一个重要影响因素。

8.1.6 质控手段的人为因素

深度域速度建模是一个地质与地球物理信息综合分析的过程，而层析反演具有较强的多解性，在具体反演操作过程中如何进行有效的质控显得十分重要。目前的层析速度建模质控主要靠处理员自身判断，除了利用成像道集是否拉平、与已有井解释层位井震误差控制等定量判断准则外，还加入了处理员或解释人员对整体成像合理性的判断，并基于认识或特殊需求进行局部修改等人工操作。因此，人为因素在内的质控手段对速度建模影响很大。

除了上述地球物理处理方法对速度建模的影响外，地质体本身及环境因素对速度的影响可能更加根本。从地质体本身的结构因素来看，影响层速度的因素主要有岩性、密度、孔隙度、埋层深度、压力和地质年代等。岩性是影响地震速度的最主要因素。大量的统计研究发现，碳酸盐岩、盐体、硬石膏等地质体往往是高速体，砂岩和泥岩则大多是低速体。孔隙度也是影响岩石速度的重要因素，通常随埋藏深度（或上覆地层压力）的增加，孔隙度减小，速度增大。

8.2　层析反演速度建模方法的发展趋势

地震层析反演速度建模技术在地球内部结构研究、油气勘探及工程探测领域得到了广泛的应用。随着技术的进步以及应用需求的提高，进一步发展更适合复杂地质情况的层析反演建模方法十分必要，这既是学科发展的必然趋势，也是实际应用推进的必然之路。

8.2.1　吸收衰减介质 Q 值层析反演建模技术

随着油气勘探的深入及勘探目标复杂度的增加，简单的构造成像已不能满足勘探的需求，对成像保幅性的需求越来越迫切。在保证成像构造位置准确的情况下，需要校正吸收衰减对成像效果的影响，恢复地震波的频率及能量。因此，需要建立精确的 Q 值模型，并对地震资料进行吸收衰减补偿，使得成像结果的振幅更加均衡，相位归位更加准确，同时拓宽有效频带，提高成像分辨率。通过开展 Q 值层析反演精细建模技术，建立一套完整、实用的 Q 建模流程，结合 Q 偏移成像实现沿波传播路径的深层弱信号补偿，可以有效提高地震资料成像分辨率和能量，实现高精度成像。

8.2.2　波动方程走时层析反演建模技术

以全波形反演理论为代表的波动方程反演成像方法成为勘探地震学中的研究热点。尽管理论上全波形反演可以重建地下岩石介质参数的一个宽而连续的波数谱，然而，由于叠前数据的不完备、正演模型的不完善、初始模型不够精确、地震子波的未知和空变等因素影响，使得经典全波形反演方法难以达到理论预计的目标，甚至在实际应用中无法收敛。

发展以走时为目标的波动方程层析反演技术，将非线性的全波形反演问题分解为一系列的线性反问题的组合：首先用波动方程透射走时层析方法反演低波数的背景速度，然后用波动方程反射波走时层析反演中深层的速度模型，进一步提高速度反演的分辨率。波动方程走时层析既继承了走时层析的稳健性，又克服了常规射线层析中的高频假设，能较好地结合两者的优点，有效提高速度建模的精度。

8.2.3 稳健的层析正则化技术

正则化是层析反问题中非常关键的环节，直接决定了反演结果的准确性与稳定性。地震层析反演中的模型是地下参数（通常是地震波速度），数据是观测到的波场信息（通常是走时）。因此正则化一般包括模型正则化和数据正则化。地下不同空间区域的介质参数不是相互孤立的，不同介质参数之间有一定关联性；同样，不同观测点的数据也是相互关联的，此外，测量的地震波数据良莠不齐。如何把这些信息加入层析过程中以提高反演质量和稳定性是正则化所需要研究的课题。地震层析反演中利用地下构造信息约束模型参数的空间分布特征，把模型参数在空间中的相关特征通过构造信息提取出来，利用直接正则化或预条件思想把此信息加入层析反演中，可显著改善估计的模型参数，称之为模型正则化。类似于模型参数，利用协方差矩阵可提取出观测数据之间的相关性，作为数据先验信息加入反演过程是 Bayesian 反演思想的一个关键环节；此外，测量的数据有优劣之分，反演中如何通过正则化突出质量较高的数据，在层析中加入数据关联性和突出高质量的数据称为数据正则化。

8.2.4 递进式速度建模技术与流程

首先利用常规射线层析反演低波速背景速度场；再利用波动方程线性化高斯束层析获得中波数速度模型，以弥补射线层析到全波形反演之间的中波数段缺失；最后基于全波形反演技术构建高波数精细速度模型，建立由大尺度到小尺度、由背景到精细的递进式速度建模技术体系，可有效推进高精度全波形反演建模技术的实用化，真正提高复杂地质体速度建模的精度和稳定性，匹配高精度波动方程逆时偏移技术，真正提高最终成像精度。

参考文献

[1] Aki K, Richards P G. Quantitative seismology: Theory and Methods [M]. W H Freeman and Company, 1980.

[2] Alkhalifah T, Tsvankin I. Velocity analysis for transversely isotropic media [J]. Geophysics, 1995, 60 (5): 1550 – 1566.

[3] Alkhalifah T. An acoustic wave equation for anisotropic media [J]. Geophysics, 2000, 65 (4): 1239 – 1250.

[4] Alkhalifah T, Bagaini C. Cost-effective Datuming In Presence of Rough Topography and Complex Near-surface [J]. Seg Expanded Abstracts, 2004 (1): 2024 – 2027.

[5] Alkhalifah T, Fomel S. Angle gathers in wave-equation imaging for transversely isotropic media [J]. Geophysical Prospecting, 2011, 59 (3): 422 – 431.

[6] Al-Yahya K. Velocity analysis by iterative profile migration [J]. Geophysics, 1989, 54 (6): 718 – 729.

[7] Audebert F, Nichols D, Rekdal T, et al. Imaging complex geologic structure with single-arrival Kirchhoff prestack depth migration [J]. Geophysics, 1997, 62 (5): 1533 – 1543.

[8] Audebert F. Insights Into Migration In the Angle Domain. [J]. Seg Expanded Abstracts, 2002 (1): 1188 – 1191.

[9] Bachman R T. Acoustic anisotropy in marine sediments and sedimentary rocks [J]. Journal of Geophysical Research Solid Earth, 1979, 84 (B13): 7661 – 7663.

[10] Bakker, P, Gerritsen S. Developing angle-domain wave path tomography for velocity analysis in complex settings [J]. 75th Conference & Exhibition-Workshops, EAGE, Extended Abstracts, WS06, doi: 10.3997/2214 – 4609.20131199.

[11] Bakker P, Gerritsen S, and Cao Q. 3D RTM-based wave path tomography tested at a realistic scale[C]// 77th Conference & Exhibition-Workshops, EAGE, Extended Abstracts, 2015: WS05 – C02.

[12] Baysal E, Kosloff D D, Sherwood J W C. Reverse-time migration [J]. Geophysics, 1983, 48 (11), 1514 – 1524.

[13] Bednar J B, Shin C and Pyun S. Comparison of waveform inversion, part 2: phase approach [J]. Geophysical Prospecting, 2007, 55 (4): 465 – 475.

[14] Berryman J G. Long-wave elastic anisotropy in transversely isotropic media [J]. Geophysics, 1979, 44 (5), 896 – 917.

[15] Bickel S H, Natarajan R R. Plane-wave Q deconvolution [J]. Geophysics, 2012, 50 (9): 1426 – 1439.

[16] Billette F, Lambaré G. Velocity macro model estimation from seismic reflection sata by Stereotomography [J]. Geophysical Journal International, 1998, 135 (2): 671 - 690.

[17] Biondi B and Tisserant T. 3 - D angle-domain common-image gathers for migration velocity analysis: Geophysical Prospecting, 2004, 52, 575 - 591.

[18] Biondi B. Angle-domain common-image gathers from anisotropic migration [J]. Geophysics, 72, 2007 (2): S81 - S91.

[19] Bishop T N. Tomographic determination of velocity and depth in laterally varying media [J]. Geophysics, 1985, 50 (6): 903 - 923.

[20] Bleistein N. Mathematical methods for wave phenomena [M]. New York: Academic Press, 1984.

[21] Bleistein, N and Gray S H. A proposal for common-opening angle migration/inversion: Center for Wave Phenomena, Colorado School of Mines. Research Report, 2002, CWP-420: 293 - 303.

[22] Bleistein N. Mathematics Of Modelling Migration and Inversion With Gaussian Beam. Gloden: Colorado School of Mines Press, 2009.

[23] Bozdağ E, Trampert J and Tromp J. Misfit functions for full waveform inversion based on instantaneous phase and envelope measurements [J]. Geophysical Journal International, 2011 185 (2): 845 - 870.

[24] Brandsberg-Dahl S, Etgen J T. Beam-wave migration [J]. Expanded Abstracts of 65th EAGE Annual Conference, 2003, 977 - 980.

[25] Bunks C, Saleck F M, Zaleski S, et al. Multiscale seismic waveform inversion [J]. Geophysics, 1995, 60 (5): 1283 - 1597.

[26] Buske S, Gutjahr S, Sick C. Fresnel volume migration of single-component seismic data [J]. Geophysics, 2009, 74 (6): WAC47 - WAC55.

[27] Byun B S. Seismic parameters for transversely isotropic media [J]. Exploration Geophysics, 1984, 15 (4): 264 - 264.

[28] Byun B S. Anisotropic velocity analysis for lithology discrimination [J]. Geophysics, 1989, 54 (3): 269 - 292.

[29] Chapman C H, Drummond R. Body-wave seismograms in inhomogeneous media using Maslov asymptotic theory [J]. Bulletin of the Seismological Society of America, 1982, 72 (6), 277 - 317.

[30] Chapman C. H. and Miller D. E. , Velocity sensitivity in transversely isotropic media [J]. Geophysical prospecting, 1996, 44 (3): 525 - 549.

[31] Cheng J, Geng J, Wang H, et al. 3D Kirchhoff prestack time migration in average illumination-azimuth and incident-angle domain for isotropic and vertical transversely isotropic media [J]. Geophysics, 2011, 76 (1): S15 - S27.

[32] Cheng J, Wang T, Wang C, et al. Azimuth-preserved local angle-domain prestack time migration in isotropic, vertical transversely isotropic and azimuthally anisotropic media [J]. Geophysics, 2012, 77 (2): S51.

[33] Chi B, Dong L and Liu Y. Full Waveform Inversion Based on Envelope Objective Function [J]. 83rd Annual International Meeting, SEG, Expanded Abstracts, 2013: Tu - P04 - 09.

[34] Claerbout J F. Imaging the earth's interior [J]. Geophysical Journal of the Royal Astronomical Society,

1985, 86 (1): 217 -217.

[35] Claerbout J F. Toward a Unified Theory of Reflector Mapping [J]. Geophysics, 1971, 36 (3): 467 -481.

[36] Clapp R G. Reverse time migration with random boundaries [J]. Seg Expanded Abstracts, 2009, (1): 2809 -2813.

[37] Courant R and Hilbert D. Methods of mathematical physics [M]. New York: Wiley, 1966.

[38] Collins T W, Gazdag J, Ju K. Stability of parallel stripe domains [J]. IEEE Transactions on Magnetics, 1975, 11 (5): 1088 -1090.

[39] Crampin S. Effective anisotropic elastic constants for wave propagation through cracked solids [J]. Geophysical Journal International, 1984, 76 (1): 135 -145.

[40] Červený V. Seismic rays and ray intensities in inhomogeneous anisotropic [J]. Geophysical Journal International, 1972, 28, 1 -13.

[41] Červený V, Popov M M and Psencik I. Computation of wave fields in inhomogeneous media-Gaussian beam approach [J]. Geophysical Journal International, 1982, 70 (1): 109 -128.

[42] Červený V and Soares P. Fresnel volume ray tracing [J]. Geophysics, 1992, 57 (7): 902 -915.

[43] Červený V. Seismic ray theory [M]. Cambridge University Press, 2001.

[44] Deregowski S M. Common-offset migrations and velocity analysis [J]. First Break, 1990, 8 (6): 225 -234.

[45] Dickens T A. RTM Angle Gathers Using Poynting Vectors [J]. Seg Annual Meeting, 2011, 3109 -3113.

[46] Dix C H. Seismic velocities from surface measurements [J]. Geophysics, 1955, 20 (1): 68 -86.

[47] Doherty S M and Claerbout J F. Structure independent velocity estimation [J]. Geophysics, 1976, 41 (5): 850 -881.

[48] Du Q Z, Qin T. Multicomponent Prestack Reverse-Time Migration of Elastic Waves in Transverse Isotropic Medium [J]. Chinese Journal of Geophysics, 2009, 52 (2): 471 -478.

[49] Duveneck E, Bakker P M. Stable P-wave modeling for reverse-time migration in tilted TI media [J]. Digital Library Home, 2011, 76 (2): S65 -S75.

[50] Dahlen F A, Hung S H and Nolet G. Fréchet kernels for finite-frequency traveltimes-I. Theory [J]. Geophysical Journal International, 2000, 141 (1): 157 -174.

[51] Elad M. Sparse and redundant representations: from theory to applications in signal and image processing [M]. Springer Science & Business Media, 2010.

[52] Engl H W, Hanke M and Neubauer A. Regularization of Inverse Problem [M]. Kluwer Academic Publishers, 1996.

[53] Etienne V, Hu G, Operto S, et al. Three-dimensional Acoustic Full Waveform Inversion-Algorithm and Application to Valhall [R]. 74th EAGE Conference and Exhibition incorporating EUROPEC, 2012.

[54] Faria E L and Stoffa P L. Traveltime computation in transversely isotropic media [J]. Geophysics, 1994, 59 (2): 272 -281.

[55] Robin P F, Xiang Du Paul J F. Reverse time migration in tilted transversely isotropic (TTI) media [J].

Geophysics, 2009, 74 (6): WCA179 - WCA187.

[56] Fliedner M M, Bevc D. Automated velocity model building with wavepath tomography [J]. Geophysics, 2008, 73 (5): VE195 - VE204.

[57] Foss S K, Merten D, EttrichN, et al. Amplitude-friendly Angle Migration with Stabilized Q [J], 76th annual EAGE meeting Expanded Abstracts, 2014, Tu G103 03.

[58] Fowler P J, Du X, Fletcher R P. Coupled equations for reverse time migration in transversely isotropic media [J]. Geophysics, 2010, 75 (1): S11 - S22.

[59] Gabor, D. Theory of communication [J]. IEEE (London) (III), 1946, 429 - 457.

[60] Gao F, Zhang P, Wang B, et al. Fast Beam Migration-A Step Toward Interactive Imaging [J]. Seg Technical Program Expanded Abstracts, 1949, 25 (1): 2470 - 2473.

[61] Gazdag, J. Wave equation migration with the phase-shift method [J], Geophysics, 1978, 43, 1342 - 1351.

[62] Gazdag, J, Sgvazzero P, 顾贤民. 用波动方程延拓进行层速度分析 [J]. 石油物探译丛, 1987 (1): 36 - 50.

[63] Geiger H D, Bancroft J C. Equivalent offset prestack migration for rugged topography [J]. Seg Expanded Abstracts, 1996, (1): 447 - 450.

[64] Geng Y, Wu R S, Gao J, et al. Efficient Gaussian Packets representation and seismic imaging [J]. Digital Library Home, 2011, 3398 - 3403.

[65] Goertz A, Milligan P, Karrenbach M, et al. Optimized 3D VSP survey geometry based on Fresnel zone estimates [J]. Seg Technical Program Expanded Abstracts, 2005, (1): 2641 - 2644.

[66] Gray S H and Marfurt K J. Migration from topography: Improving the near-surface image [J]. Canadian Journal of Exploration Geophysics, 1995, 31 (1): 18 - 24.

[67] Gray S H. Gaussian beam migration of common-shot records [J]. Geophysics, 2005, 70 (1): 953 - 959.

[68] Gray S H. Angle Gathers for Gaussian Beam Migration [J]. 69th EAGE Conference & Exhibition, EAGE, Expanded Abstract, 2007, C018.

[69] Hadamard J. An essay on the psychology of invention in the mathematical field [M]. New York: Dover Publication Inc, 1954.

[70] Hale D. Migration by the Kirchhoff, slant stack, and Gaussian beam methods [R]. Colorado School of Mines Center for Wave Phenomena Report, 1992.

[71] Hardy P. Ongoing R&D in Ray Based Tomography: Well Worth the Effort [C]. 83rd Annual International Meeting, SEG, 2013, 4806 - 4810.

[72] Helbig K and Thomsen L. 75 - plus years of anisotropy in exploration and reservoir seismics: A historical review of concepts and methods [J]. Geophysics, 2005, 70 (6): 9ND-23ND.

[73] Herrmann F J and Hennenfent G. Non-parametric seismic data recovery with curvelet frames [J]. Geophysical Journal International, 2008, 173 (1): 233 - 248.

[74] Hess H H. Seismic Anisotropy of the Uppermost Mantle under Oceans [J]. Nature, 1964, 203 (4945): 629 - 631.

[75] Hill N R. Gaussian beam migration [J]. Geophysics, 1990, 55 (11): 1416 – 1428.

[76] Hill N R. Prestack Gaussian-beam depth migration [J]. Geophysics, 2001, 66 (4): 1240 – 1250.

[77] Hu C S and Stoffa P L. Slowness-driven Gaussian-beam prestack depth migration for low-fold seismic data [J]. Geophysics, 2009, 74, WCA35 – WCA45.

[78] Hung S H, Dahlen F A and Nolet G. Fréchet kernels for finite-frequency traveltimes-II. Examples [J]. Geophysical Journal of the Royal Astronomical Society, 2010, 141 (1): 175 – 203.

[79] Hunsberger F, Luebbers Rand Kunz K. Finite-difference time-domain analysis of gyrotropic media. I. Magnetized plasma [J]. IEEE Transactions on Antennas and Propagation, 1992, 40 (12): 1489 – 1495.

[80] Isaac J H. Image mispositioning due to dipping TI media: A physical seismic modeling study [J]. Geophysics, 1999, 64 (4): 1230 – 1238.

[81] Ian F. Jones [英] 著. 叠前深度偏移速度建模入门 [M]. 王克斌, 曹孟起, 王永明等译. 北京: 石油工业出版社, 2016.

[82] Jeon S, Ha W, Kwon J, et al. Full Waveform Inversion Using the Energy Objective Function [J]. 76th EAGE Conference &Exhibition, Expanded Abstracts, 2014: Tu E106 02.

[83] Jiao J. 3 – D TTI eikonal traveltime Kirchhoff migration [J]. Seg Technical Program Expanded Abstracts, 2005, 24 (1): 2668.

[84] Jocker J, Spetzler J, Smeulders D, et al. Validation of First-Order Diffraction Theory for the Traveltimes and Amplitudes of Propagating Waves [J]. Geophysics, 2006, 71 (6): T167 – T177.

[85] Johnston D H, Toksoz M N and Timur A. Attenuation of seismic waves in dry and saturated rocks: II. Mechanisms [J]. Geophysics, 1979, 44 (4), 691 – 711.

[86] Jolly R N. Investigation of shear waves [J]. Geophysics, 2002, 21 (4): 905.

[87] Karal F C. Elastic Wave Propagation in Homogeneous and Inhomogeneous Media [J]. Journal of the Acoustical Society of America, 1959, 31 (6): 694 – 705.

[88] Keers H, Vasco D W, Johnson L R. Viscoacoustic crosswell imaging using asymptotic waveforms [J]. Geophysics, 2012, 65 (3): 1569 – 1582.

[89] Kendall J M, Thomson C J. Maslov Ray Summation, Pseudo-Caustics, Lagrangian Equivalence and Transient Seismic Waveforms [J]. Geophysical Journal International, 1993, 113 (1): 186 – 214.

[90] Kitchenside P W. Phase Shift-Based Migration For Transverse Isotropy [J]. Seg Technical Program Expanded Abstracts, 1991, 10 (1): 1646.

[91] Kirby D R S, Billington, et al. Antigen barrier of the mouse placenta: Children's Cancer Research Foundation Boston, Massachusetts. [J]. Transplantation, 1965, 3 (4): 597.

[92] Kjartansson E. Constant Q-wave propagation and attenuation [J]. Journal of Geophysical Research Solid Earth, 1979, 84 (B9): 4737 – 4748.

[93] Koren Z, Ravve I, Ragoza E, et al. Full-azimuth angle domain imaging [J]. Seg Technical Program Expanded Abstracts, 2008, 27 (1): 2221 – 2225.

[94] Kumar D, Sen M K, Ferguson R J. Traveltime calculation and prestack depth migration in tilted transversely isotropic media [J]. Geophysics, 2004, 69 (1): 37 – 44.

[95] Lailly P. Migration methods: Partial but efficient solutions to the seismic inverse problem [J]. Inverse Problems of Acoustic & Elastic Waves Siam, 1984: 182 – 214.

[96] Larner K L, Cohen J K. Migration error in transversely isotropic media with linear velocity variation in depth [J]. Geophysics, 1993, 58 (10): 1454 – 1467.

[97] Le Rousseeau J H and De Hoop M V. Scalar generalized-screen algorithms in transversely isotropic media with a vertical symmetry axis [J]. Geophysics, 2001, 66 (5), 1538 – 1550.

[98] Li H, Wang H. An Effective Tomography Algorithm with Gaussian Beam [J]. CPS/SEG International conference, 2014, 701 – 704.

[99] Liu F, Zhang G, Morton S A, et al. An optimized wave equation for seismic modeling and reverse time migration [J]. Geophysics, 2009, 74 (6): WCA153 – WCA158.

[100] Liu J, Palacharla G. Multiarrival Kirchhoff beam migration [J]. Geophysics, 2011, 76 (5), WB109 – WB118.

[101] Liu S Y, Feng B, Wang H Z, et al. Characteristic Wave Decomposition and Imaging [J]. Eage Conference & Exhibition Incorporating Spe Europec, 2013, We P02 11.

[102] Liu S Y, Wang H X, Liu T C, et al. Kirchhoff PSDM angle-gather generation based on the traveltime gradient [J]. Applied geophysics, 2015, 12 (1), 64 – 72.

[103] Lomax A. The Wavelength-Smoothing Method For Approximating Broad-Band Wave Propagation Through Complicated Velocity Structures [J]. Geophysical Journal of the Royal Astronomical Society, 1994, 117 (2): 313 – 334.

[104] Luo Y. Wave-equation traveltime inversion [J]. Geophysics, 1991, 56 (5): 645.

[105] Ma Y, Hale D. Wave-equation reflection traveltime inversion with dynamic warping and full-waveform inversion [J]. Geophysics, 2013, 78 (6): R223 – R233.

[106] Ma Y. Waveform-based velocity estimation from reflection seismic data [D]. Colorado School of Mines, 2012.

[107] Malovichko A A. Determination of the zero-offset effective velocity and the degree of velocity inhomogeneity from a single reflected-wave traveltime curve in the case of a horizontally layered medium [J]. Applied Geophysics, 1979, 95, 35 – 44.

[108] Malovichko A A, Gamburtsev A G, Voinov A K, et al. Specific features of dynamics of induced seismicity in mining regions of the Urals [J]. Doklady Earth Sciences, 2007, 417 (2): 1402 – 1406.

[109] Milton A, Trickett S, Burroughs L. Reducing acquisition costs with random sampling and multidimensional interpolation[C]// Seg Technical Program Expanded. 2011: 52 – 56.

[110] Mittet R, Sollie R and Hokstad K. Prestack depth migration with compensation for absorption and dispersion [J]. Geophysics, 1995, 60 (5), 1485 – 1494.

[111] Mosher C C, Keho T H, Weglein A B, et al. The impact of migration on AVO [J]. Geophysics, 1996, 61 (6): p. 1603 – 1615.

[112] Mosher C C, Jin S, Foste D J. Migration velocity analysis using common angle image gathers [J]. SEG 71st Annual Meeting, Expanded Abstracts, 2001, 889 – 892.

[113] Nowack R L. Focused Gaussian beams for seismic imaging [J]. 78th Annual International Meeting, SEG, Expanded Abstracts, 2008, 2376 - 2380.

[114] Nur A, Simmons G. Stress-induced velocity anisotropy in rock: An experimental study [J]. Journal of Geophysical Research, 1969, 74 (27): 6667 - 6674.

[115] Operto S, Virieux J, Amestoy P, et al. 3D finite-difference frequency-domain modeling of visco-acoustic wave propagation using a massively parallel direct solver: A feasibility study [J]. Geophysics, 2007, 72 (5): SM195 - SM211.

[116] Operto S, Virieux J, Dessa J X, et al. Crustal seismic imaging from multifold ocean bottom seismometer data by frequency domain full waveform tomography: Application to the eastern Nankai trough [J]. Journal of Geophysical Research, 2006, 111 (B9): B09306.

[117] Ozbek A. Adaptive beamforming with generalized linear constraints [J]. 70th AnnualInternational Meeting, SEG, Expanded Abstracts, 2000, pp. 2081 - 2084.

[118] Pica A, Diet J P, Tarantola A. Nonlinear inversion of seismic reflection data in a laterally invariant medium [J]. Geophysics, 1990, 55 (3): 284 - 292.

[119] Plessix R E, Perkins C. Thematic Set: Full waveform inversion of a deep water ocean bottom seismometer dataset [J]. First Break, 2010, 28 (1728): 71 - 78.

[120] Podvin P, Lecomte I. Finite difference computation of traveltimes in very contrasted velocity models: a massively parallel approach and its associated tools [J]. Geophysical Journal of the Royal Astronomical Society, 1991, 105 (1): 271 - 284.

[121] Popov M M. A new method of computation of wave fields using Gaussian beams [J]. Wave Motion, 1982, 4 (1): 85 - 97.

[122] Popov M M, Semtchenok N M, Verdel A R, et al. Reverse Time Migration with Gaussian beams and Velocity Analysis Applications [J]. 70th EAGE Conference & Exhibition, Extended Abstracts, 2008, F048.

[123] Popov M M, Semtchenok N M, Popov P M, et al. Depth migration by the Gaussian beam summation method [J]. Geophysics, 2010, 75 (2): S81 - S93.

[124] Pramik B. Broadband Land Acquisition-Survey Design Issues [J]. SEG Technical Program Expanded Abstracts, 2011, 30: 4344 - 4348.

[125] Pratt R G and Worthington M H. Inverse theory applied to multi-source cross-hole tomography: Part 1: Acoustic-wave equation method [J]. Geophysical Prospecting, 1990, 38 (3): 287 - 310.

[126] Pratt R G. Inverse theory applied to multisource cross-hole tomography. Part 2: elastic wave-equation method [J]. Geophysical Prospecting, 1990, 38 (3): 311 - 329.

[127] Pratt R G. Seismic waveform inversion in the frequency domain, Part 1: Theory and verification in a physical scale model [J]. Geophysics, 1999. 64 (3): 888 - 901.

[128] Pratt R G and Shipp R M. Seismic waveform inversion in the frequency domain, Part 2: Fault delineation in sediments using crosshole data [J]. Geophysics, 1999. 64 (3): 902 - 914.

[129] Pratt R G, Worthington M H. The application of diffraction tomography to cross-hole seismic data [J].

Geophysics, 1988, 53 (10): 1284 – 1294.

[130] Prucha M, Biondi B and Symes W. Angle-domain common image gathers by wave-equation migration [J]. 69th Annual International Meeting, SEG, Expanded Abstracts, 1999, 296 (1): 824 – 827.

[131] Qian J, Symes W W. Finite-difference quasi-P traveltimes for anisotropic media [J]. Geophysics, 2001, 67 (1): P. 147 – 155.

[132] Qian J, Ying L. Fast Multiscale Gaussian Wavepacket Transforms and Multiscale Gaussian Beams for the Wave Equation [J]. Multiscale Modeling & Simulation, 2010, 8 (5): 1803 – 1837.

[133] Rajasekaran S, Mcmechan G A. Prestack processing of land data with complex topography [J]. Geophysics, 1995, 60 (6): 1875 – 1886.

[134] Ren J, Gerrard C, Mcclean J, et al. Prestack wave-equation depth migration in VTI media [J]. The Leading Edge, 2005, 24 (6): 618 – 620.

[135] Rickett J, Sava P. Offset and angle domain common-image gathers for shot-profile migration [J]. SEG Technical Program Expanded Abstracts, 2001, 20 (1): 883.

[136] Rost S. Array seismology: Methods and applications [J]. Reviews of Geophysics, 2002, 40 (3): 1008 – 1035.

[137] Sava P C, Fomel S. Angle-domain common-image gathers by wavefield continuation methods [J]. Geophysics, 2003, 68 (14): 1065 – 1074.

[138] Sava P, Fomel S. Time-shift imaging condition in seismic migration [J]. Geophysics, 2006, 71 (71): 209 – 217.

[139] Sava P and Fomel S. Coordinate-independent angle-gathers for wave equation migration [C]. 75th Annual International Meeting, SEG, Expanded Abstracts, 2005, 2052 – 2055.

[140] Sava P and Vlad I. Wide-azimuth angle gathers for wave-equation migration [J]. Geophysics, 2011, 76 (3), S131 – S141.

[141] Schneider W A, Ranzinger K A, Balch A H, et al. A dynamic programming approach to first-arrival traveltime computation in media with arbitrarily distributed velocities [J]. Geophysics, 1992, 57 (1), 39 – 50.

[142] Schneider W A. Integral formulation for migration in two and three dimension [J]. Geophysics, 1978, 43 (1), 49 – 76.

[143] Schuster G T. Fermat's interferometric principle for target-oriented traveltime tomography [J]. Geophysics, 2005, 70 (4), P. U47 – U50.

[144] Semtchenok N M, Popov M M, Verdel A R. Gaussian Beam Tomography [C]. 71st Annual International Meeting, EAGE. 2009: U32.

[145] Sena A G, Toksoz M N. Kirchhoff migration and velocity analysis for converted and nonconverted waves in anisotropic media [J]. Geophysics, 1993, 58 (2), 265 – 276.

[146] Shen W W. Symes, Automatic velocity analysis via shot profile migration [J]. Geophysics, 2008. 73 (5): VE49 – VE59.

[147] Shin C, Min D J. Waveform inversion using a logarithmic wavefield [J]. Geophysics, 2006, 71 (3):

R31 – R42.

[148] Shin C. Waveform inversion in the Laplace Fourier domain [J]. Geophysical Journal International, 2009, 177 (3): 1067 – 1079.

[149] Shin C, Ha W. A comparison between the behavior of objective functions for waveform inversion in the frequency and Laplace domains [J]. Geophysics, 2008, 73 (5): VE119 – VE133.

[150] Sirgue L and Pratt R G. Efficient waveform inversion and imaging: A strategy for selecting temporal frequencies [J]. Geophysics, 2004. 69 (1): 231 – 248.

[151] Snieder R and Lomax A. Wavefield smoothing and the effect of rough velocity perturbations on arrival times and amplitudes [J]. Geophysical Journal International, 1996, 125 (3): 796 – 812.

[152] Sondergaard P L. Finite Discrete Gabor Analysis [D]. Copenhagen: Technical University of Denmark, 2007.

[153] Soubaras R and Gratacos B. Velocity model building by semblance maximization of modulated-shot gathers [J]. Geophysics, 2007. 72 (5): U67 – U73.

[154] Soares J E P. Fresnel volume ray tracing [J]. Geophysics, 1992, 57 (7): 902 – 915.

[155] Spetzler G and Snieder R. The effect of small-scale heterogeneity on the arrival time of waves [J]. Geophysical Journal International, 2001, 145 (3): 786 – 796.

[156] Spetzler G and Snieder R. The fresnel volume and transmitted waves [J]. Geophysics, 2004, 69 (3): 653 – 663.

[157] Stoffa P L, Buhl P, Diebold J B, et al. Direct mapping of seismic data to the domain of intercept time and ray parameter-A plane wave decomposition [J]. Geophysics, 1981, 46 (3), 255 – 267.

[158] Stork C. Reflection Tomography in the Postmigrated Domain [J]. Geophysics, 1992, 57 (5): 680 – 692.

[159] Sun Y, Qin F, Checkles S, et al. 3 – D prestack Kirchhoff beam migration for depth imaging [J]. Geophysics, 2000, 65 (5): 1592 – 1603.

[160] Sun H, Schuster G T. 2 – D wavepath migration [J]. Geophysical Prospecting, 2010, 51 (5): 421 – 430.

[161] Sun J. On the aperture effect in 3D Kirchhoff-type migration [J]. Geophysical Prospecting, 2001, 47 (6): 1045 – 1076.

[162] Sun J. True-amplitude weight functions in 3D limited-aperture migration revisited [J]. Geophysics, 2004, 69 (4): 1025 – 1036.

[163] Sun J G, Sun Z Q and Han F X. A finite difference scheme for solving the eikonal equation including surface topography [J]. Geophysics, 2011, 76 (4): T53 – T63.

[164] Sword C H. Tomographic determination of interval velocities from picked reflection seismic data [J]. SEG Technical Program Expanded Abstracts, 1999, 5 (1): 440 – 440.

[165] Symes W W, Versteeg R. Velocity model determination using differential semblance optimization [J]. Seg Technical Program Expanded Abstracts, 1993: 696 – 699.

[166] Symes W W. Reverse time migration with optimal checkpointing [J]. Geophysics, 2007, 72 (5): SM213 – SM221.

[167] Tarantola A. Inversion of seismic reflection data in the acoustic approximation [J]. Geophysics, 1984, 49

(8): 1259 - 1266.

[168] Tarantola A. Linearized inversion of seismic reflection data [J]. Geophysical Prospecting, 1984, 32 (6) .

[169] Thomsen L. Weak elastic anisotropy [J]. Geophysics, 1986, 51 (10): P. 1954 - 1966.

[170] Tikhonov A N. Solution of incorrectly formulated problems and the regularization method [J]. Soviet Mathematics, 1963, 4: 1035 - 1038.

[171] Toverud T, Ursin B. Comparison of seismic attenuation models using zero-offset vertical seismic profiling (VSP) data [J]. Geophysics, 2005, 70 (2): F17 - F25.

[172] Traynin P, Liu J, Reilly J M. Amplitude and Bandwidth Recovery Beneath Gas Zones Using Kirchhoff Prestack Depth Q-migration [J]. Seg Technical Program Expanded Abstracts, 2008, 27 (1): 3713.

[173] Tsvankin I. P-wave signatures and notation for transversely isotropic media: An overview [J]. Geophysics, 1996, 61 (2): 467 -483.

[174] Tsvankin I. Seismic signatures and analysis of reflection data in anisotropic media [M]. Holand: Elsevier Science, 2005.

[175] Tygel M, Schleicher J and Hubral P. A unified approach to 3 - D seismic reflection imaging, Part II: Theory [J]. Geophysics, 1996, 61 (3): 759 -775.

[176] Vanelle C, Gajewski D. True-amplitude Kirchhoff depth migration in anisotropic media: The traveltime-based approach [J]. Geophysics, 2013, 78 (5): 149 - C155.

[177] Vasco D W, Majer E L. Wavepath traveltime tomography [J]. Geophysical Journal International, 2007, 115 (3): 1055 - 1069.

[178] Vasco D W, Peterson J E, Majer E L. Beyond ray tomography: Wavepaths and Fresnel volumes [J]. Geophysics, 1995, 60 (6): 1790 - 1804.

[179] Verdel A R, Popov M M, Semtchenok N M, et al. Seismic Depth Migration with Gaussian Beams[C]// 69th EAGE Conference and Exhibition incorporating. EUROPEC: SPE 2007.

[180] Vidale J E. Finite-difference calculation of traveltimes in three dimension [J]. Geophysics, 1990, 55 (5): 521 -526.

[181] Wang H, Ma Z, Hubral P. Traveltime calculation in 3D media with arbitrary velocity distribution [J]. Seg Technical Program Expanded Abstracts, 1999, 18 (1): 1263 - 1266.

[182] Wapenaar, C. P A. Representation of seismic sources in the one-way wave equations [J]. Geophysics, 1990, 55 (6): 786 -790.

[183] Wiggins J W. Kirchhoff Integral extrapolation and migration of nonplanar data [J]. Geophysics, 1984, 49 (8): 1239 - 1248.

[184] Willis H A, Rethford G L, Bielanski E. Azimuthal Anisotropy: Occurrence and Effect On Shear-Wave Data Quality [J]. Seg Technical Program Expanded Abstracts, 1949, 5 (1): 715.

[185] Woodburn N, Hardwick A, Travis T. Enhanced Low Frequency Signal Processing for Sub-basalt Imaging [C]// SEG Technical Program Expanded Abstracts, 2011.

[186] Woodward M J. Wave-equation tomography [J]. Geophysics, 1992, 57 (1): 15 -26.

[187] Woodward M J, Nichols D, Zdraveva O, et al. A Decade of Tomography [J]. Geophysics, 2008, 73 (5): E5 – E11.

[188] Woodward M J. Wave-equation tomography [J]. Geophysics, 1992, 58 (1): 15 – 26.

[189] Wu R S, Wu B Y, Geng Y. Seismic Wave Propagation and Imaging Using Time-Space Wavelets [J]. 78th Annual International Meeting, SEG, 2008: 2983 – 2987.

[190] Wu R S, Hu C, Wang B. Nonlinear sensitivity operator and inverse thin-slab propagator for tomographic waveform inversion[C]// SEG Technical Program Expanded Abstracts, 2014.

[191] Xiao X, Hao F, Egger C, et al. Final Laser-Beam Q-Migration [C]// Seg Technical Program Expanded, 2014.

[192] Xie X B. Calculating Finite-Frequency Sensitivity Kernels Using the Gaussian Beam Method[C]//81st Annual International Meeting, SEG, 2011, 3892 – 3897.

[193] Xie X B and Yang H. A migration velocity updating method based on the shot index common image gather and finite-frequency sensitivity kernel[C]//77th Annual International Meeting, SEG, Expanded Abstracts, 2007, 2767 – 2771.

[194] Xie X B and Yang H. The finite-frequency sensitivity kernel for migration residual moveout and its applications in migration velocity analysis [J]. Geophysics, 2008a, 73 (6): S241 – S249.

[195] Xie X B and H Yang. A wave-equation migration velocity analysis approach based on the finite-frequency sensitivity kernel [J]. Seg Technical Program Expanded Abstracts, 1949, 27 (1): 1486 – 1491.

[196] Xie X, Wu R. Extracting angle domain information from migrated wavefield [J]. Seg Technical Program Expanded Abstracts, 2002, 21 (1): 1360.

[197] Xu S, Chauris H, Lambaré G, et al. Noble, Common angle image gather: A new strategy for imaging complex media [J]. SEG Technical Program Expanded Abstracts, 1998, 17 (1): 1538 – 1541.

[198] Xu S, Chauris H, Lambaré G, et al. Common-angle migration: A strategy for imaging complex media [J]. Geophysics, 2001, 66 (6): 1877 – 1894.

[199] Xu S, Zhang Y, Pham D, et al. Antileakage Fourier transform for seismic data regularization [J]. Geophysics, 2005, 70 (4): V87 – V95.

[200] Xu S, Zhang Y and Huang T. Enhanced tomography resolution by a fat ray technique [J]. 76th SEG Annual Meeting, Expanded Abstracts, 2006, 3354 – 3358.

[201] Xu S, Zhang Y and Tang B. 3D common image gathers from reverse time migration [J] 80th Annual International Meeting, SEG, Expanded Abstracts, 2010, 3257 – 3260.

[202] Xu S, Zhang Y and Tang B. 3D angle gathers from reverse time migration [J]. Geophysics, 2011, 76 (2): S77 – S92.

[203] Xu S, Wang D, Chen F, et al. Full Waveform Inversion for Reflected Seismic Data [J]. Journal of Seismic Exploration, 2013, 22 (5) .

[204] Xu S, Wang B, Jones L M, et al. The foreshock sequence of haicheng earthquake and earthquake swarm-the use of foreshock sequences in earthquake prediction [J]. Tectonophysics, 1982, 85 (1 – 2): 91 – 105.

[205] Yan R and Xie X B. A new angle-domain imaging condition for prestack reverse-time migration [J]. SEG

Technical Program Expanded Abstracts, 2009: pp. 2784 – 2788.

[206] Yang T, Shragge J, Sava P. Illumination compensation for image-domain wavefield tomography [J]. Geophysics, 2013, 78 (5): U65 – U76.

[207] Yang X, Lu J, Fomel S. Seismic modeling using the frozen Gaussian approximation [J]. Seg Technical Program Expanded Abstracts, 2013: 5258.

[208] Ying L X, Bin L U X, Jie Z J, et al. A stable and efficient approach of inverse Q filtering in the time domain [J]. Progress in Geophysics, 2010, 25 (1): 211 – 218.

[209] Yomogida K. Fresnel zone inversion for lateral heterogeneities in the earth [J]. Pure and Applied Geophysics, 1992, 138 (3): 391 – 406.

[210] Yoon K, Marfurt K J. Reverse-time migration using the Poynting vector [J]. Exploration Geophysics, 2006, 37 (1): 102 – 107.

[211] Yoon K, Suh S, Cai J, et al. Improvements in time domain FWI and its applications[C]// SEG Technical Program Expanded Abstracts, 2012.

[212] Zacek K. Decomposition of the wavefield into optimized Gaussian packets—work in progress [J]. Journal of Inorganic Materials, 2007, 22 (1): 30 – 34.

[213] Zhang J, Wu J and Li X. Compensation for absorption and dispersion in prestack migration: An effective Q approach [J]. Geophysics, 2013, 78 (1): S1 – S14.

[214] Zhang Y, Xu S, Bleistein N, et al. True-amplitude, angle domain, common-image gathers from one-way wave-equation migrations [J]. Geophysics, 2007, 72 (1): S49 – S58.

[215] Zhang Y, Zhang P and Zhang H. Compensating for visco-acoustic effects in reverse-time migration [J]. SEG Technical Program Expanded Abstracts, 2010: 3160 – 3164.

[216] Zhang Y, Zhang H, Zhang G. A stable TTI reverse time migration and its implementation [J]. Geophysics, 2011, 76 (3): WA3 – WA11.

[217] Zhang Z, Huang L, Lin Y. Full-waveform inversion in the time domain with an energy-weighted gradient [R]. Los Alamos: Los Alamos National Laboratory (LANL), 2011.

[218] Zhao L, Jordan T H, Olsen K B, et al. Frechet kernels for imaging regional earth structure based on three-dimensional reference models [J]. Bulletin of the Seismological Society of America, 2005, 95 (6): 2066 – 2080.

[219] Zhao L, Feng B, Wang H Z. Efficient RTM angle gathers using source propagation direction and reflector normal direction [J]. SEG Technical Program Expanded Abstracts, 2012: 1 – 5.

[220] Zhdanov M S. Geophysical Inverse Theory and Regularization Problems [J]. Annals of Glaciology, 2002, 32 (1): 321 – 327.

[221] Zhou H, Zhang G, Bloor R. An anisotropic acoustic wave equation for modeling and migration in 2D TTI media [J]. Seg Expanded Abstracts, 2006, (1): 194 – 198.

[222] Zhou C, Brandsberg-Dahl S, Jiao J. A Continuation Approach to Regularize the Reflection Tomography with a 3D Gaussian Filter[R]// Europe: Eage Conference & Exhibition Incorporating Spe Europec, 2009.

[223] Zhu T, Gray S H, Wang D. Prestack Gaussian-beam depth migration in anisotropic media [J]. Seg Technical Program Expanded Abstracts, 2007, 25 (1): S133 - S138.

[224] Zhu T, Harris J M, Biondi B. Q-compensated reverse-time migration [J]. Geophysics, 2014, 79 (3): S77 - S87.

[225] 蔡杰雄, 方伍宝, 杨勤勇. 高斯束深度偏移的实现与应用研究 [J]. 石油物探, 2012, 51 (5): 469 - 475.

[226] 蔡杰雄. 高斯束偏移与高斯束层析反演速度建模 [J]. 石油物探, 2018, 57 (02): 262 - 273.

[227] 蔡杰雄, 郑浩, 刘定进, 等. 近地表Q因子估算影响因素分析 [J]. 地球物理学进展, 2018, 33 (02): 547 - 553.

[228] 蔡杰雄, 王华忠, 陈进, 等. 基于高斯束传播算子的成像域走时层析成像方法 [J]. 地球物理学报, 2017, 60 (09): 3539 - 3554.

[229] 段鹏飞, 程玖兵, 陈爱萍, 等. TI介质局部角度域高斯束叠前深度偏移成像 [J]. 地球物理学报, 2013, 56 (12): 4206 - 4214.

[230] 方伍宝, 刘定进, 蔡杰雄, 等. 深度域地震成像新技术理论与实践 [M]. 北京: 中国石化出版社, 2014.

[231] 方伍宝. 三维叠前深度偏移的建模技术 [J]. 石油物探, 2002, 41 (2): 132 - 135.

[232] 冯波. 数据域波动方程层析速度反演方法研究 [D]. 上海: 同济大学, 2015.

[233] 勾丽敏. 散射波成像处理技术研究 [D]. 北京: 中国地质大学 (北京), 2007.

[234] 勾丽敏, 蔡希玲, 刘学伟, 等. 噪声对叠前深度偏移层速度精度的影响分析 [J]. 石油地球物理勘探, 2007 (02): 156 - 163.

[235] 郭树权. 由迭加速度求层速度的炮检距校正 [J]. 江汉石油学院学报, 1987 (02): 14 - 21.

[236] 何兵红, 方伍宝, 胡光辉, 等. 声波方程参数化模式及多参数全波形反演去耦合化策略 [J]. 石油物探, 2018, 57 (05): 705 - 716.

[237] 胡江涛, 王华忠. 拉东谱约束的射线束形成方法及应用 [J]. 石油物探, 2013, 52 (4), 7 - 11.

[238] 黄建平, 杨继东, 李振春, 等. 有效邻域波场近似框架下三维起伏地表高斯束地震正演模拟 [J]. 石油地球物理勘探, 2015, 50 (5): 896 - 904.

[239] 雷蕾. 非均匀介质地震波散射波场正演模拟方法研究 [D]. 山东: 中国石油大学 (华东), 2010.

[240] 李辉, 王华忠. 高斯束层析方法研究 [R]. 上海: 同济大学, WPI年度研究报告, 2013.

[241] 李辉, 王华忠, 冯波, 等. 特征高斯波包叠前深度偏移方法 [J]. 地球物理学报, 2014, 57 (7): 2258 - 2268.

[242] 刘定进, 李博, 郭恺, 等. 基于各向异性介质的深度域地震成像技术 [M]. 北京: 中国石化出版社, 2019.

[243] 刘红伟, 刘洪, 李博, 等. 起伏地表叠前逆时偏移理论及GPU加速技术 [J]. 地球物理学报, 2011, 54 (7): 1883 - 1892.

[244] 刘少勇, 蔡杰雄, 王华忠, 等. 山前带地震数据射线 (束) 叠前成像方法研究与应用 [J]. 石油物探, 2012, 51 (6): 598 - 605.

[245] 刘玉柱. 菲涅尔体地震层析成像理论与应用研究 [M]. 上海: 同济大学出版社, 2017.

[246] 刘玉柱，董良国，李培明，等．初至波菲涅尔体地震层析成像［J］．地球物理学报，2009，52（9）：2310－2320.

[247] 马在田．高阶有限差分偏移［J］．石油地球物理勘探，1982，17（1）：6－15.

[248] 马争鸣，李衍达．层速度的 tomography 反演［J］．清华大学学报（自然科学版），1992（01）：47－55.

[249] 马争鸣，李衍达．地震层析成像［J］．石油地球物理勘探，1991（01）：109－124.

[250] 秦宁，李振春，杨晓东，等．高斯波束角道集的走时层析速度分析［J］．石油地球物理勘探，2013，48（3）：366－371.

[251] 秦宁．地震走时层析与全波形反演方法研究［D］．山东：中国石油大学（华东），2013.

[252] 任浩然．声介质地震波反演成像方法研究［D］．上海：同济大学，2011.

[253] 万弘，杨勤勇，蔡杰雄，等．地质构造约束高斯束层析反演方法与应用［J］．石油物探，2017，56（05）：707－717.

[254] 王华忠，蔡杰雄，孔祥宁，等．适于大规模数据的三维 Kirchhoff 积分法体偏移实现方案［J］．地球物理学报，2010，53（07）：1699－1709.

[255] 王华忠，刘少勇，杨勤勇，等．山前带地震勘探策略与成像处理方法［J］．石油地球物理勘探，2013，48（1），151－159.

[256] 王华忠，冯波，刘少勇，等．叠前地震数据特征波场分解、偏移成像与层析反演［J］．地球物理学报，2015，58（6）：2024－2034.

[257] 王杰，胡光辉，刘定进，等．陆上地震资料全波形反演策略研究［J］．石油物探，2017，56（1）：81－88.

[258] 王山山，聂勋碧．基于波场计算的最优化速度反演［J］．石油物探，1994（01）：81－85.

[259] 王胜．地震波逆时偏移深度域层速度建模方法研究［D］．山东：中国海洋大学，2015.

[260] 王守进，敬朋贵，蔡杰雄．基于高斯束理论的有限频核函数计算［J］．物探与化探，2019，43（01）：110－117.

[261] 王西文，王宇超，王小卫，等．地震资料的相对保真处理方法与应用［M］．北京：石油工业出版社，2012.

[262] 王雄文，王华忠．基于压缩感知的高分辨率平面波分解方法研究［J］．地球物理学报，2014，57（9）：2946－2960.

[263] 王振宇，杨勤勇，李振春，等．近地表速度建模研究现状及发展趋势［J］．地球科学进展，2014，29（10）：1138－1148.

[264] 徐文君．基于波动理论的敏感度核函数及其反问题研究［D］．上海：同济大学，2014

[265] 杨锴，邢逢源，李振伟，等．基于非降阶汉密尔顿算子的三维立体层析反演［J］．地球物理学报，2016，59（9）：3366－3378.

[266] 岳玉波，李振春，钱忠平，等．复杂地表条件下保幅高斯束偏移［J］．地球物理学报，2012，55（4）：1376－1383.

[267] 张凯，李振春．双复杂条件下层析速度反演方法研究［J］．地球物理学进展，2013，28（6）：3001－3006.

[268] 张凯，李振春，秦宁，等. 基于角度域共成像点道集的层析速度反演方法研究 [J]. 复杂油气藏，2012 (03): 31-35.

[269] 张林，杨勤勇，张兵，等. 复杂近地表初至波层析反演静校正技术研究 [J]. 地球物理学进展，2017, 32 (2): 380-385.

[270] 张美根，王妙月. 各向异性弹性波有限元叠前逆时偏移 [J]. 地球物理学报，2001, 44 (5): 711-719.

[271] 赵崇进，刘玉柱，杨积忠. 基于高斯束的初至波菲涅尔体地震层析成像 [J]. 石油地球物理勘探，2012, 47 (3): 371-378.